JN326524

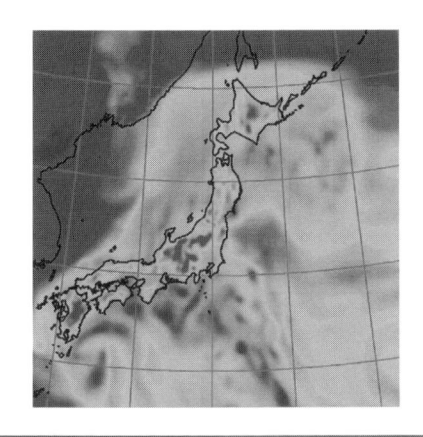

OGURA Yoshimitsu

小倉義光
日本の天気
その多様性とメカニズム

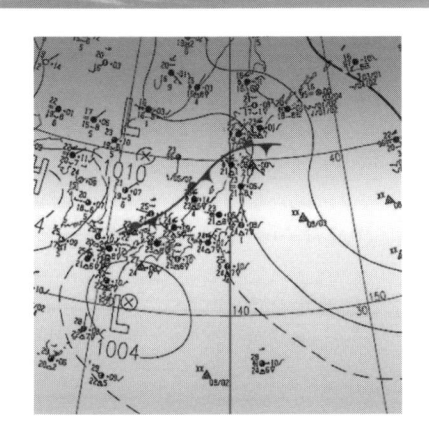

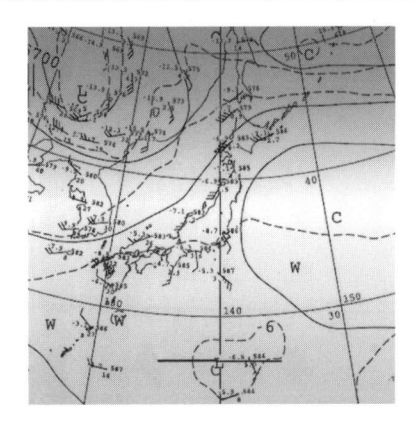

東京大学出版会

Weather in Japan: Its Diversity and Mechanism
Yoshimitsu OGURA
University of Tokyo Press, 2015
ISBN978-4-13-060760-5

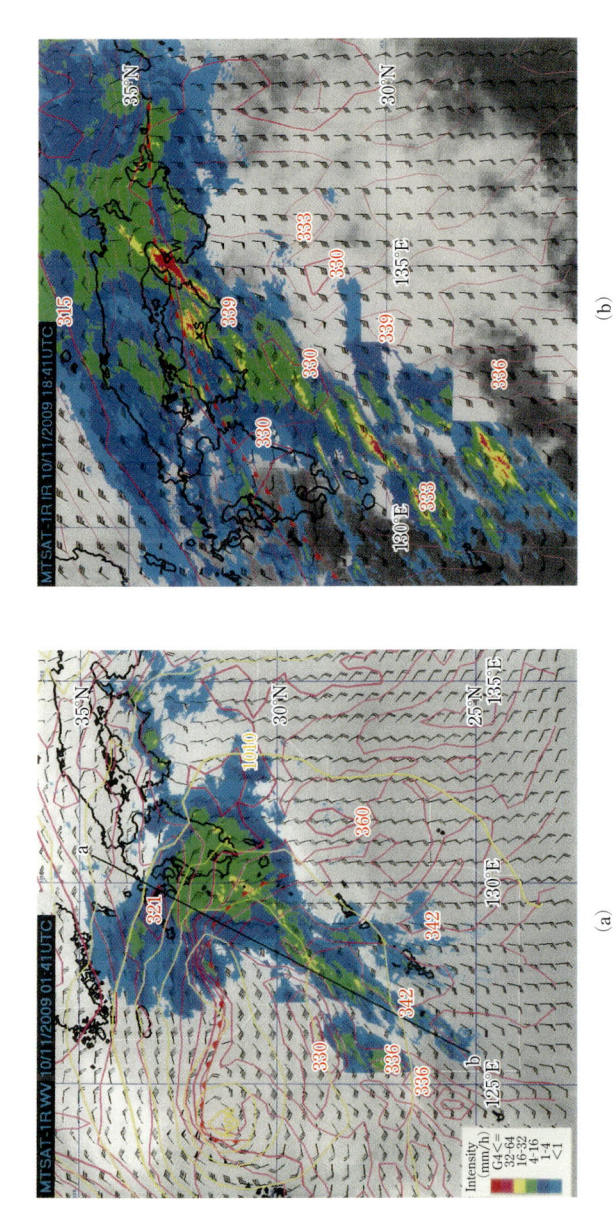

図 1.9 図 1.8 に示した低気圧の世代交代を起こした紀伊半島の豪雨の実況図[12]．(a) 11 月 10 日 0141 UTC における衛星水蒸気画像に重ねたレーダーエコーと 925 hPa の風と相当温位 (K) の分布．風の短い矢羽根は 5 ノット，長い矢羽根は 10 ノット，ペナントは 50 ノット．(b) (a) に同じ，ただし 10 日 1841 UTC の実況図で，衛星赤外画像．

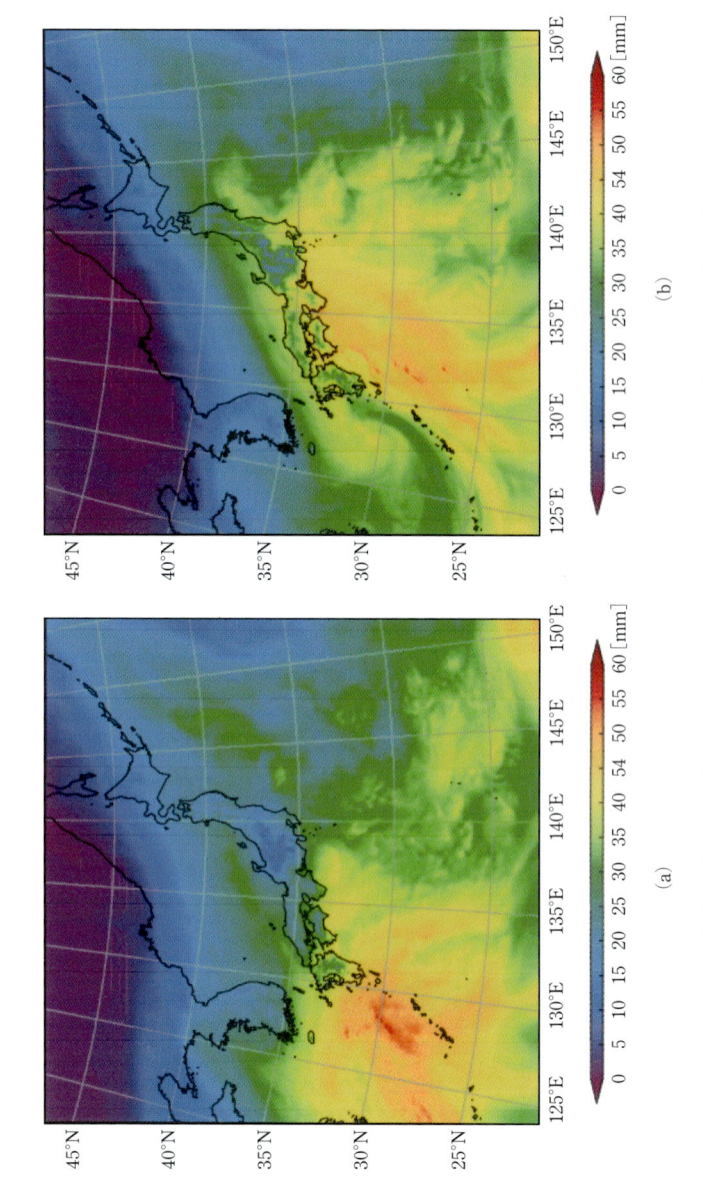

図 1.10 紀伊半島豪雨の際の可降水量分布図 (mm)[12]．(a) 2009 年 11 月 10 日 00 UTC．(b) 10 日 18 UTC．

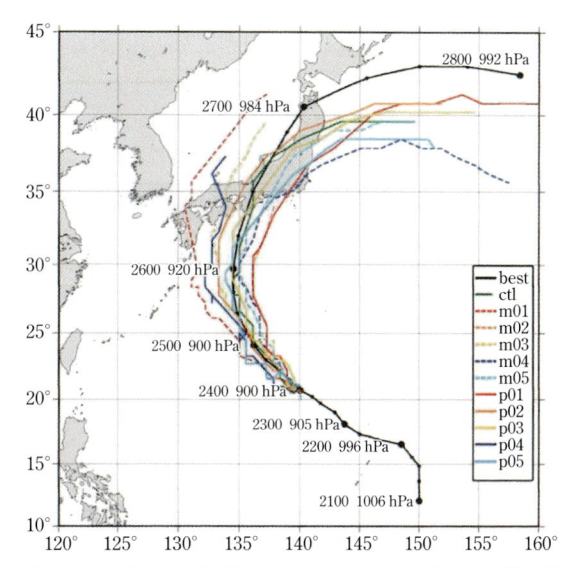

図2.9　1959年9月24日10時からの伊勢湾台風のアンサンブル進路予測[21].黒が実況で,緑がコントロールラン,それ以外が摂動を入れた10メンバーの結果.ラベルのmとpは,それぞれ解析値に初期摂動を減算したメンバーと可算したメンバー.

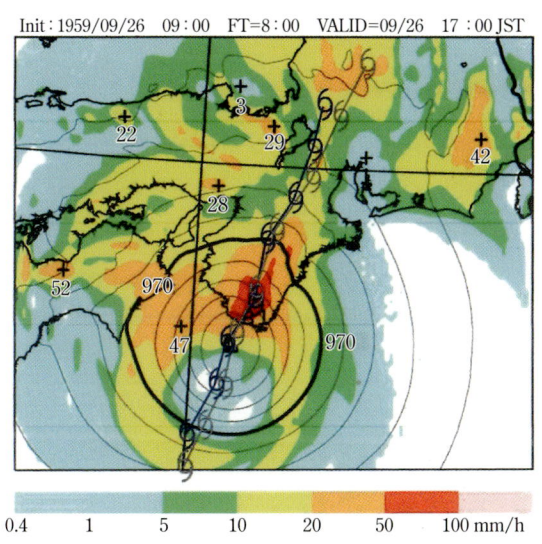

図2.10　伊勢湾台風の上陸直前の予測された状態.地上気圧(等値線,hPa),1時間降水量(色彩域,mm),台風経路(黒線が予測で灰色線が実況,台風シンボルは1時間おき)[21].

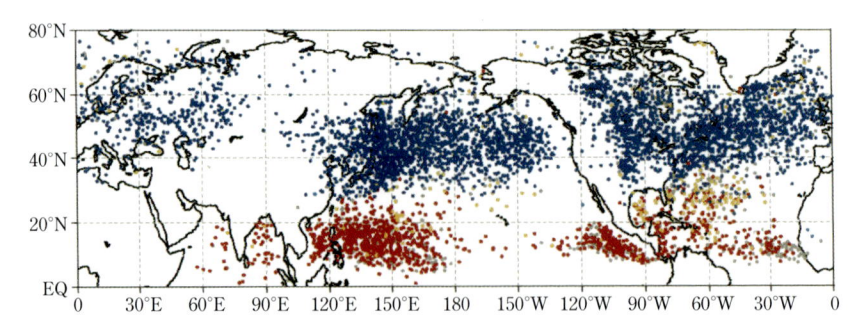

図3.4 北半球における低気圧の出現場所．再解析データ JRA-25 を使用．自動的に気圧ミニマムの位置を決めるアルゴリズムを使い，渦度が $1.0\times10^{-5}\mathrm{s}^{-1}$ 以上の低気圧を選んで，その一生を追跡し，その中で最も発達率が大きかった時間における中心位置．青点が温帯低気圧，赤点が熱帯低気圧．その区別法は第9.4節参照（柳瀬亘氏のご厚意による）．

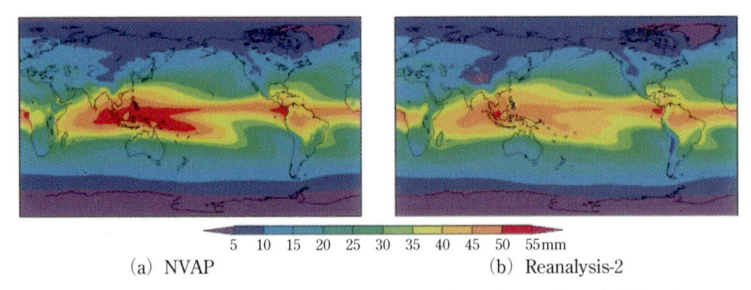

(a) NVAP (b) Reanalysis-2

図3.6 全球的な可降水量の分布図．(a) 米国航空宇宙局（NASA）の水蒸気プロジェクト（NVAP）が作成[12]．空間解像度は 1°（経度）×1°（緯度）．(b) 1988〜99 年の再解析データ NCAR-NCEP により作成．空間解像度は 2.5°（経度）×2.5°（緯度）．

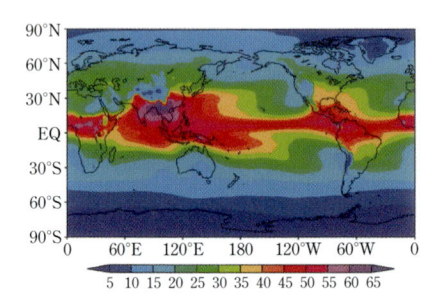

図3.7 6月における可降水量の分布．1958〜2001 年の再解析データ NCAR-NCEP により作成（田上浩孝氏のご厚意による）．

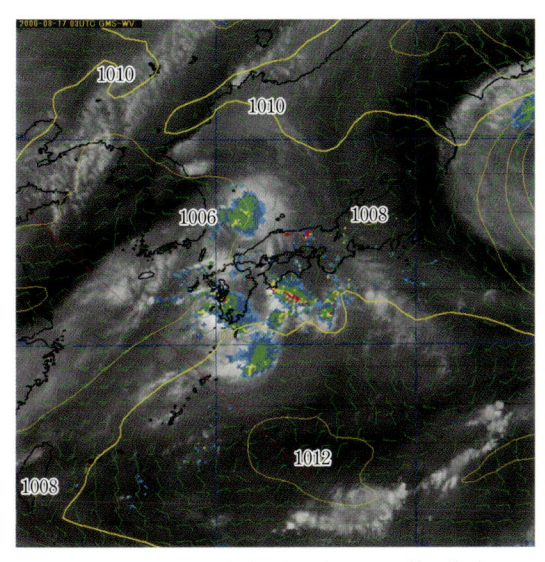

図3.14 2000年8月17日03 UTC，衛星赤外画像に重ねた地上等圧線（2 hPa おき），925 hPa の風とレーダーエコー図．

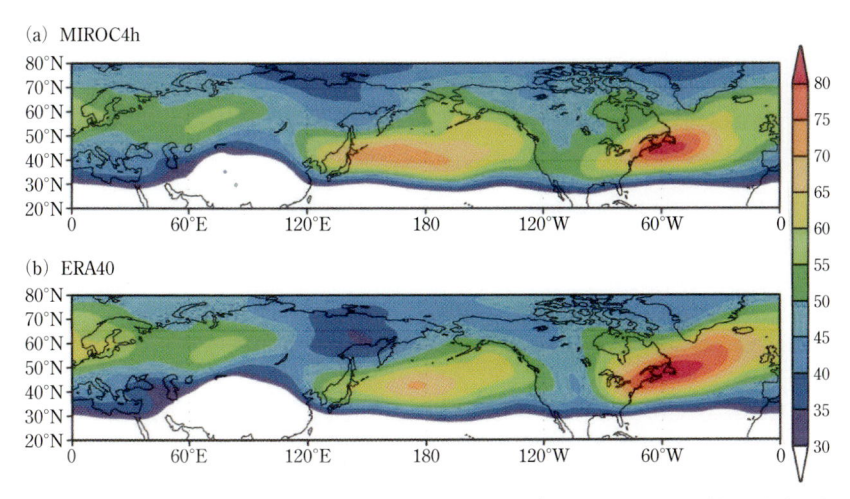

図4.8 冬季（12～2月）の太平洋上のストームトラックが大西洋上のそれより弱いことを示す実測とシミュレーション比較図[4]．ここでストームトラックは，500 hPa における10日周期より短いジオポテンシャル高度変動の標準偏差と定義されている．(a)大気海洋結合モデルの1つである MIROC（Model for Interdisciplinary Research on Climate）によるシミュレーションの結果．(b)再解析データ ERA40 による実測．

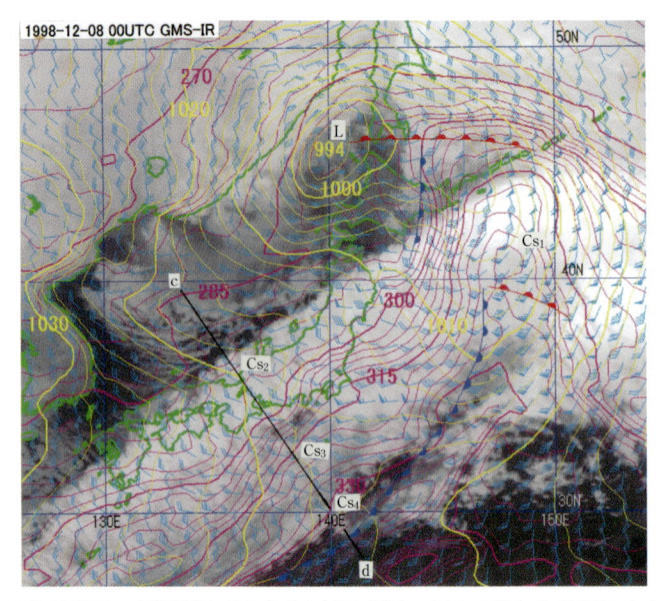

図 5.15 8日00 UTC，赤外画像に重ねた地上気圧（黄色，2 hPa ごと）と 925 hPa における風と相当温位（ピンク色，2 K ごと）．記号 L は日本海低気圧の中心の位置．

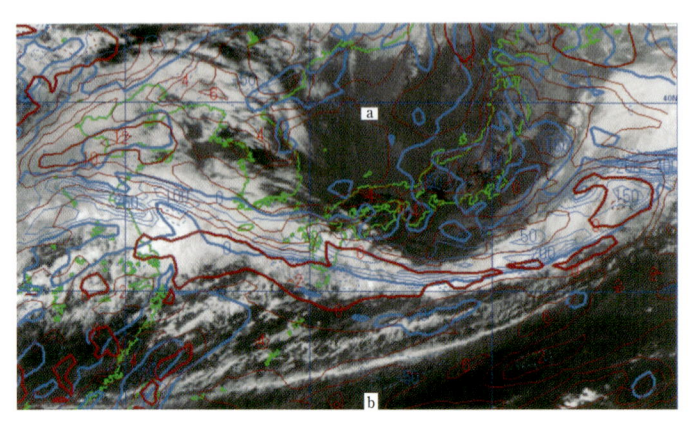

図 7.9 2003年7月2日 03 UTC，可視画像に重ねた 850 hPa の渦度（青線，$50 \times 10^{-6}\,\mathrm{s}^{-1}$ おき）とショワルター安定度指数（赤線，2℃ おき）．

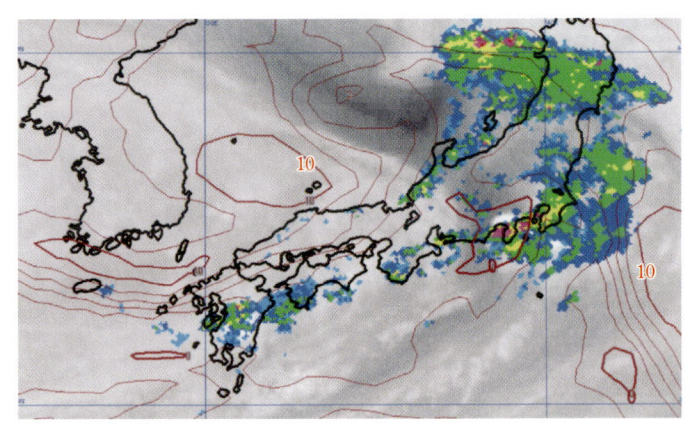

図7.16 7月3日18UTC，水蒸気画像に重ねたレーダーエコー図とショワルター安定度指数（2℃おき）．

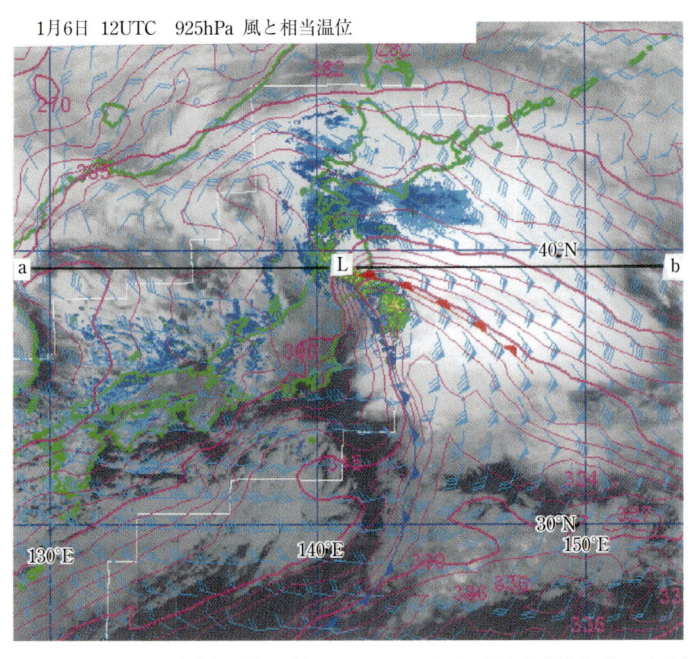

図8.7 1月6日12UTC，水蒸気画像に重ねた925 hPaにおける風と相当温位（3Kおき）とレーダーエコーの分布．Lは地上低気圧中心の位置．

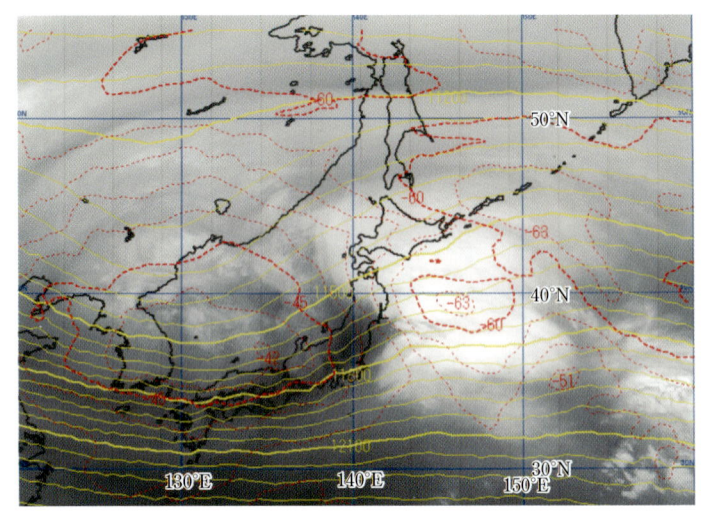

図 8.12　1月6日 12 UTC, 水蒸気画像に重ねた 200 hPa の等高度線 (黄色, 60 m おき) と等温度線 (赤色, 3 K おき). 宮城県上の L は地上低気圧の位置.

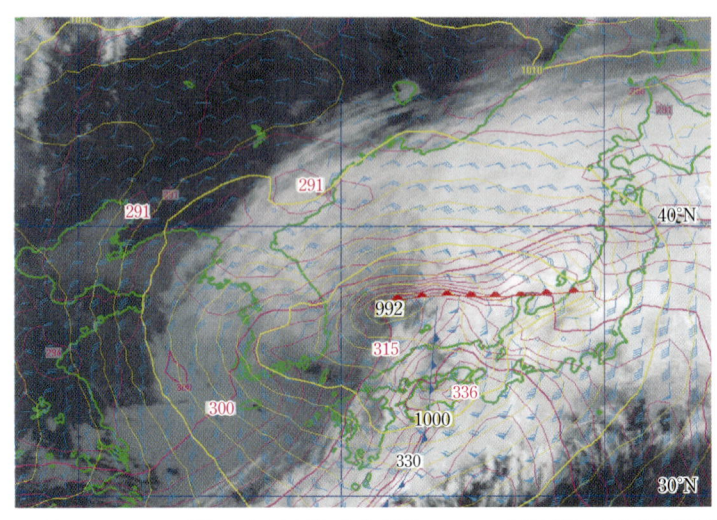

図 9.4　4月27日 00 UTC (図 9.1 と同時刻) 気象衛星 GMS-5 の赤外画像に重ねた海面気圧 (黄色, 2 hPa おき), 925 hPa における風と相当温位 (ピンク色, 3 K おき) の分布. 風の短い矢羽根は5ノット, 長い矢羽根は10ノット, ペナントは50ノット.

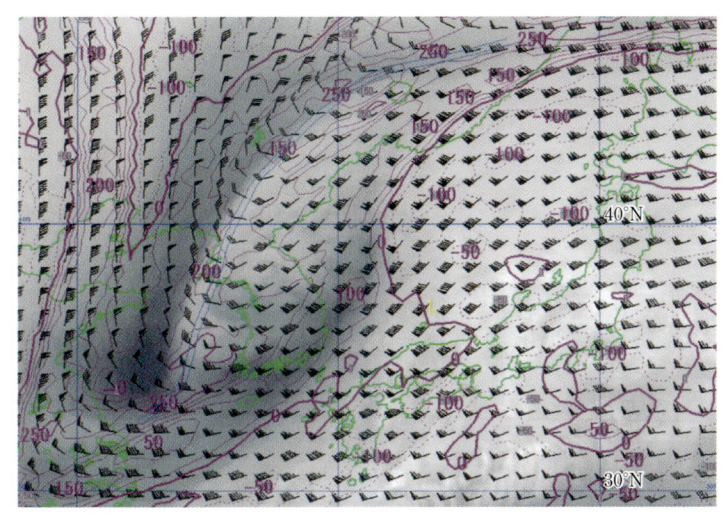

図 9.5 図 9.4 と同時刻,水蒸気画像に重ねた 300 hPa における風と渦度(紫色)の分布図.実線は正渦度,破線は負渦度,等値線は $50 \times 10^{-6} \mathrm{s}^{-1}$ おき.記号 L は地上低気圧の中心位置.朝鮮半島の根本を走る青色の二重線はトラフの位置を示す.

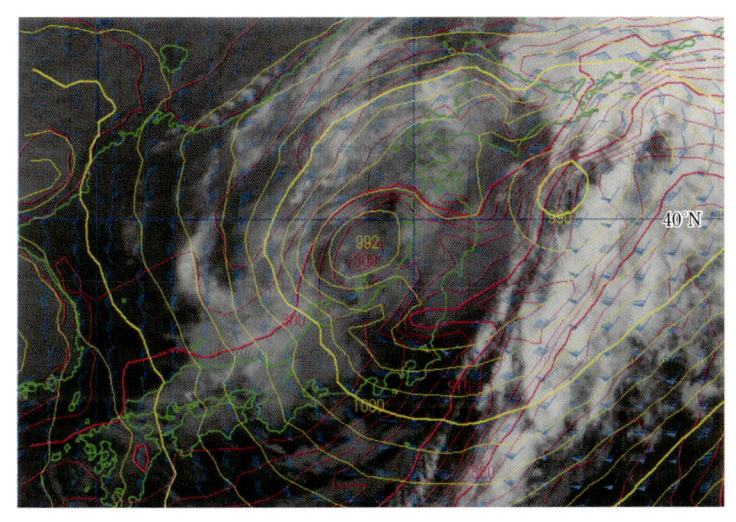

図 9.9 4 月 27 日 21 UTC,赤外画像に重ねた地上等圧線(黄色,2 hPa おき)と 925 hPa における等相当温位線(3 K おき)と風の分布.

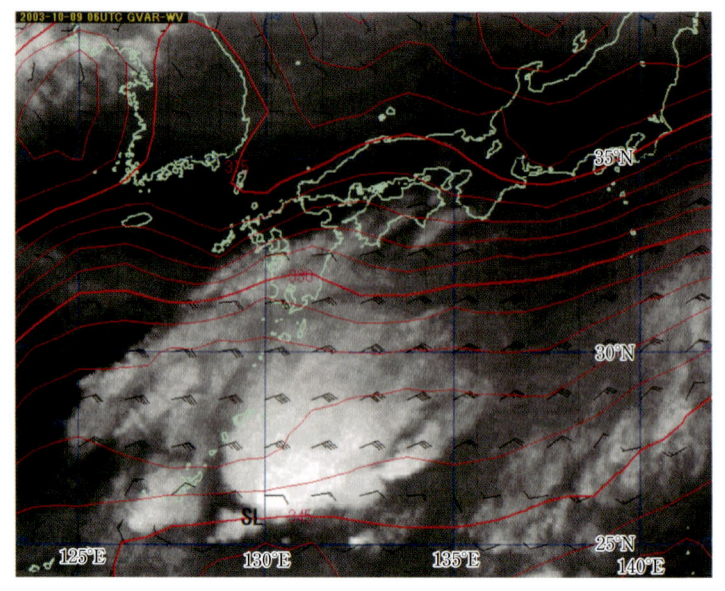

図 10.2　水蒸気衛星画像に重ねた 2003 年 10 月 9 日 06 UTC における 925 hPa の風と相当温位の分布（3 K おき）．SL は地上の亜熱帯低気圧（low）の位置．

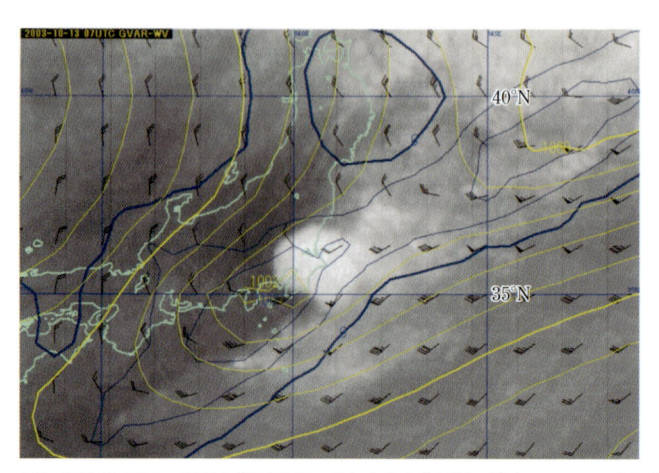

図 10.7　10 月 13 日 06 UTC，衛星水蒸気画像に重ねた地上等圧線（黄色，2 hPa おき）と 925 hPa の風と渦度（青色，$50 \times 10^{-6}\,\text{s}^{-1}$ おき）．亜熱帯低気圧を表す 1002 hPa の閉じた等圧線に注意．

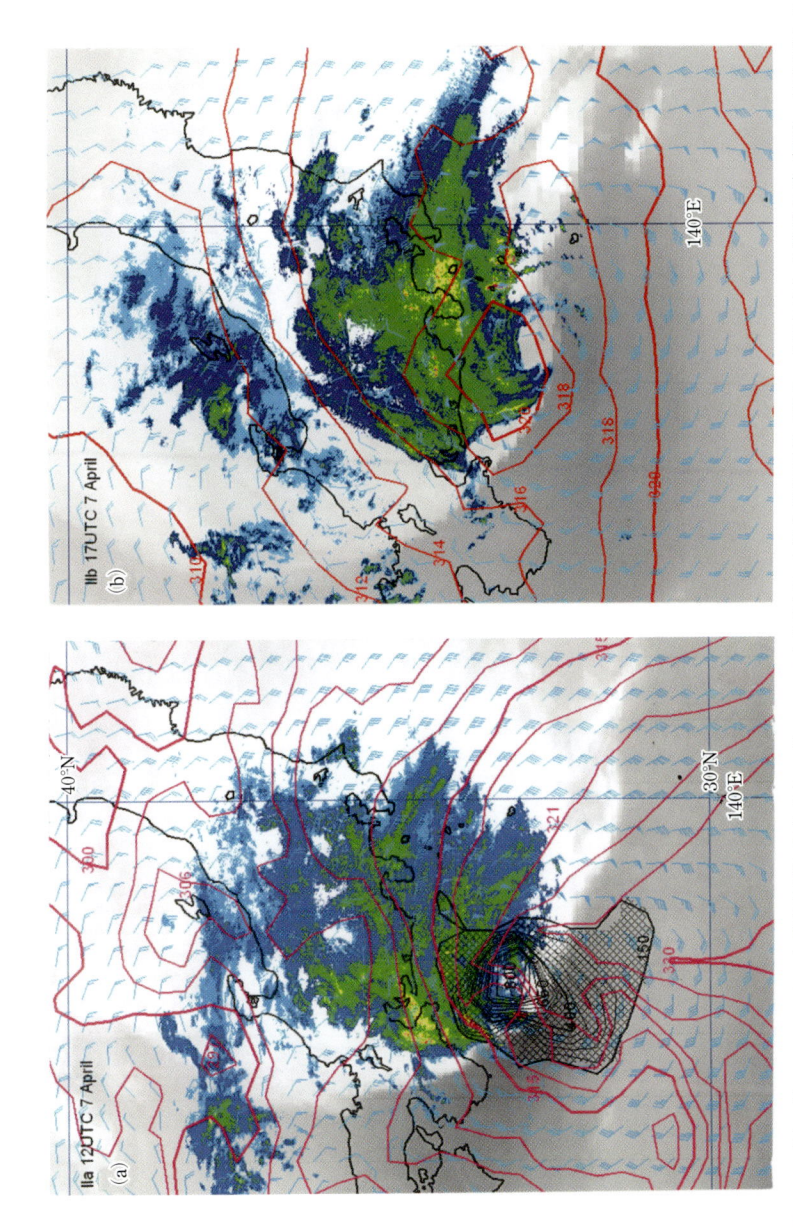

図 10.14 (a) 4 月 7 日 12 UTC. 水蒸気画像に重ねたレーダーエコーと 925 hPa の風と等温位線（赤色，2 K おき）と等渦度線（黒色，50×10⁻⁶ s⁻¹ おき）．ハッチは渦度が 150×10⁻⁶ s⁻¹ 以上の領域．(b) (a) の 5 時間後の 17 UTC. 400 hPa における風と等温位線（赤色，2 K おき）．

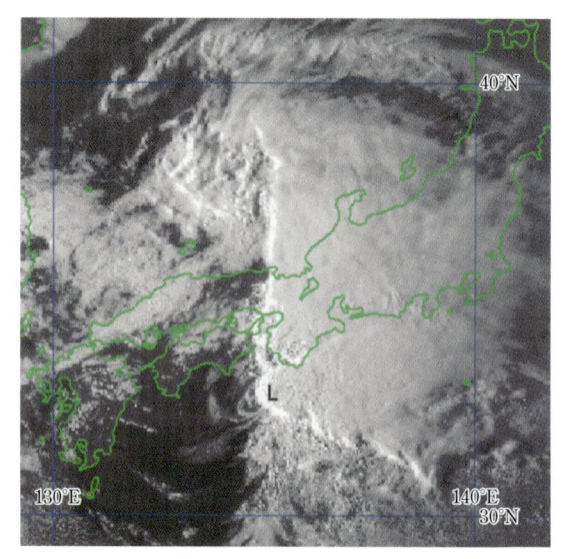

図 10.15 日没時の 7 日 08 UTC における可視雲画像．L は SL の中心．

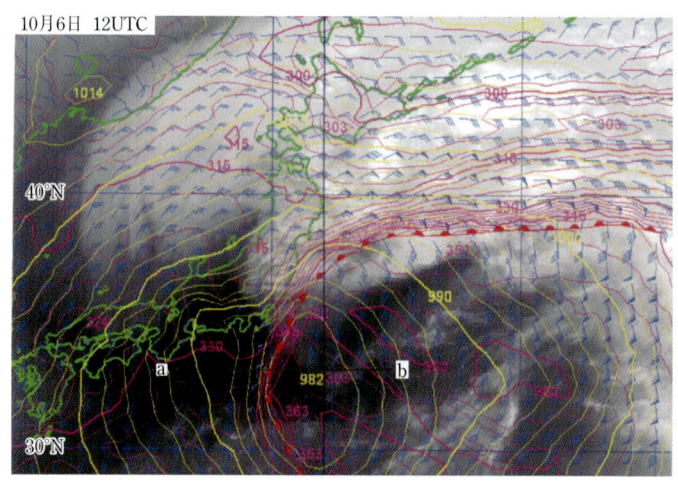

図 12.7 10月6日12UTC，水蒸気画像に重ねた地上気圧（黄色，2 hPa ごと），925 hPa の相当温位（ピンク色，3 K ごと）と風（長い矢羽根が 10 ノット）の分布．

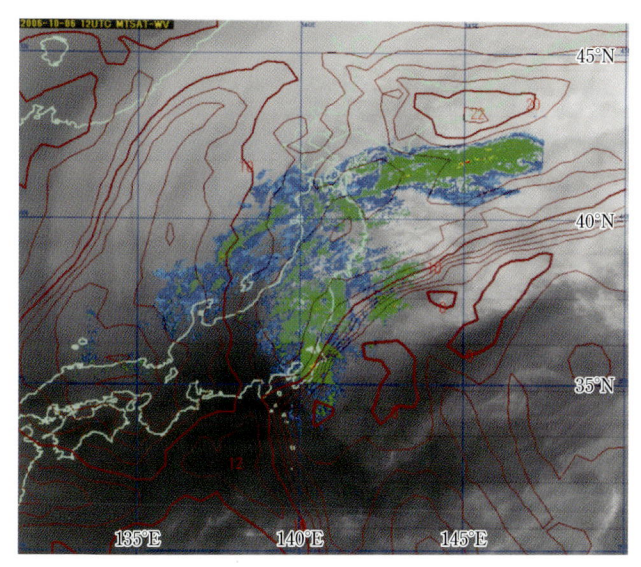

図12.12 10月6日12 UTCにおける水蒸気画像に重ねたレーダーエコーとショワルター安定度指数（2℃ごと）．レーダーエコーの青色の領域は，1～4 mm h^{-1}，緑の領域は4～16 mm h^{-1}の降雨量を示す．

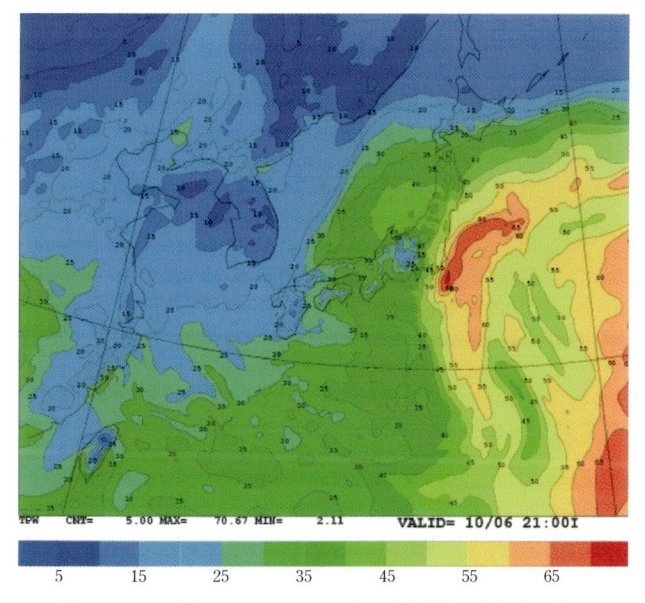

図12.13 10月6日12 UTCにおける可降水量の分布（mm）．

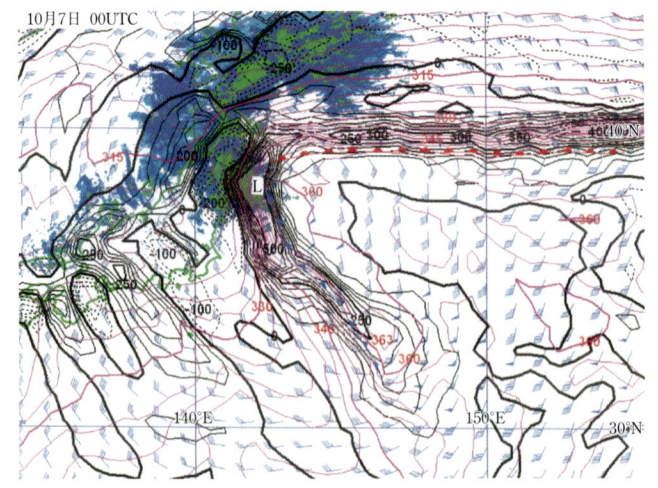

図 12.14 10月7日 00 UTC, 925 hPa における相当温位（赤色，3 K ごと）と渦度（黒色，50×10^{-6} s^{-1} ごと）と風の分布．

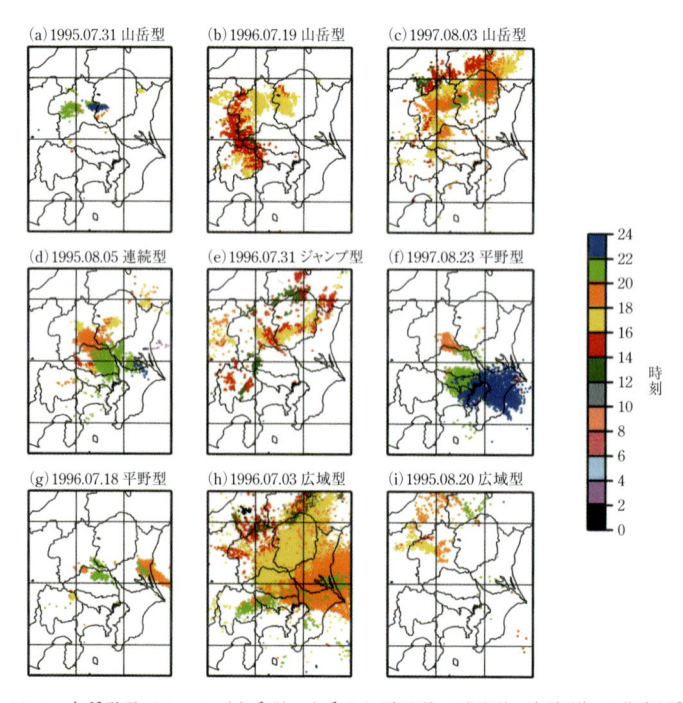

図 13.4 各種発雷パターン（山岳型，山岳から平野型，平野型，広域型）の代表例[3]．

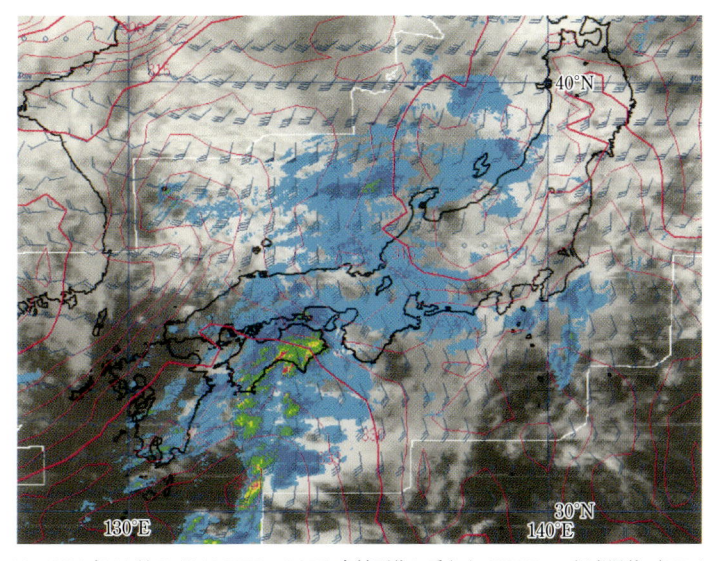

図 14.12　2004年11月11日00 UTC, GOES 赤外画像に重ねた 925 hPa の相当温位（3 K おき）と風とレーダーエコーの分布.

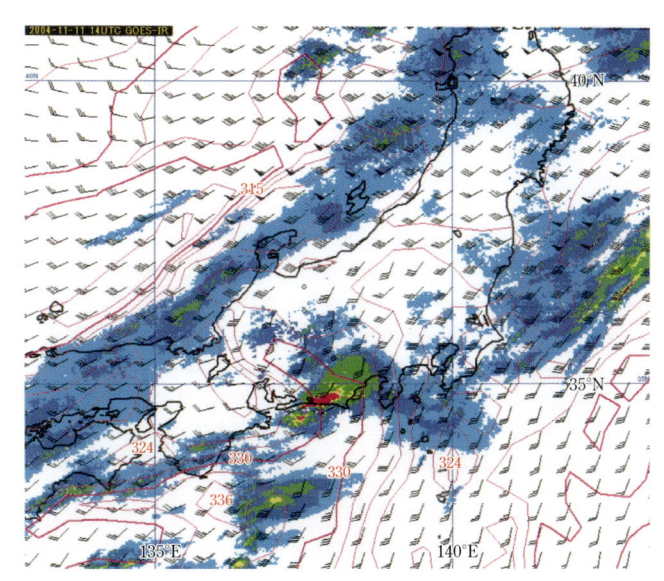

図 14.15　2004年11月11日14 UTC, レーダーエコーと 925 hPa における風と相当温位の分布. レーダーエコーのカラーは赤色：64 mm h^{-1} 以上, 紫色：32～64 mm h^{-1}, 黄色：16～32 mm h^{-1}, 緑色：6～16 mm h^{-1}, 青色：1～6 mm h^{-1}.

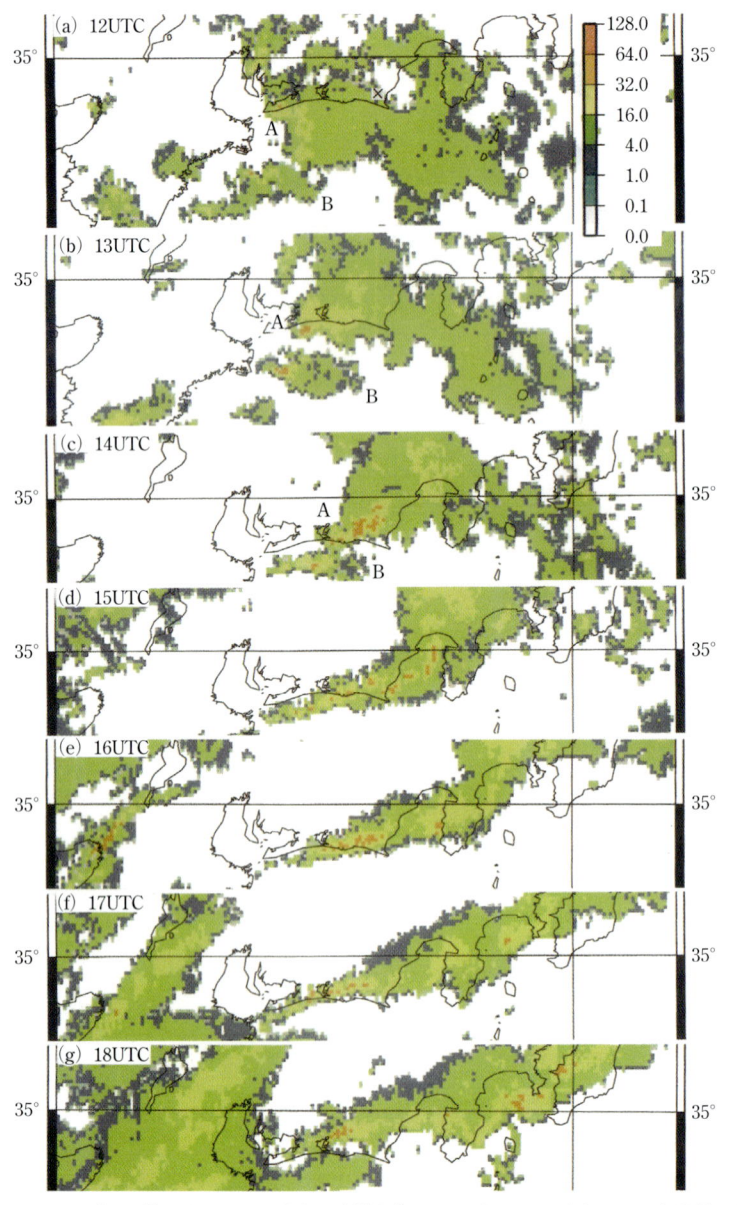

図 14.17 2004 年 11 月 11 日 12 UTC から 1 時間おきのレーダーエコー図．A，B と記号した対流系が静岡豪雨をもたらしたバック・サイドビルディング型線状対流系に進化した．図 (a) の遠州灘にある × 印が静岡県牧の原の位置を示す．

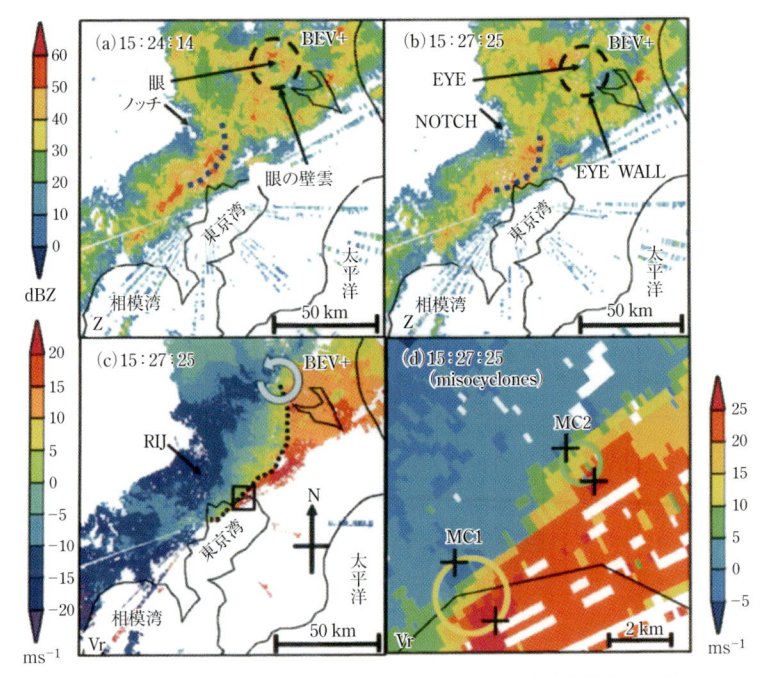

図 14.25 羽田空港ドップラーレーダーによる 2007 年 4 月 28 日東京湾岸地帯を襲ったボウエコーの測定結果[31]．(a) と (b) はそれぞれ 15 時 24 分 14 秒と 15 時 27 分 25 秒における仰角 0.7°の反射強度の分布．(c) は (b) と同時刻におけるドップラー速度の分布．東京湾奥の四角い領域は 10 km×10 km で，その拡大図を (d) で示す．＋印はドップラー速度の極大・極小値の位置で，それから検出された 2 つのメソッスケールサイクロンの位置が MC1 と MC2．

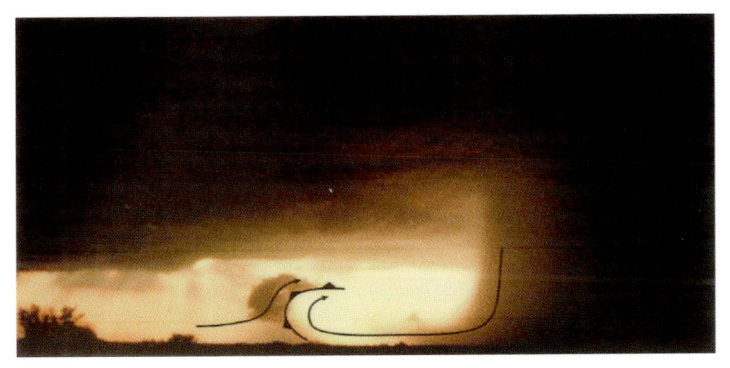

図 14.26 ダウンバーストの写真[32]．図の右側の下降流に伴う冷気外出流の先端のガストフロントが巻き上がっている様子が寒冷前線の記号で表されている．2 本の細い実線は流線．National Oceanic and Atmospheric Administration (NOAA) の撮影．

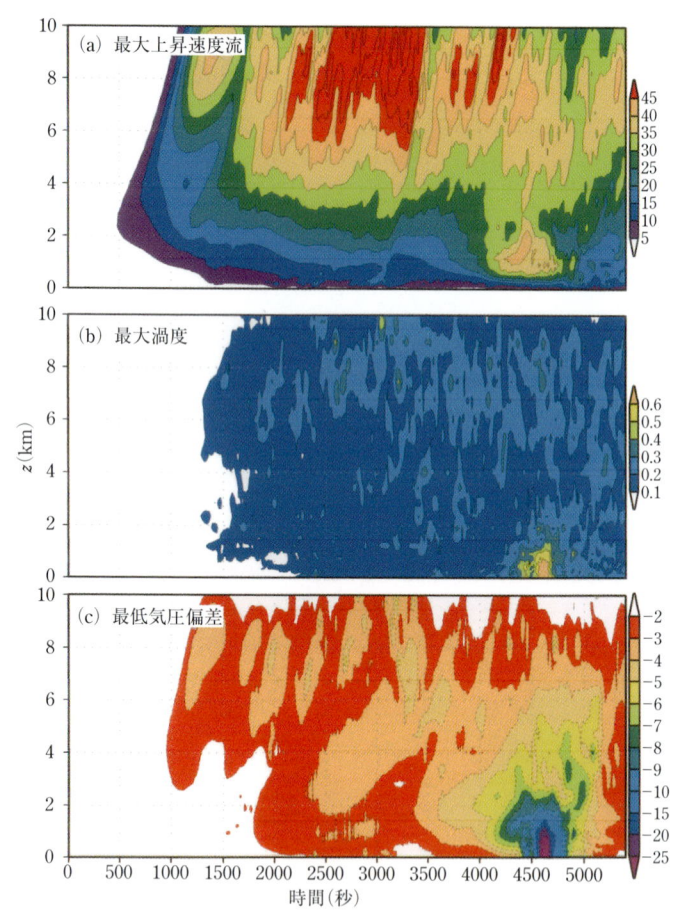

図15.15 数値シミュレーション開始後の時間・高度の断面図[15]. 各高度における (a) 最大上昇速度, (b) 最大鉛直渦度, (c) 最低気圧偏差. 等値線の間隔は (a), (b), (c) に対して, それぞれ 5 m s^{-1}, 0.2 s^{-1}, 1 hPa. 計算結果が9秒間隔で図示されている.

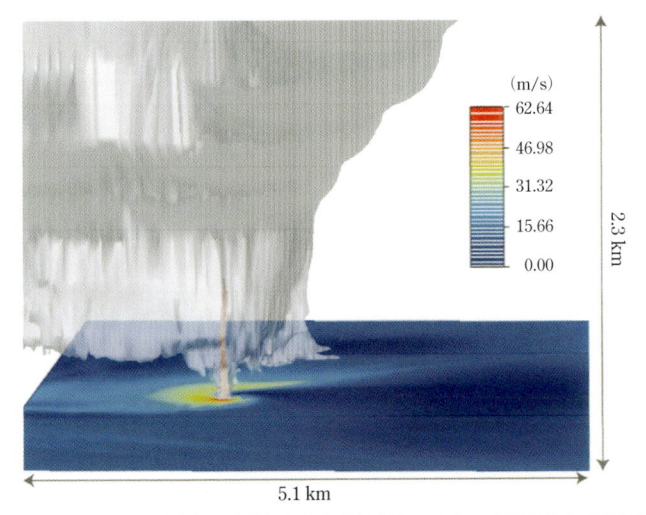

図 15.17 シミュレーション時間 4504 秒における疑似竜巻とストーム下部を南東の方角から見た鳥瞰図．灰色と赤の面は，それぞれ雲水分の混合比が 0.1 g kg^{-1} と鉛直渦度が 0.6 s^{-1} の面．青色の水平面は数値シミュレーションモデルの最下層である高度 5 m の水平面で，その面上の風速が色彩別に示してある[15]．

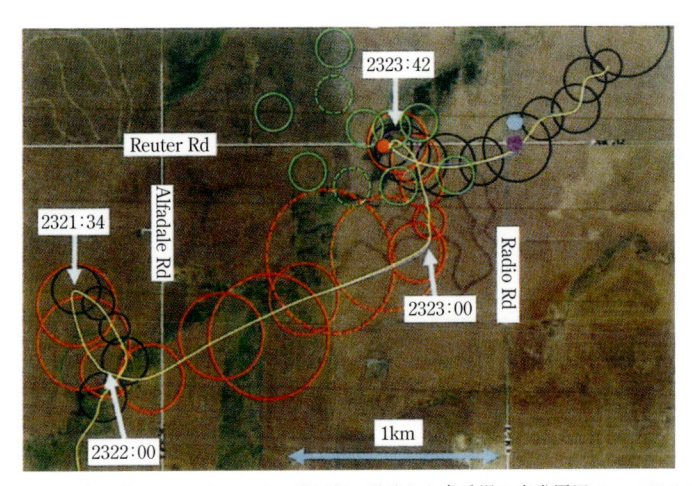

図 15.30 2013 年 5 月 31 日，オクラホマ州西部で発達した多重渦の竜巻周辺で，ベテラン竜巻ハンターであるサマラスを遭難させた副渦巻の軌跡が白い線[33]．時刻の表示は時刻・分：秒 UTC．赤と黒の円は車両搭載のドップラーレーダーが測定した最大の接線方向の風速の領域．赤と青と紫のドットはそれぞれサマラスらが乗っていた車両の出発点，最後に目撃された地点，事故後に発見された地点を示す．緑色の円は事故後に発生した別の副渦巻．

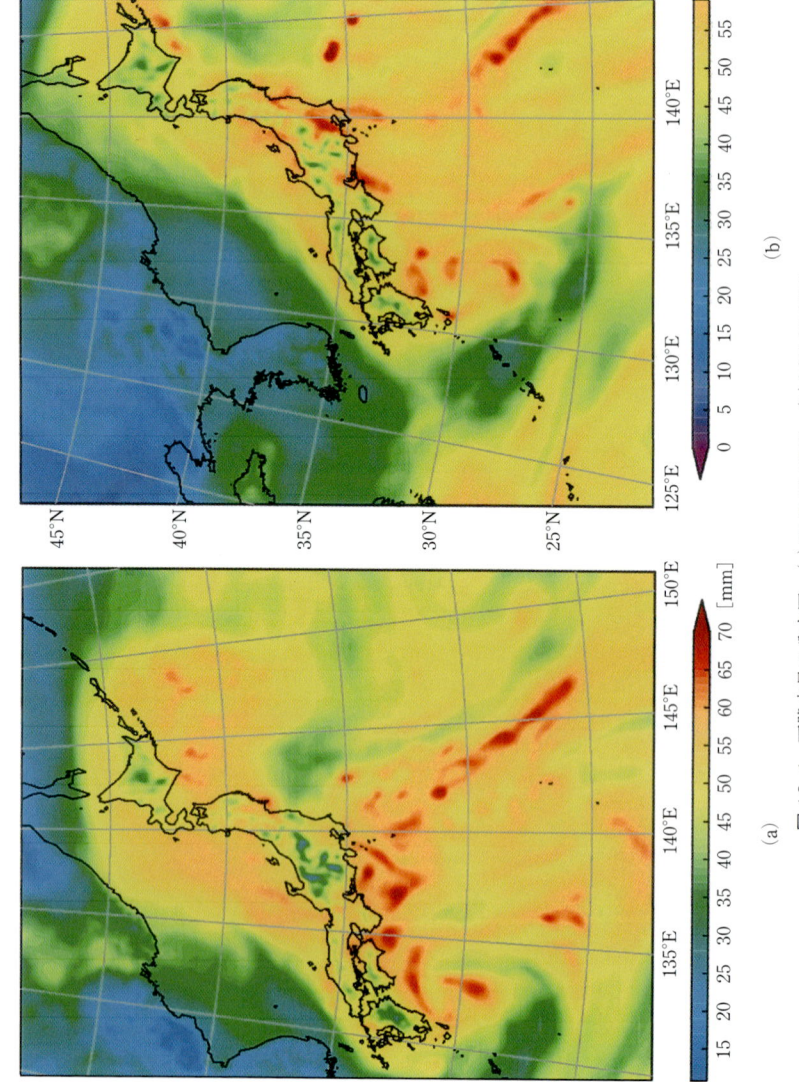

図 16.4 可降水量の分布図．(a) 28 日 00 UTC．(b) 同日 12 UTC．

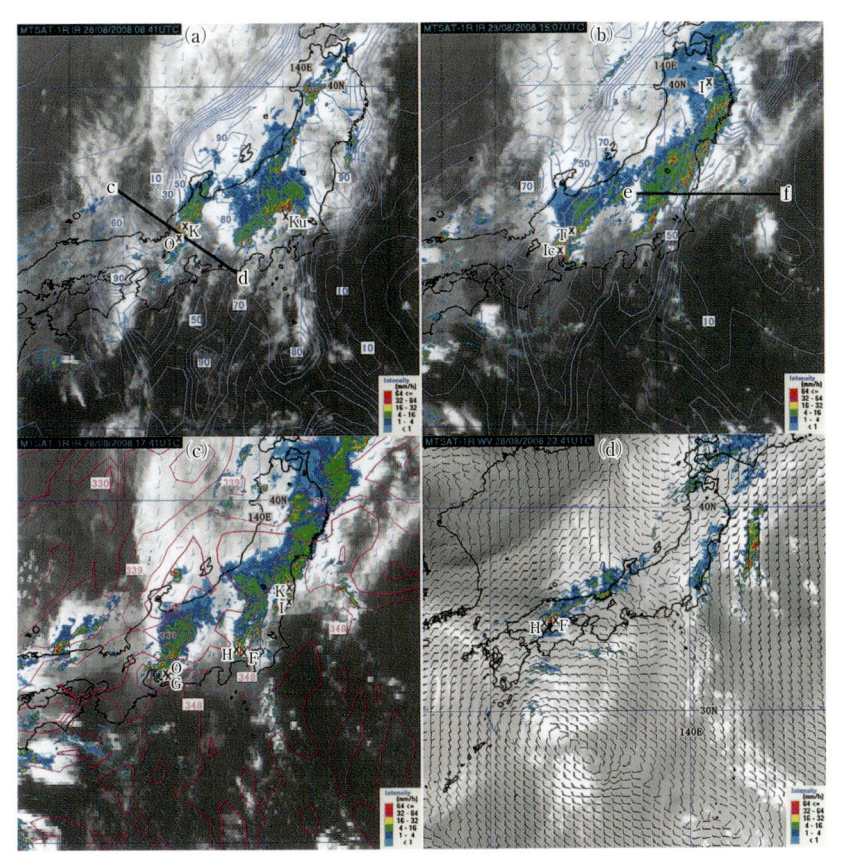

図 16.6 1時間降雨量が観測史上1位を記録した地点の位置（×で示す）とそれが降った時刻前後のレーダー・エコーの分布．衛星画像は(d)の水蒸気画像を除いて赤外画像．(a) 28日 0841 UTC, 500 hPa の相対湿度（10％おき）と 925 hPa の風．K は福井県勝山市（0841 UTC に1時間降水量 58.5 mm），O は福井県大野市大野（0807 UTC に 64.5 mm），Ku は埼玉県久喜市（1152 UTC に 77.0 mm）．線分 c-d に沿う鉛直断面は省略．(b) 28日 1507 UTC, 500 hPa の相対湿度と風．I は岩手県一戸町（1520 UTC に 37 mm），Ic は愛知県一宮市（1410 UTC に 120 mm），T は岐阜県高山市（1130 UTC に 73.0 mm）．線分 e-f に沿う鉛直断面は省略．(c) 28日 1741 UTC, 925 hPa における相当温位（3 K おき）と風．K は福島県川内村（1740 UTC に 64.5 mm），I は同県いわき市（1700 UTC に 63.0 mm），H は東京都八王子市（1708 UTC に 63.0 mm），F は同都府中市（1828 UTC に 58.5 mm），O は愛知県岡崎市（1700 UTC に 146.5 mm），G は同県蒲郡市（1831 UTC に 71.5 mm）．(d) 28日 2341 UTC, 925 hPa の風．H は広島県東広島市（2332 UTC に 88.5 mm），F は同県福山市（29日 0337 UTC に 93.0 mm）．

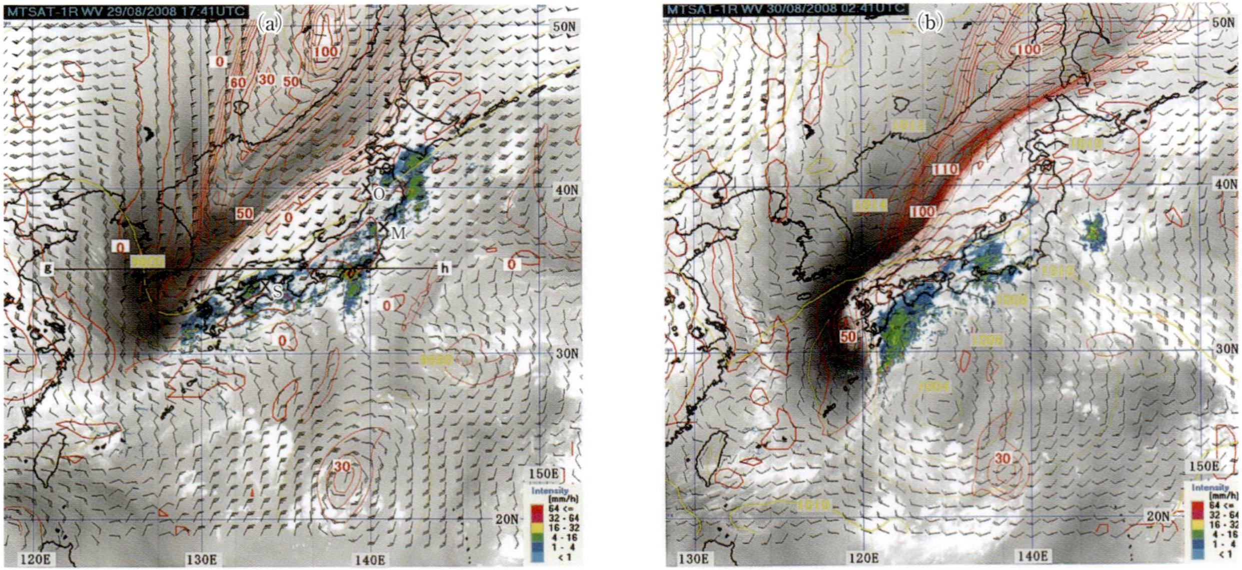

図 16.10 図 16.6 と同じく，1 時間降雨量が観測史上 1 位を記録した地点の位置（×印）と，その時刻前後のレーダー・エコーと 250 hPa の渦位（赤色．単位は 0.1 PVU．等値線は 1 PVU おき）の分布と衛星水蒸気画像を示す．(a) 29 日 1741 UTC．300 hPa の風と等高度線（黄色．60 m おき）．O は秋田県男鹿市（1520 UTC に 1 時間降水量 56.5 mm）．M は宮城県丸森町（1320 UTC に 69.0 mm）．S は愛媛県西条市（1150 UTC に 69.0 mm）．線分 g–h は図 16.12 の鉛直断面の位置．(b) 30 日 0241 UTC．地表等圧線（黄色．2 hPa おき）と 925 hPa の風の分布．(c) 30 日 1141 UTC．925 hPa における等相当温位線（ピンク色．3 K おき）．A は千葉県我孫子市（1014 UTC に 105.5 mm）．線分 i–j は図 16.13 の鉛直断面の位置．(d)(a) に同じ．ただし 30 日 2107 UTC．

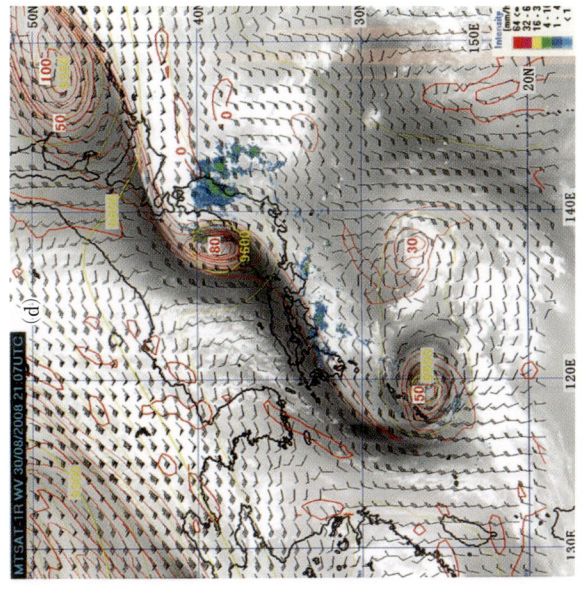

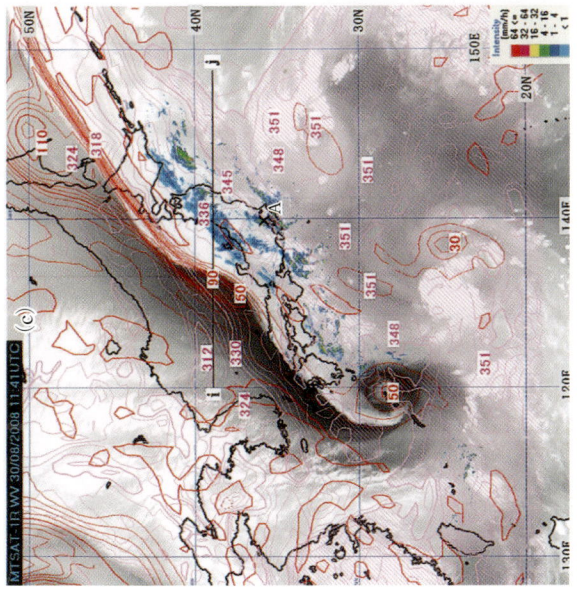

図 16.10（つづき）.

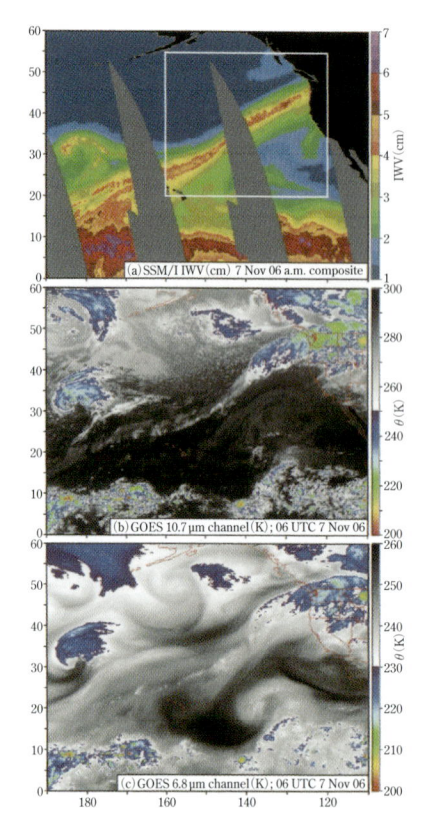

図 16.13 2006年11月7日朝の衛星画像[18]. (a) 極軌道衛星搭載のSSM/Iというセンサーの合成画像による可降水量 (cm). 0200〜0615 UTCの時間帯, (b) 米国の静止衛星GOES-11の10.7μm (即ち赤外) チャネルによる地表面あるいは雲頂輝度温度 (K), 0600 UTC. (c) GOES-11の6.7μm (即ち水蒸気) チャネルによる輝度温度 (K), 対流圏上層 (ほぼ200〜500 hPa) の厚い層内の水蒸気量に関係する. 0600 UTC.

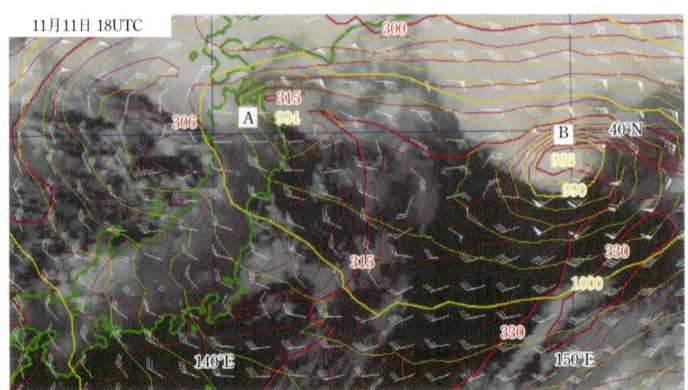

図 16.18 青森市における1時間降水量がピークに近い11日18 UTC, 赤外画像に重ねた地上等圧線 (黄色, 2 hPaごと) と925 hPaにおける風と等相当温位線 (赤色, 3 Kごと).

はじめに

　本書は私たちが毎日遭遇するお天気の変化とその仕組みを，できるだけ平易に，そして系統的に，解説したものである．私はそれほど世界各地に住んだわけではないが，日本とその周辺の地域ほど四季の風物の美しさと多様性を持った地域はないと思う．それは，花曇り，花冷え，風光る，風薫る，衣替え，青嵐，五月雨，雲の峰，夕凪，大暑，緑陰，新涼，初嵐，白露，野分，水澄む，菊日和，木枯らし，小春日和，冬晴など，俳句の季語を見るだけでもわかる．しかし，天気の移り変わりは時として暴走する．風のそよぎや雲のたたずまいなど，穏やかな日和に季節の情感にひたる日があるかと思えば，強風に立ちすくみ，篠突く付く雨に身の危険を感ずる日もある．集中豪雨，大雨，土砂災害，強風，竜巻，洪水など，いろいろな気象災害が起こり，私たちは生命の危険に脅かされる．本当に，私たちは「詩」と「死」のはざまで生きているのだ

　近年，気象学の進歩は目覚ましい．それは１つには気象衛星やドップラーレーダーやウィンドプロファイラなどの観測機器が整備され，地球大気が絶えず細かく監視・実測されてきたからである．もう１つは，「地球シミュレータ」や「京」などのスーパーコンピュータが利用に供されたからである．これは，数値天気予報の精度向上に寄与するにとどまらず，天気の変化の仕組みを理解するのに大きく貢献した．実際，太陽の恵みを受けて，眼には見えない大気の中に，これだけ多様な天気の変化を起こさせる力とエネルギーが内蔵されているのは，本当に驚きである．

　こうした進歩を踏まえて，私は数年前に日本気象学会の機関誌『天気』に，友人と共に，「お天気の見方・楽しみ方」というシリーズを書かせていただいたことがある．そこで強調したことは，このシリーズは「天気図の見方」とか「天気予報の出し方」といった種類のハウツウ本やマニュアル本とは違う目標を目指すということだった．意図したことは，まず，日本とその周辺地域に出現した興味ある顕著なお天気の変化を記述すること，次に，それで

は何故ある地域，ある日時にその変化が起こるのか，起こらなければならないのか，気象学の基礎に立ち返って，お天気の変化の仕組みを考えることだった．そうか，そうなのか，そうだったのかという知的好奇心の満足が目標だった．

　本書はそのシリーズの内容を適宜に選択・改訂し，その後の新たな事例を加えて，1冊の本にまとめたものである．一般向けの本にするために，数式は殆ど使用していない．それでも理解しにくい箇所があれば，そこは飛ばして次に進んでほしい．もっとわかりやすく興味ある話があるかもしれないからである．執筆の方針として，厳密さよりも読みやすさを優先している．厳密さを求める読者，あるいはもっと詳しく知りたい読者のために，文献を引用している．その文献引用も，網羅的でなく，入手しやすいもの，総合報告的なもの，歴史的価値あるもの，あるいはその分野でなるべく最近のものを選んだ．

　いわゆる一般教養のレベルを超えて，本書のように地球規模の大気の流れから，竜巻のような小さな局地的な渦巻までを1冊の本で記述したものは，私の知る限り世界でも他にない．それで，私の意図がどの程度成功したかわからない．もしも読者がこの本に目を通して，少しでもこれまで以上にお天気を見る楽しさを味わい，気象災害に備える心を持っていただけたら，これ以上嬉しいことはない．

　ここまで，多くの友人の助けがなかったら，この本の執筆を終わることは出来なかったであろう．特に，東京大学大気海洋研究所の新野宏教授には感謝の意を表したい．十余年にわたる同所の外来研究員制度の私のカウンターパートとして，いろいろと教えて下さったし，若い世代の研究者の息吹きと世界における気象学の進歩に触れる機会と便宜を与えて下さった．気象庁の隈部良司氏と西村修司氏は上記の連載シリーズ「お天気の見方・楽しみ方」の大部分で，共著者となって下さった．また，立正大学地球環境科学部の吉崎正憲教授は本書の原稿の初めから終わりまで目を通して，細かい点に至るまで，多くの適切なコメントをして下さった．さらに，東京大学先端科学技術研究センターの中村尚教授，総合地球環境学研究所の安成哲三所長，気象庁の大久保篤氏にはいろいろお世話様になったことを記して，感謝の意を表したい．図の提供や転載を許可してくださった方々にも厚くお礼を申し上げ

たい．

　最後に，本書は個々の気象の事例については，できるだけ臨場感を持って読めるように，図を多くした．それだけ編集も大変になったが，本書の出版に協力し，図の1つ1つに至るまで，ていねいに編集をして下さった岸純青氏に感謝したい．

2015年3月春めいた日

著者

目　次

はじめに　i

第1章　お天気の移り変わりと天気系　1
1.1　天気系とは　1
1.2　いろいろなスケールの運動——気象の多重性　2
1.3　雲・雨・雪などの降水過程　7
1.4　現象の多重構造とスケール間の相互作用　11

第2章　グローバルスケールの擾乱　17
2.1　ロスビー波　17
2.2　エルニーニョと日本の天候　24
2.3　ブロッキングと北日本の冷夏　26
2.4　データ同化と再解析データ　30

第3章　多様性を生む4つの要因　37
3.1　中緯度に位置していること　37
3.2　大陸の東岸に位置していること　38
3.3　水蒸気が豊富なこと　45
3.4　アジア・モンスーンがあること　47

第4章　温帯低気圧の基礎的な考え方　55
4.1　温帯低気圧像の変遷　55
4.2　傾圧不安定波としての温帯低気圧　58
4.3　疑似高・低気圧　66
4.4　ストレッチ効果と渦の発達　70

第5章　前線形成のプロセス ……………………………………… 73

5.1　目の錯覚か　73

5.2　前線形成のプロセス　75

5.3　シャピロ・カイザーモデルと閉塞前線　79

5.4　発達中の前線を巡る二次鉛直循環　85

5.5　温帯低気圧に伴う流れと雲のパターン　88

第6章　渦位 …………………………………………………………… 101

6.1　渦位とは何か　101

6.2　渦位の逆算性　108

6.3　寒冷低気圧　112

6.4　凝結加熱と渦位の生成　116

6.5　上層ジェットストリークの周りの鉛直循環　118

6.6　上層と下層の低気圧の相互作用　120

第7章　低気圧の発生・発達に及ぼす凝結潜熱の影響 ………… 129

7.1　コンピュータがなくても　129

7.2　コンピュータがあれば　130

7.3　傾圧不安定波に及ぼす凝結熱の影響——梅雨前線上の小低気圧　139

7.4　梅雨前線と小低気圧の世代交代　141

第8章　台風並みに発達した低気圧 ……………………………… 153

8.1　南岸低気圧の場合　153

8.2　日本海低気圧の場合　165

第9章　春の嵐を呼ぶ日本海低気圧 ……………………………… 169

9.1　2004年4月の日本海低気圧の場合　169

9.2　温帯低気圧の熱帯低気圧化　181

9.3　低気圧位相空間　184

第 10 章　亜熱帯低気圧　195

10.1　秋雨前線上で生まれた亜熱帯低気圧　195
10.2　上層のジェットストリークと亜熱帯低気圧　202
10.3　グローバルに見た亜熱帯低気圧　210

第 11 章　ポーラーロウ　213

11.1　北海の「白鳥」ポーラーロウ　213
11.2　日本海のポーラーロウ　219
11.3　グローバルに見たポーラーロウ　225

第 12 章　秋雨前線　229

12.1　秋雨前線と熱帯低気圧の組み合わせ　229
12.2　熱帯低気圧前方の先駆降雨現象（PRE）　241

第 13 章　深い湿潤対流と雷雨　245

13.1　積乱雲のイニシエイション　245
13.2　雷雨の分類　249
13.3　関東地方の夏の雷雨の多様性　251
13.4　局地的大雨による水害　259

第 14 章　メソ対流系　265

14.1　積乱雲の組織化　265
14.2　バックビルディング型の線状メソ対流系　270
14.3　スコールライン　283
14.4　ボウエコー　290
14.5　ダウンバースト　296

第 15 章　竜巻　301

15.1　竜巻の概観　301
15.2　スーパーセルと中層のメソサイクロン　306

15.3　スーパーセルに伴う竜巻　315

　15.4　台風に伴う竜巻　323

　15.5　ノンスーパーセル竜巻　332

　15.6　多重渦の竜巻――ベテラン竜巻ハンターの死　335

第 16 章　大雨と大雪 ………………………………………………………… 339

　16.1　平成 20 年 8 月末豪雨　339

　16.2　大気中の河　355

　16.3　晩秋の青森を襲った記録的な豪雨　358

　16.4　季節外れに奄美大島を襲った記録的な大雨　364

　16.5　冬の日本海雪景色――水平ロール対流　368

　16.6　成人の日東京首都圏の大雪　375

　おわりに　379

　参考文献　383

　索引　399

第1章
お天気の移り変わりと天気系

1.1 天気系とは

　天気系（天気システム，weather system）とは少し聞きなれない言葉かもしれない．一般的に，あるシステムは，いくつかの部品を持ち，各々の部品はそれ自身の物理や化学法則に従って作動するともに，相互にも作用しあい，全体としてシステムが作動する．天気系というシステムの例として，水害を起こすような豪雨を考えてみよう．豪雨を降らせる雲の塊は，いくつかの発達中や衰退期にある積乱雲の集合と，広がった層状の雲からなる．一般的に，発達中の積乱雲内部には上昇流があり，層状性の雲の中には弱い上昇流があって，多数の雲粒や雨粒や氷晶などが生産されている．そして衰退期の積乱雲の下部には，雲粒からできた雨粒や雪が融けて出来た雨粒が，下降流とともに落下している．強い下降流はダウンバーストなどの風害をもたらすこともある（第14章）．ときには大雨が降り，浸水や洪水などの被害をもたらす．そして，こうした雲の塊はしばしば温帯低気圧の中心付近や温暖前線・寒冷前線に伴って出現することが多い．衛星の雲画像でみると，こうした温帯低気圧/前線系自身の形態もさまざまである．こうして，温帯低気圧・高気圧から雲の中の水の粒子にいたるまで，全部をひとまとめにしたものが，本書でいう天気系である．

　日々のお天気の変化は，それぞれ違った様相を持つ天気系が，日々に私たちの頭上を通過していくときにもたらされるのである．そして，「はじめに」でも述べたが，この日本に住む私たちが日常接する天気系は，世界でもまれなほど多様性に富んでいるのである．

1.2 いろいろなスケールの運動——気象の多重性

このことをもう少し系統的に述べよう．天気に直接影響するのは地球大気の対流圏（平均して高度約 10 km）内の空気の運動である．記述の便宜上，この大気の運動を気象学では，その水平スケール（大きさ）によって分類する．その分類の仕方にもいろいろあるが，最も普及しているのはオランスキーによるもので，図 1.1 に示してある[1]．まず，マクロスケール・メソスケール・ミクロスケールに区分する．各々の水平スケールの現象には，それに対応した特有な時間スケールがある．ここでいう時間スケールというのは，その現象のもつ寿命である．温帯低気圧ならば寿命は 1 週間程度，積乱雲ならば 1 時間程度といったものである．

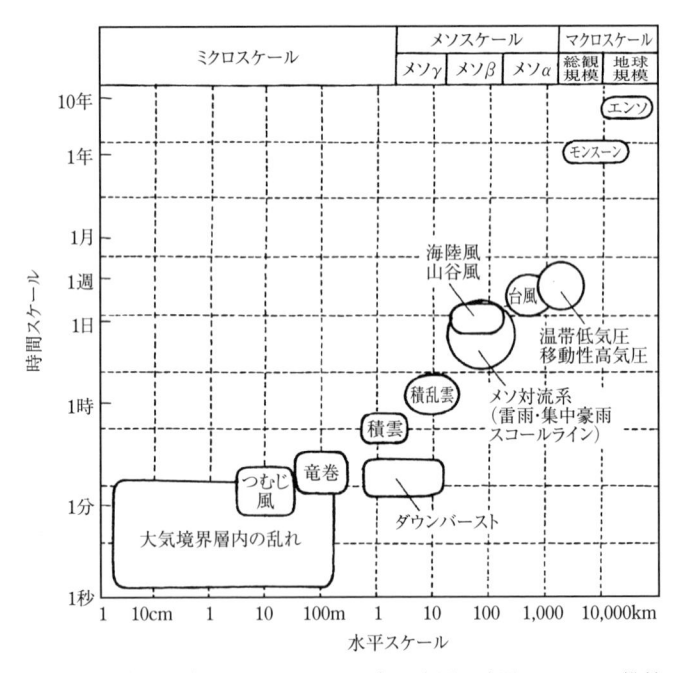

図 1.1 大気中で起こるいろいろな現象の空間・時間スケール．横軸は現象の代表的な水平空間スケール．縦軸は代表的な時間スケール（『一般気象学 第 2 版』，図 6.27）．

マクロスケールはさらにグローバルスケール（地球規模）と総観スケールに分けられる．グローバルスケールは文字どおり地球全体を覆う運動である．1920 年代に始まったラジオゾンデによる高層気象観測網の確立や，過去数十年間いろいろな気象衛星による観測技術の進展により，対流圏内の空気の流れや気温などの状態についてのデータが蓄積された．そのデータの解析によって，地球大気のグローバルな運動には，南方振動（エルニーニョ・ラニーニャに関連した振動）・北極振動・インド洋ダイポールなど，特有のモードが含まれていること，そして各々のモードの強弱が世界各地に特有の天気・天候現象をもたらすことが次第に明らかになった（第 2 章）．たとえば，ラニーニャ現象が起こっている年には，日本の夏は例年より高温で，冬は例年より低温になりやすいといった具合である．

図 1.2 は 500 hPa 高層天気図の一例である．中緯度で等高度線はいろいろの形に蛇行している．太陽からの可視光をスペクトルに分解すると，虹の 7 色の波長をもつ電磁波に分解される．人間の音声や楽器の音色は，低振動数から高振動数の音波に分解される．このように，図 1.2 に示した等高度線の蛇行も，東西方向に調和解析すれば，いろいろな波長をもつ波動から成ると表現できる．図 1.3 は 500 hPa の擾乱について，45°N の緯度圏に沿って，どの波長の波動にどれだけのエネルギーが含まれているか（つまり調和解析したときの振幅の 2 乗）を示す図である．ただし，横軸には波長の代わりに，その逆数に比例する波数を用いている（波数 = 2π/波長）．図によれば，波数 2 の波が一番エネルギーを持っている．波数 2 の波というのは，地球の緯度圏に沿ってぐるりと一回りして見ると，波の谷（トラフ）が 2 つ，波の峰（リッジ）が 2 つあるという波である．普通，波数が 4 以下の長い波をプラネタリー波（惑星波）という．プラネタリー波は中緯度以外でも，たとえば，赤道域でも存在する．惑星波をロスビー波と呼ぶこともある（『アメリカ気象学会気象用語辞典　第 2 版』, 2000）．ロスビー波は気象学にとって重要な波の 1 つなので，2.1 節で詳しく解説する．

次のスケールの総観というのは synoptic の訳語で，もともとは全体を一望のもとに見渡すという意味のギリシャ語からきている．しかし，気象学ではもっと限定的に，ある時刻に広い地域のデータを集めて，低気圧や高気圧を調べるという意味で使っている．地上気象観測やラジオゾンデなどによる

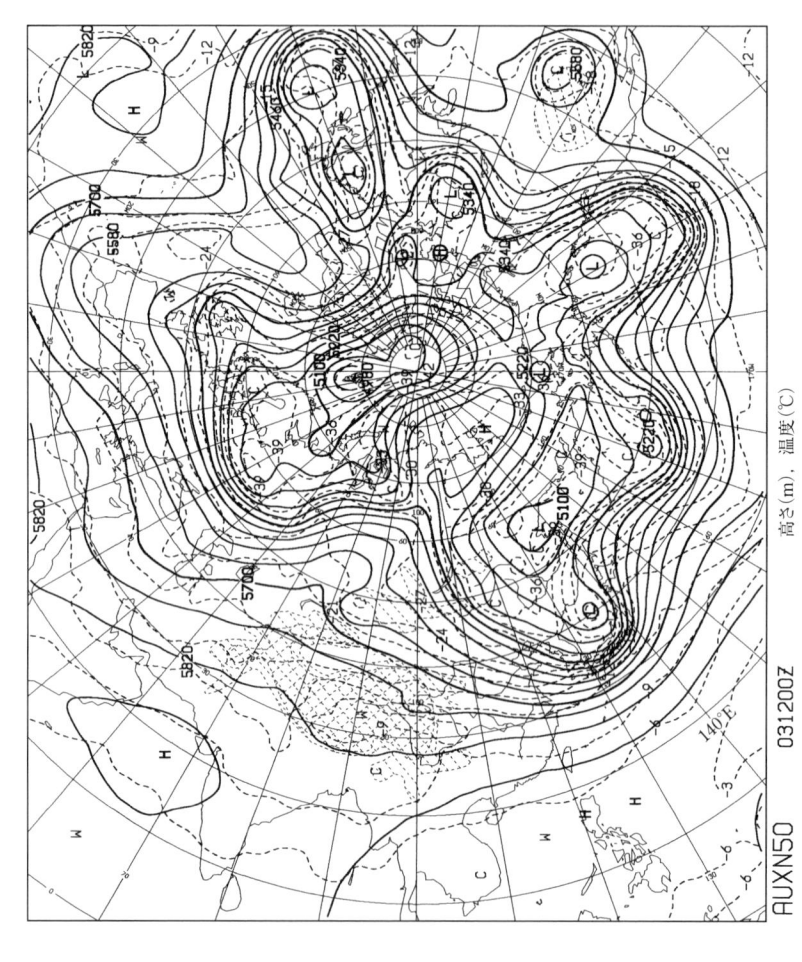

4　第1章　お天気の移り変わりと天気系

図1.2　500 hPa高層天気図の一例（2012年4月3日12 UTC，気象庁）．この日，日本海で低気圧が台風並みに発達し，春の嵐が起こった（8.2節）．高さ(m)，温度(℃)．

気象観測網の網目が粗く，メソ現象の存在も確立されていなかった時代から使われたので，必然的に，総観スケールは水平スケールが数千 km，時間スケールが数日の現象，つまり，天気図に現れる温帯低気圧や移動性の高気圧のスケールということになった．天気系の重要な成分の1つである．

　メソスケールも天気系の重要な成分であり，本書が扱う主題の1つである．これをさらにメソ α スケール（水平スケールが 2000 km から 200 km），メソ β スケール（200 km から 20 km），メソ γ スケール（20 km から 2 km）に分けるのが一般的である．メソ α 現象としては台風，ポーラーロウ（寒帯低気圧）や梅雨前線上に存在する小低気圧や雲のクラスターなどが知られている．近年は，亜熱帯低気圧というものも知られるようになった．第10章で述べる．メソ γ スケールの現象の代表的なものは，夏の青空を背景に，むくむくと湧き上がる入道雲（積乱雲）である．

　ミクロスケールはだいたい 2 km 以下の大きさの現象である．一番関心があるのは直径が 100 m の桁の竜巻であろう．第15章で詳しく述べる．これよりもスケールの小さい渦巻が砂漠で発生するダストデヴィル（dust devil，塵旋風）である．ダストデヴィルは晴れた日の午後の早い時間に発生しやすい．こうした状況下では地表面が暖められ，大気の最下層（対流混合層）に対流が起こる．対流に伴う下降流によって，混合層の上部の強い風が地表面

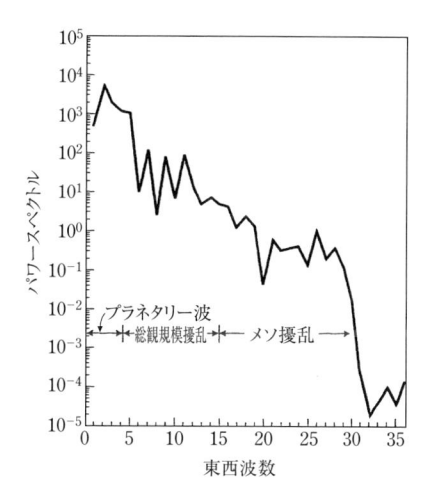

図1.3　500 hPa のジオポテンシャル高度の東西波数スペクトル．

まで引きずりおろされる．この強い風が砂を巻き上げ，渦巻が目に見えるようになる．ダストデヴィルを砂嵐と呼んでもいいが，砂嵐はもっと一般的に，たとえば局地的な前線で砂が巻き上げられたときにも使うので，ここではダストデヴィルのままで使う．図1.4は数値モデルでシミュレーションされたダストデヴィルである[2]．ダストデヴィルを詳しく観測した結果によると，典型的なダストデヴィルの直径は数十〜100 m，それに伴う風は $10\,\mathrm{m\,s^{-1}}$，その中心部の気温は周囲より4℃から8℃くらい高い[3],[4],[5]．

ダストデヴィルより小さいのが，つむじ風である．校庭や裸地などで砂や枯れ葉をくるくる回転させているので，お馴染みである．せっかく運動会のために建てたテントを吹き飛ばすこともある．

このように，大気中には小さなダストデヴィルや竜巻のような渦巻から，熱帯低気圧や台風のような大きな渦巻まで，いろいろな大きさの渦巻がある．温帯低気圧も渦巻である．水蒸気を含んだ地球の大気は，無色透明で目には見えない気体であるが，ある時刻，ある場所で選択的にこうした渦巻を発生

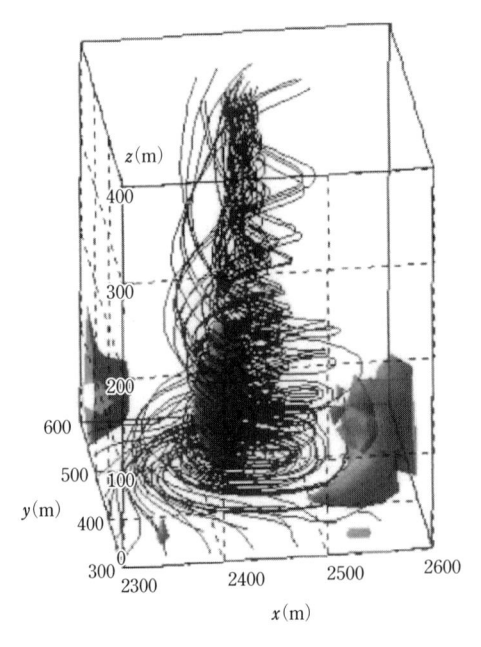

図1.4 ダストデヴィルの数値シミュレーションの一例．渦に吸い込まれる大気素片の軌跡を示す．左右の陰影の部分は鉛直速度が $-0.2\,\mathrm{m\,s^{-1}}$ 以下の区域[2]．

させる仕掛けを内蔵しているわけだ．どんな仕掛けか，どんなメカニズムでこうした渦巻が発生するのか．それを探るのも本書のテーマの1つである．

大気中の最も小さい渦巻としては，大きさが最少で1cmの桁の大気境界層内の乱れ（eddy, turbulence）があるが，本書では省略する．

1.3 雲・雨・雪などの降水過程

大気の運動ではないが，天気系にとって欠かせないのが，雲・雨・雪など，それこそ，お天気に直接関係する水の液体や固体の相である．水蒸気を含んだ不飽和空気の塊を断熱的に持ち上げると，空気塊は膨張をして温度が下がり，相対湿度は増す．飽和に達すると，大気中に浮遊している凝結核を核として雲粒ができる．大きさは $1\,\mu m$ （10^{-6} m）から $10\,\mu m$ の桁である．さらに空気塊が上昇を続けると，水蒸気が雲粒に凝結して，雲粒は大きくなる．また，凝結核の違いなどにより，出来たての雲粒の大きさは同じではない．重力のため雲粒が落下する速度は，雲粒の半径が大きいほど大きい．大きな雲粒は大きな速度で空中を落下し，その途中で小さな雲粒を併合吸収して大きくなり，ますます大きな速度で落下するという連鎖反応が起こる．こうした過程を経て，大きさが1mmの桁の雨粒に成長し，m s^{-1} の桁の速度で落下する．雲底下では相対湿度が100%以下なので，途中で蒸発してしまう雨滴もあるが，生き延びて地上まで達するものもある．今にも雨が降りだしそうに暗くなった空から，ポツリと雨滴が落ち始めた瞬間である．路上では一斉に色とりどりの傘が開く．

雲中では，周りの空気の温度が0℃以下となれば，今度は氷晶核を中心として氷晶ができる．そこに水蒸気が昇華して，いろいろな形をした六角形の結晶をした雪となる．また水滴は静かに冷却すると，0℃より低温でも液体のままでいる．これが過冷却水滴だ．しかし，その状態は不安定なので，氷粒子と接触すると，水は氷表面に薄く広がったり，水滴が表面に丸い氷粒として残ったりする．この過程をライミングという．これにより，雲粒が凍結し氷粒子の質量が増加する．その落下速度も大きくなる．ますます多くの雲粒を捕捉して，あられとなる．雪もあられも落下して，温度次第では落下の途中で融けて，地上では雨として降る．これがいわゆる「冷たい雨」だ．一

方，氷過程を含まない雨を「暖かい雨」という．

　雲の中の何処にどれだけの量の雲粒・雨粒・氷晶・あられ・雪などがあるかを知ることは，天気予報にとって極めて重要である．ところが，水の気体・液体・固体の相の変化はかなり複雑である．図1.5に主なプロセスだけを表したが[6]，雲の中ではこうしたプロセスが，絶えず繰り返し起こっていて，時間とともに雲の形が変わったり，雲が消えて日が射してきたりしているわけである．

　雷もまた天気系の重要な成分である．雲の中でどのように正と負の電荷が分離するのかについては，以前から凍結電位説，着氷電荷分離機構説，融解電荷分離説，雨滴分裂説，イオン誘電説，分離誘電説，イオン対流説など，いろいろな説があった．最近では着氷電荷分離機構が最も有力な理論となっている[7]．あられと氷晶の接触時に電荷が分離するという．

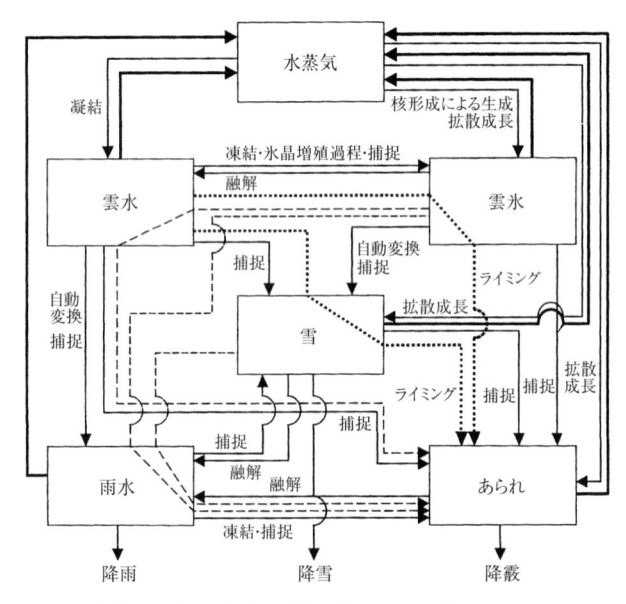

図1.5　気象庁気象研究所の数値予報モデルに組み入れられている大気中水分の相変化の諸過程．太線は蒸発・昇華蒸発，太点線はライミング，破線は相の違った粒子（たとえば水と氷）の衝突・捕捉によるあられへの変換を表す[6]．

雷といえば，本州の太平洋側の人は夏，対流圏界面に達して，かなとこ雲（アンヴィル）を伴う入道雲を思い浮かべる．これに対して，日本海側では冬に雷が多い．この違いは，冬の対流雲頂の高さはたかだか5～7 kmに過ぎないが，日本海側では気温が低いので，あられができやすいからである．太平洋側でも，真夏ではなく5月にひょうを伴った雷雨が多い．

　このように，雲も雨も雪も天気系を構成する重要な成分であるが，ほぼ1960年代の初めごろまでは，雲物理学と気象力学は気象学の中でも，お互いに関係の薄い学問分野と考えられていた．水滴や雪の結晶の成長，あるいは昇華核の同定など，雲物理学はたいてい実験室内あるいは野外観測で研究されてきて，研究者は気象力学の主題である空気の流れには関心がなかったからである．水滴に水蒸気が凝結して水滴が成長する速さは，周りを流れる空気の速度に依存するが，これも鉛直風洞内で鉛直方向に風を吹かせ，水滴を浮遊させて調べていたりした．ところが自然界の対流雲内では，雲の発達段階によって流れは違い，それに応じて水蒸気の相変化が変わり，その際に放出される潜熱の分布が変わり，それに応じて流れの方も変わるという相互作用が絶えず働いている．つまり，雲物理過程をよく理解しなければ，数値モデルの中の熱源と冷源の分布が決まらないのである．雲の物理学と空気の力学が融合し，この相互作用が考慮されるようになったのは，やはりコンピュータが十分利用できるようになった1960年代の終わりのころからである．

　図1.6は40年以上前に，その先駆けとなった1つである[8]．コンピュータの性能が低かったので，これはいわゆる対流雲の1次元モデルともいうべきものである．それぞれの高度で雲全域に亘って水平面上で平均して，すべての変数が高度と時間だけの関数であるという工夫をしている．今から見れば玩具のようなモデルであるが，積乱雲の一生が時間を追って描かれている．液体の粒として雲粒と雨粒，固体の粒としては氷晶だけが考えられている．初期に大気下層に周囲より温度が高い気泡（バブル）があると人為的に設定する．気泡は浮力によって上昇する．すなわち，上昇流（図A）が生まれる．断熱冷却により，気泡の温度が下がり，まず雲粒（図D）が生まれ，雲粒から雨粒（図E）ができ，高所まで登った気泡の中に氷晶も出現する（図F）．潜熱の放出を受けて雲中の温度は上昇し（図B），時間とともに，雲粒と雨粒の量が増し，中層から上層にかけて氷晶の量も増加する．大きな雲粒や雨

粒や氷晶は重力のため落下し，それが周囲の空気を引きずり落として下降流を生ずる．こうして，積乱雲は消滅し，その一生を終えるという雲物理過程が，定性的ではあるが図1.6に示されている．

このように，積乱雲は自己破滅の宿命を持った天気系である．その寿命は1時間程度である．ところが，自己破滅ではあるが，その中に自分の子は残

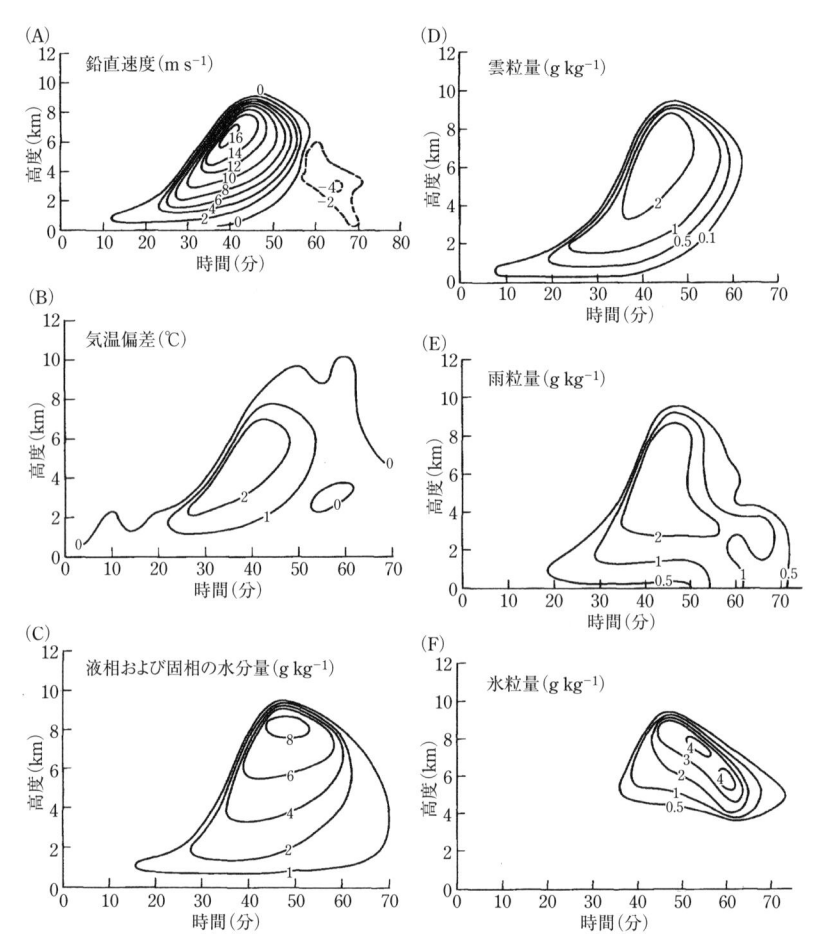

図1.6 高度と時間の関数と見た積乱雲内の諸物理量の分布．積乱雲の1次元モデルによる数値実験の結果による[8]．(A) 鉛直速度 ($m\,s^{-1}$)，(B) 気温偏差 (℃)，(C) 液相および固相の水分量 ($g\,kg^{-1}$)，(D) 雲粒量 ($g\,kg^{-1}$)，(E) 雨粒量 ($g\,kg^{-1}$)，(F) 氷粒量 ($g\,kg^{-1}$)．

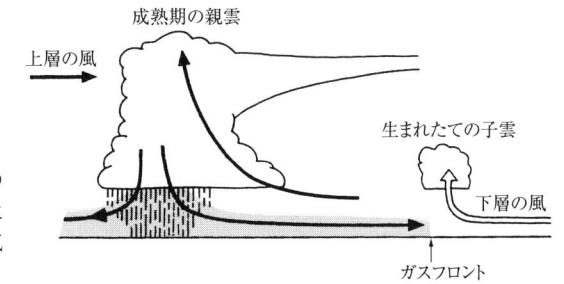

図 1.7　対流雲の自己再生の仕組み．親雲から子雲が生まれる．陰影の部分は冷気プールと冷気外出流．

すという仕組みが隠されている．すなわち，雨粒や氷粒が落下して，雲底を離れ地上に向かうと，周囲の空気は飽和していないから，凝結や昇華が起こり，周囲の空気から凝結熱や昇華熱を奪い，空気の温度が下がる．それで図1.7に示したように，雲底下に冷気が溜まって冷気プールができ，その重みでその部分だけ地表面気圧が高くなり，冷気が外に流れ出す．これが冷気外出流である．うだるように暑い夏の日の午後，それまでのまばゆい青空が瞬く間に黒い雲に覆われ，やがて大粒の雨が軒をたたく（小粒の雨粒は雲中の上昇流のため落下してこない）前に，一陣の涼風が吹く．冷気外出流の到着である．冷気外出流の先端では，温度はもちろん周囲の空気より低いし，風も変動が激しい．ここがガストフロントである．このガストフロントで子供というべき新たな積乱雲が発生することがある．このプロセスは積乱雲の周りの風に鉛直シアがあるとき，即ち，周囲の風の風速や風向が高度によって違うとき出現しやすい（第13章）．

　こうして，私たちが日々遭遇する天気系は，小はスケールが 10^{-6} m の雲粒から，大は 10^7 m のプラネタリー波まで，10^{13} 桁にわたるスケールの違いを持つ壮大なシステムなのである．もちろん，最近の宇宙論が直径 10^{-18} m の素粒子から 10^{27} m の宇宙の果てまでの大きさを議論しているのに比べれば[9]，まだ範囲は狭いが，非線形の物理系を扱っているから，なかなか複雑である．その複雑さを起こす1つの要因が，次節で述べる相互作用である．

1.4　現象の多重構造とスケール間の相互作用

　上に述べたような，いろいろ違ったスケールを持つ現象は，独立して並ん

で存在しているのではなくて，より大きな現象の中に包含されて存在しているというのが普通である．たとえばグローバルスケールの流れの中に総観スケールの低気圧が生まれ成長し，それに伴って，長さは総観スケールであるが幅はメソスケールの前線が出現し，その前線に沿って，強雨を降らせるメソγスケールの積乱雲が何個かのメソβスケールに組織化されて存在しているという構造である．これを天気系の多重構造あるいは階層構造という[10]．一般的に，天気系を複雑にしているのは，この多重構造のためであるが，さらに，スケールの違う運動の間には強い相互作用が働いているということがある．

たとえば，日々新聞紙上で見かける地上天気図を見ても，その形態はずいぶん違う．その原因の1つは，低気圧が発生・発達する環境の場，すなわち低気圧を囲むグローバルスケールの場の違いである（第2～8章）．

メソスケールの現象の発生（initiation）や構造（structure）や進化（evolution）は周囲の環境によって決定的に支配される．たとえば，竜巻は台風に伴われて出現することが多いが，台風の内部でも，15.4節で述べるように，台風の進行方向の右前方の象限で発生する傾向がある．これはこの象限内の風の鉛直シアと温度・湿度の鉛直分布が竜巻の発生に好都合な環境となっているからである．大雨も必要とされるより大きなスケールの気象条件が揃ったときにだけ起こるものである（第16章）

逆にあるスケールの現象が，より大きい現象に影響を及ぼすのみか，現象そのものを起こすこともある．台風がよい例である．台風の中にはメソγスケールの積乱雲があり，それがメソβスケールのメソ対流系に組織化され，全体してメソαスケールの台風となっている[11]．積乱雲の中で放出された水蒸気の凝結熱が台風の温暖核を作り，暖域で上昇流があるので台風の位置エネルギーが台風の運動エネルギーに変換されて，台風が発達あるいは維持されている．同じように，温帯低気圧に伴う前線上で発生した積乱雲の群れ（メソ対流系）の中で放出された凝結熱が，新たな低気圧を発生させ，低気圧の世代交代を起こす場合もある．

話を具体的にするために一例を挙げよう[12]．図1.8は2009年11月10日00 UTCから11日12 UTCまでの速報地上天気図である．まず10日00 UTC（図(a)）では，中国大陸東岸付近で発生した低気圧が，温暖前線と寒冷前

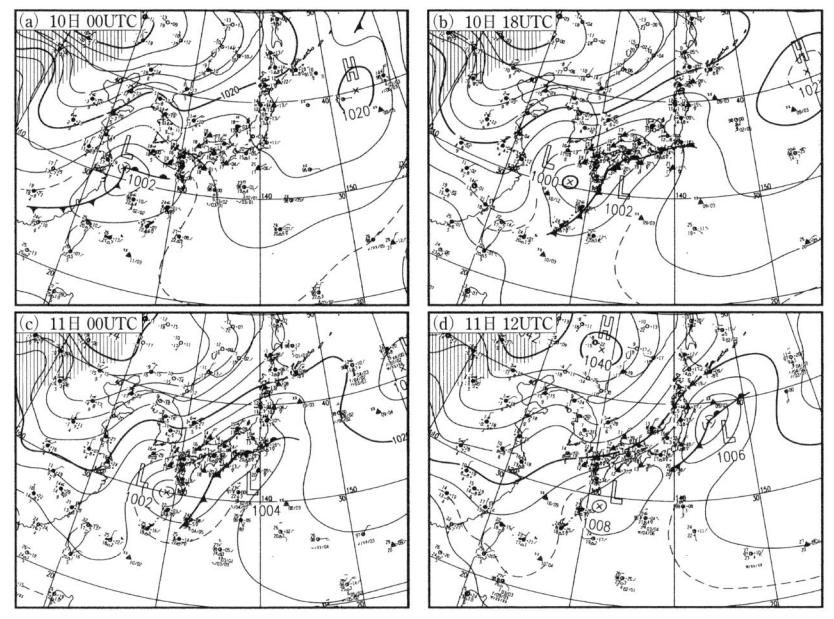

図1.8 温帯低気圧の世代交代の一例．速報天気図．(a) 2009年11月10日00 UTC，(b) 10日18 UTC，(c) 11日00 UTC，(d) 11日12 UTC（気象庁）．

線を伴いながら，東シナ海を東進中である．この低気圧は進行が遅く，18時間後の図(b)で，やっと九州西方の海上に達したが，その時刻までに温暖前線も寒冷前線も失った．代わりに，閉じた等圧線は持たないものの，九州地方に低気圧が出現し，これは温暖前線も寒冷前線も備えている．

　その後は，図(c)と(d)に示すように，九州地方にあった低気圧が発達し東進していく．一方，元の低気圧は衰弱したまま，九州近海上を徘徊している．ここで，低気圧の世代交代が起こったことになる．

　どうして，低気圧の世代交代が起こったのか．図1.9(a)は10日0141 UTCにおけるレーダーエコー図に925 hPaの風を重ねたものである．この時刻，九州西方海上にある初代低気圧の中心から東に延びる温暖前線に，強い南ないし南西の風が吹きつけ，このためオタマジャクシ状にレーダーエコーが分布している．オタマジャクシの頭は九州から対馬海峡にあり，尾は南西諸島の少し北側を南南西から北北東の方向に向かって延びている．九州地方の強い雨はその後も続き，図1.9(b)の10日1841 UTCになると，強い降雨帯が

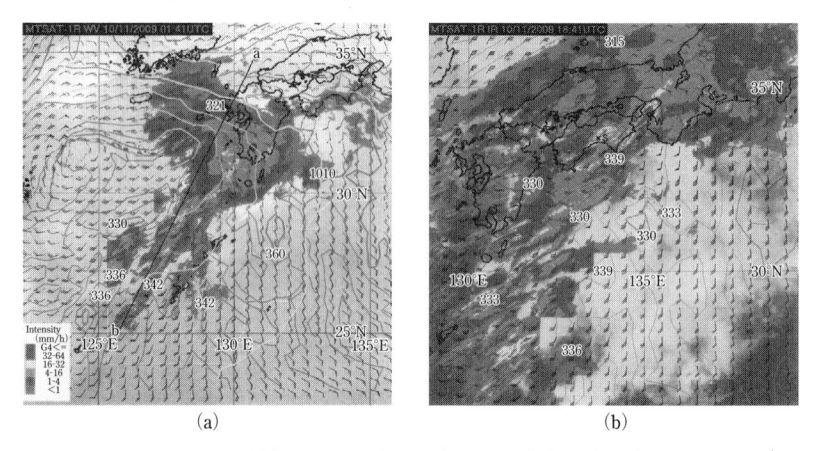

14　第1章　お天気の移り変わりと天気系

図 1.9　図 1.8 に示した低気圧の世代交代を起こした紀伊半島の豪雨の実況図[12]．(a) 11 月 10 日 0141 UTC における衛星水蒸気画像に重ねたレーダーエコーと 925 hPa の風と相当温位 (K) の分布．風の短い矢羽根は 5 ノット，長い矢羽根は 10 ノット，ペナントは 50 ノット．(b) (a) に同じ，ただし 10 日 1841 UTC の実況図で，衛星赤外画像．（口絵にカラーで再掲）

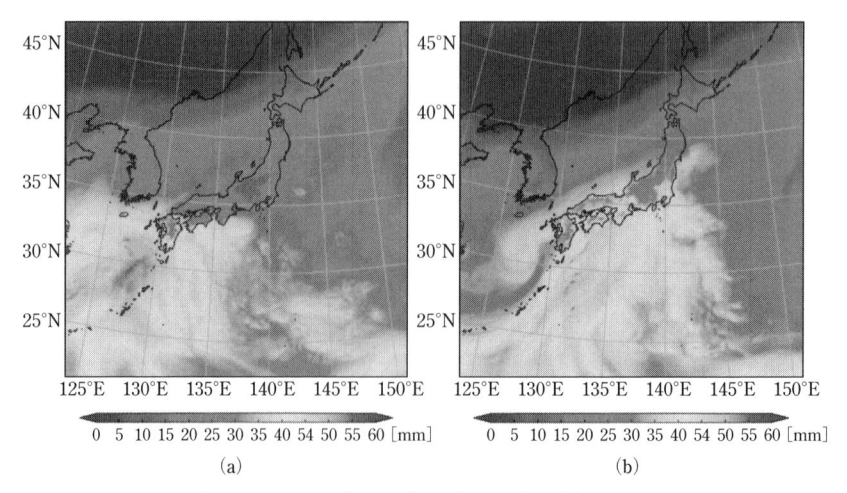

図 1.10　紀伊半島豪雨の際の可降水量分布図 (mm)[12]．(a) 2009 年 11 月 10 日 00 UTC，(b) 10 日 18 UTC．（口絵にカラーで再掲）

和歌山県から徳島県を経て，さらに南西方向に延びている．

　こうして，高知県・和歌山県・三重県などは大雨に襲われた．たとえば，和歌山市での1時間降水量は10日19 UTC に 119.5 mm に達し，また24時間降水量としても高知県繁藤で 316 mm，和歌山市で 256 mm，徳島県福原でも 250 mm というように，季節外れの大雨であった．図 1.10 でわかるように，可降水量（3.3節参照）が最大で 60 mm に近い湿った空気が南風に乗って上記の地域に流れ込んできたのが，この大雨をもたらした要因である．そして，それに伴う凝結の潜熱が第2世代の低気圧を発生させたものと思われる．この凝結の潜熱と低気圧の発生・発達の関係については，第7章でさらに詳しく述べる．

第2章
グローバルスケールの擾乱

2.1 ロスビー波

　なぜ日本を含む東アジアには多様で多重構造をもった天気系が出現するのか考える前に，この章でグローバルスケールの気象を述べて，その中で東アジアの気象を位置付けたい．

　1930年代から40年代にかけて，ラジオゾンデによる高層気象観測網が世界的に次第に整備されていった．その結果，対流圏上層には波長が数千km以上の波動が存在することが発見され，その波動の伝播についての理論も提出された[1),2)]．その発見は直ちに全世界に広まり，今日では，グローバルな空間・時間スケールをもつ現象を理解しようとするとき，欠かすことができないロスビー波という概念となった．今日では，図1.3でいうプラネタリー波に相当する．私個人にとっても，1940年代の後半ころ，大学図書館の本棚の片隅に，それまで第2次世界大戦中のため購入されていなかった外国雑誌が，無造作にひもでくくられていた中に，この論文を発見したのは感動的な出来事だった．

　しかし本書の中で，このロスビー波と第6章の渦位が最も読みにくい箇所かもしれない．両者とも『一般気象学　第2版』ではまったく姿を現していなかった高度な数学的な概念だからである．しかし天気を初歩的な通俗的なレベル以上に理解しようと思ったら，一度は触れておかなければならない概念である．

　まず，第4章で述べる傾圧不安定波と違って，ロスビー波は中立な波である．ということは，何か外から強制されないと励起されない波である．しかし，地球大気中には，ロスビー波を強制的に起こすいろいろな刺激がある．

たとえば，すぐ後で述べるが，偏西風がロッキー山脈やヒマラヤ山脈やアンデス山脈など，長い山脈にぶつかる場合である．あるいは，ある広い範囲にわたって海面水温が周囲より高くなれば，その異常が大気下層にも伝わってロスビー波を生み，やがてその海域から遠く離れた地域の大気の流れを変動させる（2.2節）．さらに，傾圧不安定波の運動エネルギーが，自分よりもっと波長の長い運動に手渡されて，プラネタリー波が励起されることもある．

　ロスビー波とお馴染みになるためには，その波のいろいろな特性を知っておくとよい．特性の1つは，基本場（擾乱がない時の大気）に流れがないときに，つまり静止している大気中に，何かの強制力でロスビー波が励起されると，そのロスビー波の位相（たとえばトラフやリッジの破面）は西に向かって伝播するということである．これは，大気中のある点で，音波を起こすと，それが四方に広がっていくのとは，まったく違った性質である．

　このことを説明する前に，惑星渦度について述べておこう．地球は自転軸の周りを1日に一回りするので，地球とともに動く大気は，絶対座標系から見れば，回転していることになる．すなわち，地球の自転に伴う渦度をもつ．これを惑星渦度という．その回転軸は地球の自転軸の方向を向いているので，惑星渦度は北極点で最大で，赤道では0となる．つまり地球の自転角速度をΩ（$=2\pi/86{,}164$ s）とすると，緯度ϕでの惑星渦度は$2\Omega\sin\phi$となる．これはコリオリパラメータと値が同じである．角速度と渦度の間に2という因子が入っていくのは，流体の微小部分を考え，これが角速度ωで回転しているとき，その微小部分の渦度ζは$\zeta=2\omega$で表されるのと同じである（『一般気象学 第2版』，p.165）．

　再び絶対座標系から見ると（即ち地球の外の宇宙から見ると），地球とともに回転している大気の運動の速さは大きく，日本付近では毎秒数百 m にも及ぶ．一方，日常生活で私たちが風と呼んでいるものは，自転している地球表面上に静止している人間が感じる大気の動きである．その動きは，自転に伴う速さからは，ほんのわずかなずれに過ぎない．そのずれである風に伴う渦度を相対渦度という（ただし，誤解を招かないような場合には，単に渦度という）．さらに惑星渦度と相対渦度の和を絶対渦度という．これは絶対座標系から眺めた渦度である．大気が順圧大気である場合には，摩擦の影響を無視すれば，どの空気塊をとっても，その空気塊の絶対渦度は保存される．

これは流体力学では基本中の基本であるヘルムホルツの「摩擦のない大気（流体）中の渦は不生不滅である」という命題の1形態である（この命題は今後いろいろな形態で登場する）．

ここで，簡単に順圧大気の復習をしよう（『一般気象学　第2版』, p.187）．順圧大気とは圧力が密度だけの関数である大気である．したがって，順圧大気では等圧面と等温面はいつも平行していて，交差しない．今日では高層天気図は500 hPaや850 hPaのように，ある等圧面上で描かれている．もし等圧面上で等温度線が描いてあったら，その大気は順圧大気ではなくて，傾圧大気である．順圧大気中では，風が地衡風（同, p.141）であるとすると，温度風（同, p.145）の関係により，風は高さによらず一様である．つまり運動は2次元である．鉛直に立った空気の柱は，傾くことなく鉛直に立ったまま風に流されていく．

以上の準備をしておいて，図2.1のように，順圧大気の中で低気圧（正の相対渦度をもつ）と高気圧（負の相対渦度をもつ）が，東西方向に交互に並んでいる状況を考える．低気圧の東側と高気圧の西側の間では南風が吹き，それに乗って空気塊は絶対渦度を保存しながら北上する．その際，惑星渦度は北上するにつれて増加するので，その分，相対渦度が減少する．つまり，南風領域では相対渦度の値が減少する．逆に，低気圧の西側と高気圧の東側の間の北風領域では，相対渦度が増加する．こうして，正の相対渦度を持った低気圧の西側では相対渦度が増加し，東側では減少するので，低気圧の中

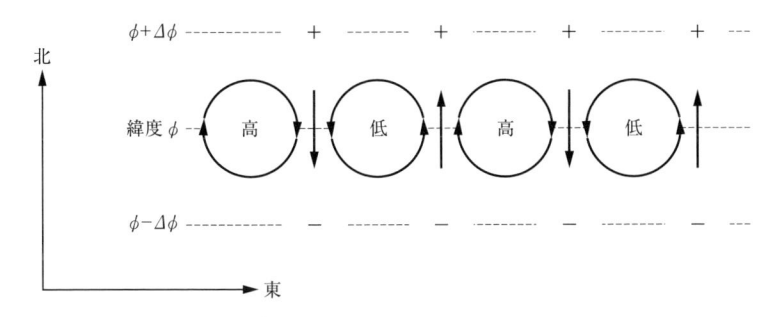

図2.1 ロスビー波が西進する理由の説明図．低気圧は正の，高気圧は負の相対渦度を持つ．矢印は風向を示す．＋と－の記号は緯度ϕの絶対渦度値に比べて，緯度$\phi-\Delta\phi$と$\phi+\Delta\phi$の絶対渦度が大きいか小さいかを示す．

心は西に移動したように見える．同じようにして高気圧の中心も西に移動したことになる．こうして東西に並んだ高気圧と低気圧は，それ自身が伴う回転している風により西に伝播する．これがロスビー波（厳密には順圧ロスビー波）である．

このようにロスビー波が西に伝播する性質は，地球が球形であるために，惑星渦度（すなわちコリオリパラメータ）が緯度によって違うことに起因する．したがって，ロスビー波とはコリオリパラメータ f が緯度によって違うことが一種の復元力として働くことによって起こる波と定義してよい．一方，第4章で述べることであるが，傾圧不安定波はコリオリパラメータ f が緯度によって違うということを無視しても，成長率などに多少の量的な違いこそあれ，ちゃんと成長する．f が緯度によって違うことを無視しては存在できないロスビー波は，それだけグローバルスケールを持つ大きな波動なのだということを実感させる．

具体的に，どれくらいの波長を持つ波動の話をしているのか．ちょっとロスビー波の理論式をのぞいてみよう．x 方向（東西方向）には k，y 方向（南北方向）には l という波数を持つ無限小振幅のロスビー波を考えると，その伝播速度の東西成分は $-\beta k^2/(k^2+l^2)^2$，南北方向の成分は $-\beta kl/(k^2+l^2)^2$ であることが理論的に導かれる．ここで β が，今問題としているコリオリパラメータが地球表面上経線に沿って緯度とともに変わる割合である．地球の半径を a，今考えている地点の緯度を ϕ とすると，コリオリパラメータ f は $f=2\Omega\sin\phi$ であるから，$\beta=(1/a)2\Omega\cos\phi$ である．具体的な例として，a は約 6400 km だから，緯度 45° では $\beta=1.62\times10^{-11}$ m^{-1}s^{-1} の大きさである．

図 2.2 は $l=0$ の場合，即ち波面（たとえばトラフ軸とリッジ軸）が南北方向に走っている場合，ロスビー波の位相が伝播する方向を図示したものである（群速度については後述）．この場合，ロスビー波は西方に，即ち波面に直角方向に伝播する．図の場合には西方向に伝播する．

仮にロスビー波の背景（基本場）の大気が x 方向に一様な U の速度で動いていると，ロスビー波は，上記の固有の移動速度に加えて，この背景となる流れに乗って移動する．再び $l=0$ の場合には，ロスビー波の東西方向の伝播速度 c は

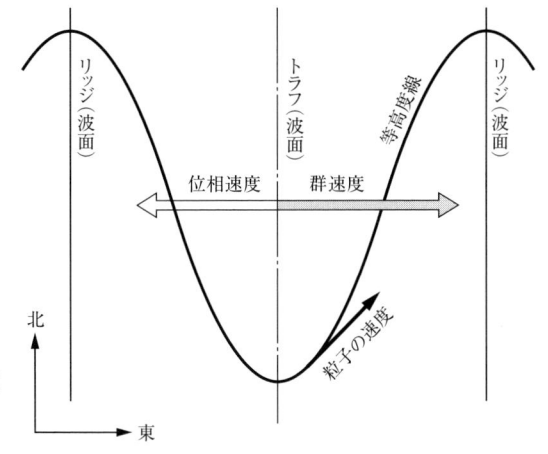

図2.2 波面(トラフとリッジ)が南北方向に並んだロスビー波の位相速度ベクトル(白ヌキ矢印)と群速度ベクトル(薄く塗った矢印)と空気粒子の速度ベクトル.

図中ラベル: リッジ(波面), トラフ(波面), リッジ(波面), 等高度線, 位相速度, 群速度, 粒子の速度, 北, 東

$$c = U - \frac{\beta}{k^2} \tag{2.1}$$

となる.したがって,

$$k^2 = \frac{\beta}{U} \tag{2.2}$$

という波数を持っている波動は,地面に対して静止しているわけだ.たとえば,緯度 45°で $U=16$ m s^{-1} のとき,波長約 6200 km の波は地面に対して静止する.これより波長の長い波は西風に逆らってゆっくりと西に動き,短い波は西風に押し流されて,東に向かう.以下,コリオリパラメータが緯度によって違うことが本質的に重要な現象を,「β 項の効果」による現象ということにする.

この「β 項の効果」は地球大気のみならず,グローバルな海の表層中の流れも決定しているのだという興味深い話をしよう.よく知られているように,太平洋の西端では黒潮という暖流が北上している.その一部は対馬海峡を通過して日本海南部に入り,大部分は本州南岸を通過して西に向かう.この黒潮の位置や強さは日本近海の水温分布に大きな影響を与える.そして,本書でしばしば出てくるように,水温分布は海面と大気の間の潜熱や顕熱の交換量を左右することを通じて,大気擾乱の振る舞いに大きな影響を及ぼしている.

日本近海だけでなく北太平洋全体を見ると，黒潮は本州沿岸を離れてから，北太平洋海流として太平洋を横断する．それからは南に向きを変えてカリフォルニア海流となる．海流と名が付いているが，黒潮に比較するほどでもなく，ゆったりとした幅の広い流れである．この流れは低緯度に達し，西に向かう北赤道海流に連なる．こうして北太平洋を一巡する海流系が出来上がる（『一般気象学 第2版』，図10.4）．この海洋表層の循環の成因は，卓越する風が摩擦により海面を引きずることである．すなわち，中緯度では偏西風が吹き，低緯度地帯には北東貿易風がある．海洋表層の水が引きずられて出来た海流では，流れのある層の厚さは薄い．黒潮領域では水深数十〜200 mの間に$2 \sim 2.5 \mathrm{m\,s}^{-1}$程度の最大流速がある．

この太平洋を巡る循環で一番目につくことは，太平洋の西の端にだけ幅がわずか200 km程度の，狭い強い海流（黒潮）があることである．事情は北大西洋でも同じで，西の端にだけメキシコ湾流という暖流がある．何故そうなのか．この難問に，ゆるぎない解答を与えたのがストンメルで[3]，1948年のことであった．彼は上記のような偏西風と貿易風が定常的に吹いているとき，それに引きずられて順圧流体であると簡単化した海ではどんな定常的な流れができるか，絶対渦度保存則に基づいて計算した．その結果が図2.3である．見事に海洋循環の西岸強化が示されている（数式の扱い方は文献参照[4],[5]）．

> ストンメルは1920年生まれであるから，この論文が印刷されたとき，無名の28歳であった．論文もわずか5ページだった．この論文の発表は，世人に「out of the blue」（青天の霹靂）で出現したと言われたものである．それにしても，1940年代は，ロスビー波の発見，第4章で述べる傾圧不安定波の発見，絶対渦度保存則による西岸強化の理解など，現在の

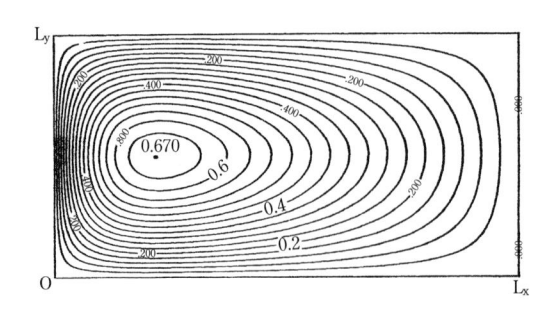

図2.3 4辺を壁で囲まれた長方形の疑似北太平洋において，北半分には西風が，南半分には東風が吹いているとき，風に引きずられて起こる表層海水の流れを表す流線[3]．どの地点でも，流れの方向は流線の接線方向で，流れの速さは流線の間隔に逆比例する．

気象力学と海洋力学を形作る記念すべき年代となった．念のため付け加えると，海洋内部にはまったく違った海洋循環がある．

話を大気中のロスビー波に戻す．ロスビー波のもう1つの重要な特性は，それが分散性の波であること，即ち上記の式でわかるように，波の谷や峰などの位相が伝播する速度（これを位相速度という）が，波長（波数）によって違うことである．このことは上記の式（2.1）で，伝播速度が波数kの関数であることで表現されている．分散波で重要なことは，位相の伝搬速度とは別に，群速度というものを持つことである．本書の範囲外となるので詳しく説明はしないが，波束の持つ運動エネルギーは群速度で伝播するという性質がある．そしてロスビー波の群速度は，その伝播の速さも方向も位相速度のそれとは違う．図2.2の場合には，群速度は東の方向を向く．

この，初めて聞くとなんだかよくわからない事情は，図2.4で少しは身近になる．図2.4はロスビーの発見後間もない1949年に，観測データで見られる波長数千kmの波を図示したものである[6]．今日では古典的となった図である．図の横軸は経度，縦軸は時間（日数）である．ある特定の緯度について，観測された500hPaのジオポテンシャル高度の平均値からの偏差がプ

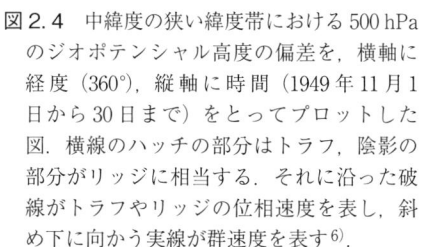

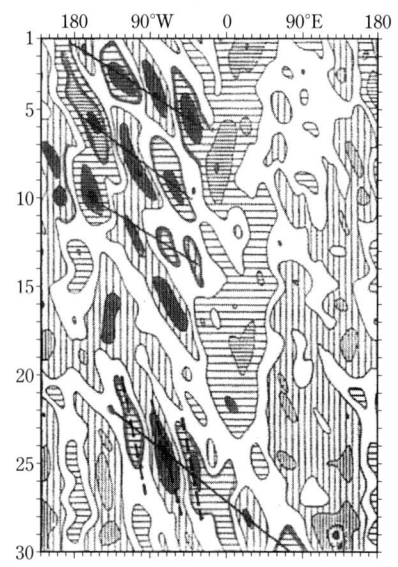

図2.4 中緯度の狭い緯度帯における500hPaのジオポテンシャル高度の偏差を，横軸に経度（360°），縦軸に時間（1949年11月1日から30日まで）をとってプロットした図．横線のハッチの部分はトラフ，陰影の部分がリッジに相当する．それに沿った破線がトラフやリッジの位相速度を表し，斜め下に向かう実線が群速度を表す[6]．

ロットしてある．負の値の領域がトラフ，正の値の領域がリッジである．このような座標軸をとると，個々のトラフ軸やリッジ軸の移動は，軸の傾斜で表される．図の場合，その移動速度は経度にして1日に4〜7°の程度である．一方，図の右下に傾いている実線は，下流（東）に向かって次々とトラフとリッジが発達している速さを表し，これが波束の群速度を表す．図から，群速度は1日に15〜18°の程度であり，位相速度よりかなり大きい．このように波の移動を表現するのには，時間と空間距離を両軸にとると便利なので，今日では，この表現法をホブメラ図（Hovmöller diagram）と呼んでいて，現在でもよく使われている[7]．

こうして，位相速度が0の場合でも（すなわち攪乱のパターンは定常に見えても），運動エネルギーはそのパターンを縫って，絶え間なく伝播している．このことの重要性は次節のテレコネクションの話で述べる．

以上，簡単のため順圧ロスビー波についてだけ述べた．安定成層をした大気中ではβ項を原因として，水平方向だけではなく高さ方向にも伝播する波がある．内部ロスビー波という．大気上層に伝播し，成層圏の突然昇温など成層圏内の攪乱にも影響を与えている（『一般気象学　第2版』，pp. 262-264）．

2.2　エルニーニョと日本の天候

ここ20〜30年，気象学ではテレコネクション（teleconnection, 遠方連結）という言葉がよく出てくる．これは，地球上で数千km以上離れた地点間の気象・海象の変化に互いに関連が見られることをいう．一番よく知られている例は南方振動であろう．たとえば，オーストラリア北部にあるダーウィン（12.4°S, 130.9°E）において，5ヵ月の移動平均した地上気圧が上がると，そこから1万km以上も離れた南太平洋東部のタヒチ島（17.5°S, 149.5°W）のそれが下がる．ダーウィンの地上気圧が上がるとタヒチ島のそれは下がるという，両者の変化には見事な逆相関の関係が見られる．このシーソー運動のような変動には，後に南方振動（southern oscillation）という名がつけられ，エルニーニョ，ラニーニャ現象との関連も確認された（『一般気象学　第2版』，図10.13）．

1980年代初めころから，このように，ある地点の気象要素と遠く離れた

地点のそれとの間の相関係数を計算して，テレコネクションを調べる研究が盛んとなった．その結果，極域と中緯度帯の間の北極振動，インド洋の東部と西部の間のインド洋ダイポール，太平洋－北米パターン（PNAパターン），太平洋のアリューシャン低気圧と大西洋のアイスランド低気圧の間のシーソー振動など，いろいろなテレコネクションが存在することがわかった．

　テレコネクションの話を持ち出したのは，この現象の説明にはロスビー波が欠かせないからである．具体的にエルニーニョを考えよう（『一般気象学第2版』，p.282）．よく知られているように，エルニーニョは赤道東太平洋の海面水温が数年に一度，半年以上にわたって広範囲に上昇する現象である．その反対に，ラニーニャでは西太平洋の赤道海域が高温になる．そしてエルニーニョやラニーニャの顕著な年には，日本を含め，全球的に異常な天候が起こりやすい．

　どんなメカニズムで南方熱帯海域の水温変動が，遠く離れた北半球の日本まで影響を及ぼすのか．水温変動はそのすぐ上の大気の状態に，対流活動などを通じて変動をもたらす．ラニーニャの年には，暖水域が太平洋西部に現れるので，その付近では対流雲が活発に発達する．その結果，その地域には

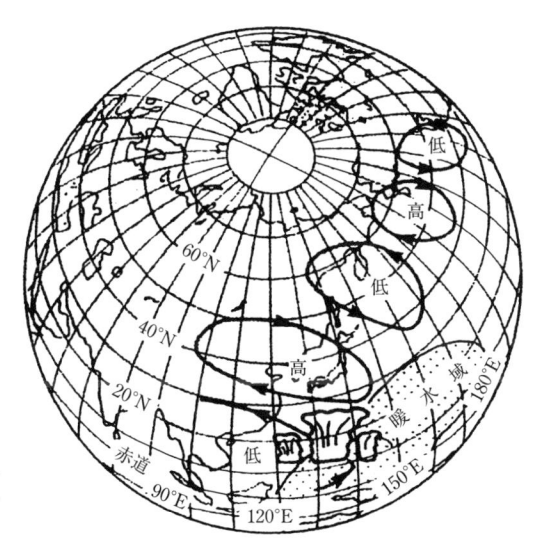

図2.5　テレコネクションの1つPJ（太平洋・日本）パターンの模式図[8]．

低圧部が現れ，その高緯度側に高気圧が現れる．こうした変動はロスビー波となって大気中を伝わり，図2.5に示したように，さらに低圧部，高圧部，低圧部を生み，北半球全域に連なる．これがPJ（Pacific Japan）パターンとして知られているテレコネクションの1つである[8]．こうした停滞性ロスビー波のパターンを通って，エネルギーが群速度で中緯度に送られ，中緯度の天候の変動となっているのである．小笠原高気圧が強められ，例年より西に張り出すと日本付近は猛暑の夏になる傾向がある．逆にエルニーニョの年には日本付近は冷夏になりやすい．ロスビー波はこんな重要なこともしているのである．

ただし，エルニーニョの影響についてのその後の研究は，ロスビー波の伝播だけでなく力学的不安定など，ほかのメカニズムを考える必要を示唆している．また，上記では「なりやすい」とか「傾向がある」などとあいまいな表現を用いたが，ある年，ある地域の天候は，いろいろなパターンの中のどれが卓越しているかによって違い，それはまた中・高緯度の偏西風の強弱や蛇行の程度などによって支配されるということがあるからである．その解明は長期予報や季節予報の精度向上に欠かせない．

2.3　ブロッキングと北日本の冷夏

日本の東北地方や北海道は，数年から10年くらいおきに冷夏に襲われる．こうした年の夏には低温のみならず，日照不足も加わって農産物に深刻な被害をもたらす．宮沢賢治の「寒い夏にはおろおろ歩き」の通りである．殊に昭和時代の初期には東北地方の凶作が頻繁に起こり，これが1936年に日本陸軍のクーデター，二・二六事件を起こす遠因となったことは，よく知られている．

こうした夏の低温は，オホーツク海に高気圧が停滞し，そこから吹き出す「ヤマセ」という名の冷たい北東風が原因である．そのオホーツク海高気圧は，これをはじめて研究した明治時代の中央気象台（現気象庁）岡田武松台長のころは，表面海水温の低いオホーツク海で下層の空気が冷やされて出来た背の低い高気圧と思われた．しかし，その後の研究により，オホーツク海上の冷気そのものの厚さはたかだか500 mくらいで，オホーツク海高気圧は

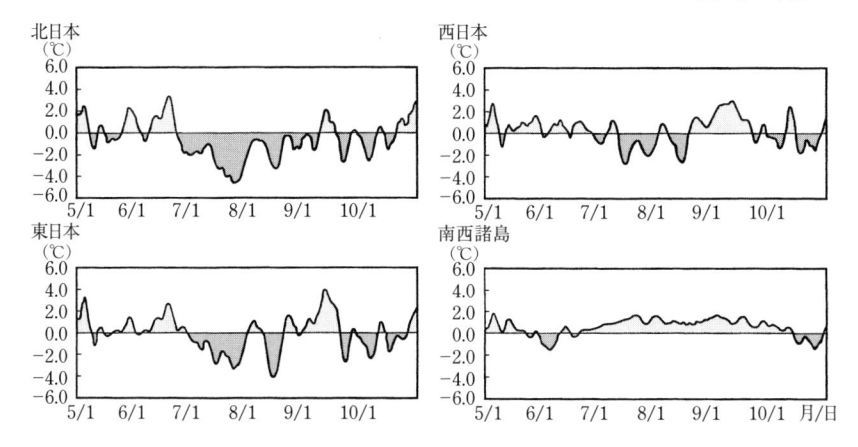

図 2.6 2003 年夏 (5〜10 月), 地域別に気温の平年からの偏差を 5 日移動平均した時系列[10].

実は背の高い高気圧であることが次第に明らかにされた (その研究の推移は文献[9]参照).

　冷夏の一例が 2003 年の夏である. 図 2.6 はその年の 5 月から 10 月まで, 地域別に気温の平年値からの偏差を 5 日移動平均した気温の時系列である[10]. 東北地方と北海道を含む北日本について述べれば, 特に 7 月には平年差で -3°C を超える低温の日が続き, 一時は -4°C を下回るほどであった. 日照時間も短く, 152 観測点のうち, 10 地点で統計開始以来最も少ない日照時間となった. 15 地点で第 2 位, 20 地点で第 3 位を記録した. こうした低温と日照不足のため, 2003 年の米の収穫量は例年より 24 ％ も減少し, コメ不足の大恐慌の事態になった.

　ところが興味あることに, 同じ夏に欧州では記録的な猛暑だったのである. たとえば, 8 月 1〜12 日の間の平均気温と平年からの偏差でみると, 英国のロンドンでは平均気温が 23.7°C で, これは平年より 7°C も高かった. 同じように, フランスのボルドーでは平年より 8°C, ドイツのシュツットガルトでは 9°C も高かった. このため, 欧州では熱波による死者が日ごとに増え, WHO (世界保健機関) の統計によると, フランスだけで 1 万 5000 人, 欧州全体では実に 3 万 5000 人が死亡したといわれている.

一般的に，ある地域に異常な低温の天候が続くときには，地球上の離れた地域で異常な高温の天候が出現するということが多い．異常な多雨の地域と少雨の地域がパターンを成して出現することも多い[11]．こうしたことから，異常気象は地域的な現象ではなく，グローバルな気象状態を反映しているのだということが明瞭になる．

上に述べた 2003 年夏の低温の話に戻ると，重要なのは対流圏上層の流れである．図 2.7 は北日本で気温の平年からの偏差が最も低かった 2003 年 7 月における平均の 500 hPa 高度場と，その平年からの偏差分布図である[10]．これを見ると，40°E のロシア西部あたりに強い正の偏差（つまり高気圧）があり，ここで偏西風は分岐し，1 本の流れは大きく北に曲がってリッジを作り，1 本の流れは南に曲がってトラフとなっている．ちょうど偏西風が何か障害物にあたり，流れがブロックされたように見えるので，この現象をブロッキング現象といい，リッジの部分をブロッキング高気圧という．図 2.7 の場合，ちょうどオホーツク海の上空にもブロッキング高気圧がある．これがオホーツク海高気圧にほかならない（ただ，低層に冷気が溜まっていると

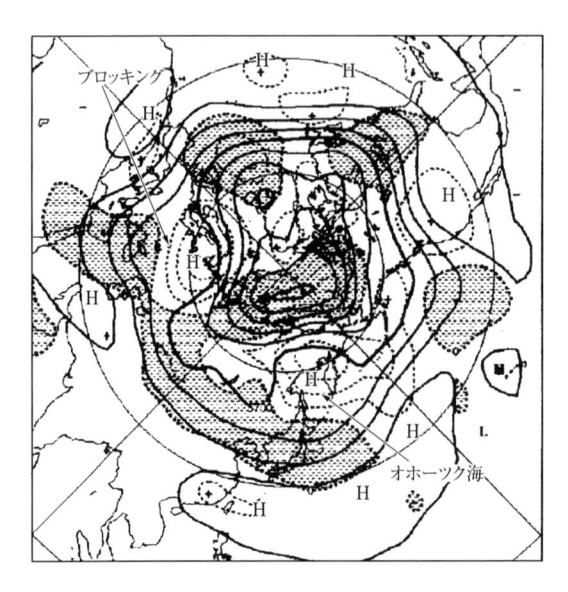

図 2.7　2003 年 7 月平均の高度場（実線，等値線の間隔は 60 m）と偏差（点線，等値線の間隔は 30 m）．陰影の部分は負の偏差域[10]．

いう点で，一般的なブロッキング高気圧とは少し違う）．一方，ロシア上空のブロッキング高気圧は西方に暖気移流を起こし，欧州の酷暑をもたらした．

このように，ブロッキングは比較的長期にわたり異常な天気を持続させるので，極めて重要な現象である．長期間の統計的研究によると，ブロッキングには発生しやすい場所と季節がある．図2.8は北半球で発生するブロッキングの出現頻度の緯度と月ごとの変化を示している[12]．欧州から西ロシアの地域では1～6月ごろにかけて多く，春に極大となっている．太平洋では1～3月と6～7月に多い．後者はオホーツク海高気圧に関連している．このような観測事実はブロッキングが地形や海陸分布と無関係でないことを示唆している．ブロッキング現象の形成・維持のメカニズムについては，いろいろな説が出されているが，まだ定説はないようである．維持については，最近移動性高気圧の持つ低い渦位（第6章）をブロッキング高気圧が選択的に吸収しているのだという説がある[13]．2003年の冷夏に関連したブロッキング現象については文献[14]を，また，これに関連した欧州から太平洋にわたるロスビー波によるテレコネクションについては，文献[15]を参照していただきたい．

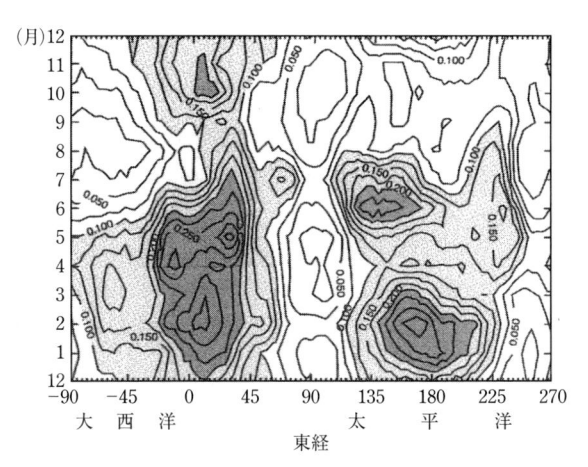

図2.8 1949～94年のデータに基づく北半球のブロッキング出現頻度の経度分布の季節変化[12]．

30　第2章　グローバルスケールの擾乱

2.4　データ同化と再解析データ

　ここで少し話の筋道から外れるが，後で頻繁に出てくる再解析データという資料の解説をしておきたい．現在では，長期間にわたるグローバルスケールの大気変動を議論する際には欠かせないデータとなっているからである．

　昔から天気予報をするためには，ある時刻の観測データを「解析」して，その時刻の大気の状態を把握するのが第一歩である．再解析（reanalysis）というのは，過去何十年間かの観測データを最新の数値予報モデルに取り込んで，解析し直して，過去何十年かの日々の全球的な気象状態を，たとえば6時間おきに，再現する均質なデータセットを作ろうとする作業である．

　よく知られているように，数値モデルによる現在の天気予報では，毎日決まった時刻の大気の状態を出発点として（初期値として），数値モデルを短い時間ごとに（たとえば何秒か何分かごとに）積分し，それを積み重ねて，1日先や1週間先など将来の気象状態を予測する．したがって，初期の大気の状態をできるだけ正確に知ることが必要である．現在では大陸上にはある程度の密度を持ったゾンデ観測網が展開されていて，たとえば00 UTC（世界標準時）や12 UTCなど決められた時刻に上層の大気の状態を知ることができる．残念ながら，海上や極地など人間があまり住んでいない地域では観測データが十分にないため，初期値の精度はあまり良くない．

　それを改善する手段は，ゾンデ以外の観測法でデータを取得する方法である．航空機や観測船やブイなどからのデータがある．最も全球的にデータが得られるのが気象衛星である．静止気象衛星からの赤外・可視・水蒸気雲画像の有難味は毎日身に染みている．それ以外にも極軌道の衛星などが，いろいろな波長の放射線を測定して，その放射線の強度から大気中の温度・湿度・風などの推定値を供給している[16]．

　こうしたデータを最大限に利用しようという手段がデータ同化という計算上の作業である[17]．たとえば，12 UTCの状態を初期値として数値予報をしたいとする．そのためには，できるだけの気象情報を集めて，12 UTCの状態をできるだけ正確に知りたい．データ同化では，あらかじめ（たとえば）その6時間前，即ち6 UTCを初期値として数値予報モデルを使って6時間

予報を行っておく．そうすると，12 UTC の大気の予報値が全地球を覆うモデルの格子点での値として与えられる．これを12 UTC の状態の第1推定値と呼ぶことにしよう．一方，12 UTC には全世界で一斉にゾンデや地上観測が行われるから，実測値があるわけだ（もちろん，実測値といえども観測誤差があるから，品質管理は十分行ったものとする）．数値予報値には多少とも誤差があるから，ある格子点の第1推定値をすぐ近くの観測地点の実測値と比較すれば，値は当然違うだろう．そこで格子点の値を付近にある実測値に照らして修正する．実際，数値予報の精度のよいモデルがあるときには，たとえば観測値がたくさんある北米大陸上の気象状態が，多少は変化しつつも東側に位置する大西洋上に移動してくる．それをモデルが予測して第1推定値としているわけだから，少数の島嶼や観測船などのデータだけを頼りにして，12 UTC の（たとえば）等圧線を描くより，第1推定値を頼りにして，それに少数ながら実測のデータを加味して等圧線を描いた方が精度は良さそうなことは，容易に想像できる．

　その観測値を用いて第1推定値を修正の際，もう1つ考えておくのが望ましいことがある．気圧とか温度とか風とか，いろいろな気象要素を修正するわけであるが，それを気象要素ごとに別々に修正せず，数値予報の基礎になっている運動方程式や熱力学の方程式をできるだけ満足するように，多くの気象要素を同時に一気に修正することである．説明を簡単にするため，1950年代の例をとろう．この数値予報の初期の時代には，地衡風近似に基づいた予報モデルが用いられていた．この場合には，風と気圧（あるいはジオポテンシャル高度）の間には地衡風の関係がある．したがって，風と気圧を別々に独立に修正するのではなく，なるべく両者が地衡風の関係を満足するように制約をかけて，両者を同時に修正するということが望ましい．これは数学的には変分法と呼ばれている手法である[18]．こうして，3次元空間のデータのみならず，過去のデータも利用しているわけだから，上記の方法を4次元変分データ同化法と呼ぶ．

　とにかく，こうして12 UTC における気象状態が決まるから，これを初期値として，次の6時間後の18 UTC における予報を行う．そうすると今度は18 UTC における状態が，24 UTC の予報のための第1推定値となる．こうして，予報－解析－予報の繰り返し（サイクル）が出来上がる．カルネイは

アルゼンチン生まれの魅力的な女性であり，このデータ同化法改善に大きく貢献しているが，天気予報の精度が近年向上したのは，数値モデルがよりよく大気の変化を再現できるように改良されたことに加えて，あるいはそれ以上に，このデータ同化の技術が進歩し，初期値がより精度良く決められたということが大きいと総括している[19]．

このようにデータ同化の方法が進歩したので，過去の質の良い観測高層データをはじめ，異質の観測機器（気象衛星・船舶・ブイ・ドップラーレーダー・ウィンドプロファイラ・航空機など）のデータをできるだけ集め，品質管理をした後に，最新の数値予報サイクルにかけて計算し直した6時間おきの初期値（あるいは客観解析値と呼んでもよい）が，今日再解析データと呼ばれているものである．

この再解析は極めて大きいコンピュータ資源を必要とするので，再解析を行うことができるのは，世界でも優れた数値予報モデルを持ち，膨大な数値計算を処理できるスーパーコンピュータをもつ数値予報センターや研究機関に限られている．現在利用されている主な再解析データには，NCEP (National Center of Environmental Prediction, 米国環境予測センター)-NCAR (National Center for Atmospheric Research, 米国大気研究センター) と，ECMWF (European Center for Medium-Range Weather Forecasting, 欧州中期予報センター) がある．後者はERA-40と略称されている．日本では，気象庁と電力中央研究所が協力して1979年から2004年までのデータを再解析し，JRA-25として提供した．現在は，気象庁がさらに改善された数値予報モデルと解析－予報サイクルの手法を用い，期間も1958年まで遡って，JRA-55として提供している[20]．

とにかく，JRA-55を例にとってみれば，気温・風・水蒸気量といった基本的な気象要素から，海面からの水蒸気蒸発量，地面・海面からの赤外放出量，さらには雨が降る際に水蒸気の凝結熱が大気を温める加熱量など，多くの物理量が含まれている．しかもそのデータが55年間分，コンピュータにかけやすい格子点での値として提供されているから，平均状態あるいはそれからの偏差の形で図示しやすい．

さらに，再解析データは過去の極端現象（extreme event）を再現しようとするときにも貴重である．その一例として伊勢湾台風について述べよう．

2.4 データ同化と再解析データ

これは1959年9月26日18時（以下，時というときには日本時間 JST = UTC + 9時間）ころ，紀伊半島の潮岬の西に上陸し，富山県に抜けた台風15号である．23日15時には最低中心気圧は895 hPa であった．台風はその後も勢力を維持し，上陸時は929 hPa であった．これは上陸時の中心気圧としては，観測史上4番目の記録である．伊勢湾は台風進路の右側に位置していたため，強い南風の直撃をうけ，最大偏差3.45 mという大きな高潮に襲われた．日本全国に亘る被害は実に死者・行方不明者5008名，住宅被害83万3965棟，浸水被害36万3611棟，船舶被害7576隻であった．全国の死者・行方不明者の約9割は伊勢湾沿岸の高潮によるものであった．この伊勢湾台風の災害の教訓と，翌年のチリ地震津波（5月24日）の教訓から，1961年に災害対策基本法が制定され，その後の日本の防災対策の基本となった．

仮に五十余年前の伊勢湾台風がいま日本を襲ったら，現在日本が持つ予報技術はその進路・強度・高潮などを，どれほどの精度で予報できるだろうかという興味深い試みが行われた[21]．その結果の一部を述べると，図2.9はJRA-55が与える1959年9月24日9時の状態を初期値とし，気象庁の現業の全球モデルを用いてアンサンブル予報を行って得られた進路予報である．

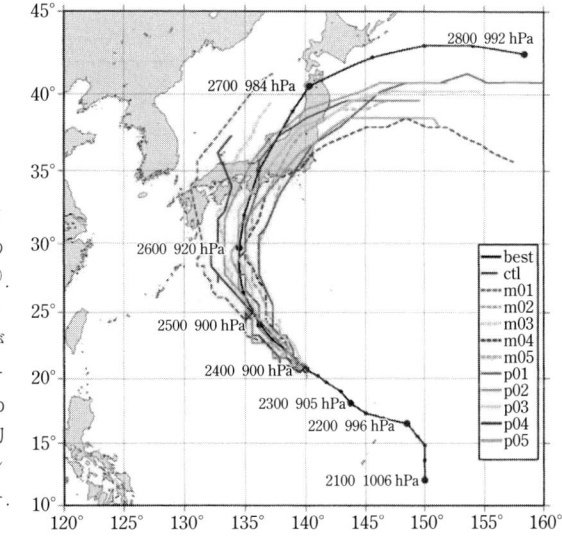

図 2.9 1959年9月24日10時からの伊勢湾台風のアンサンブル進路予測[21]．黒が実況で，緑がコントロールラン．それ以外が摂動を入れた10メンバーの結果．ラベルのmとpは，それぞれ解析値に初期摂動を減算したメンバーと可算したメンバー．（口絵にカラーで再掲）

34　第2章　グローバルスケールの擾乱

アンサンブル予報についてはここで解説する余裕はないが，『一般気象学第2版』のp.297，あるいは文献[22],[23]などを参照していただきたい．今回の実験では，10のメンバーを使っているが，図2.9（口絵）に示すように，実際の上陸の2日半前に，どのメンバーも上陸を予測している．アンサンブル予報をしなければ唯一の予報となるコントロールラン（緑色）でも，観測に基づくベストトラックとかなり一致している．

　伊勢湾台風の際には，米軍の航空機が700 hPaの高度を飛行し，飛行レベルの観測とドロップゾンデによる観測を行っていた．特にそのデータも同化して26日9時を初期値として，8時間後の17時（上陸直前）の予測結果を示したのが図2.10である．上陸時刻は1時間ほど遅かったものの，上陸地点も強度も実況に非常に近い．図2.11に示すように，潮位の予測も実況とよく一致している．

　伊勢湾台風当時には，まだ静止気象衛星「ひまわり」は無かった（運用開

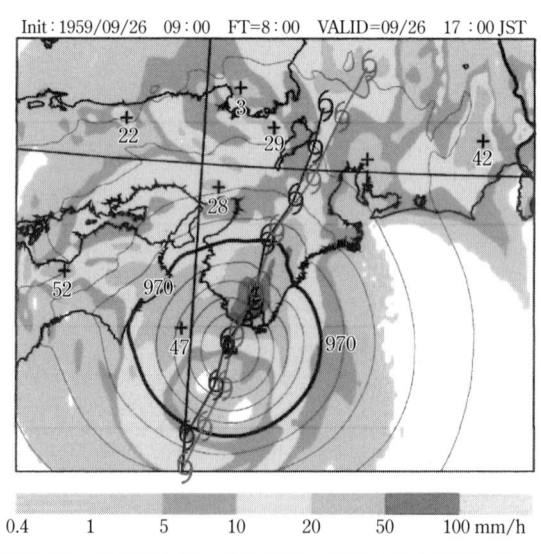

図2.10　伊勢湾台風の上陸直前の予測された状態．地上気圧（等値線，hPa），1時間降水量（色彩域，mm），台風経路（黒線が予測で灰色線が実況，台風シンボルは1時間おき）[21]．（口絵にカラーで再掲）

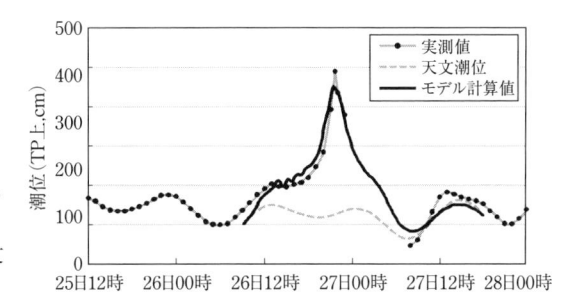

図2.11 伊勢湾台風による名古屋港での潮位 (cm). 黒丸が実況, 破線が天文潮位, 実線が予測[21].

図2.12 1959年9月26日9時における伊勢湾台風の疑似赤外雲画像[21].

始は1977年7月). ところで, 1.3節で述べたように, 現在の現業数値予報モデルでは雲・雨・雪などの水粒子の量の3次元分布が予測されている. それらの粒子からの赤外線放射量や吸収量を計算し, もし静止気象衛星があったら1959年9月26日9時に観測したであろう疑似赤外雲画像を作ったのが図2.12である. 台風の目もはっきり見えるし, 台風から流れ出す上層雲もよく表現されていて, 本物の衛星赤外雲画像を見ているような気がする.

こうして見ると, 今日伊勢湾台風が襲来したら, 現行の技術でその進路や強度をかなり正確に予測できる可能性があるといってよいだろう.

第 3 章

多様性を生む 4 つの要因

3.1 中緯度に位置していること

　東アジアの天気系が多重性と多様性に富む理由はいろいろある．一番大きな要因は日本を含む東アジアが中緯度に位置していることである．よく日本は熱帯と寒帯の間の温帯に位置しているから，四季の変化の景観に富み，気候は温暖だという．それに違いはないが，日々の天気の変化を最も頻繁にもたらすのは高・低気圧である．日本およびその付近を通過したり発生したりする低気圧は，通常温帯低気圧と呼ばれている．ところが欧米ではこれに対応する言葉がない．熱帯に出現する低気圧は熱帯低気圧（tropical cyclone）で日本と同じであるが，温帯低気圧は熱帯外低気圧（extratropical cyclone）あるいは midlatitude cyclone（中緯度低気圧）と呼ばれる．実は，気象学的にはこの呼び方のほうに意味がある．つまり，気温が寒くもなく暑くもない温暖な地帯の低気圧であるというよりも，中緯度で出現する低気圧ということに意味がある．

　なぜ中緯度ということが気象学的に重要なのか．平均的にみると，大気下層では赤道地帯は極地方より気温は高いのはいうまでもない．問題は，対流圏内で，気温は赤道地帯から極地方に向かって一様に下がっているのではないということだ．図 3.1 は，冬季の平均の東西風速と温位（『一般気象学　第 2 版』，p.53）を高度と緯度の関数として示したものである．全体的に，温位は高度とともに増し，大気は安定な成層をしている．最も重要なのは，対流圏内で熱帯地方と極地方では等温位線がほぼ水平に走っているのに，中緯度では大きく傾いていることである．つまり，ある等圧面でみると，中緯度では，温位（したがって温度）の南北方向の傾度が大きい．これを大気の傾圧

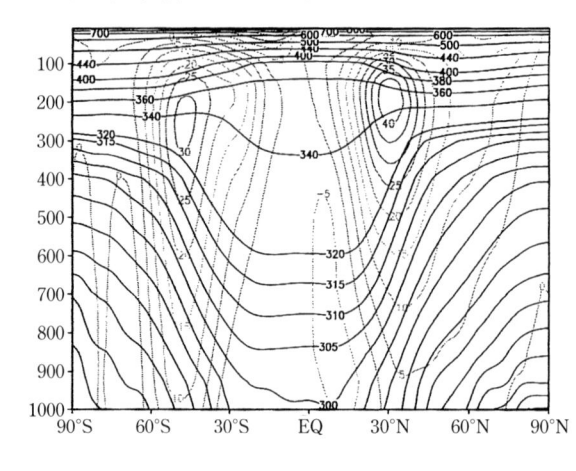

図 3.1 北半球の冬季（12～2 月）における長期間の平均の東西風速（点線，m s^{-1}）と温位（実線，K）の高度・緯度分布[1]．

性が高いと表現する．中緯度の高・低気圧などのように，総観スケールをもつ天気系の風を議論するときには，風はほぼ地衡風であるとして扱ってよい．そう仮定すると，温度風の関係により，中緯度では高度を増すにつれて，東に向かう風の速さは増大することになる．

たしかに東西方向の平均風速を見ると，北半球の中緯度では 30°N，あるいは夏である南半球では 45°S を中心として，高度とともに風速は増し，亜熱帯西風ジェット気流が吹いている．このため，中緯度帯では風の鉛直シアが大きい．鉛直シアが大きいと，大気中に存在する波長数千 km の波動は不安定になるということを第 4 章で述べる．不安定になるということは，偏西風帯に起こった波動の振幅が，はじめ小さくても，時間とともにどんどん大きくなるということである．そして，そうした波動の構造（温度や風の空間分布など）が，日々の天気の変化に最も大きな影響を及ぼす高・低気圧のそれに似ているということは，1940 年代にチャーニー[2]とイーディ[3]によって独立に発見され，傾圧不安定波と呼ばれるようになった．こうしたわけで，鉛直シアが大きいと，高・低気圧が中緯度で発生しやすくなり，日々お天気が変化するということになる．

3.2　大陸の東岸に位置していること

中緯度帯の中でも日本を含めた東アジアの天気系が多様性に富んでいる理

由の1つは，それがヒマラヤ山脈やチベット高原をもつ世界最大のユーラシア大陸と，黒潮という世界最強の暖流が流れる北太平洋の境に位置していることである．このことの影響は，図3.2に示した500 hPaにおける冬季の等ジオポテンシャル高度の分布に現れている．等高度線は，北極を中心とした円形ではなく，蛇行していて，日本上空を通る140°E付近と，北米大陸東部の80°Wあたりに大きなトラフ（気圧の谷）がある．トラフ付近では等圧線が混んでいて，風速は大きい．これが経度圏に沿ってぐるりと一回り平均した30°N付近での風速の最大域に相当する（図3.1）．大陸が少ない南半球では，こうした平均西風ジェットの蛇行は見られず，南極を中心とした円により近い分布をしている（図省略）．

　グローバルに見て2つの大きなトラフが何故できるのか．この疑問に対して，その昔，1949年にチャーニーとエリアセン[4]は，アジア大陸のヒマラヤ山脈を含むチベット高原と，北米大陸のロッキー山脈に偏西風が衝突し，流れが曲げられたという力学的結果とする説を唱えた．一方，1953年にスマゴリンスキー[5]は大陸と海洋では非断熱加熱の効果が違うからだと結論した．ここで非断熱加熱の効果の違いとは，海陸風の説明で使われるのと同じく，海と陸の熱容量や太陽放射の吸収率や地球表面と大気・地球表面間の熱や水蒸気の授受などの違いをいう．

　それから約60年余り経った現在まで，数多くの研究がなされてきたが，地形の力学効果と非断熱加熱のどちらが一義的に有効なのかについては結論が出ていない．問題を困難にしている主な理由は，複雑な相互作用が働いていて，この2つの効果を単純に分離できないからである．たとえば，海面からの蒸発量や顕熱の授受の量は地表面近くの風速に強く依存するから，地形効果によって全地球的な流れが変われば，非断熱加熱の量も分布も変わり，それがグローバルな流れに影響し，それが山岳に衝突したときの地形効果も変える．さらに，ひとたび温帯低気圧が発生すると，温帯低気圧は（次章で述べることであるが）熱を南北方向に運ぶとともに運動量も運ぶ．このため偏西風ジェットの強さも位置も変わる．そうなれば，地形効果も非断熱加熱も変わる，といった具合である．ただ，最近では非断熱加熱の効果の方が一義的であるとする論文をよく見かける[6),7)]．

　いずれにせよ，このような北半球におけるグローバルスケールのトラフに

40　第3章　多様性を生む4つの要因

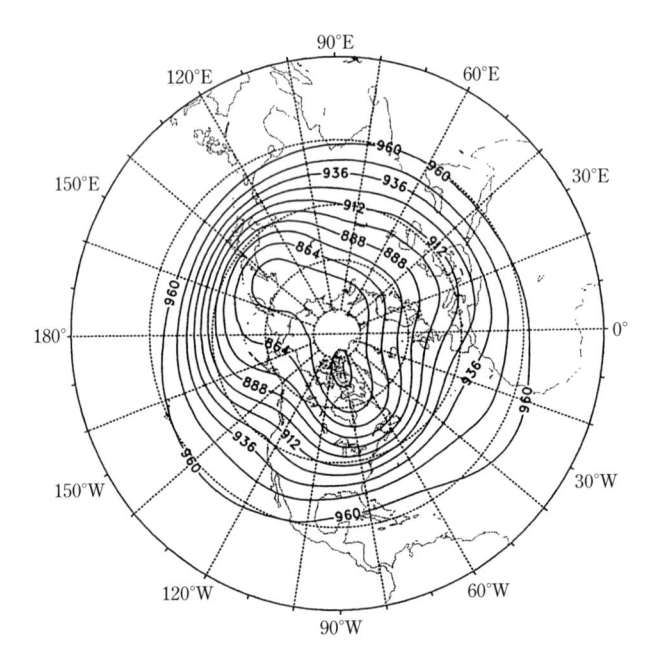

図3.2　北半球の冬季（12〜2月）における1979〜88年の間の平均500 hPaの等ジオポテンシャル高度線（間隔は10 mおき）．

対応して，図3.3に示した300 hPaにおける等風速線（isotack）の分布を見ると，平均の西風の風速が大きい地域が2つある．1つは日本上空から東にかけての地域で，平均の西風風速は50 m s^{-1}を超える．ほかは，北米の東岸から西大西洋にかけての地域で，平均風速は30 m s^{-1}を超える．

　これが地上の低気圧の出現場所の分布を決定する．図3.4は，北半球における低気圧の出現場所を示す．西風ジェット気流が吹き，風の鉛直シアが大きい中緯度帯の中でも，太平洋と大西洋海域で温帯低気圧がよく出現することは一目瞭然である．特にジェット気流が強い日本付近や米国東岸地域で多いことがわかる．北米大陸上でロッキー山脈の東側から大陸東部にかけても多いのは，上記のように，ここにグローバルスケールのトラフがあり，また，南北方向に連なるロッキー山脈の風下側で風下低気圧（lee cyclone）が発生しやすいことと，メキシコ湾から暖湿な空気が北上しやすいということが原

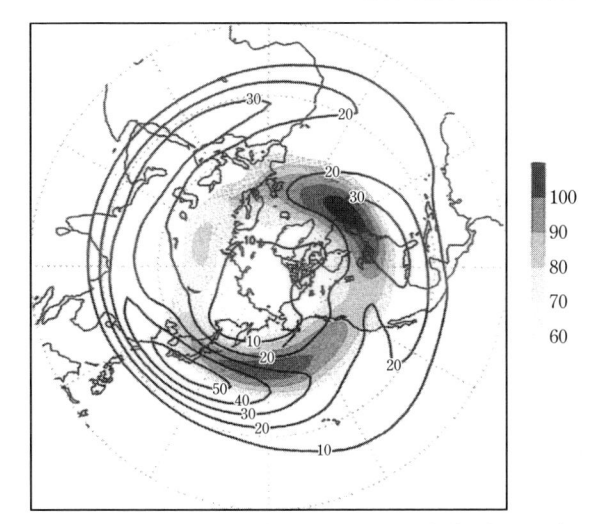

図 3.3 300 hPa における冬季の平均東西風速（実線，m s^{-1}）と総観スケールのジオポテンシャル高度の標準偏差（陰影，単位は m）[8].

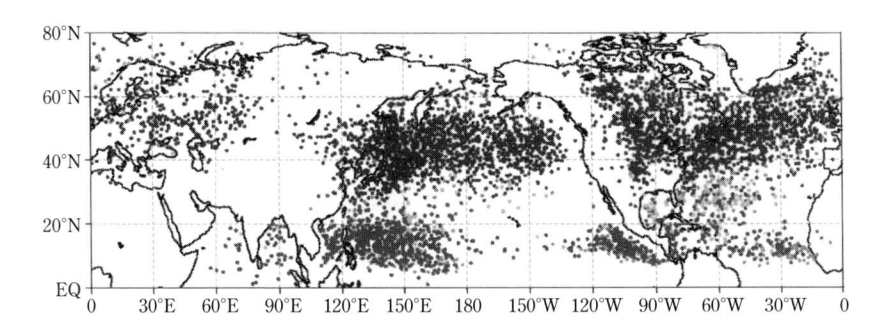

図 3.4 北半球における低気圧の出現場所．再解析データ JRA-25 を使用．自動的に気圧ミニマムの位置を決めるアルゴリズムを使い，渦度が 1.0×10^{-5} s^{-1} 以上の低気圧を選んで，その一生を追跡し，その中で最も発達率が大きかった時間における中心位置．青点が温帯低気圧，赤点が熱帯低気圧．その区別法は 9.4 節参照（柳瀬亘氏のご厚意による）．（口絵にカラーで再掲）

因である．

　図 3.4 は低気圧一般についての図であるが，爆弾低気圧（bomb）についても同じような傾向が認められる（図 3.5）．ここで爆弾低気圧とは，特に急速に発達する低気圧のことである．24 時間に中心気圧が 60 hPa も急降下し，当時の世界最大の豪華客船クイーンエリザベス号に損傷を与えた低気圧を調べたサンダースとジャイカム[9]が命名したものである．彼らの定義では，中心気圧が 24 時間に 24 hPa[$\sin \phi / \sin 60°$]降下する低気圧が爆弾低気圧である．ϕ は低気圧中心の位置の緯度である．この定義の中に緯度の因子が入ってくる理由は，同じ気圧傾度の強さでも，地衡風速が緯度によって違うことを考慮してのことである．たとえば，同じ気圧傾度でも，60°にあるときの地衡風速は，30°にあるときよりも 58％も小さい．こうした事情を考慮して，爆弾低気圧の定義を 60°を標準として規格化したわけである．これにより，たとえば 30°N では，24 時間で中心気圧が 17.5 hPa 下がった低気圧は，爆弾低気圧の仲間入りをすることになる．

　それはさておき，図 3.5 は米国の NCAR-NCEP の再解析データベースに基づいて作成した爆弾低気圧の頻度分布図である[10]．やはりジェット気流の強い領域で頻度が高い．

> 　ここで少し話が横にそれるが，「爆弾」というと戦争時代を思い出すから，爆弾低気圧という用語は使用しない方がよいという投書が新聞にあった．しかし，爆弾という言葉は，今日でも，「某議員が議会で爆弾発言をした」とか，「あの文書には爆弾が仕掛けてある」などと，日常的に使う．事実，2012 年には発達した低気圧が多く出現して，「爆弾低気圧」はその年の流行語大賞にノミネートされた．それよりも，寒冷前線や温暖前線などの「前線」の方が，戦争用語に近い．ノルウェー学派が彼らの低気圧モデルで（4.1 節），この用語を使い始めたのは，第 1 次世界大戦の直後，両軍が塹壕を挟んで対峙している「西部戦線（western front）異状なし」の記憶が生々しい頃だった．

　話を元に戻して，興味があるのは，上層における温帯低気圧の活動度のグローバルな分布である．既に述べたように，たとえば 250 hPa の等圧面上では強弱・波長さまざまなトラフやリッジが固有の力学に基づいた速度で移動するとともに，西風ジェット気流に流されている．これを地上のある 1 点で

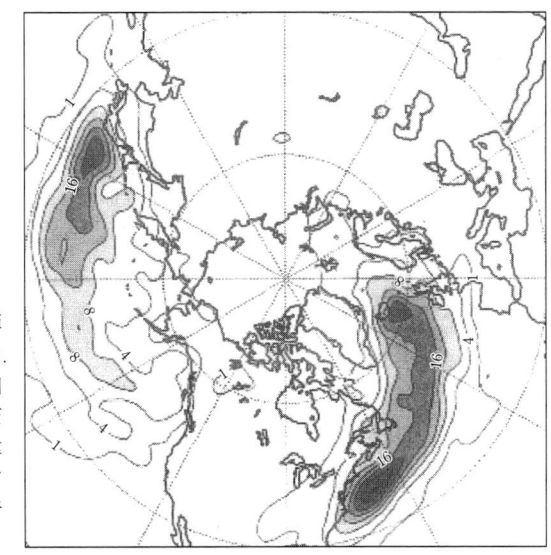

図3.5 北半球における爆弾低気圧の出現頻度分布図[10]. 等値線の間隔は 4×10^{-5} 個 (経度 $1°\times$ 緯度 $1°)^{-1}$. ただし, 1×10^{-5} 個 (経度 $1°\times$ 緯度 $1°)^{-1}$ の等値線が記入してある. 1979 ～ 99 年の再解析データ NCAR-NCEP による.

連続観測すると, 様々な周期 (振動数) を持って変動するジオポテンシャル高度の記録が得られる. これを調和分析にかけ, どの周期をもった波動の振幅がどれだけの大きさであったか調べる. そして, 周期が1日より長い変動だけを, 主に傾圧不安定波の通過・発達に関係するものだとして拾い上げて積算する.

こうして, 高・低気圧だけを通す風速の時系列を作り, その標準偏差値の分布を図3.3に濃淡で示してある. 大雑把に言えば, この図で濃い地域は, 高・低気圧の通過に伴うジオポテンシャル高度の変動が大きい地域, すなわち移動性の高・低気圧の通過が多い地域, 低気圧の活動が活発な地域ということになる. この高度の標準偏差の分布をストームトラックの図という. もともと, ストームトラックといえば, 顕著な低気圧の移動経路の意味で使われていた. しかし, 1970年代の終わりころからは, ストームトラックといえば, 移動性の高・低気圧など, 総観規模の時間スケール (数日程度) を持つ擾乱の活動度が高い区域の意味で使われている. 図3.3によれば, ストームトラックは西太平洋と西大西洋の2ヵ所にある. その位置を見ると, 北太平洋のストームトラックの入り口はちょうど日本上空あたりにある. 一方,

北大西洋のストームトラックの入り口は北米大陸の東岸付近にあり，出口は欧州のノルウェーや英国付近にある．ストームトラックについては興味ある現象があり，4.2節で述べる．

　歴史的にみると，今日の中緯度低気圧の研究を始めたのは，1920年代初頭，60〜70°Nに位置するノルウェーである．そして第2次世界大戦直後の1940年代後半，欧州で総観気象学が最も盛んであったのは50〜60°Nに位置する英国であった．こうして図3.3をみると，日本付近上空を通る低気圧は発生後間もない若い低気圧が多く，欧州で観察する低気圧は最盛期を過ぎた低気圧が多いということになる．そのためか，日本付近と欧州で解析される天気系には，基本的な点では共通しているが，細部に亘ると異なる点が少なからずある．

　このことは気象衛星の画像にみられる低気圧に伴う雲の分布についても言える．言うまでもなく，衛星雲画像は天気系を知る最も重要な情報源の1つである．1つ1つの衛星雲画像を天気図解析や数値予報モデルからの出力と比べ合わせ，雲画像から天気系の構造と進化について，できるだけ多くの情報を得ようという努力の結果がバダーほかの本[11]である．これは大判500ページの大著で，米国ではすべての気象官署に備え付けてあるという標準的な本である．しかし，それでも日本付近で毎日見る雲画像とは少し違う点や，重点の置き方に違う部分があるような気がする．その理由の1つはバダーほかの本は主に欧州での天気系を題材にしているからでないかと思われる．

　ストームトラックの入り口に位置するという点で，米国東岸は日本付近とよく似ている．もう1つ，この両地域に共通する点は，日本付近では黒潮，米国東岸海域ではメキシコ湾流という優勢な暖流が流れていることである．海面水温が高いと，海面から大気に移される潜熱と顕熱の量が大きくなる．

　たとえば2010年10月20日，台風も来ていないのに，奄美大島は日降水量622 mmという大雨に襲われた．これは110年以上も前の1903年5月29日に記録された547.1 mmを，はるかに超える大記録である．そしてこの大雨は，奄美大島の西北西にあった低温で乾燥した空気が，28℃という高温の海面上を何百kmも旅して，奄美大島に達する前に，海面から蒸発してきた水蒸気が基になって降った雨だという話を16.4節でする．

　海面から蒸発した水蒸気は雲を作り雨を降らせて，天気の変化をもたらす．

さらにその水蒸気の凝結の際に放出された凝結熱が低気圧の発達に寄与し，低気圧の世代交代にまで寄与していることは1.4節で述べた通りである．また大気が海面から暖められれば，大気の静的安定度が減り，大気中の鉛直循環が起こりやすい環境となる．

3.3 水蒸気が豊富なこと

　日本と欧州や米国大陸東岸の天気系の違いを起こす原因としては，大気中の水蒸気の量の違いもあると思う．事実，日本は暖流の中の島国であり，日本付近の豊富な水蒸気が日本の風景の「緑したたる」「瑞々しい」美しさを生み出し，「おぼろ月夜」などの独特の季節感を養ったと同時に，多様な天気系出現の原因の1つになっているのだという話が今後しばしば本書に出てくる．

　図3.6はグローバルに見た可降水量の長年にわたる平均分布である．可降水量というのは，単位断面積をもち地上から大気の上端までの気柱に含まれる水蒸気が，仮にすべて凝結し落下したと仮定したときの降水量（mm）である．広い海上の可降水量をゾンデなどで直接測定することは実際上困難なので，衛星で受信したいろいろの波長の放射線強度から推定したりして得たものである．これを見ると，日本付近は緯度が高いノルウェーや英国に比べれば2倍か3倍くらいの可降水量があることがわかる．西大西洋に比べて，

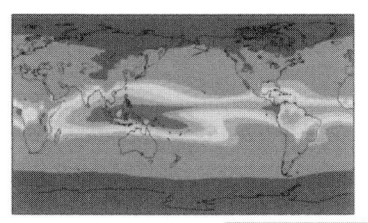

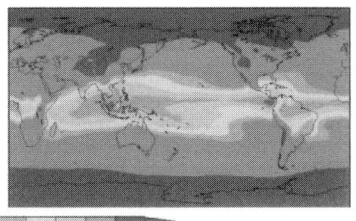

(a) NVAP　　　　　5　10　15　20　25　30　35　40　45　50　55mm　　　　　(b) Reanalysis-2

図3.6　全球的な可降水量の分布図．(a) 米国航空宇宙局（NASA）の水蒸気プロジェクト（NVAP）が作成[12]．空間解像度は1°（経度）×1°（緯度）．(b) 1988～99年の再解析データ NCAR-NCEP により作成．空間解像度は2.5°（経度）×2.5°（緯度）．（口絵にカラーで再掲）

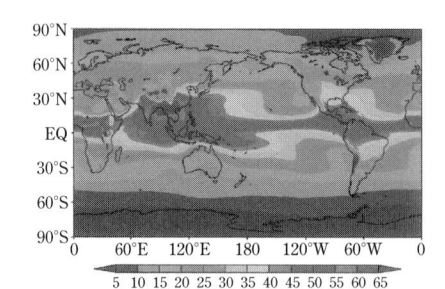

図3.7 6月における可降水量の分布．1958〜2001年の再解析データNCAR-NCEPにより作成（田上浩孝氏のご厚意による）．（口絵にカラーで再掲）

　西太平洋の高い可降水量の区域が中緯度まで広がっているのは，インドネシアを中心とした海洋大陸の海水面温度が，世界でも最も高いことが影響している．水蒸気量が多ければ凝結が起こりやすく，雲ができやすいから，低気圧に伴う雲の形も違うだろう．凝結に伴う潜熱の放出は低気圧の発生場所を変えるし，低気圧の進路にも影響するし，発達にも影響する（7.2節）．大雨や豪雨があるのも水蒸気量が多いためである．

　　　大雨や局地的豪雨など，気象災害を起こす極端現象の発生頻度が，近年増加しているのではないか．そして，それは地球温暖化に関連しているのではないかといわれている．確かに，大気中に含みうる水蒸気の量は，大気の温度が高いほど大きい．たとえば，気温30℃の飽和水蒸気圧は42.4 hPaであるが，32℃のときには47.5 hPaもある（『一般気象学　第2版』，p.59）．

　水蒸気量における東アジアの特異性は，夏のモンスーン季に最も明確になる．図3.7は6月の可降水量の分布を示す．チベット・ミャンマー地方で南に開いた地帯では，65 mmを超えるという大きな値を持つ．そもそも大気中の水蒸気の源は主に海面からの蒸発であるから，水蒸気量は大気下層に多い．したがって海抜高度が4000 mを超えるチベット高原地方では，可降水量は極端に小さいわけである．また，東南アジアには，55 mmを超える地域もある．これらの地域の豊富な水蒸気がマレーシア・華南からの南西風と，北太平洋高気圧の西端をめぐる風に乗って，梅雨前線に殺到する．その様子を次節でもう少し詳しく見よう．

3.4 アジア・モンスーンがあること

　既に述べたように，日本とその周辺の天気系が多様性に富む原因の1つは，大陸と海洋の境界に位置していることである．その点から言えば北アメリカの東岸地域も同じであるが，違いはモンスーンの有無である．もともとモンスーン（monsoon）という言葉は，アラビア語で「季節」を意味するmausimからきており，転じて，季節的に交代する季節風を意味するようになった．広い意味では，この季節風に伴う雨季を含めてモンスーンということもある．

　モンスーンは世界各地で出現する．アフリカ大陸にもある．最も規模が雄大なのがインドからミャンマー・タイ・インドネシアなどの南アジアを経て，オーストラリアを含むアジア・モンスーンである．冬のモンスーンはその一部として，日本海や日本列島に吹き荒れる北西の風を含む（第16章）．ここではまず夏のアジア・モンスーンについて述べよう．

　なぜアジアに雄大なモンスーンが発達するのか．それは，山頂高度7000〜8000 mを超える高山が連なるヒマラヤ山脈と，その北側に広がるチベット高原があるからである．図3.8にアジア・モンスーン域の地図を示す．目立つのは今述べたヒマラヤ／チベット地域の，高さ3000 mを超す広い領域である．経度にして20°以上，緯度にして10°以上の広さがある．大気中のエーロゾルの影響が少ないためもあって，高地での日射は平地に比べて強い．高所に大気加熱の源があることで，大気の循環が効率的に起こりやすいのである．

　この暖められた空気が上に押し上げられるために，ヒマラヤ／チベット地域上層では高気圧ができる．これがチベット高気圧である．日本とその周辺だけを示す天気図では，チベット高気圧はあまり見かけることはないが，日本の天候・天気には大きな影響を及ぼす．たとえば2007年の日本は記録的猛暑だった．猛暑日（最高気温が35℃を超えた日）は，1971〜2000年の平均では，東京では1.7日，大阪で7.9日，熊本で6.3日あったが，2007年には東京で7日，大阪で14日，熊本では23日あった．特に8月16日には，それまでの日本での日最高気温を2観測地点で塗り替えた．埼玉県熊谷市の40.9℃と岐阜県多治見市の40.9℃である．それまでの日本記録は山形県山

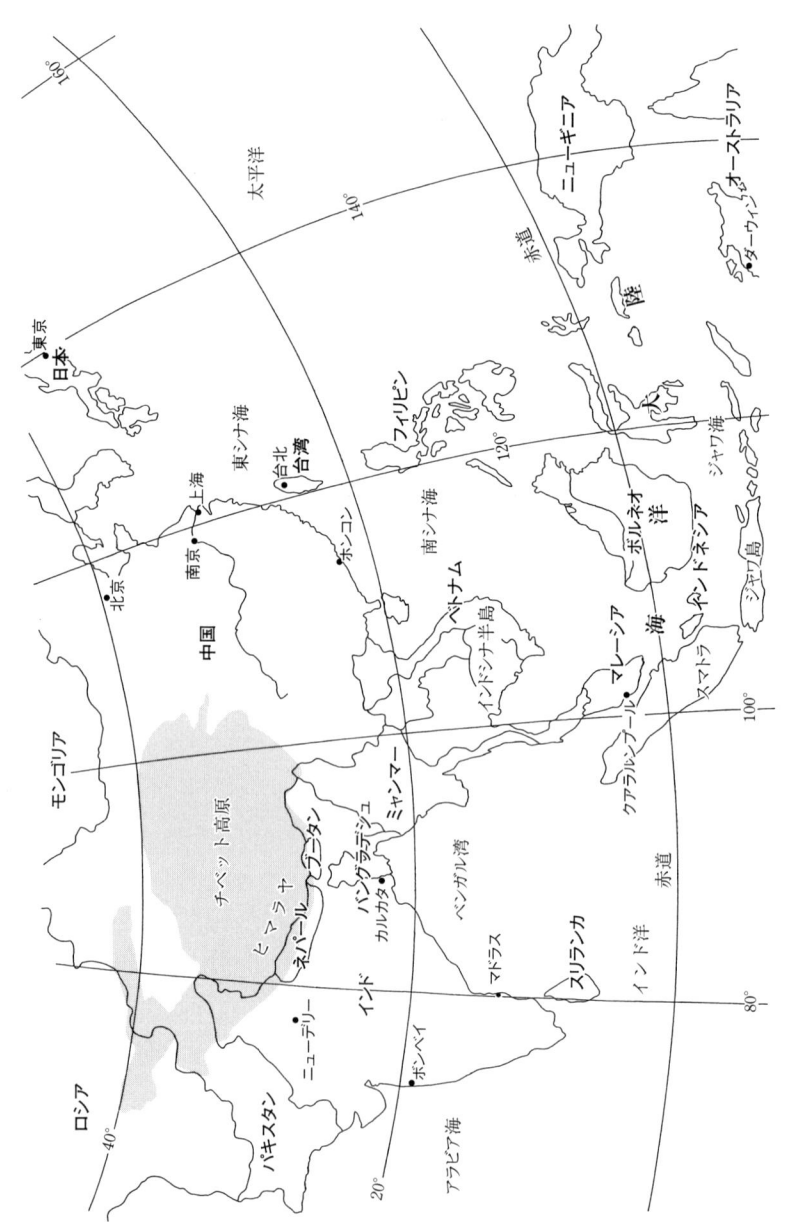

48　第3章　多様性を生む4つの要因

図3.8　アジア・モンスーン域の地図．陰影の部分は高度3000 m以上の地域．

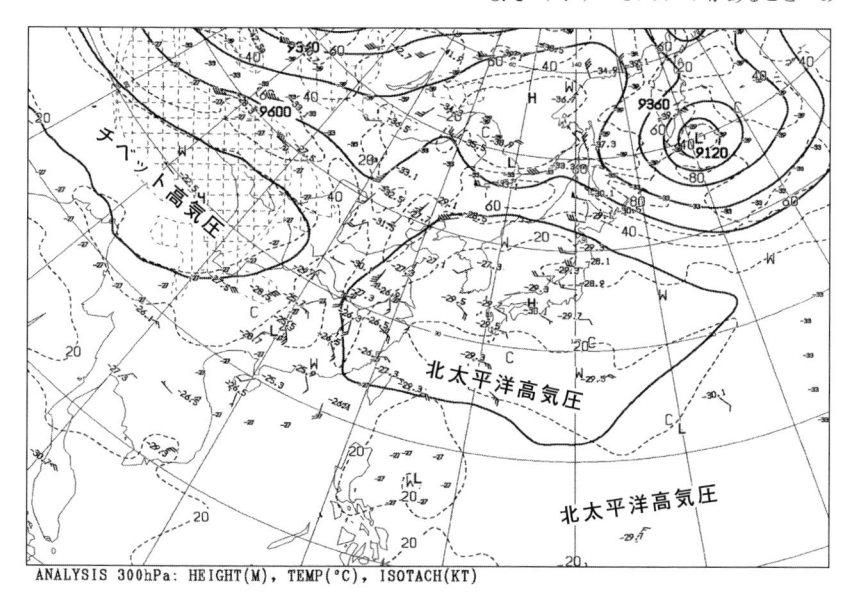

図 3.9　猛暑であった 2007 年 8 月 16 日 00 UTC の 300 hPa 高層天気図（気象庁）.

形市における 1933 年 7 月 25 日の 40.8℃ であったから，実に 74 年ぶりの記録更新であった（この 2007 年の記録は 2013 年 8 月 12 日に高知県四万十市の 41.0℃ で破られた）.

　日本記録を塗り替える日はそう多くはないから，もう少し詳しく当時の気象状況を見る．図 3.9 は 2007 年 8 月 16 日 00 UTC における 300 hPa の天気図である．チベット高気圧が厳然と中国大陸上に存在している．異常なのは，北太平洋高気圧の勢力が強く，その西端は，例年ならば九州地方あたりでとどまるのに，さらに西に延びて東シナ海から中国大陸東岸まで達していることである（夏全体として見ると，チベット高気圧と北太平洋高気圧がくっついて，猛暑の夏となった）．このことは地上天気図の北太平洋高気圧でもそうだった．そして図 3.10 は同日 15 時における関東地方の局地天気図である．高気圧に覆われているので，当然夏の強い日射があり，また高気圧内の下降流があるので空気は乾燥している．目立つのは，東京都と埼玉県境あたりに風のシア線があることで，その南には南寄りの海風，北側には北北西風が吹いている．日によっては，海風が群馬県北部まで吹き込み，首都圏の汚染物

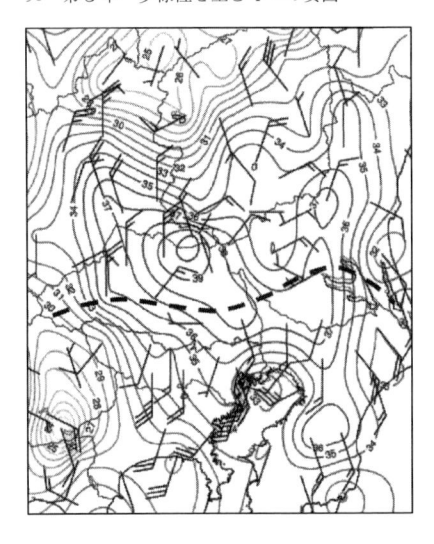

図 3.10 猛暑の日，2007 年 8 月 16 日 15 時におけるアメダスの気温（実線，1℃おき）と風向風速（長矢羽根は 2 m s^{-1}，短矢羽根は 1 m s^{-1}）[14]．

質が碓氷峠まで達するということもあって，広域海風という用語まで生まれた[13]．ところが，この 8 月 16 日は風のシア線はほぼこの位置にとどまっていたため，埼玉県熊谷市や群馬県館林市あたりでは，海風に妨げられることなく，フェーン現象による昇温を受けることができた．そのフェーンも，秩父山系からのおろし風による日もあるが，数値実験の結果によると，8 月 16 日のフェーンは赤城山や榛名山など北西側の山系によるものだという[14]．

　話をモンスーンに戻して，図 3.11(a) に夏季（6〜8 月）の 200 hPa における平均的な流れを示す[15]．亜熱帯ジェット気流がヒマラヤ／チベットを迂回するように流れて，その北を通り，日本上空を越えて北太平洋中央部にまで達している．この亜熱帯ジェット気流の下に梅雨前線がある．春から夏に向かっての季節の進行とともに，チベット高気圧が発達し，それまでヒマラヤ／チベットの南を流れていた亜熱帯ジェット気流が北上して，この位置まで来たものである．

　　梅雨に関連した話は別の章でたびたび出てくるが，天候としては，確かに存在感はある．「日本は四季の国ではない．梅雨という雨季がある五季の国だ」といったのは俳人の宇多喜代子氏である．一方，冬・春・梅雨・盛夏・秋雨・晩秋という六季があるという提案もある[16]．

図 3.11 (b) は対応する 850 hPa の流れを示す．インド洋全域を時計回りに覆うモンスーン循環は，南インド洋では赤道から約 25°S の間の東風であり，アフリカ大陸に接近すると北に向きを変え，赤道を越えてソマリアに向かう．ここで風速は「ソマリア・ジェット」と名が付くほど強くなる．そこから北東に向きを変え，インド亜大陸を経てヒマラヤ／チベット山系の南麓に達する．ここで，インド洋でたっぷり含んだ水蒸気を地形性の雨として降らせながら，インドネシア半島に行く．そこから，一部は赤道を再び越えてインドネシアやオーストラリアに向かう．一部は中国大陸南部と南シナ海を北上して，東アジアの雨季が始まる．

東アジアではモンスーンは段階的に北に進む．南シナ海の北西部では平均すると 5 月 10 日ころ始まり，以後ゆっくり北上する．5 月の終わりの 10 日間は南シナで停滞するが，6 月の初めには北に急速に進み，6 月の中旬には

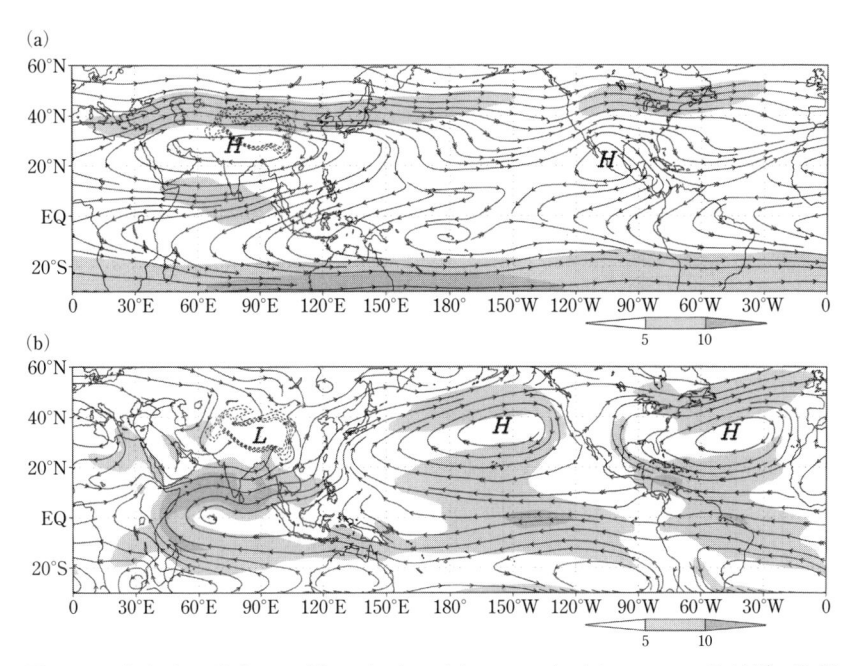

図 3.11 北半球の夏 (6〜8 月) における (a) 200 hPa と (b) 850 hPa の流線[15]．陰影の領域は強風域を示す．NCEP-NCAR の再解析データを用いた 20 年平均値．

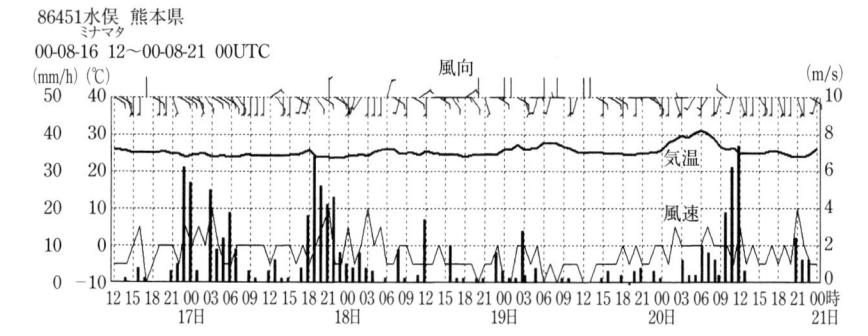

86451水俣　熊本県
　　　ミナマタ
00-08-16 12～00-08-21 00UTC

図3.12　2000年8月中旬北九州地方を襲った大雨の際の熊本県水俣市におけるアメダス4要素の時系列．上の横軸に風向が示され，太い実線は気温（℃）で，左側に目盛がある．棒グラフは1時間降水量（mm h^{-1}）で目盛は左側．細い実線は風速で，目盛（m s^{-1}）は右側．

揚子江流域に達する．これが中国ではメイユ（Mei-Yu, plum rain），日本では梅雨の始まる季節である．その後メイユ前線は7月の初めの10日くらいまで，その場にとどまる．それからモンスーンは再び北上をはじめ7月の終わりごろに中国北部に達する．中国大陸上のメイユ前線は，インドネシア半島から中国大陸南部を北上する空気と，ヒマラヤ／チベット高原を迂回してから中国大陸を南下する空気の境界なので，温度差はほとんどなく，水蒸気量の境界線として認められる．一方，日本とその周辺の梅雨前線は南シナ海を北上する空気と，この時期にしばしば出現するオホーツク高気圧からの空気の境界なので，空気中の水蒸気量に大きな差があるのに加えて，ある程度の温度差もある．

　上記のように，インドネシア半島から南シナ海を北上する流れに含まれた水蒸気が，梅雨期に日本に降る雨のもとになる．しかし，梅雨期に限らず，ほかの季節でも，水蒸気の供給源として重要なのが，北太平洋高気圧の西端をめぐる風である．海洋大陸からの水蒸気を南ないし南西風に乗せて日本に運ぶ．それで本章の主題からは少しはずれるが，この風について述べよう．

　具体的な例を見る．2000年8月17日から20日にかけて，九州地方北部に大雨が降った．多いところでは総雨量が300 mmを超えた．大雨と

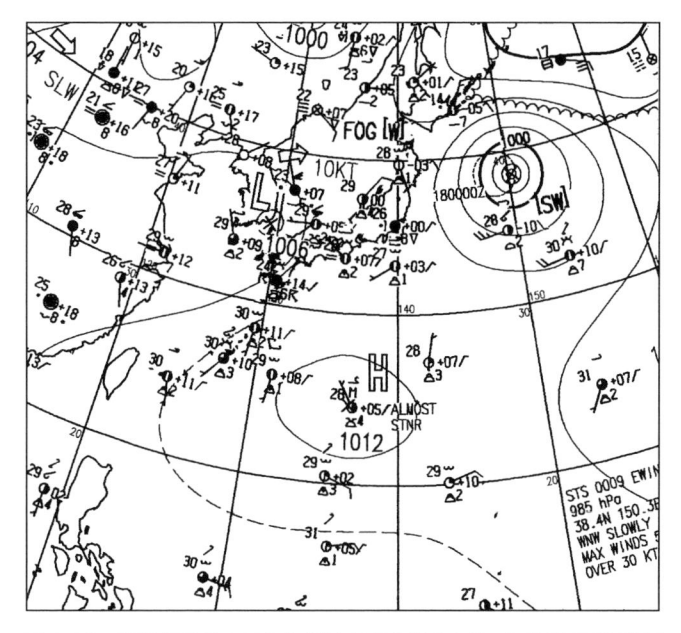

図 3.13 2000 年 8 月中旬北九州地方で大雨のころ，8 月 17 日 00 UTC の地上天気図．北太平洋高気圧の西端縁辺の風の一例．

いっても，いろいろな降り方がある．毎時 10 mm 程度の雨が 1 日近く降り続けることもあれば（図 12.1），毎時 80 mm 程度の強雨が数時間降ることもある（図 6.11）．今回の場合，16 日から 21 日に至る期間，熊本県水俣市におけるアメダスの時系列に見るように（図 3.12），最大 1 時間降水量が 30 ～ 40 mm を超える降雨が数回起こった．メソ対流系（第 14 章）が数回水俣市を通過したのである．このことから，対流不安定（第 13 章）な総観規模の気象状態がこの期間続いていたことが想像できる．

図 3.13 が 8 月 17 日 00 UTC における地上天気図である．台風 19 号は本州の東海上にぬけ，そのあとに北太平洋高気圧が本州南海上から東シナ海に張り出している状況である．そして，図 3.14 は同日 03 UTC において，赤外雲画像に地上気圧と 925 hPa の風とレーダーエコーを重ねたものである．1010 hPa と 1008 hPa の等圧線が沖縄諸島に沿って九州地方に延びていて，そこを南西方向から（図は示さないが，可降水量から見ると水蒸気をたっぷり含んだ）暖気流が流入しているのがわかる．そ

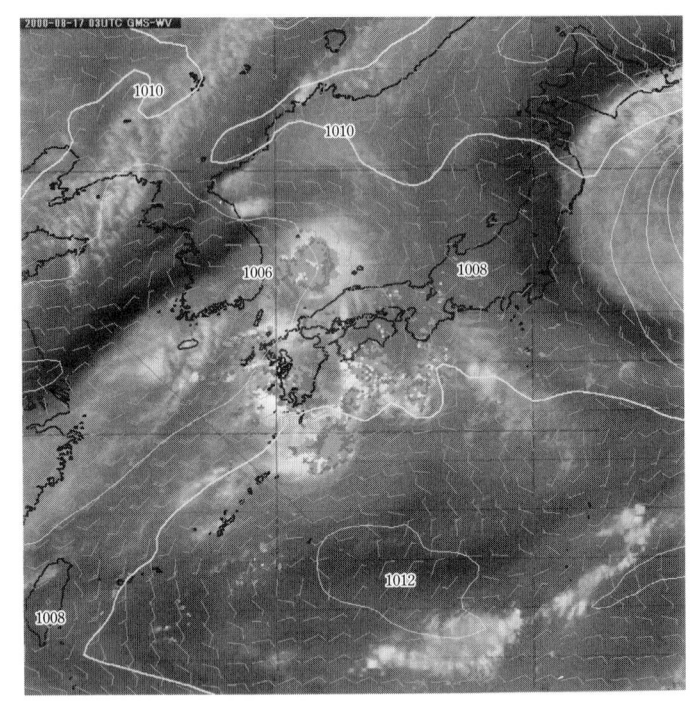

54　第3章　多様性を生む4つの要因

図3.14　2000年8月17日03UTC，衛星赤外雲画像に重ねた地上等圧線（2hPaおき），925hPaの風とレーダーエコー図．（口絵にカラーで再掲）

の先端に，九州・四国地方に雨を降らせているレーダーエコーがある．複数個の積乱雲がメソ対流系に組織化されている．これが通過するたびに，まとまった強雨があった．一方，北太平洋高気圧内部は雲がないため暗黒に見える．

第4章
温帯低気圧の基礎的な考え方

4.1 温帯低気圧像の変遷

　温帯低気圧とはどんなものか，その正体は何か，それがどうして発生・発達するのかについては，長い研究の歴史があった．私の著書[1]から抜粋する．

　　昔から大気中で起こるいろいろの現象の中で，嵐，暴風雨ほど恐れられていたものはなかった．ある日突然襲来し，船を難破させ，家を倒壊させ，多量の雨で洪水をもたらすもの．それは長らく人知の理解のかなたにあるものとされてきた．1703年にダニエル・デフォは史上最悪の暴風雨を記録した後で，あれほどの現象は科学的探究のかなたにあると述べている．「こうした現象を通じて，自然は我々を無限可能の御手に，あらゆる自然の創造者に導く．最高の神秘の宮殿の奥深く，『風』はひそむ．理知のたいまつの灯をかかげ，自然を赤裸にあばいた古の賢人たちも，その途上で地に倒れた．『風』は理知の灯を吹き消し，闇が残った……」．

　これが今から約300年前，18世紀初めの姿である．しかし実はすでに17世紀の後半に気圧計が発明され，気圧の変化と天気の移り変わりに関係があるらしいことに科学者は気が付いていた．たとえば1664年，有名な物理学者ロバート・フック（弾性体のフックの法則で有名）は，同じ物理学者ボイル（熱力学ではボイル・シャルルの法則で有名）に宛ててこう書いている．「気圧が非常に下がると，たいてい雨や曇りの天気になることを発見した．気圧計の助けによって，天気の変化の予測を一歩前進させたい」．

　これは時代を超えた卓見である．しかし，ある特定の暴風について，各地で観測した気圧や風の記録を郵便や電信によって集め，今日でいう地上天気図を作り始めたのは19世紀になってからである．ドイツの物理学者・気象

学者ブランデス（Brandes）は過去の資料を集めて，初めて1783年の毎日の地上天気図を描き，1820年に書籍として刊行した．図4.1が1783年3月6日の天気図である．歴史的にも有名となり，今日でも多くの天気予報入門書に引用されている．しかし，これは出版時より37年も前の低気圧である．

もちろん，これでは天気予報に間に合わないが，ブランデスの頭にはそんなことはまったくなく，彼を驚かせたのは，欧州を覆うほど低気圧が大きいことだった．何故驚いたか．普通私たちは空気の存在を意識しない．日常生活で意識するのは，風の強い日に外出して，傘が折れたり，風に飛ばされそうになったときくらいである．『一般気象学 第2版』の付表によると，地球大気の全質量は 5.27×10^{18} kg，地球表面積は約 5.1×10^{14} m^2 だから，自分の頭の上にある空気の質量は1 m^2 当たり約 10^4 kg（10トン）である．このことは，水の密度は約 10^3 kg m^{-3} だから，大雑把にいって，海面から深さ約10 mの海中で約1気圧の水圧がかかることに相当する．そこで，話を簡単にするために，低気圧は半径1000 kmの円筒であり，この円筒内で地表気圧がどこも1000 hPaだとすると，円筒内の空気の全質量は 3×10^{16} kg．

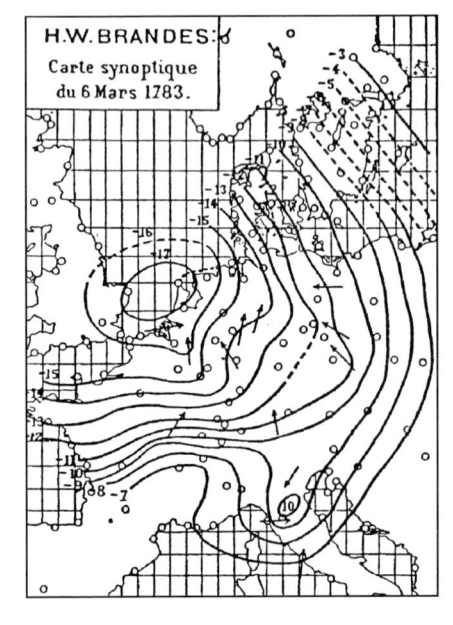

図4.1　1820年に世界で最初に発表されたブランデスの1783年3月6日の地上天気図．

仮に気圧がどこも 10 hPa 下がったとすれば，空気の損失量は 3×10^{14} kg に及ぶ．つまりブランデスは図 4.1 を見て，かくも広大な面積にわたって，3000 億トンにも及ぶ空気がどこかへいってしまったことを，どうしても理解できなかったのである．彼は言っている．「しかしこの広範囲な気圧低下の原因が何であるか誰も知らない．大西洋岸全域の空気がまったく消失してしまったのか．あるいは，海が大きな口をあけて空気を呑み込んでしまったのか……」．

ここで話は 20 世紀に飛ぶ．オスロ生まれの偉大な気象学者 V. ビヤークネスの長男 J. ビヤークネスによる低気圧の構造のモデルが 1918 年に，そして 1922 年には J. ビヤークネスとソルベルグによる低気圧の一生のノルウェー学派低気圧モデルが提出された．図 4.2 は今さら説明の必要はないが，後の話のために要点だけ述べる．ノルウェー学派の解析の根本には気団があり，このため，中緯度には寒帯冷気団と熱帯暖気団の間の寒帯前線面がある（図(a)）．この寒帯前線面上に波動が起こると，ある波長の波動は不安定となり振幅が大きくなる（図(b)）．それとともに，低気圧中心より西側にある寒気は，北寄りの風に乗って低緯度側にある暖気側に押し寄せて寒冷前線をつくる．逆に東側では温暖前線ができる（図(c)）．そして，①寒冷前線の方が温暖前線より進行速度が大きいので，温暖前線に追いつき，

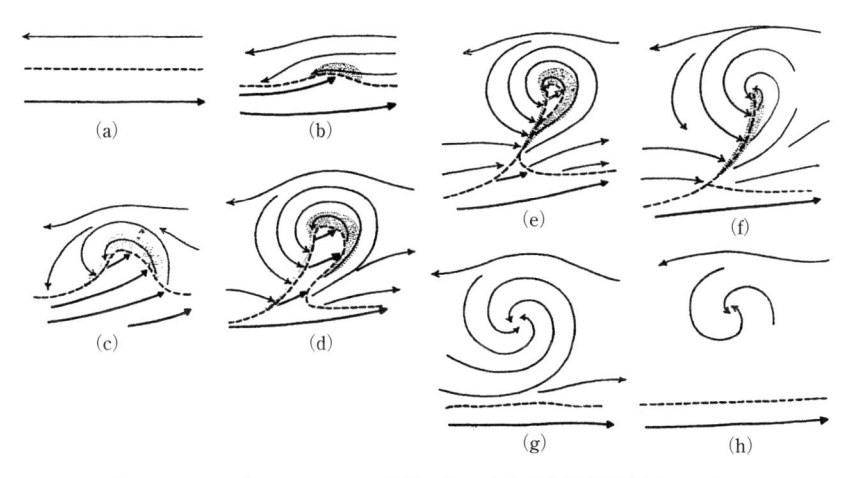

図 4.2　1922 年，ノルウェー学派による古典的な温帯低気圧の一生．

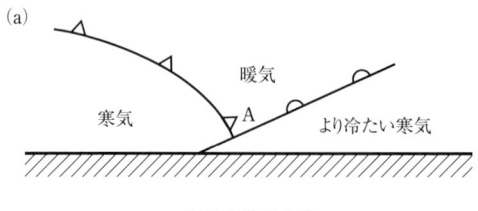

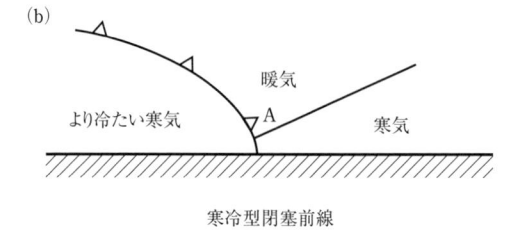

図 4.3 (a) 温暖型閉塞前線を横切った鉛直断面模式図. (b) 寒冷型閉塞前線の場合. A 印は水平面上で最も温位が高い地点, すなわち閉塞前線の位置を示す (5.3 節参照).

閉塞前線をつくる (図 (f)). その際, 追いついた寒冷前線の背後の空気が温暖前線の極側の寒気より暖かければ, 図 4.3(a) のように, 追いついた寒冷前線は温暖前線の上に乗り上げて, 暖かい閉塞前線をつくる. 逆の場合には追いついた寒冷前線が温暖前線の下に潜り込んで, 冷たい閉塞前線となる. そして, ②閉塞前線ができる頃が低気圧の最盛期で, 以後低気圧は消滅していく (上記①と②の事項については次章で修正する).

4.2 傾圧不安定波としての温帯低気圧

図 4.2 で示したような, 寒帯前線面上の波動の振幅がどうして時間とともに増大するのか. ノルウェー学派の人々は多くの努力をし, 大部の数式の書籍も出版されたが, ついに成功しなかった. そして, 1940 年代になりロスビー波が発見されると, ノルウェー学派が下層の寒帯前線面にこだわっていたのとは異なり, 低気圧の発生には上層の流れが絡んでいるのではないかと考えられるようになってきた.

その 1 つが図 4.4 に示したような, 1940 年代初期の考え方である. 図で上層 (たとえば 300 hPa) の等高度線が波を打ち, しかも等高度線はどこで

4.2 傾圧不安定波としての温帯低気圧　59

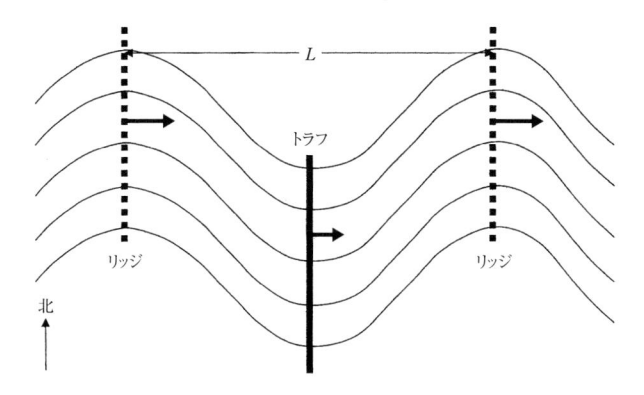

図4.4 1940年代初頭に，低気圧の発達を説明するために考えられた仮想的な大気上層の波動．実線は等ジオポテンシャル高度線．矢印は傾度風を表す．

も同じ間隔を保ったまま平行であるとする．風は等高度線に沿って吹くが，トラフ軸では等高度線が反時計回り（低気圧性）の曲率を持っているため風は傾度風で（『一般気象学　第2版』, p.142），これは地衡風より弱い．反対に，リッジ軸では地衡風より強い．したがって，トラフ軸と下流のリッジ軸の間の領域では発散があり，この領域では空気の総量が減る．これこそが4.1節でブランデスを悩ませた問題の答えであろう．つまり，地上低気圧の上の空気は海中に呑み込まれたのではなく，トラフ軸とその上流のリッジ軸の間の領域に移されたから，地上ではトラフ軸とその下流のリッジ軸の間で気圧は下がるという考えである．

しかし，図4.4のような平行した等高度線はあまり観測されていないし，第一，考え方が運動学的であって，力学的でない．つまり，どのようなメカニズムでこのような流れ，あるいは波動が発生・発達するのか，なぜ低気圧と高気圧のペアの東西方向の長さが数千 km のものが現実に卓越しているのか，答えていない．この答えを出したのが前章で述べた米国のチャーニーと，それと独立して英国のイーディである．彼らがしたことは，擾乱がないときには，水平面上では一様であるが高度とともに増大している流れを考える．この流れを一般流あるいは基本流と呼ぶ．この基本流に，ある波長をもち，しかし振幅は無限小の波動が擾乱として重なるとき，その波動の振幅が時間

とともに増大するかどうか，線形運動方程式を用いて調べる．もし振幅が増大する波があったら，その波動を傾圧不安定波と呼ぶ．傾圧と形容詞をつけたのは，たとえば，基本流が西風であり，その風速が高度とともに増大しているときには，温度風の関係によって，南北方向に温度傾度がある．そうした大気の傾圧性によって起こる不安定現象だからである．

図4.5はそうして得られた結果の一部を簡略化して示す．細かくいえば，波動が安定か不安定かは大気の静的安定度（すなわち温度の鉛直傾度）やコリオリパラメータの値によるが，図4.5はある標準的な安定度について計算したものである．この図によると，500 hPa と 1000 hPa の風速差が約 7 m s^{-1} 以下の場合には，どんな波長の波も発達しない．つまり，傾圧不安定ではない．風速差がこの限界を超えて，たとえば 16 m s^{-1} の場合には，波長が約 2500 km から 7200 km の間の波は発達する．最も速く発達するのは波長約 4600 km の波動である．これは観測される低気圧と高気圧のペアの東西方向のスケールに近い．観測された低気圧と高気圧のペアが数千 km の大きさを持つことは，こうして説明される．

それ以外にも，イーディの解に見られる傾圧不安定波は，図4.6に示すように，観測から知られている高・低気圧の構造とよく似た特性をもつ．ここで構造とは大気の上層・中層・下層でジオポテンシャル高度・温度・鉛直速度が相互にどんな位相差で分布されているかである．まず上段の等ジオポテンシャル高度線を見る．図で線が下に下がっている所が天気図で見るトラフ

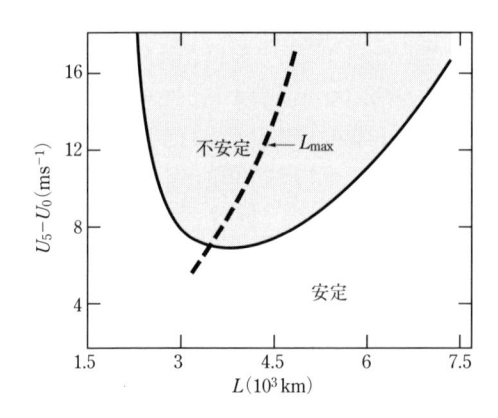

図 4.5 波長（L）と基本場の風の鉛直シア（500 hPa の風速 U_5 と地表の風速 U_0 の差）の関数としての傾圧不安定の領域．L_{max} は不安定波の発達率が最大となる波長と鉛直シア．

の位置で，上に突き出ている場所がリッジである．したがって，この図は上層のトラフが下層のトラフの西に位置していることを示す．よくいわれているように，発達中の現実の低気圧では高度とともにトラフの軸は西に傾くことに対応している．下段の図では，500 hPa の高度ではトラフの東側，トラフと下流のリッジの間の領域で相対的に温度が高く，上昇気流がある．反対にトラフの西側，トラフと上流のリッジの間の領域では温度が低く，下降気流がある．それぞれの等圧面上で，最も温度が低い軸を高層天気図では温度のトラフ（thermal trough）と呼んでいる．温度・鉛直速度・ジオポテンシャル高度の相の位置関係を東西方向の鉛直断面で示したのが中段の図である．南北方向の風の分布は示していないが，高層天気図でおなじみのように，トラフと下流のリッジの間の領域には南寄りの風が吹いているし，その領域では相対的に温度の高い空気があるから，暖気移流が起こっていることになる．反対に，トラフと上流のリッジの間では寒気移流がある．

　トラフの前方（東側）に上昇気流，後方（西側）に下降気流という構造は，現実の世界ではトラフは偏西風に流されて東に進むから，トラフが接近してくると天気が悪くなり，通過してしまうと晴れとなることに対応する．さら

図 4.6　傾圧不安定波の構造．横軸は東西方向の距離で 1 波長を 0 から 2π までの位相で示す．上段：水平面上で，大気上層（たとえば 200 hPa）における波動の等高度線（ψ_1'）と下層（たとえば 850 hPa）における波動の等高度線（ψ_3'）．中段：東西方向の鉛直断面上のジオポテンシャル高度（トラフとリッジ）・鉛直速度・温度の相互関係．下段：中層（500 hPa）の水平面上で，等高度線（ψ_2'）・温度（T_2'）・鉛直速度（ω_2）の相互位置関係．

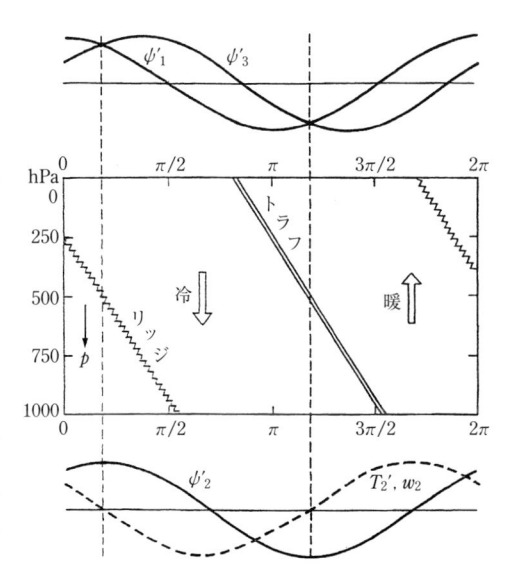

にここで示したトラフと鉛直運動と温度の相対的な位置の配置は偶然ではなく，あとで述べるように，エネルギーの見地から，どうしてもこうでなければならないという配置なのである．

ここで，不安定によって励起される運動がもっている一般的な性質について，付け加えておきたい．ベナール対流を例にとる（『一般気象学 第2版』，p.204）．2枚の水平に置かれた板の間に液体を入れ，下面を加熱して（あるいは上面を冷却して），流体の下面と上面に温度差を与える．上下の温度差がある限度に達するまでは，熱は下面から上面に向かって熱伝導で運ばれていく．温度差がある限度に達したとき，突然運動が起こりはじめる．上昇している液体の温度は相対的に高く，下降している気体の温度は低い．こうして熱伝導では熱を上方に運びきれなくなったとき，流体が動きはじめて，限度を超えた上下の温度差を緩和するように対流という運動が起こるのである．同じように，対流圏の大気は，中緯度の南北温度差が，ある限界を超すのを極度に嫌う．低緯度帯は高緯度帯より相対的に多くの太陽放射熱を受けている．このため，低緯度と高緯度の温度差，あるいは中緯度帯の南北温度傾度はどんどんと大きくなる．温度風の関係により，このことは西風の鉛直シアも増大することを意味する．鉛直シアが大きくなりすぎると，偏西風は我慢の限界はそれまでと反乱（擾乱）を起こす．その擾乱に伴う運動が傾圧不安定である．だから，トラフの東側には暖気移流があり，西側には寒気移流があって，南北方向の温度をできるだけ緩和しようとしているのである．

こうした中緯度低気圧に伴うエネルギーも莫大なものである．簡単な計算をしてみよう．すでに述べたように，仮に地上気圧1000 hPa，低気圧は半径1000 kmの円筒形だとすると，低気圧内の空気の全質量は約3×10^{16} kgである．運動エネルギーは$(1/2)\times$質量$\times$(速度)^{2}で与えられるから，この円筒内の空気がすべて10 m s^{-1}の速度で動いていると，その運動エネルギーは1.5×10^{18}ジュールとなる．1ジュール＝1 J＝1 kgm^{2}s^{-2}である．この運動エネルギーがどれほどのものか，発電所の発電電力量と比較してみよう．普通使う単位は1キロワット時（1 kWh）＝3.6×10^6 Jであるから，仮に1機の発電機の発電電力量を100万 kWhとすると，上記の運動エネルギーは，なんと50万機の発電電力量に匹敵する．

自然界では何がこの運動エネルギーの供給源となっているか．もちろん，

4.2 傾圧不安定波としての温帯低気圧　63

位置のエネルギーである（『一般気象学　第2版』, p.192)．相対的に温度の高い空気が上昇し，温度が低い空気が下降すれば，その系の重心が下がる．その分だけ系の位置のエネルギーが減る．それが運動エネルギーの増加に変換されているのである．だから，前に述べたように，トラフの東側の暖気の領域で上昇流，西側の寒気の領域で下降流という配置は，傾圧不安定波には不可欠のものである．

　このように偏西風の鉛直傾度（風速が高度とともに増加する割合）が大きいときに温帯低気圧が発生するならば，圏界面高度の風速が大きいほど温帯低気圧の活動は活発となるであろう．1年のうちで偏西風風速は1月に最大となる．それならば，傾圧不安定波の活動は1月に最も盛んになるはずだ．事実大西洋のストームトラックではそうなっている（図4.7(b)).　ところが，太平洋のそれは違い，図4.7(a)に示したように，11月頃と3月に最大があって，1月にはむしろ小さい[2),3)]．このことを反映して，冬季（12～2月）に限定してみると，日本上空のジェット気流の方が米国東岸のそれより強いのに，太平洋のストームトラックの方が西大西洋のそれよりも弱いというこ

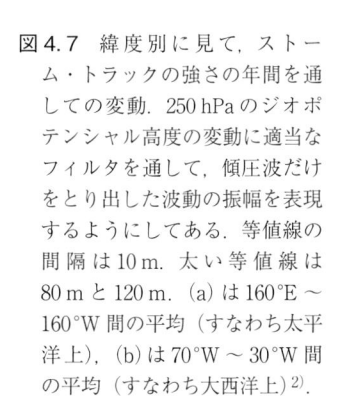

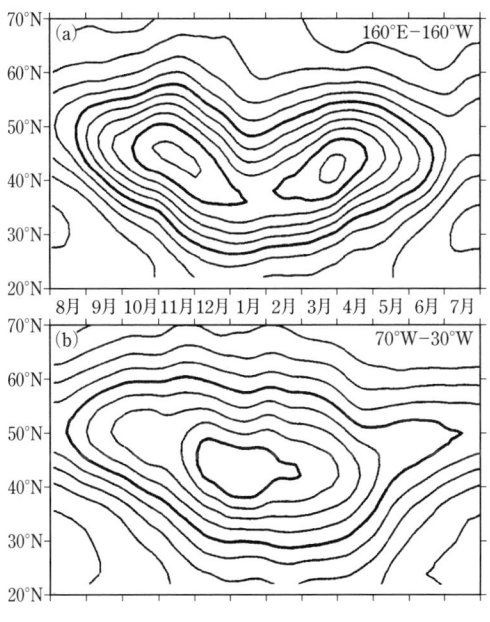

図4.7　緯度別に見て，ストーム・トラックの強さの年間を通しての変動．250 hPaのジオポテンシャル高度の変動に適当なフィルタを通して，傾圧波だけをとり出した波動の振幅を表現するようにしてある．等値線の間隔は10 m．太い等値線は80 mと120 m．(a)は160°E～160°W間の平均（すなわち太平洋上），(b)は70°W～30°W間の平均（すなわち大西洋上)[2)]．

とがある．このことは図 3.3 でも認められるが，図 4.8 に示したように，最近の大気海洋結合気候モデルでも明瞭に再現されている[4]．

このような，一見矛盾した太平洋上の現象がなぜ起こるのか，いろいろな説が提出されているが，まだ決定的な説はないようである．比較的簡単な説としては，真冬は上流側の中国大陸上で気温逆転層が形成され，成層が極度に安定して，低気圧発達に必要な上昇流が抑制されることで，太平洋のストームトラックに進入してくる低気圧が弱いという説がある[5]．これに対して，中国大陸は広いので，低気圧がこれを横断して太平洋ストームトラックに進入するまでに地面摩擦のため弱ってしまうという説もある[6]．あるいは，真冬には寒冷前線背後での層積雲形成に伴う潜熱の放出が寒気を弱めるように働くため，有効位置エネルギーが減少し，低気圧の発達の抑制につながるという説もある[7]．

もっと複雑な過程としては，寒帯前線ジェット気流（polar front jet stream，『一般気象学 第 2 版』，p.178）の寄与を考える．すなわち，1 年中存在する亜熱帯ジェット気流に加えて，冬季には北半球には寒帯ジ

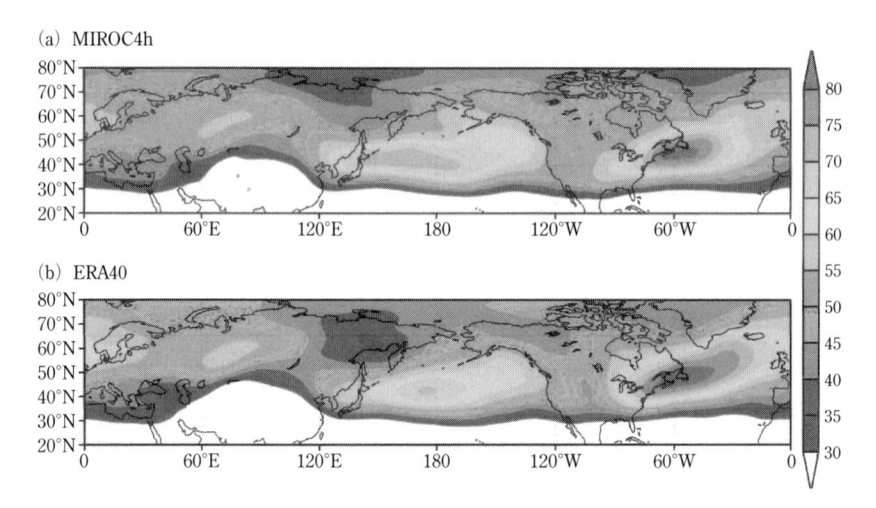

図 4.8 冬季（12〜2 月）の太平洋上のストームトラックが大西洋上のそれより弱いことを示す実測とシミュレーション比較図[4]．ここでストームトラックは，500 hPa における 10 日周期より短いジオポテンシャル高度変動の標準偏差と定義されている．(a) 大気海洋結合モデルの 1 つである MIROC（Model for Interdisciplinary Research on Climate）によるシミュレーションの結果．(b) 再解析データ ERA40 による実測．（口絵にカラーで再掲）

ェット気流がしばしば出現し，これと亜熱帯ジェット，さらには下層の傾圧帯との相互の位置関係によって，日本上空での低気圧の発達が阻害されるという説である[8]．また，順圧ガバナー効果（barotoropic-governor effect）と名がついている効果を考える説もある[9]．図4.9は152.5°E（即ち太平洋上）の南北断面上の東西風速をそれぞれ(a) 1990年11月，(b) 1991年1月，(c) 1991年3月の1ヵ月間，平均したもので

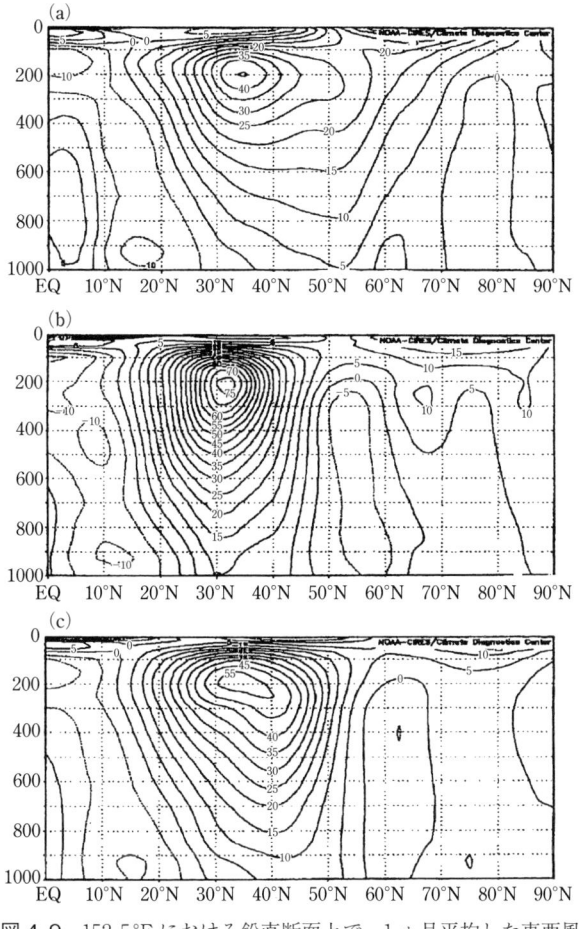

図4.9　152.5°Eにおける鉛直断面上で，1ヵ月平均した東西風速線（5 m s^{-1}おき）[9]．(a) 1990年11月，(b) 1991年1月，(c) 1991年3月．

ある[5].1月にはジェットの最大風速は $75\,\mathrm{m\,s^{-1}}$ あり,確かに他の2つの月に比べて大きい.しかし同時にジェットのコアの幅は狭く,等風速線の間隔は狭くて,風の水平シアは強い.水平シアが強いと,傾圧不安定によって起こった波動の運動エネルギーの一部は,基本流の運動エネルギーに変換される.それだけ波動の運動エネルギーは減り,したがって,水平シアには傾圧不安定を抑制する効果があるというのである.

4.3 疑似高・低気圧

ノルウェー学派のモデルでは,はじめに,下層に寒帯前線と呼ばれる前線があり,そこに波動が起こって温暖前線や寒冷前線や閉塞前線ができると考えた.ところが前節で述べた低気圧の傾圧不安定波説では,はじめに寒帯前線は必要でなく,ただ中緯度帯で南北方向の温度傾度がある程度強くなればよかった.しかし前節の議論は,初期の波動の振幅が無限に小さいという仮定での話である.本当に,初期には無限小であった振幅が時間とともに増大して有限振幅の傾圧不安定波となったとき,現実の地上天気図で見られるような前線を伴い,嵐を起こすような低気圧となるのだろうか.

これが1980年代から1990年代にわたって世界各地で多くの研究者の興味を引いた問題であった.この問題は非線形現象だから,特殊な場合を除いて解析的な解は期待できず,コンピュータによる数値計算がほとんど唯一の研究手段となる.仮想的ないろいろな西風基本流に,いろいろな違った初期の無限小振幅の擾乱を重ねて,数多くの数値実験が行われた.

以下に示すのはその一例である[10].前節で述べたイーディの傾圧不安定波モデルと同じく,この疑似的な (virtual),あるいは仮想的な乾燥大気は,鉛直方向には下面と高度9kmにある剛体の板で限られており,水平方向には東西方向の2枚の壁に囲まれたチャネル空間を考えている.2枚の壁の南北方向の距離は5623kmとする.この仮想大気に基本場として西風のジェット気流があるとする.図4.10(a)はこの大気に初期に与えられた擾乱の下面における温位とジオポテンシャル高度の分布である.東西方向に極めて弱い低気圧と高気圧の列が東西方向に並んでいるという初期状態を考えている.等温位線を見ると,基本場の等温位線は東西方向の直線であったのが,

4.3 疑似高・低気圧　67

低気圧と高気圧の列が並んでいる初期擾乱を反映して，等温位線はごく弱いながら波を打っている．この状態から出発して4日後の高・低気圧の様子が図4.10(b)である．等温位線の波動の振幅は大きくなり，それとともに低気圧は深まりながら，やや北西の方向に移動し，反対に高気圧はやや南東に移動している．5日たつと（図(c)），低気圧はますます発達しており，等温位線は低気圧中心に舌状に入り込んで，低気圧の暖域を形成した．強い温位

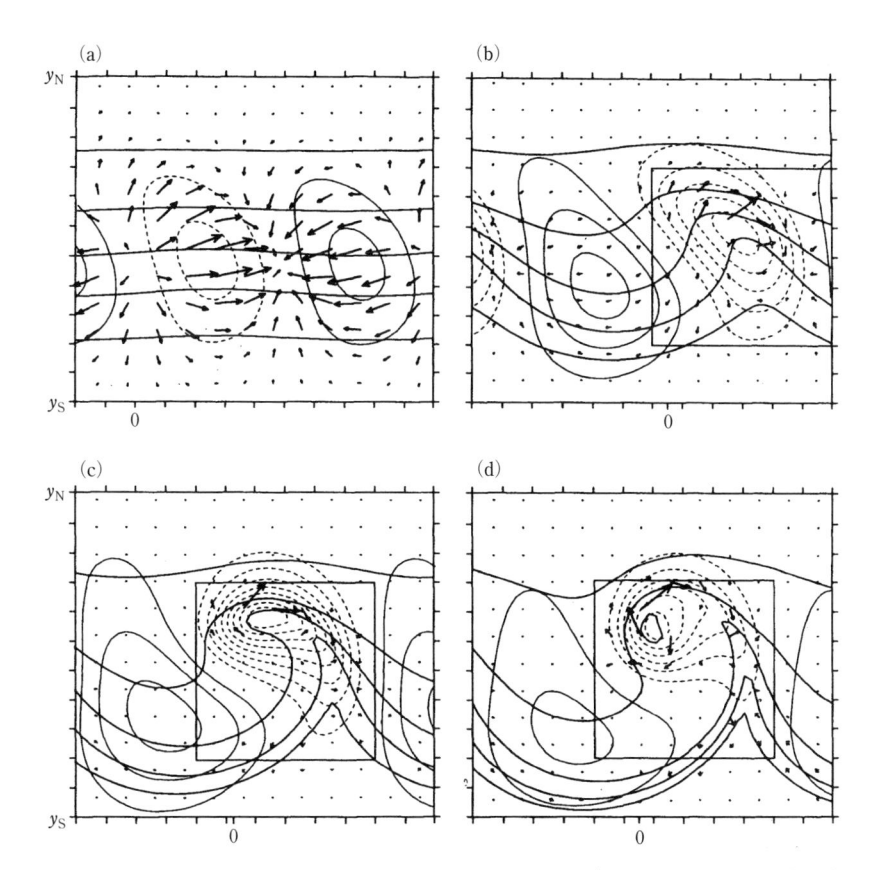

図 4.10　疑似的なジェット気流のある大気中での数値実験[10]．傾圧不安定波の振幅増大に伴う地表面における水平構造の時間的推移を示す．実線は等温位線（間隔は 10 K），細い線は等高度線で，破線は負の値（0 の等値線は省略してある）．(a) は初期の分布（等高度線の間隔は 40 m²s⁻²），(b) 4 日（間隔は 300 m²s⁻²），(c) 5 日（間隔は 500 m²s⁻²），(d) 5.5 日（間隔は 1000 m²s⁻²）．図中の矢印については本文参照．

傾度をもつ温暖前線も発達している．一方，高気圧の面積は広がりつつあるが，高気圧内の気圧はあまり上昇していない．5.5日後には（図(d)），低気圧中付近に暖気の隔離が見られる．低気圧中心と三重点（温暖前線・寒冷前線・閉塞前線の交点）までの距離，すなわち閉塞前線も長くなったし，寒冷前線も確認できるようになった．

　　　図4.10には矢印が描いてある．風の矢羽根のように見えるが，そうではない．少し余計なことになるが，これは Q ベクトルというベクトルを表している．Q ベクトルは大気の運動を理解するのに便利な概念なので，気象力学の講義には必ず出てくる．本書の範囲外なので，ここでは詳しい説明は省略するが，ひと言だけどう便利かを述べる．(x, y) 座標系で地点 (x, y) におけるベクトル Q の x 成分を Q_x，y 成分を Q_y とすると，Q ベクトルの発散は，発散 $=(\partial Q_x/\partial x)+(\partial Q_y/\partial y)$ と定義される．そして，下層の発散の地域には下降流があり，収束の地域には上昇流があるというのが Q ベクトルの性質である．つまり Q ベクトルを見ると，どこに上昇流と下降流があるか，すぐわかるのである．

　話を元に戻すと，図4.10(d)を見れば，仮想的な基本場，仮想的な初期の擾乱から，現実に見られるような前線を伴った高・低気圧が発達したことがわかる．結論として，傾圧大気で発達する低気圧は，基本場に存在していた南北方向の温度傾度（だから傾圧大気と言ったのだ）を利用して，南の暖気を北に運び，北の寒気を南に運んで，現実的な温暖前線や寒冷前線をつくることができるということが示されたわけである．これが，現実の中緯度高・低気圧の発生・発達は傾圧不安定のプロセスによると主張する根拠である．

　ただ，天気図を見慣れている人は図4.10に違和感を持つのではないだろうか．現実の日本付近の低気圧は，早ければ12時間で，たいていは24時間で，図4.10の5日とか5.5日の状態に達してしまう．この数値実験では非現実的に時間がかかっているのではないか．こうなった理由は，この数値実験の傾圧不安定波は，上層でも下層でも，非常に小さい振幅の状態から出発したので，いくら線形理論で時間とともに振幅が指数関数的に増大するのだといっても，最初のところで時間がかかってしまう．一方現実の場合には，下層で低気圧の卵があるときには，上層ではすでに大きな振幅をもつトラフ

が接近中ということが多いのである．この問題は6.6節でもう一度考える．
また，この数値実験では大気中に水蒸気がないとしたので，凝結の潜熱の効果を無視していることも，現実と合わないで時間がかかった理由の1つである（第7章）．

しかし，図4.10でもう1つ重要なことは，初期に低気圧と高気圧の中心が同じ緯度に並んでいても，低気圧は発達しつつ高緯度側に移動し，逆に高気圧は低緯度側に移動していることである．このことは大気大循環論におけるフェレル循環と大きな関係がある．上に述べたような低気圧と高気圧のペアが発達する実験を多数のペアについて行い，その際にたくさんの仮想的な大気素片の運動を追跡し，そのトラジェクトリー（軌跡）を子午面に投影したのが図4.11である[11]．平均的に見れば，低緯度で空気は下降し，高緯度

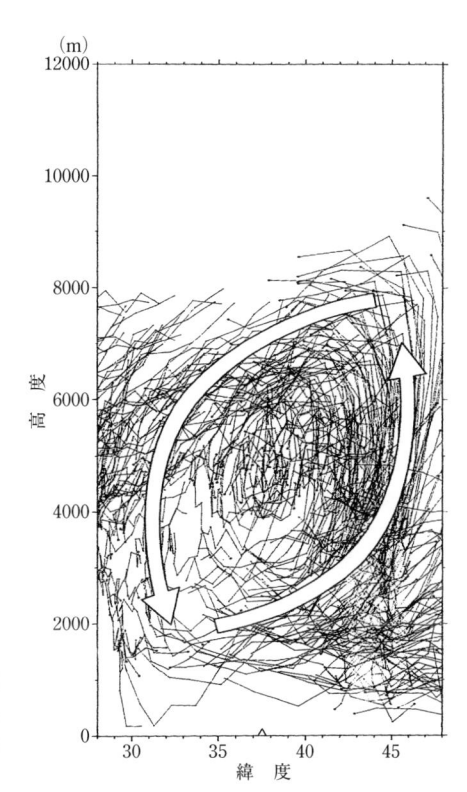

図4.11 数値実験により，温帯低気圧と移動性高気圧の周りのたくさんの空気素片の動きを追跡し，その軌跡を子午面上に投影した図[11]．

で空気が上昇していることになる．これが大気大循環で重要な，中緯度におけるフェレル循環である（『一般気象学　第 2 版』，p. 173 と図 7.5）．一方，現実の大気中では，低緯度帯にあるのがハドレー循環で，ここでは温度が高い赤道域で上昇し，対流圏界面で止められて，北半球では北に向かい，約 30°N の中緯度高気圧帯で下降し，赤道域に戻るという循環がある．普通，鉛直面内の循環というと，暖かい空気が上昇し，冷たい空気が下降するというのが当たり前に思われているので，ハドレー循環は直接循環（direct circulation）であるといわれる．ところがフェレル循環は低緯度の暖かい空気が下降し，中緯度の冷たい空気が上昇するので，何と呼んでいいかわからず，間接循環（indirect circulation）という，何か意味がよくわからない言葉をつくってしまった．

4.4　ストレッチ効果と渦の発達

図 4.10 で既に指摘したように，時間とともに低気圧の面積は小さくなっているのに，高気圧のそれは逆に大きくなっている．これは，低気圧は上昇流を伴い，上昇流の区域の下層には収束があるからである．この下層の収束あるいは上昇流によって，低気圧の渦度は，いわゆるストレッチ（stretch）効果によって変化する．

このストレッチ効果は気象を考えるうえで最も基本的な概念の 1 つなので，少し詳しく説明する．図 4.12 に示したように，気圧 p をもつ等圧面と，気圧 $p+\Delta p$ をもつ等圧面に挟まれた微小な円筒状の空気を考える．円筒の下面および上面における鉛直 p 速度をそれぞれ ω と $\omega+\Delta\omega$ とする．Δ は微小な量という記号である．気圧座標系で鉛直速度を表す鉛直 p 速度（オメガ，ω）になじみのない読者は，図 4.12 において，p と ω をそれぞれ高度 z と普通の鉛直速度 w に置き換えて読めばよい．ただし，z は高度とともに増すのに反して，p は減少するので，ω と w の符合は逆になる．さて，今は総観規模の天気を考えているのだから，風は第 1 近似として，いつでもどこでも地衡風であるとする．話を簡単にするために，空気円筒は東西方向にのみ移動するとする．時刻 t において，この空気円筒のもつ渦度を ς とする．風に流されて東西方向に移動する空気円筒を追いかけて，微小時間 Δt だけたっ

4.4 ストレッチ効果と渦の発達　71

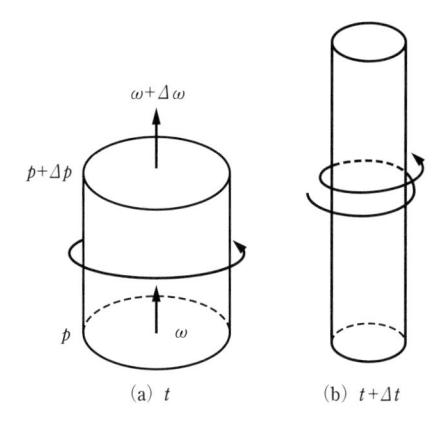

図 4.12 渦度の時間変化におけるストレッチ効果の説明図．

(a) t　　(b) $t+\Delta t$

た時刻における渦度の増加量を $\Delta \varsigma$ とすると，それは $\Delta \omega / \Delta p$ に比例するという気象力学の法則がある．式で書くと，

$$\Delta \varsigma / \Delta t = f \frac{\Delta \omega}{\Delta p} \tag{4.1}$$

となる．ここで f はその空気円筒が位置している地点のコリオリパラメータ（『一般気象学　第2版』，p.138）である．この式は，渦度の時間変化を表す渦度方程式という式の簡単な場合に当てはまる式である．左辺は単位時間当たりの渦度の変化量，右辺がストレッチ効果を表す．ストレッチは激しい運動の準備として行うストレッチ体操のストレッチと同じ言葉である．何故そう呼ぶかというと，円筒の上・下面における ω の値の違いにより，図4.12(b)に示したように，円筒の高さは $\Delta \omega \Delta t$ だけ伸びる．ところが，円筒の中の空気の質量は保存されなければならないから，円筒の底面積は小さくならなければいけない．すなわち円筒は鉛直方向に伸長したことになる．伸長したことによって渦度が増加したのであるから，これを伸長（ストレッチ）効果と呼ぶのである．逆に，円筒の底面積が増え，円筒が平たくなれば，渦度は減少する．

　この効果で渦度がどれくらい増加するものなのか．例として，円筒の下面は $p=1{,}000\,\mathrm{hPa}$ 面にあり，そこでの $\omega=0$ とする．$\Delta p=-300\,\mathrm{hPa}$ ととり，さらに，$p=700\,\mathrm{hPa}$ における ω は $\omega=-50\,\mathrm{hPa\,h^{-1}}$ とする．すなわち，大気下層に収束があり，700 hPa ではこれだけの上昇流がある状況を想定してい

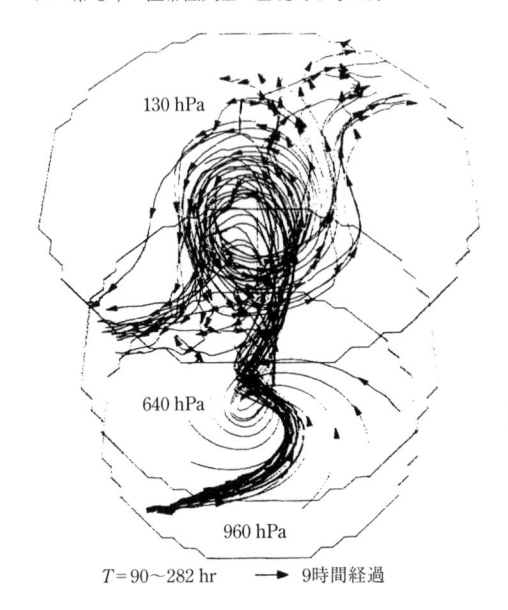

72　第 4 章　温帯低気圧の基礎的な考え方

図 4.13　台風発達の数値モデルにおいて計算された 192 時間にわたる空気粒子の軌跡[12]．空気粒子は地表面付近から出発するものとしている．軌跡に沿った矢印は 9 時間の間隔を示す．

る．緯度 35°における f の値は約 $8.4 \times 10^{-5}\,\mathrm{s^{-1}}$ であるから，上式によると，渦度は 1 時間当たり $1.4 \times 10^{-5}\,\mathrm{s^{-1}}$ 増加する．このままの状況で渦度が増大を続けると，半日後には $1.6 \times 10^{-4}\,\mathrm{s^{-1}}$ という大きな渦度をもつことになる．第 7 章で爆発的に発達した南岸低気圧の話をするが，その低気圧の中心付近の渦度はこの桁の大きさである．こうして，発達中の低気圧中心付近には強い上昇流があり，その上昇流がストレッチ効果により低気圧の発達を（すなわち渦度の増大を）助けているのである．

　逆に円筒の高さが減り，円筒の面積が大きくなると渦度は減少し，極端な場合には負になることもある．これまでの反時計回りが時計回りの回転運動になるわけだ．たとえば，台風が発達し，上端が対流圏界面に達すると，それまで上昇していた空気は圏界面に沿って水平に広がる．このため，台風中心周辺の空気は（もともと正の渦度が弱かったので）高気圧性に回転しながら吹き出すようになる．このような状況は『一般気象学　第 2 版』図 8.33 から転載した図 4.13 のシミュレーションの結果に現れている．現実の台風でも，氷晶などからなる上層雲がそのように吹き出す様子は，気象衛星雲画像でよく見かける．図 2.12 に示した疑似伊勢湾台風の赤外雲画像でも認められる．

第5章
前線形成のプロセス

5.1 目の錯覚か

　ノルウェー学派が前線を「天気の運び屋」と呼んだほど，前線は多彩な天気をもたらす．前章では，疑似高・低気圧に伴う前線について述べたが，本章では現実の温暖前線・寒冷前線・閉塞前線など総観スケールの前線が，どのような過程（プロセス）を経て形成されるのかを述べる．

　その前に，次のような簡単であるが示唆に富む数値実験を考えよう[1]．運動は2次元とする．つまり，流体の運動は鉛直方向には一様で，水平発散もなければ鉛直運動もないという水平運動をしているとする．流体の摩擦は考えない．そして，初期には図5.1(a)に示すように，温度は南ほど高く，等温線はどこでも東西方向に直線であるとする．ただし，等温線の間隔は一様でなく，図の中心あたりで狭い．つまり中心あたりに東西方向に延びる強い傾圧帯がある．この温度場を持つ流体が，Lと記号した点を中心として，強制的に反時計回りの円運動を始め，以後定常的に同じ運動を続けたとする．ただし，円運動をしているといっても，全体が剛体回転をしているわけではない．次に，温度は保存量であるとする．すなわち，流体の各素片は初めに持っていた温度を運動しても保持するとする．このとき，はじめ直線だった等温線が時間とともにどう変形していったかを描いたのが図5.1である．12時間後（図(b)）では，Lの東側では南寄りの風により暖気が北上して，楔状の暖域を作り，西側では寒気が南下している．時間が経って24時間後（図(c)）となると，暖域は渦の中心に巻き込まれて，Lの北側に，すぐ後で述べるシャピロ・カイザーの後屈温暖前線のような前線を作り始める．反対に，寒気はLの南側から東側に巻き込んで，暖域を圧迫し，暖域をLから

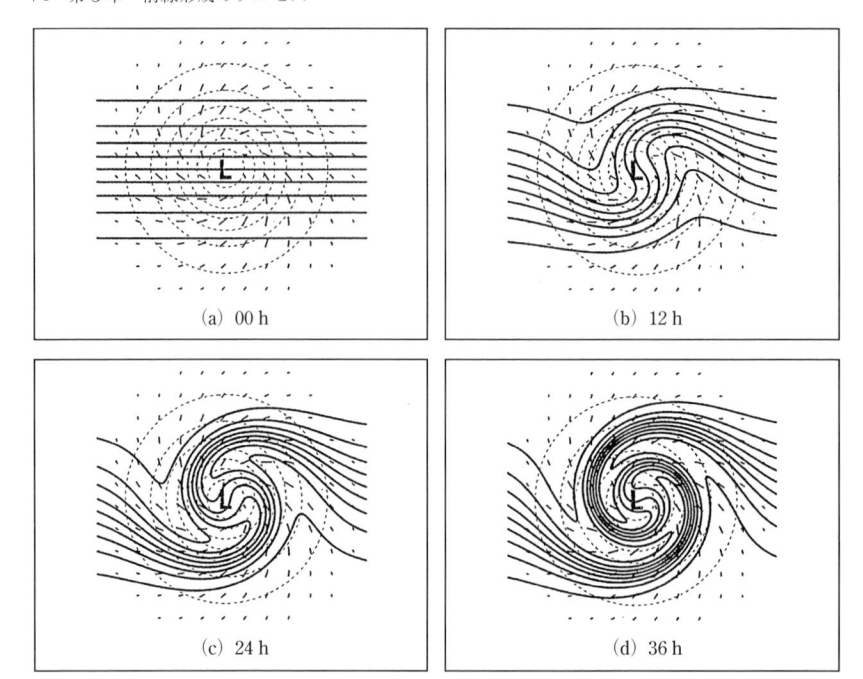

図 5.1 順圧流体の渦の回転運動に伴う温度分布の時間変化[1]．(a) 00 時，(b) 12 時，(c) 24 時，(d) 36 時．L は回転の中心を表し，実線は等温線（2 K おき），点線は流線関数（$1\times10^6\,\mathrm{m^2 s^{-1}}$ おき）．流線はその線の何処でも線の接線が速度の方向であるという線．線分の向きは流れの方向を示すのではなくて，拡張軸の方向である．線分の長さは拡張の強さに比例して描いている．拡張軸については 5.2 節参照．

遠ざけつつある．ただ，この段階で，図 4.10 と比べて違っている点は，暖域と寒域の面積が同じだということである．これは図 5.1 の実験では順圧大気を考えているので，発散（鉛直流）がゼロだからである．こうして，36 時間後（図(d)）の段階では渦巻が出来上がる．最終期に多くの低気圧が衛星雲画像で見せるらせん状の雲にそっくりだ．こうしてみると，はじめ北方にあった寒気と，南方にあった暖気が渦を巻きながら，中心に接近したように見える．

　大気の境界層内では，らせん状の渦を巻きながら中心に接近する空気の運動は，お馴染みの現象である．図 1.4 に示した小さな砂嵐もそうだし，スケールは違っても，台風中心付近の運動もそうだ．これは地表面との摩擦のた

め，等圧線が円形でも，空気の粒子は等圧線を横切って中心に向かうからである．ところが，今回の図5.1の場合は違う．この流体系では，摩擦はないと仮定しているし，温度は保存量である．すなわち，流体の各素片は，自分が持っていた温度は保存したまま，ぐるぐるとLを中心として円運動をしているだけである．決して中心に近づこうとする運動はしていない．しかし，等温線の形だけは確かに変わった．流体素片は円運動をしているだけなのに，何故らせんもどきの運動をして前線もどきのパターンが出来たのか．

　この実験のトリックは，この回転運動では，流体全体が剛体のように回転しているのではないということである．中心から引いた直線上にたくさんの流体素片が並んでいると考える．流体が剛体回転をしていれば，いかなるときにも，流体素片は同じ直線状に並ぶ．そして温度は保存されているから，各素片が中心を一回りして元に戻ると，温度分布は初期と同じ直線状の分布に戻る．ところが図5.1の実験では，各素片の角速度は中心からの距離によって違うと設定されているから，そうはならない．このことが流れのシアや変形という概念につながり，図5.1でらせん模様が出来た理由である．それを理解する鍵は，図5.1の各格子点に小さな線分として描かれた拡張軸にある．このことを次節以下で説明しよう．

5.2　前線形成のプロセス

　前線がどのように形成あるいは強化されていくかは，流れと温度（あるいは温位（θ））のパターンの相互位置による．図5.2は，任意の直交座標系(x, y)において，水平運動だけがある場合に，大気中のある1点で，x軸の方向の温位傾度$\Delta\theta/\Delta x$が増大するパターンの最も基本的な形を示す．この図の中で流線というのは，その線の接線方向が流れの方向を示し，流線の間隔が狭いほど流速が大きい線のことである．(a)の水平シアのある流れでは，南からは相対的に高い温位が来るし，北からは相対的に温位が低い空気が来るから，当然$\Delta\theta/\Delta x$は増大する．(b)の変形という流れの最も簡単な例は図5.2(b)に示したもので，これはxとy方向の速度成分をそれぞれuとvとすると，$u = -ax$，$v = ay$で表される流れである．aは定数である．この流れの特徴は，この水平面上で，収束・発散がゼロであるということであ

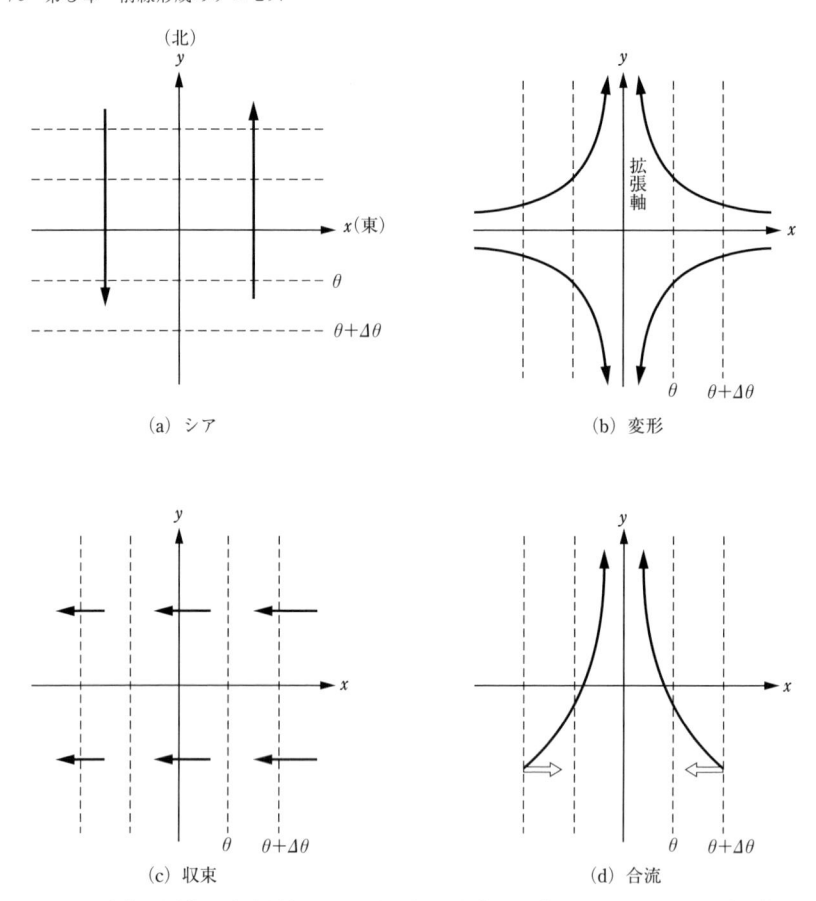

図5.2 x方向の温位傾度を増加させる諸過程．実線が流線あるいは風で，破線が等温位 (θ) 線．(a) 水平シアのある流れ，(b) 変形の流れ，(c) 収束がある流れ，矢印は x 方向の速度成分，(d) 合流する流れ，白ヌキの矢印は x 方向の速度成分．

る $[(\partial u/\partial x)+(\partial v/\partial y)=0]$．この流れの場合には，等温位線はこの流れに乗って，$\Delta\theta/\Delta x$ は増大していく．図の y 軸の方向を拡張軸（axis of dilatation）という．定数 a が大きいほど変形は強い．(c) は逆に収束だけがある場合で，やはり等温位線が集中しつつある．(d) の「合流」する流れでは，空気塊が次第に寄り添うように流れている．速度の y 成分 v は y 方向に一様であるが，速度の x 成分を見ると収束しているから，やはり前線強化を

している．これの逆が「分流」で，流線が次第に離れていく流れであり，前線弱化作用をする．

図5.2は水平運動だけを見たが，鉛直運動も$\Delta\theta/\Delta x$の変化に寄与する．図5.3の場合には，等温位線が鉛直に立つようになるから，$\Delta\theta/\Delta x$は増大する．あるいは，図のΔxの線分の右端では上からθの大きい空気が来るし，左端にはθの小さい空気が上昇してくるので，$\Delta\theta/\Delta x$は増大すると考えてもよい．

さらに，図5.2をもう一度眺めると，ここに描かれた4つのパターンの間には，重複する要素が含まれていることに気が付く．すぐわかるように，合流する流れには収束が含まれているし，変形の場では，流れの一部分として，y軸に沿って合流する流れがある．そこで，前線強化を起こす基本的なパターンとしては，重複がないようにしたい．この目的のために，水平面上のある1点で，その点を通る等温位線に直角の方向にΔsだけ距離が離れた点の温位差を$\Delta\theta$とするとき，その地点での（すなわち，ラグランジュ的ではなく，オイラー的にみたときの）温位傾度（$\Delta\theta/\Delta s$）が単位時間にどれだけ増大するか，3次元の運動方程式と温位保存の式から導くと，次のようになる．

$$\text{温位傾度が増加する割合} = \text{収束項} + \text{変形項} + \text{傾斜項} + \text{非断熱項} + \text{移流項} \tag{5.1}$$

この各項の数式的表現は，ほとんどすべての気象力学の教科書に書いてあ

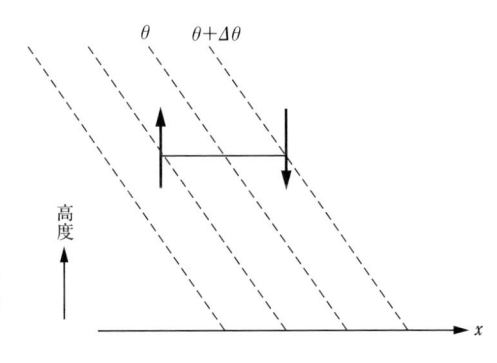

図5.3 空気の鉛直速度がx方向と違うため，x方向の温位傾度が増大する場合．

るから省略する[2]．内容だけを言えば，右辺第1項の収束項は図5.2(c)と同じで，収束によって温位傾度が単位時間に増大する割合を表す．変形項も図5.2(a)と同じであるが，拡張軸の方向も変形の強さ（$u = -ax$, $v = ay$におけるaの値に関係する）も，流れの各点で違う．しかし，一般的にいうと図5.4のように，拡張軸が等温位線とαという角度をしている場合には，角度αが45°以下ならば前線強化，45°以上ならば前線弱化であることが理論的に導かれる（たとえば$\alpha = 0$ならば図5.2(b)と同じであり前線強化であるし，$\alpha = 90°$ならば前線弱化であることは，自分で線を描いてみるとわかる）．図5.1の場合，運動は2次元で断熱であるから，式（5.1）で変形項だけが効いて前線ができた．このことは，図5.1をよく見ると，確かにLの北西部と南東部では拡張軸を表す線分が等温線に直角に近い角度をしていて，そこでは等温度線の間隔が大きくなり，楔状の寒気と暖気が形成されつつあることがわかる．変形の流れは収束がないから，式（5.1）のように表現すると，各項は重複する部分がない．

　式（5.1）の傾斜項の内容は図5.3と同じである．

　非断熱項は流れとは直接関係ない前線形成プロセスである．たとえば日中寒気側がずっと雲に覆われていたとすると，暖気側の方が相対的に日射による昇温が大きく，地表面近くでは雲域の縁に沿って前線が生ずることもある．

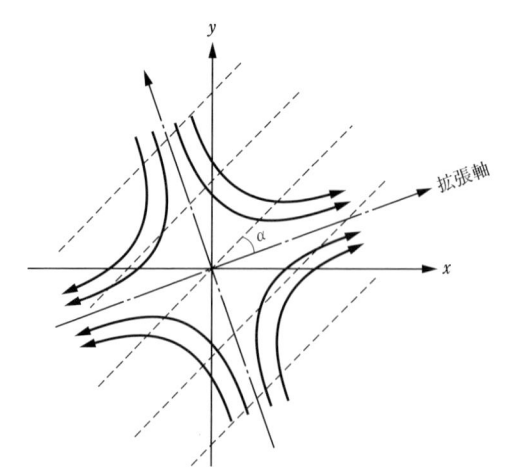

図5.4　変形のある流れの中で，等温位線が変形される様子．拡張軸と等温位線の角がα．

あるいは，米国中西部で観測されたことが多いが，ある線を境として，その片側の大地では土の含水量が大きかったため，日中地表面温度があまり上がらず，乾燥した地帯との温度差によって前線ができ，海風に似た鉛直循環が発達することがある．内陸海風と名付けられている．

最後の移流項は，地球上のある固定点で温位傾度の時間変化を観測しているとき（いわゆるオイラー的見方をしているとき），ほかの地点の温位傾度が流れに乗って，今考えている地点に移流されて来るときの効果である．

式 (5.1) は別の形で書くこともできる．

$$\text{温位傾度が増加する割合} = \text{合流項} + \text{水平シア項} + \text{傾斜項} + \text{非断熱項} + \text{移流項} \quad (5.2)$$

合流項は図 5.2(d) と同じ効果を表す項で，収束がある．その点で，図 5.2(b) の収束のない流れとは違う．水平シア項は図 5.2(a) と同じである．そして，式 (5.2) のほかの 3 項については，それぞれ式 (5.2) と同じである．式 (5.2) を使うならば，図 5.1 では水平シア項だけが効いている．

前線形成を表す式 (5.1) あるいは式 (5.2) のどの項が，低気圧の一生の中でどれだけ強く作用しているかについては，いくつかの研究がある[3),4)]．次節で現実の低気圧についての話をしよう．

5.3 シャピロ・カイザーモデルと閉塞前線

ここで話を歴史的な記述に戻す．4.1 節で述べたように，最初に中緯度低気圧の一生のモデルを提出したのは，1920 年初めのノルウェー学派である．このモデルはその後長い間，地上天気図を描くときの基本とされ，わが国でもほとんどの気象入門書でも引用され続けてきた．

しかし，やはり地表データと限られた上層データのみによったモデルだったために，高層観測網が整備され，気象衛星の雲画像などで，低気圧の 3 次元の全体像が明らかになるにつれて，現実との矛盾点がいくつか指摘されるようになってきた．このため 1980 年代の後半に米国を中心として，米国東岸沖の大西洋上，あるいはアラスカ南方海上の低気圧を対象として，いくつかの大規模な特別気象観測が実施された．これらの特別観測の中核をなした

のが航空機観測であった．飛行高度で気象要素を直接観測すると同時に，ドロップゾンデや航空機搭載のレーダー観測などにより，低気圧の微細な3次元構造が観測された．その結果，従来のノルウェー学派の寒帯前線波動モデル（便宜上以下Nモデルと呼ぶ）とは，かなり違った低気圧／前線モデルが提出された[5),6),7)]．今日ではシャピロ・カイザーモデル（簡単のためS-Kモデル）と呼ばれている．

その後このモデルは一般に注目され，今では，このモデルを記述していない気象学の教科書・参考書はないほどである．本書でも便宜上，図5.5でその概要だけを述べることにする．このモデルによれば，低気圧の発達は4段階に区分される．Ⅰ：幅約400 kmの連続した前線（傾圧帯）があり，その中に誕生して間もない低気圧がある．Ⅱ：低気圧が発達するにつれ，連続していた前線が低気圧中心付近で温暖前線と寒冷前線とに断裂する．これを前線の断裂（frontal fracture）という．ここがNモデルとの違いの1つで，Nモデルでは温暖前線と寒冷前線は（閉塞前線を含めて）連結されており，前

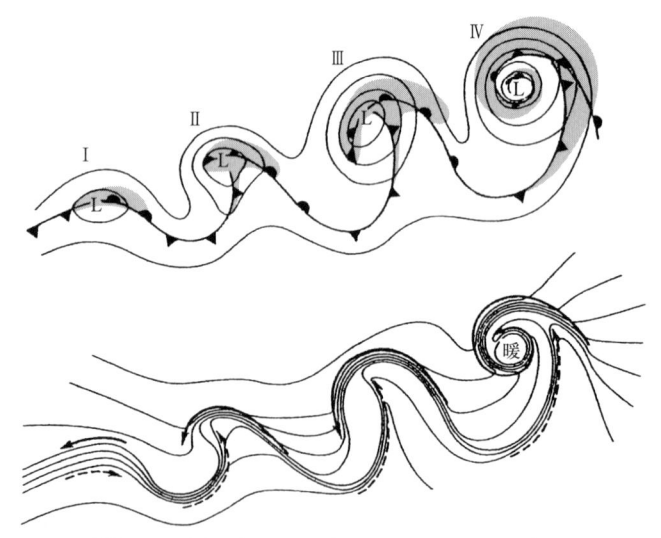

図 5.5 低気圧の発達過程のシャピロ・カイザーモデル[5)]．Ⅰ：幼年期，Ⅱ：前線の断裂，Ⅲ：後屈前線と前線のTボーン模様，Ⅳ：暖気の隔離．上段は海面気圧（細い実線），前線（太い実線），雲域（陰影）．下段は温度（実線），寒気と暖気の流れ（矢印の付いた実線と破線）．

線帯の低緯度側の暖気と高緯度側の寒気との境界として，ほぼ東西方向に連続して横たわっている．Ⅲが発達の中間点である．温暖前線は今や低気圧の中心を通り南西の方向に延びている．これを後屈温暖前線 (bent-back warm front)，あるいは単に後屈前線という．そして重要なのは，後屈温暖前線に向かって，低気圧の中心より東に進んだ寒冷前線がほぼ直角に延びていることである．この2つの前線の組み合わせが特徴のあるT字型をなす．これを前線のTボーン模様という．Tボーンというのはビーフステーキのカットの仕方の1つで，T字型の骨を挟んで，旨みの濃いサーロイン肉とやわらかで油脂の少ないヒレ肉が1枚につながったステーキの一種である．ヒレ・ステーキなどよりは安価だったので，米国の1ドルが360円であった1950年代前半に渡米していた私も，しばしば食べたものである．それはさておき，Ⅳが最盛期である（この点もNモデルと違う）．低気圧の中心付近では渦度が大きいから，温暖前線の西端が強く巻き込まれ，そこに暖域から隔離された比較的温度の高い核が形成される．これが温暖核の隔離である．

　S-Kモデルに似た低気圧は日本付近でもよく出現する．その一例が2000年2月7日から8日にかけて日本の東海上で発達した低気圧で，図5.6に示した[8]．ここには，7日06 UTC（図(a)）と8日00 UTC（図(b)）における925 hPaの温位と水平風ベクトルの分布，そして陰影で温位の水平傾度の強い地域が示されている．図(b)では前線のTボーン模様が明確である．

　図5.6に示した前線について，式(5.2)の各項が前線の形成あるいは強化にどれだけの寄与をしているか調べられた．その結果によると，図5.6に示した期間を通じて，温暖前線の中央あたりから前方（東側）にかけては合流項の寄与が最も大きく，その大きさは3時間で温位傾度が $10 \text{ K } (100 \text{ km})^{-1}$ 増加する程度であった．次いで大きかったのがシア項あるいは非断熱加熱項であるが，その大きさはいずれも合流項の数分の1程度であった．ところが前線の中央部から後方（西側）にかけては移流項が圧倒的に大きかった．つまり後屈前線の部分では，前線の前方部分で作られた強い温度傾度がそのまま後方に移流されて，低気圧中心の周りの回転運動に巻き込まれて，後屈温暖前線を作ったということになる．移流項の重要性は，疑似低気圧における前線形成についての数値実験において，既に指摘されていたことである[3]．一方，この低気圧については，寒冷前線はあまり活発ではなく，ただ前方に

82　第5章　前線形成のプロセス

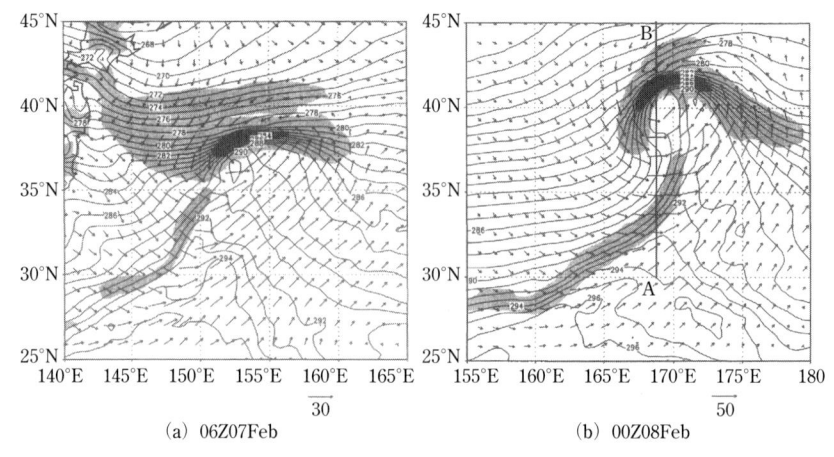

図5.6　2000年2月7〜8日，日本付近に出現したシャピロ・カイザーモデルに似た低気圧の例[8]．薄い陰影は925 hPaにおいて水平温位傾度が3時間で2 K (100 km)$^{-1}$以上増加した領域，濃い陰影は同じ3時間で6 K (100 km)$^{-1}$以上．矢印は風（単位はm s^{-1}）．(a)は7日06 UTC，(b)は8日00 UTC．線分A-Bに沿う鉛直断面図は省略．

移動しているようであった．

　なんといってもS-Kモデルで目立つのは，閉塞前線にまったく触れていないことである．これに対して，比較的データ密度の高い北米大陸上の観測データを詳しく解析したら，やはり閉塞前線は存在したとするものや，海上のように地表面摩擦が弱いときだけS-Kモデルが出やすいという数値実験結果や，低気圧の構造はそれより大きなスケールの上層の流れによって支配されるから，違った構造をもつ低気圧が出現するなどの研究があった．これらについては既にかなり詳しい紹介があるので[2]，ここでは述べない．

　ただ，温暖型閉塞前線について少し付け加えておこう．図4.3(a)に示したように，温暖型閉塞前線の場合には，地表面付近の暖気は両側から押し上げられて，Aと記号した位置で温位は水平面上で最高となり，それより上の層では2本の前線がある．つまり，閉塞前線は下層の水平面上で温度（あるいは温位）のリッジとして認識される．

　図5.7は4.3節で述べた疑似低気圧の数値実験の1つであるが，典型的な温暖型閉塞前線が出来た例とされているものである[9]．初期の無限小振幅の

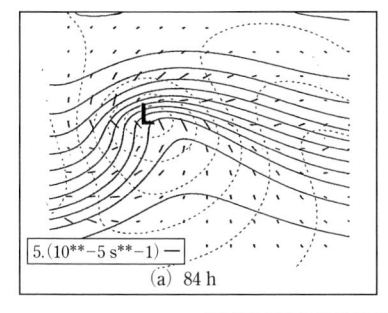

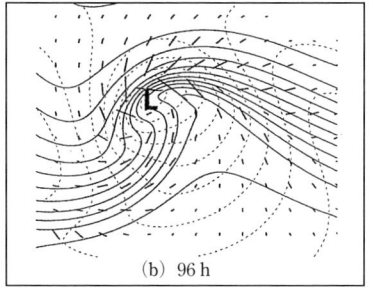

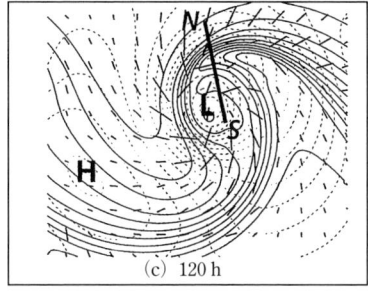

図 5.7　疑似低気圧の進化を追う数値実験の (a) 84 時間, (b) 96 時間, (c) 120 時間, 850 hPa における等温位線 (実線, 4 K おき) と等ジオポテンシャル高度線 (点線, 60 m おき)[9]. 短い線分は拡張軸を表し, その長さは変形の強さに比例する. L と H はそれぞれ低気圧と高気圧の中心位置を示す.

波動から出発して 120 時間後の図 (c) の状態では, 暖気の切離が既に起こっている. その切離された暖気と後屈した温暖前線を通る鉛直断面上の温位と水平風の分布が図 5.8 である. 下層では等温位面が垂れ下がり, 模式図どおり, A 点で閉塞前線, 温暖前線, 寒冷前線が集まっている.

こうして見るとわかるように, 閉塞前線を議論するためには, 高い空間分解能を持った観測データと数値シミュレーションが必要である. そうした多くの研究により, 閉塞前線が出来るプロセスはノルウェー学派のモデル (N モデル) で想定されたものとは違うことは明らかになってきた. 閉塞前線は, 寒冷前線が温暖前線に追いついて出来るのではなく, 低気圧の中心をめぐる回転運動に伴う前線形成のプロセスによって出来るのである. これを簡潔に表現すれば,「wrap-up, not catch-up (包み込むのであって, 追いつくのではない)」となる[10]. また, N モデルに関連してノルウェー学派が提唱して

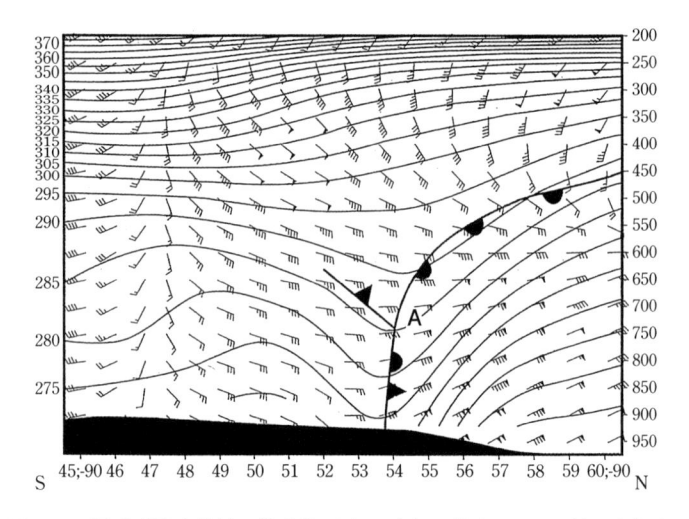

図 5.8 温暖型閉塞前線の構造[9]．図 5.7(c) の線分 N–S に沿った鉛直断面上の等温位線（実線，5 K おき），風の記号は長い矢羽根が 5，短い矢羽根が 2.5 m s^{-1}．点 A で温暖前線・寒冷前線・閉塞前線が一致．

いる「閉塞とは低気圧の中心気圧の低下が止まることを意味する」という命題についても，閉塞が起こってから発達を続ける低気圧はたくさんあるし，そもそも閉塞しない低気圧もあると現在では言われている[10]．一例を挙げれば，コチンとウチェリィニの本[11]は，米国の北東部（ニューヨークやワシントン DC を含む）に大きな被害をもたらした冬の低気圧を総説した本であるが，そこで議論された 91 個の低気圧の中で少なくても 29 個の低気圧は，閉塞が始まってからの 12〜24 時間に 3〜24 hPa 中心気圧が下がっている．最も顕著な例は 1972 年 2 月 19〜20 日の低気圧で，閉塞前線が出来てから 36 時間に，32 hPa も下がった．

　本書でも，これから先いろいろな低気圧を記述していくが，極端に言えば，1 つとして同じ低気圧はない．暴風雨を伴うものもあれば，そうでないものもある．N モデルとか S-K モデルとかにこだわらず，1 つ 1 つの低気圧の個性を見つめていくことが大切と思われる．

5.4　発達中の前線を巡る二次鉛直循環

　一般的に，前線帯内の温度傾度は地表付近で最も強く，そこから離れて上空に行くにつれて弱くなる．前線帯の幅も地表面付近で最も狭く，上空では広い．これらの現象は偶然ではなく，ちゃんとした理由がある．本節では，この現象を題材として，重要な風の非地衡風成分の話をしたい．

　ここでの要点は，風を一次的な流れと二次的な流れに分けて考えることである．総観スケールの風は地衡風に近いが，ここで地衡風（geostrophic wind）を一次的な流れと呼び，実際の風と地衡風の差を非地衡風成分（ageostrophic wind component）と呼ぶ．これが二次的な流れである．前者にはgの添え字を，後者にはaの添え字をつける．それで，x方向の風の成分をuとすれば，$u = u_g + u_a$と表現する．同じように，y方向については，$v = v_g + v_a$である．

　風を2つの成分に分けるなど，何故そんな面倒なことをするのか．風は風でいいではないか．そうする理由は次の通りである．総観スケールの大気の運動では，地面摩擦の効く大気境界層より上の層では（これを自由大気という），風は地衡風であると近似してよいと既に何度か述べた．この近似を使うと，総観スケールの現象を扱う数式が極めて簡単になり，気象の変化の仕組みが理解しやすくなるからである．ところが困ったことに，地衡風だとすると，風の水平発散がいつも0となってしまうのである［何故かというと，ジオポテンシャル高度をϕとすると，地衡風のx成分とy成分はそれぞれ$u_g = -(1/f)(\partial \phi/\partial y)$, $v_g = (1/f)(\partial \phi/\partial x)$であるから，$(\partial u_g/\partial x) + (\partial v_g/\partial y) = 0$である］．水平発散がなければ鉛直流も表現できない．雲がわき雨が降るのも上昇流のためであるから，天気系の議論をするとき，これでは困る．それで一次的な流れは地衡風であるとし，それからのずれ（すなわち非地衡風成分）を二次的な流れとして，この二次的な流れが鉛直流（気圧座標系での鉛直流$\omega = dp/dt$）と結びつくと考えるのである．事実，総観スケールの現象では，鉛直方向のスケールはたかだか10 km（対流圏の平均的な厚さ）で，水平方向のスケールの1/100の桁しかない．これに対応して，流れの鉛直速度成分も普通にいう風（つまり流れの速度の水平成分）の

1/100 の桁の大きさしかない．風を $10\,\mathrm{m\,s^{-1}}$ の桁とすれば，鉛直流速は $10\,\mathrm{cm\,s^{-1}}$ の桁である．その点でも鉛直循環に伴う流れを二次的な流れと見るのは合理的である．こんな小さな量で，しかし気象学的には重要な二次的な流れは，地衡風についての運動方程式とは別に，オメガ方程式という式を用いて決めるのである．

オメガ方程式の詳細を述べるのは本書の範囲外であるが，何故そんな二次的な流れ（非地衡風）の話をするのかというと，前節で述べたようにして前線形成（温位傾度の増大）が起こると，前線を中心として鉛直面内で循環が発生し，これが前線に伴う雲や雨の分布や強さに影響するからである．北半球において，東西方向に x 軸，南北方向に y 軸をとる．それぞれの方向の風の成分をそれぞれ u と v とする．議論を簡単にするため，流れは x 軸に無関係とする．図 5.9 は南北方向の鉛直断面の模式図である．ここで基本流として，図 5.9 (a) に示したように，地表面では東風，そこから高度とともに西風成分が増し，中央部では風速 0，大気上端では西風という分布を考える．

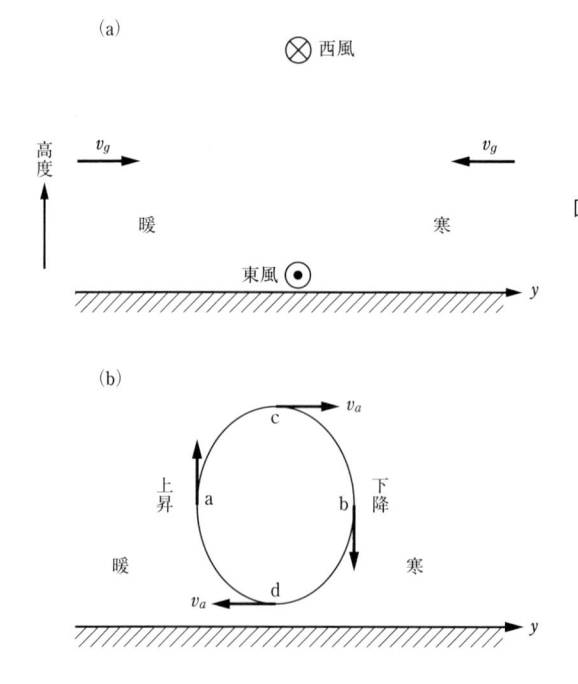

図 5.9 発達中の前線を巡る二次的鉛直循環の説明図．(a) 二次元と仮定した基本流 (u_g) の記号は丸に×の印が紙面から飛び出る方向，丸に点印は紙面に潜り込む方向を表す．温度風の関係により低緯度に暖気，高緯度に冷気がある．v_g は変形の流れ（地衡風）の南北方向の成分．(b) 変形の流れにより励起された前線の巡る二次的（非地衡風）鉛直循環．v_a は非地衡風南北成分．

この風は地衡風であるとしたから，温度風の関係を満足するために，北半球では低緯度側に暖気，高緯度側に寒気があり，その南北温位傾度は地衡風速 u_g の鉛直傾度に比例しなければならない．この風と温位の配置があれば，すべて平衡していて，平穏で，なにも起こらない．

ところが，この大気中で x 方向に拡張軸をもつ変形の風が，高度に無関係な強さで働き始めたとする．つまり x 方向に前線が出来始めたとする．変形の場の風も地衡風であるとする（図5.9(a)の v_g ）．総観スケールの風がいつもどこでも地衡風であるならば，y 方向の温度傾度が増加した分だけ，温度風の関係を満足するために u_g の鉛直傾度も増加しなければならない．それをするのに起こるのが図(b)で示したような二次的な鉛直循環である．この鉛直循環があれば，図のa点では上昇流に伴う断熱膨張のため温度が下がる．逆にb点では下降流のため温度が上がる．それで y 方向の温度傾度は弱まり，v_g による温度傾度の増加の一部を打ち消す．一方c点では二次循環を構成する v_a は北を向いているから，それに働くコリオリ力は空気素片を右にそらせるように，すなわち西風の u_g を強めるように働く．逆にd点では東風の u_g を強める．こうして，u_g の鉛直傾度を強める．結局，二次鉛直循環があればこそ，変形の流れによって破壊されそうになった温度風（地衡風）の関係が復元されるのである．大気中には，強弱の差こそあれ，絶えず変形や合流の流れがある．それにもかかわらず自由大気内では，いつでもどこでも中・高緯度における総観スケールの流れが第1近似として地衡風（温度風）の関係を保っていられるのは，この風と温度場を調整する二次鉛直循環があるからである．ここに大気の運動に含まれている微妙な仕掛けが潜んでいる．ここで述べた二次的鉛直循環はソーヤ・エリアッセン（Sawyer-Eliassen）循環と名が付いているほど有名である．

この二次的鉛直循環は，一般的になぜ前線は地表面で最も強く，高度を増すにつれて弱くなるかの説明にも役に立つ．すなわち，地表面では鉛直流は0だから，二次的鉛直循環による温度傾度弱化・一次的風（基本流）鉛直傾度強化の作用が効かないからである．

また，この二次的鉛直循環により，前線強化が起こっている際には，上昇流の地域で，もし大気が安定ならば層状の雲が広がり，不安定ならば積乱雲が発達する．下降流の地域では晴天が広がる．もともと前線の位置では風

向・風速が急激に変化し、したがって渦度が大きいのであるが、鉛直循環の一部である上昇流によってストレッチ効果が働き、渦度が増大する。このため、たとえば後掲の図7.10のように、前線の位置を解析する際に、温位だけでなく渦度の分布も使うことができる。

こうして前線強化のプロセスは、単に等温位線を密集させるだけでなく、天気にも大きな影響を与える生き生きとしたプロセスなのである。

5.5 温帯低気圧に伴う主な流れと雲のパターン

以上2章に亘って温帯低気圧とそれに伴う前線について、基本的な原理やプロセスを述べた。その締めくくりとして、図5.10にこれまで述べてきた温帯低気圧内の主な流れとそれに伴う雲のパターンを模式的に示そう[12]。ここでは、低気圧の生涯を4段階に分けている。図(a)の発生期では上層のトラフの東側に発生したばかりの地表の低気圧がある。それまで散在していた雲がまとまって、高緯度側に突き出た層状の雲が出来ている。これをバルジ（bulge, 膨らみ）と呼ぶ。木の葉雲（leaf cloud）と呼ばれることもある。衛星雲画像で雲がこの形に組織化されたら、低気圧が発生し発達し始めたなと思ってよい。バルジの実例は図8.3で示す。図(b)の発達期では、寒冷前線もはっきりしてくるし、なによりも、暖域から地上の寒冷前線にかけて、図(c)に示した温暖コンベアベルト（warm conveyer belt）と呼ばれる流れがある。南からの相当温位の高い空気はこのベルトに乗って温暖前線を越えて上昇し、層状性あるいは対流性の雨を降らせる。さらに上昇して、巻雲系の上層雲を作り、上層のトラフの下流にあるリッジに達して高気圧性に向きを変えて雲域から流れ出る（この流れについては図5.19参照）。上層雲の北側先端に上層のジェット気流の軸がある実例は、図5.14や図9.5で示すとおりである。図(c)の最盛期になると、地上では閉塞前線が解析されるし、コンマ型（あるいはオタマジャクシ型やラムダ（λ）型）と呼ばれる雲域が明瞭になる。図には示してないが、地上温暖前線の北側、そして温暖コンベアベルトの下側を西に流れる寒冷コンベアベルトがある。

一方、上層のトラフの上流側の乾燥空気は下降し乾燥貫入となる[13]。その先端が下層の寒冷前線に接近すると、しばしば2つの流れに分かれる。1つ

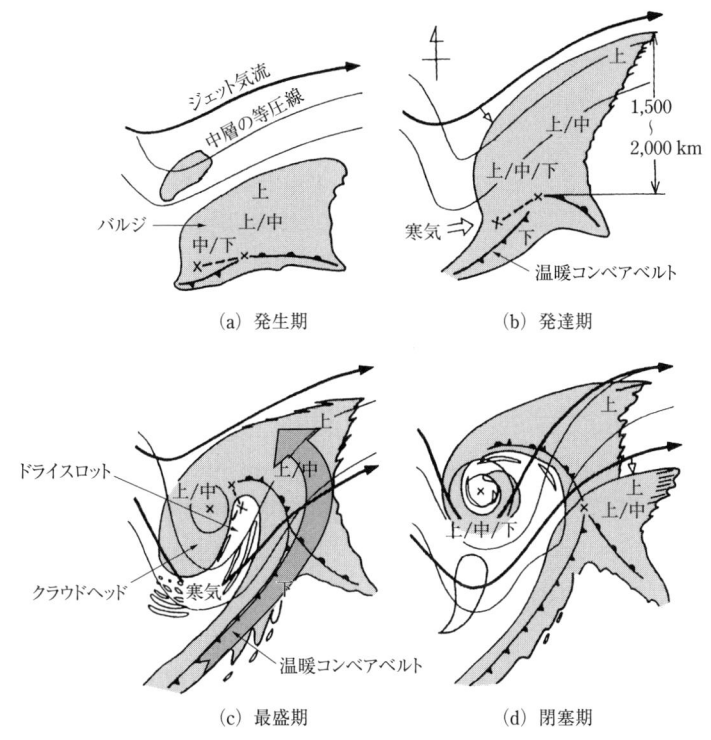

図 5.10 典型的な温帯低気圧の一生の 4 段階における主な空気の流れと気象衛星が見る雲のパターンの模式図（文献[12]に加筆）．図中の上・中・下はそれぞれ上層雲・中層雲・下層雲を表す．太い線はジェット気流の軸，細い曲線は対流圏中層の等圧線，×印または×印と×印を結んだ線は，その付近に低気圧の中心があることを示す．

は低気圧の回転運動によって低気圧の中心に向かい，衛星雲画像でみると雲のないスポット，いわゆるドライスロットをつくる．もう 1 つの流れは寒冷前線に沿って南方に流れ，寒冷前線を長くする．ドライスロットの西側の雲がクラウドヘッド（cloud head）と呼ばれている雲で，その実例は図 9.5 にある．寒冷コンベアベルトに伴う上昇気流によって作られる．図 5.10(d) の閉塞期では暖気の隔離が見られ，やがて雲域もらせん状となってから消滅する．

この図は低気圧の典型的な生涯を示しているが，繰り返し述べたように，個々の低気圧によって大きく違うことに留意する必要がある．さらに，日に

よっては，日本とその周辺海域は，もっと複雑な天気系に覆われることがあり，現在でもそのすべてがよく理解されているわけではない．一例を挙げよう[14),15)]．

　図 5.11 は 1998 年 12 月 7 日 00 UTC から 8 日まで，12 時間おきの地上天気図である．図 (a) の 12 月 7 日 00 UTC では，朝鮮半島の根元の東に，中心気圧 1018 hPa の低気圧があり，その東には移動性高気圧がある．そして日本の南方海上には，一見それとは無関係なような，停滞前線が横たわっている．ところが，この停滞前線が曲者である．12 時間後の図 (b) では，その先端は関東地方沖に位置する低気圧の中心につながっている．一方，日本海低気圧の中心気圧は 1006 hPa まで下がり，温帯・寒冷・停滞前線を伴っている．一般的に，日本海と太平洋側の海域に，低気圧が同時に存在する気圧配置を二つ玉低気圧気圧配置と総称しているが，各々の低気圧の発生や構造，相互の強さなどの違いから，二つ玉低気圧が伴う天気は様々である．

　それから 12 時間後の図 (c) となると，2 つの低気圧の中心はかなり接近してくる．そして図 (d) の段階では，南岸低気圧の中心気圧は 988 hPa まで急速に降下して，今やこのケースの主役となっている．一方，北側の低気圧は前線を失い，すっかり老化している．

　以上の経過を GMS の赤外画像で見たのが図 5.12 である．図 (a) において，朝鮮半島東岸の低気圧に伴う雲は明瞭である．以後の記述の便宜上，この雲を C_N と記号する．図 (a) の下の方には，まとまった雲が見えるが，これが図 5.11 (a) の天気図に示した停滞前線に伴う雲である．主に中・上層雲から成る．南にあるという意味で，この雲を C_S と記号する．C_S と C_N の間には下層雲が散在しているだけである．ところが次の 12 時間に，大きな変化が起こる．C_S が北東方向に進行するとともに大きく成長する．その北東の端の近くには，特に明るく見える部分がある．そこから南西方向に延びる雲帯全般にわたって，魚の鱗のような雲が見え始める．これはトランスバース (transverse) 雲といわれている雲で，通常ジェット気流が速くて風の鉛直シアが大きいとき，力学的な不安定によって起こる波動に伴う雲である．波動の破面は風の鉛直シアに直角なので，図 (b) の場合には，ジェット気流は C_S にほぼ平行に流れていることがわかる．さらに，C_S と C_N の間に C_M と記号した雲が出現している．この雲は図 5.11 (a) の朝鮮半島東岸の低気圧に

5.5 温帯低気圧に伴う主な流れと雲のパターン　91

(b) 7日12UTC

(a) 1998年12月7日00UTC

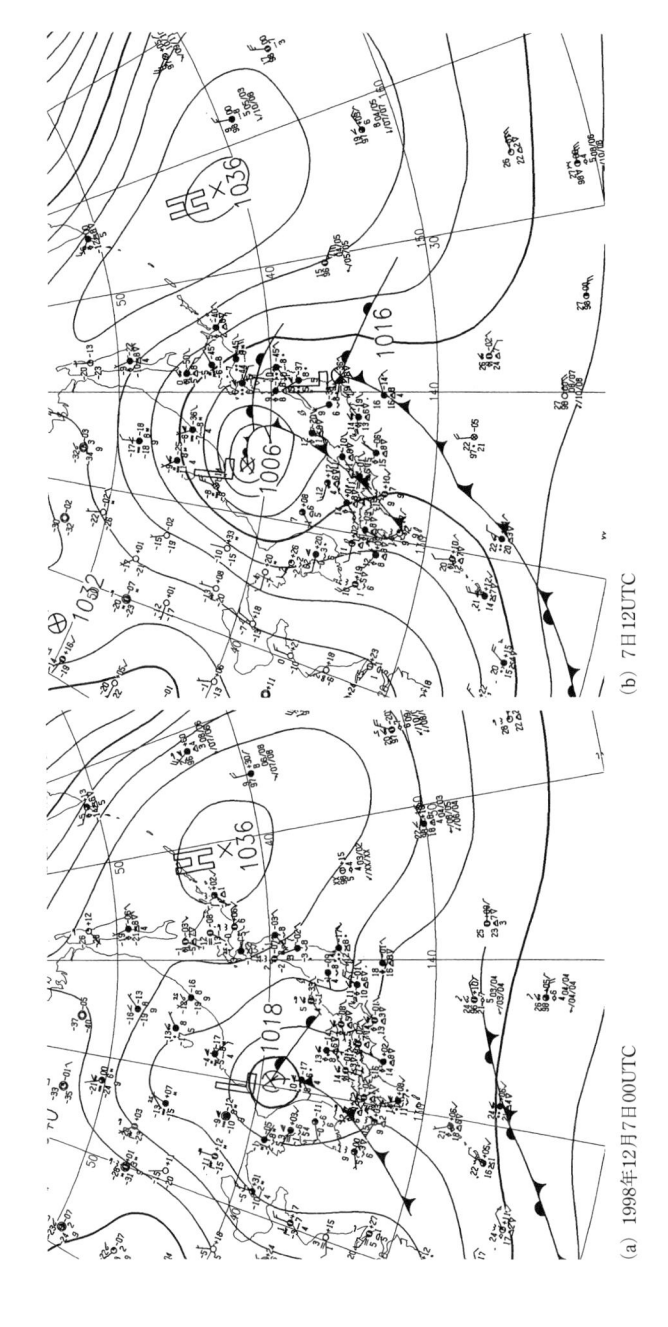

図 5.11　二つ玉低気圧の一例を示す地上天気図（気象庁）．(a) 1998 年 12 月 7 日 00 UTC，(b) 7 日 12 UTC，(c) 8 日 00 UTC，(d) 8 日 12 UTC．

92　第5章　前線形成のプロセス

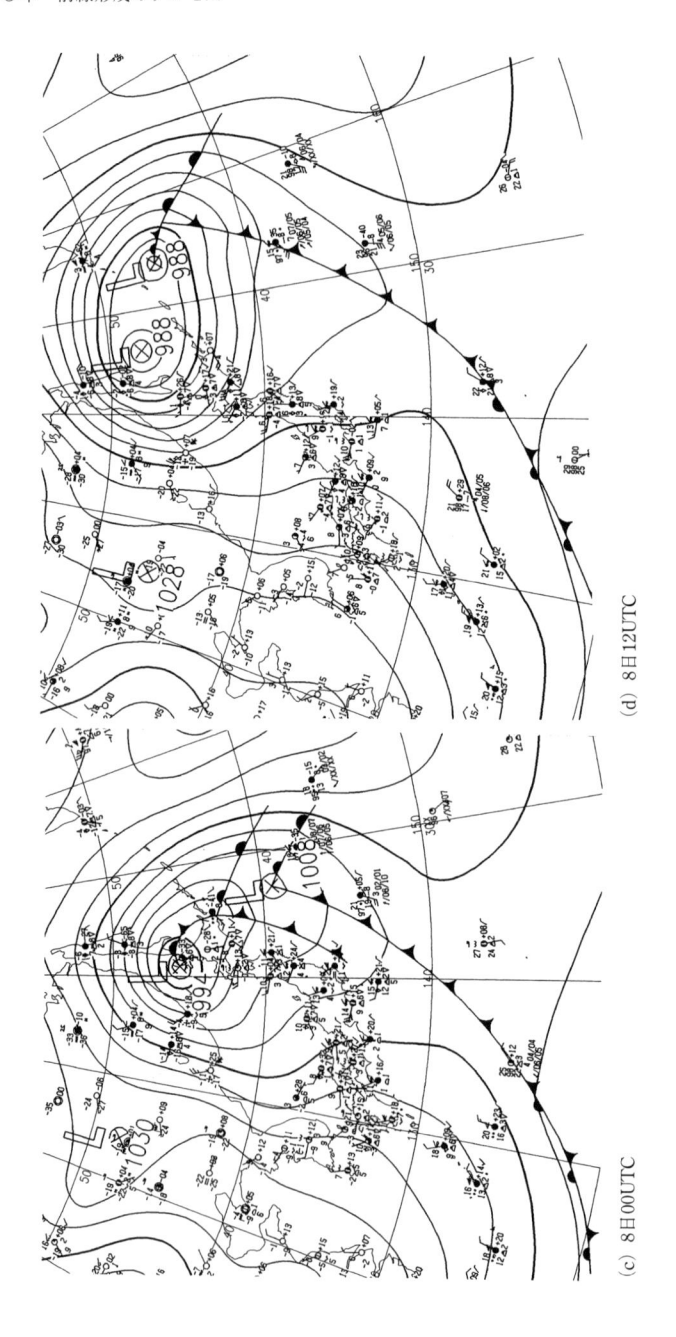

(d) 8日12UTC

(c) 8日00UTC

図5.11　(つづき)

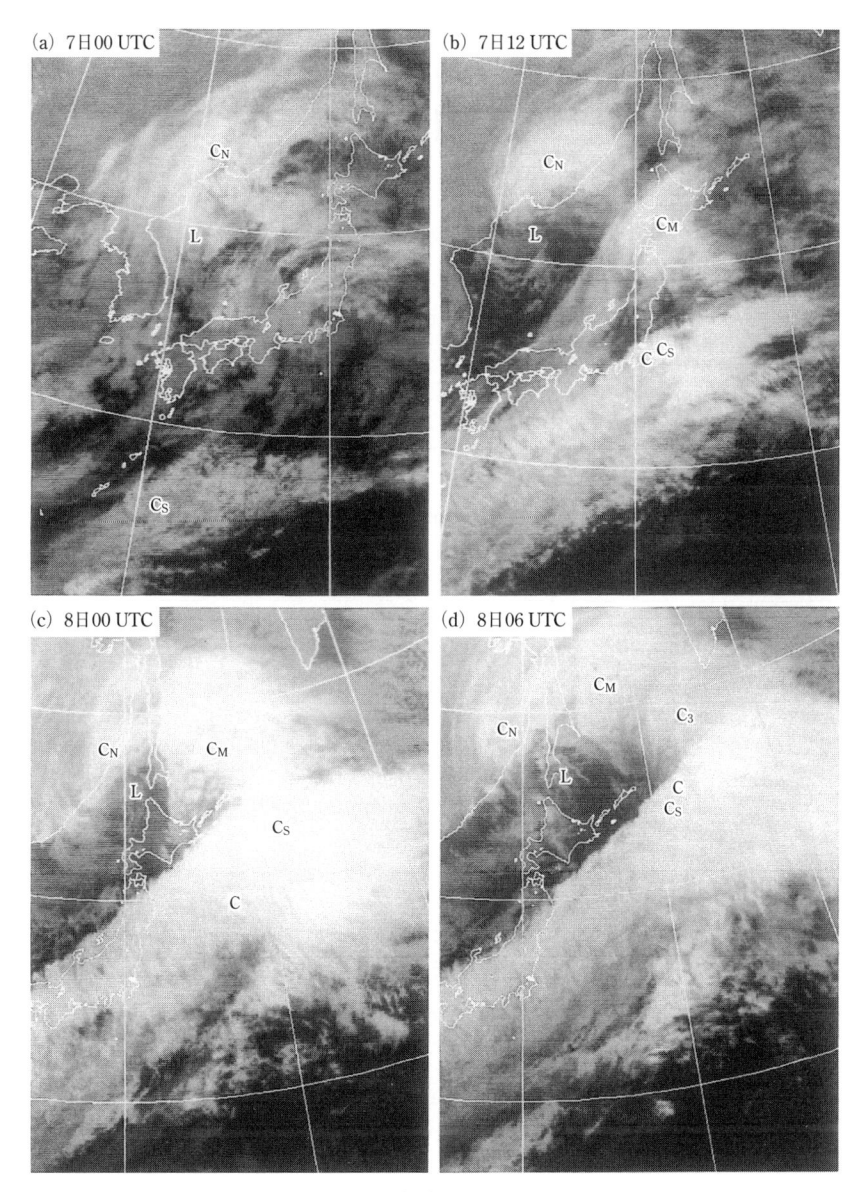

5.5 温帯低気圧に伴う主な流れと雲のパターン 93

図 5.12 12時間あるいは 6 時間ごとの赤外雲画像. L と C はそれぞれ図 5.11 に示した地上低気圧中心の位置. (a) 7 日 00 UTC, (b) 7 日 12 UTC, (c) 8 日 00 UTC, (d) 8 日 06 UTC. 雲の記号は本文参照.

伴う暖気コンベアベルトによる雲らしいが，まだよくわかっていない[16),17)]．

さらに12時間後の図(c)になると，C_Mは円形となって，C_NとC_Sの中間に位置するようになる．さらに興味あることには，その6時間後までに（図(d)），雲域C_Sの先端付近で新たに雲C_3が湧き出るように出現して，C_N，C_Mと並び，団子3つが串刺しになったような形になったことである．どうしてそうなったのか，まだよく調べられていない．地上天気図5.11(d)だけからは，こうした面白い光景は想像もできない．

ここで，図5.13に8日00UTCにおける500hPaの高層天気図を示す．大きくて（即ち東西方向の波長が長くて），深い（即ち，南北方向の振幅が大きい）トラフがある．発達するトラフがそうであるように，等高度線のトラフの軸は，サーマルトラフの軸より東にある（4.2節）．そして，トラフ

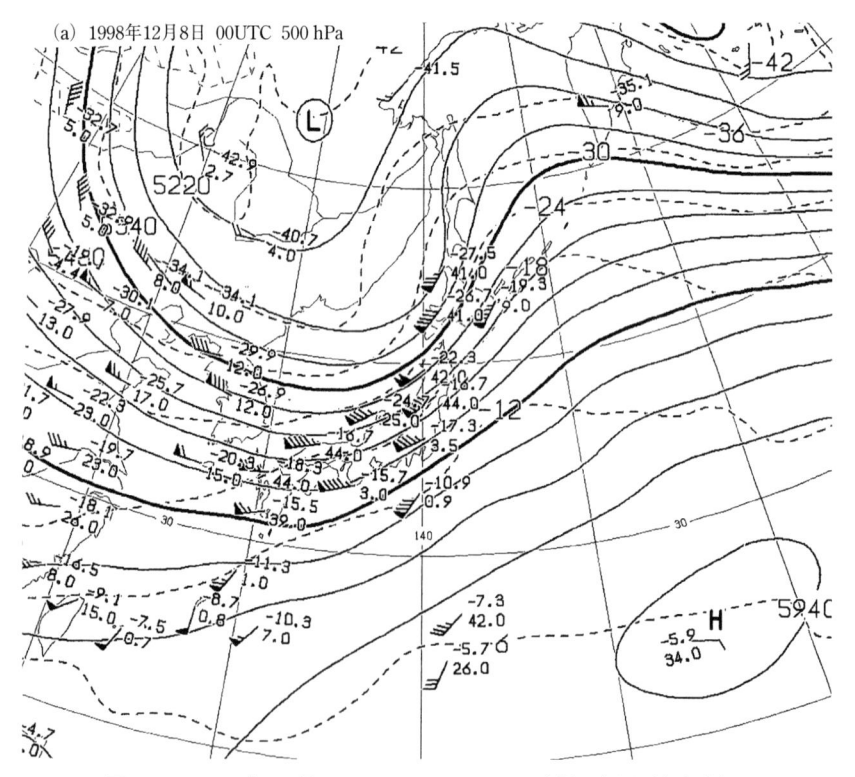

図5.13　1998年12月8日00UTCの500hPa高層天気図（気象庁）．

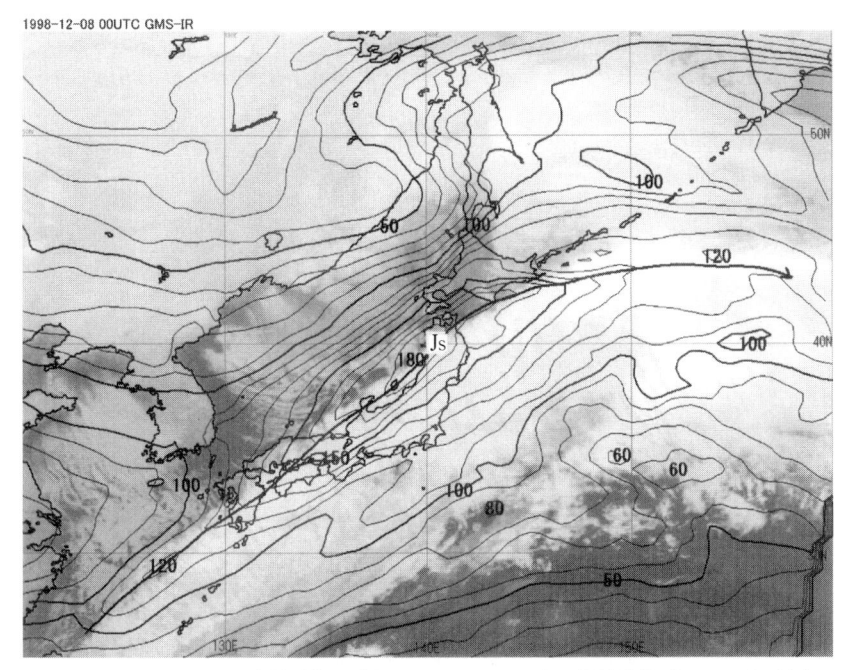

5.5 温帯低気圧に伴う主な流れと雲のパターン　95

図5.14　8日00 UTC，赤外画像に重ねた300 hPaにおける等風速線（10ノットごと）．J_sは亜熱帯ジェット気流の軸．

　の底の南東側にジェット気流がある．図5.14は8日00 UTCにおける赤外画像に300 hPaの等風速線を重ねたものである．前に図5.10(b)に関連して述べたように，上層のジェット気流の軸を境にしてその低緯度側に雲域，高緯度側に雲のない領域が広がっている．これはこのジェット気流の軸は，2つの違った気流が合流する線であり（1つは温暖コンベアベルトの上端部分で，もう1つはトラフの乾燥貫入の流れ），ここに前線形成作用が働いて，5.4節で述べたように，非地衡風鉛直循環が起こり，暖気側で上昇，寒気側で下降流となり，画像の明域と暗域の不連続ができたということらしい．

　ここでさらに同時刻の8日00 UTCにおける低気圧の構造を詳しく見よう．図5.15に地上気圧と925 hPaの風と相当温位の分布を示す．図の地上前線系は気象庁の地上天気図5.11(c)から写したものである．この時刻，主役は北海道北端に接近した日本海低気圧Lである．低気圧中心付近の渦巻運

96 第5章 前線形成のプロセス

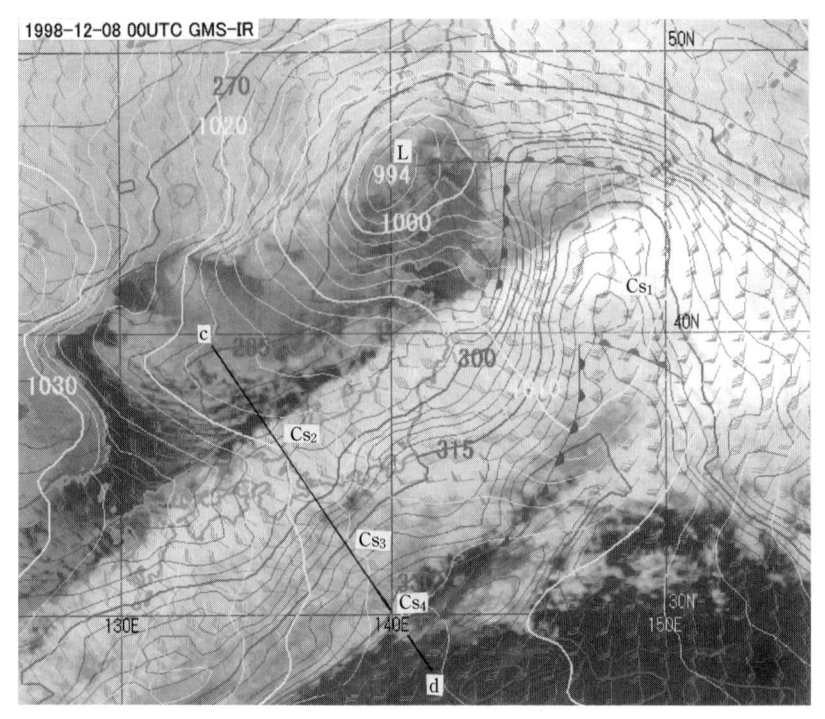

図 5.15 8日 00 UTC，赤外画像に重ねた地上気圧（黄色，2 hPa ごと）と 925 hPa における風と相当温位（ピンク色，2 K ごと）．記号 L は日本海低気圧の中心の位置．（口絵にカラーで再掲）

動の東では，強い南風に乗って，相当温位 330 K という暖湿な空気が殺到して，新たな低気圧 C が本州の東の海上に出来かかっている．

そして図 5.12(c) で単に Cs と記号した雲も複雑な構造を持っているので，これを図 5.15 では 4 部分に分ける．まず雲域 Cs の先端部（C_{S1} と記号）は，すでに述べたように輝度が増大した領域である．こうなった理由は，図 5.16 に示したショワルター安定度指数（SSI）の分布図を見るとわかる（SSI については 13.1 節参照）．すなわち，地上寒冷前線のすぐ東側に SSI が −2 以下という極めて不安定な成層をした領域があり，しかも図 5.15 によれば，その領域では相当温位は高く，強い南寄りの風が吹いている．ここが南岸低気圧 C の温暖コンベアベルト内の強い降雨域である．輝度温度か

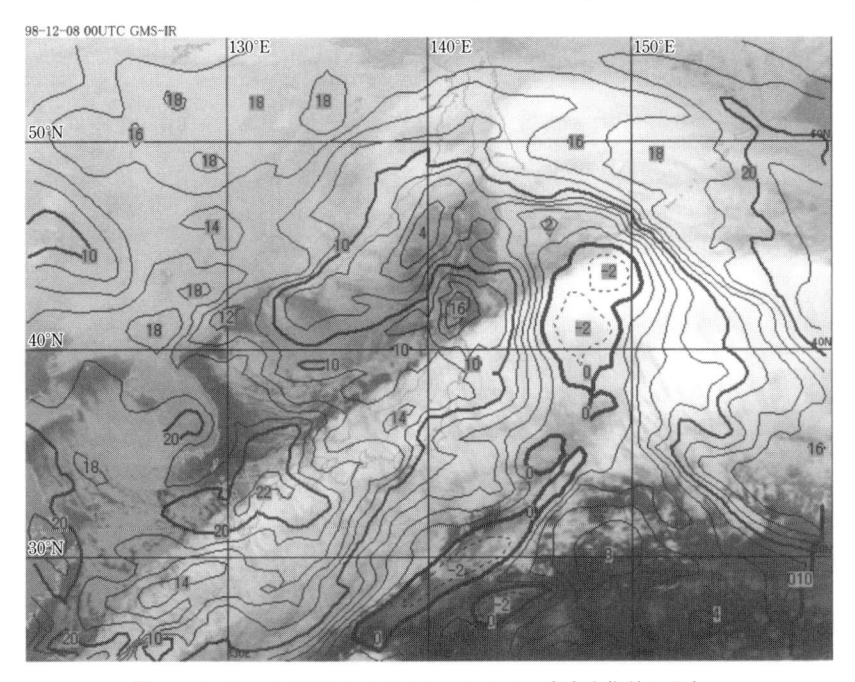

図 5.16　8 日 00 UTC におけるショワルター安定度指数の分布.

ら推定した雲頂高度は約 250 hPa である. 図 5.10 (d) と対比させると興味深い.

　次に, 雲域 C_S に直交する方向に, 図 5.15 の c-d 線に沿った鉛直断面上の風と相対湿度の分布を描いたのが図 5.17 である. 明らかに, 北西側 (高緯度側) に雲頂高度が高い領域があり, そこでは中層には乾燥貫入を示す乾燥空気が侵入している. したがって, この部分の上層雲は前述のジェット気流の軸 (J_S) で発生した巻雲と思われる (C_{S2} と記号). 一方, 雲域 C_S の南東側 (低緯度側) の雲は雲頂高度もやや低く, 寒冷前線面に沿って空気が上昇した際にできた雲と思われる (C_{S3} と記号). さらに, (図 5.15 では明確には見えないが), 地上前線付近には対流性の雲の発達もある (C_{S4} と記号). ここは図 5.16 でも SSI が低い区域でもあることと整合的である. こうして, 最上部のジェット軸の周りの巻雲を除けば, この前線は図 5.18 に示したアナ寒冷前線の模式図[18] とよく似ている.

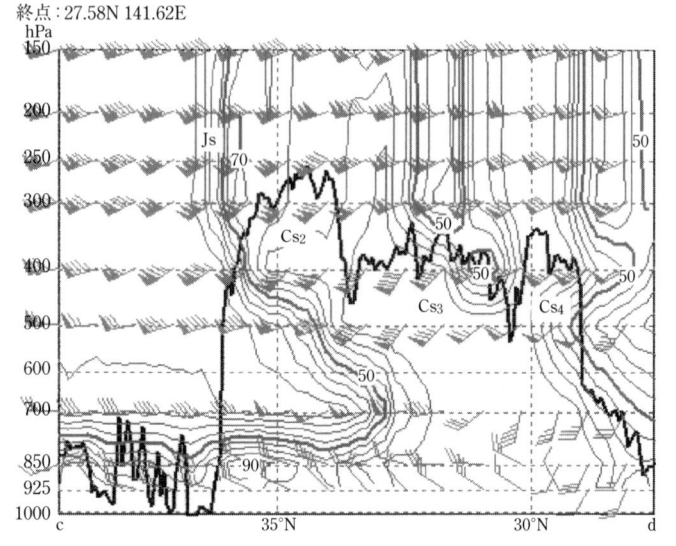

図 5.17　8日 00 UTC, 図 5.15 の c－d 線に沿った鉛直断面上の相対湿度（10% ごと）と風. 太い実線は雲頂高度. 雲の記号は本文参照.

　ここで付け加えると，ノルウェー学派のベルジェロンは，もう 70 年も前の 1937 年に，寒冷前線をアナ前線とカタ前線の 2 つに分類した．寒冷前線面に沿って比較的暖かい空気が上昇するのが純粋なアナ前線（anafront）であり，下降するのがカタ前線（katafront）である．アナとカタは，それぞれ up と down を表すギリシャ語の接頭語である．現実には，下層ではアナ型であるが，上層ではカタ型という中間型もある．カタ前線では当然雲は下層の寒冷前線付近に限られる．一方，アナ前線では，図 5.15 のように，地表の前線を含んで，前線面に沿って雲域は広がる．
　ここで，上記 2 種類の寒冷前線と温暖コンベアベルトの相対的な配置を再確認すると図 5.19 のようになる．(a) のカタ前線では温暖コンベアベルトは地上の寒冷前線とほぼ平行して流れる．一方，(b) のアナ前線では，地上の寒冷前線に斜めに吹き込み，前線面に沿って上昇し，図 5.15 で示したように広い雲域を作る．図 5.18 の模式図では，まるで風は寒冷前線に直角に

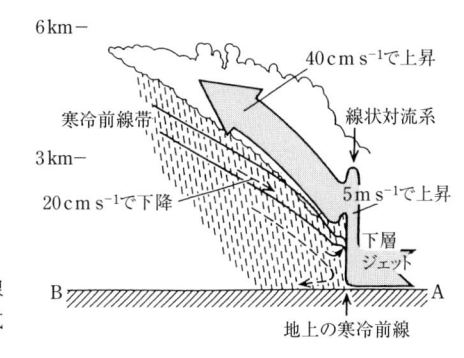

図 5.18 事例解析に基づいたアナ前線における前線に相対的な流れの模式図[18].

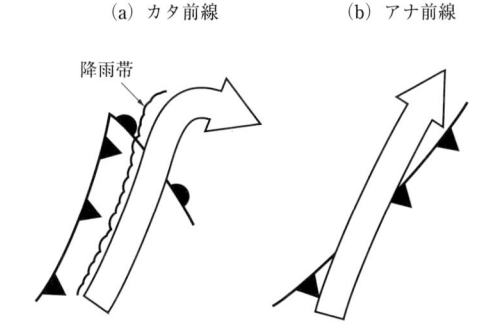

図 5.19 (a) カタ前線に相対的な温暖コンベアベルトの配置．太い中抜きの矢印が温暖コンベアベルト．(b) アナ前線の場合．

吹きつけているように描いてあるが，実際には寒冷前線に対して風は斜めに，むしろ平行に近い方向から吹いている場合が多い．ベクトルの言葉で言えば，風というベクトルを前線に平行な成分とそれに直交する成分に分けたとき，直交する成分だけを模式図 5.18 では示しているわけである．

ここで重要なのが (a) カタ前線で記した降雨帯である．これは地上の寒冷前線の前方，暖域にある降水バンドである．カタ前線面に沿って下降してきた乾燥空気は，地上の寒冷前線を越えてから，温暖コンベアベルトに衝突し，図 5.20 に示したように，上空寒冷前線 (upper cold front あるいは cold front aloft) を形成する[19]．寒冷前線といっても温度よりも湿度あるいは相当温位で明瞭に識別されるので，上空水蒸気前線といった方が適切である．

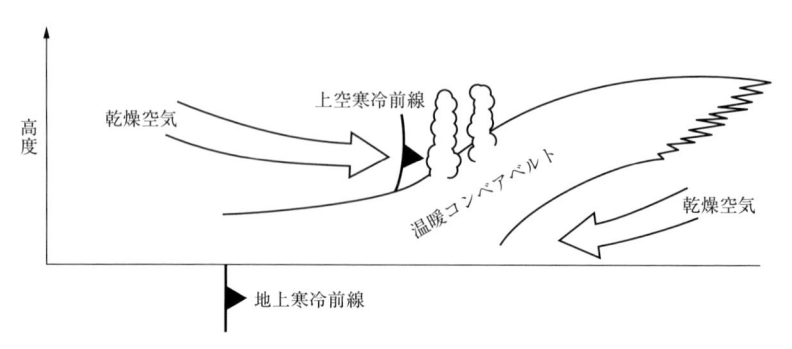

100　第5章　前線形成のプロセス

図5.20　カタ前線に直交する方向の鉛直断面上のスプリット前線の模式図.

　こうして，地上の寒冷前線と上空寒冷前線が段差のある前線系を形成する．これをスプリット前線（split front）という．もともとスプリットには互い違い（staggered）という意味がある．

　スプリット前線が重要な理由は，下降してくる乾燥した空気の相当温位は低く，その下にある温暖コンベアベルトの空気の相当温位は高く，したがって上空水蒸気前線のあたりは，強い対流不安定（『一般気象学　第2版』，p.75）な成層をして，大雨が降りやすいからである．こうした状況は空気が湿った日本近辺では特に起こりやすく，実例は図7.18や図10.3で示す．

　実は，地上の寒冷前線の前方に線状の対流系があるということは，1950年代には知られていて，寒冷前線前のスコールライン（prefrontal squall line）と呼ばれていた．しかし，その成因がわからず，地表寒冷前線に沿ってスコールラインが発生し，それが寒冷前線より早く進行したのではないかなどと解釈していた時代もあった．誤って線状対流系の位置に地上寒冷前線を解析するということのないよう，注意が必要である[20]．

第6章
渦位

6.1 渦位とは何か

　渦位という概念は初めは取っ付きにくいが，慣れてしまうと物事を理解するのに実に便利な考え方であることがわかる．いま，空気は水蒸気で飽和していないとする．そして小さな空気塊に着目して，その空気塊のいろいろな物理量の変化を追いかける．運動が断熱的に起こっていて，摩擦の影響も無視すると，その空気塊の温度は変化することはあっても，温位は変わらない（『一般気象学　第2版』，p.53）．換言すれば，断熱的に運動している空気塊では，温位は保存される熱力学的な量である．それでは力学的に保存される量はあるか．速度は気圧傾度力によって加速あるいは減速されるから，保存量ではない．渦度も保存される量ではない．ところが渦度と静的安定度で定義された渦位（potential vorticity）という量があって，これは運動が断熱的で，かつ摩擦の影響がないとすると，保存されるのである．こうした保存量は3次元空間を動き回る空気塊の位置を時間を追って決める際の迷子札（トレーサー）の役目をする．

　まず準備として，等温位座標系というものを考える．地表から上方にとった高度 z を鉛直軸とする座標系の代わりに，気圧（p）を鉛直軸にとった気圧座標系（いわゆる p 座標系）は，日常使われている．事実，高層天気図は等圧面上で描かれている．それと同じように，鉛直軸として温位をとったのが温位座標系である．たとえば，ある地点で上層観測により，気温がジオポテンシャル高度（気圧）の関数として決められたら，温位の高度分布を計算する．そして，たとえば温位が305 Kの値をとる高度を決める．同じ操作をほかの地点でも行う．それらの値を白地図に記入して等高度線を引く．その

地点，その高度での風のデータも記入する．こうして温位305 K の面上での天気図が出来上がる．これを等温位面解析（『一般気象学 第2版』，p.56）という．

空気が水蒸気で飽和している場合には，同じように等相当温位面を考える．水蒸気の相の変化が起こると，温位は保存されないが，相当温位は保存されるから，この面上にあった空気塊は，この面から離れることはできない．図6.1 は 320 K の等温位面と 325 K の等相当温位面の等高度線と，その面上の風を描いた例である．発達中の南岸低気圧が東進してきて，中心が房総半島付近に位置している状況である．温暖前線や寒冷前線があるし，図5.20で述べた上空寒冷前線もある．温暖前線を越えた南寄りの風は等高度線を横切って吹いているから，空気塊は上昇している．反対に，寒冷前線に向かう空

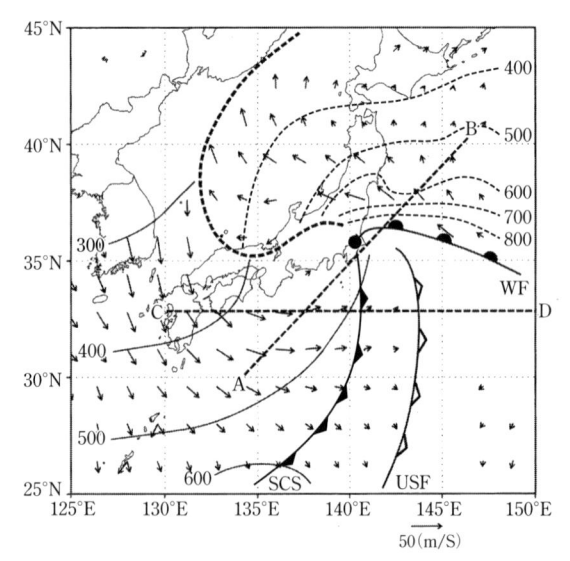

図 6.1 等温位面解析の一例．1999年10月27日12 UTC．関東平野に豪雨が降った事例．実線と破線はそれぞれ 320 K の等温位面および 325 K の等相当温位面上の等ジオポテンシャル高度線（単位はhPa）．矢印は風で，そのスケールは下段に示してある．黒丸は南岸低気圧中心の位置．SCS と USF はそれぞれ地上寒冷前線と上空寒冷前線（文献[1]を一部改訂）．A－B 線と C－D 線は無関係．

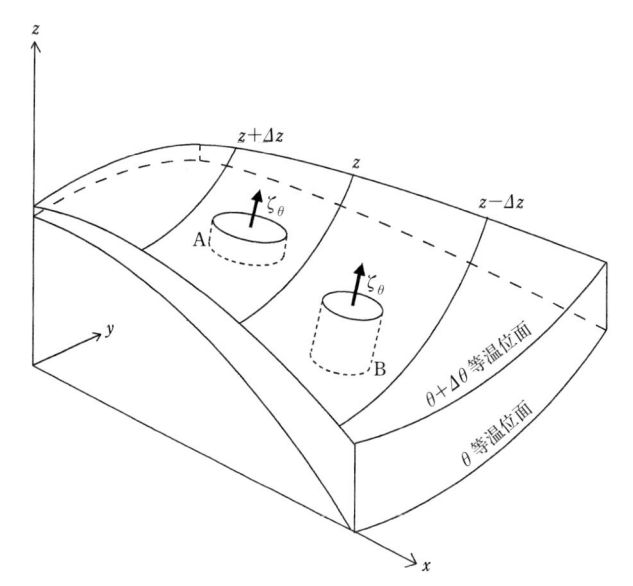

図6.2 温位座標系における渦位保存則の説明図.

気塊は高度を下げているから，ここは乾燥貫入に伴う下降流の領域である．5.4節で述べたように，総観スケールの現象では水平流に比べて鉛直流の大きさは2桁くらい小さいので，ゾンデ観測から直接鉛直流の大きさを測定することは難しい．それで，こうした温位あるいは相当温位面での解析によって，鉛直流をある程度知ることができるのはありがたい．

話を乾燥大気の渦位に戻す．図6.2のAあるいはBのように，温位がθという値を持つ等温位面と，$\theta+\Delta\theta$という値を持つ等温位面に挟まれた小さな空気塊を考える．この空気塊の渦位（PVという記号を用いる）は次のように定義される．

$$PV = -g(f+\zeta_\theta)(\Delta\theta/\Delta p) \tag{6.1}$$

ここでgは重力加速度，fはコリオリパラメータ，ζ_θは等温位面に直角な方向の渦度ベクトル成分，Δpは今考えている空気塊の上面と下面（すなわち，θ等温位面と$\theta+\Delta\theta$の等温位面）の間の気圧差を表す．同じΔpに対して$\Delta\theta$が大きいということは，大気の成層の安定度が大きいということだか

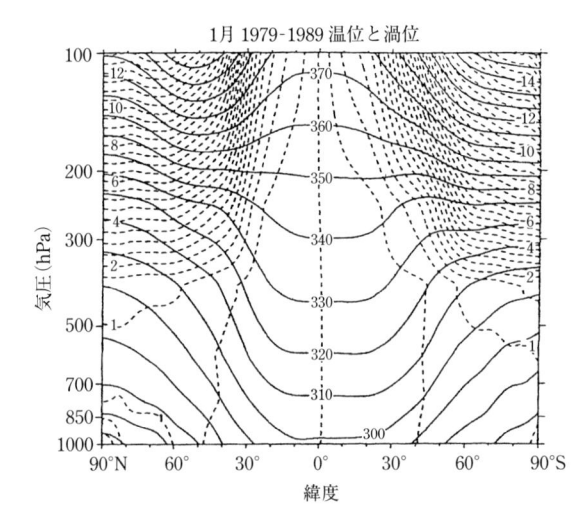

図6.3 1979～89年の1月の平均温位（実線, 10Kおき）と渦位（破線, 0.5PVUおき）の高度・緯度分布[2].

ら，$-(\Delta\theta/\Delta p)$ は大気の安定度を表す．典型的な値として，$g\sim 10\,\mathrm{m\,s^{-2}}$，$\zeta_\theta\sim f\sim 10^{-4}\,\mathrm{s^{-1}}$，$\Delta\theta/\Delta p\sim -10\,\mathrm{K}\,(100\,\mathrm{hPa})^{-1}$ をとれば，

$$\mathrm{PV}\sim -(10\,\mathrm{m\,s^{-2}})(10^{-4}\,\mathrm{s^{-1}})-\left(\frac{10\,\mathrm{K}}{100\,\mathrm{hPa}}\right)$$
$$= 10^{-6}\,\mathrm{m^2\,s^{-1}\,K\,kg^{-1}} \equiv 1\,\mathrm{PVU} \tag{6.2}$$

である．PVUは potential vorticity unit の略で，これを渦位の単位の大きさにとるのが慣習である．温位は温度と同じ次元を持っているのに，渦位は渦度（$\mathrm{s^{-1}}$）とまったく違った次元を持っている．渦度は速度の分布だけで決まるのに，渦位は温位の分布も関係しているから当然である．

図6.3は温位と渦位の1月における平均の分布である．まず温位の分布については，すでに述べたように，等温位線は対流圏内の中緯度帯では大きく傾くが，熱帯地方ではほぼ水平である．成層圏内では等温位面はほぼ水平で，かつ面の間隔は狭いから，大気の成層は非常に安定であることがわかる．また高緯度では f の値は大きい．これらの理由から，渦位は成層圏の高緯度帯で大きな値を持つ．普通，渦位の値が1PVUより小さい空気は対流圏の空気であり，2PVUより大きい空気は成層圏の空気である．

こうして，渦位を計算すれば，対流圏と成層圏の境界面，即ち対流圏界面を決めることができる．よく知られているように，対流圏内では温度は高度

とともに約 6.5℃ km^{-1} の割合で低くなっているが，成層圏下部ではほぼ等温であり，それより上の成層圏内では逆に高度とともに気温は上昇する．この事実に基づいて，WMO（世界気象機構）が決めた定義によれば，対流圏界面の高度は観測された温度の高度分布において，最初に（少なくとも2 km の範囲にわたって）2 K km^{-1} かそれ以下の温度減率を持つ層の下端の高度を指す．ところが気象解析に渦位が広く用いられるようになったため，

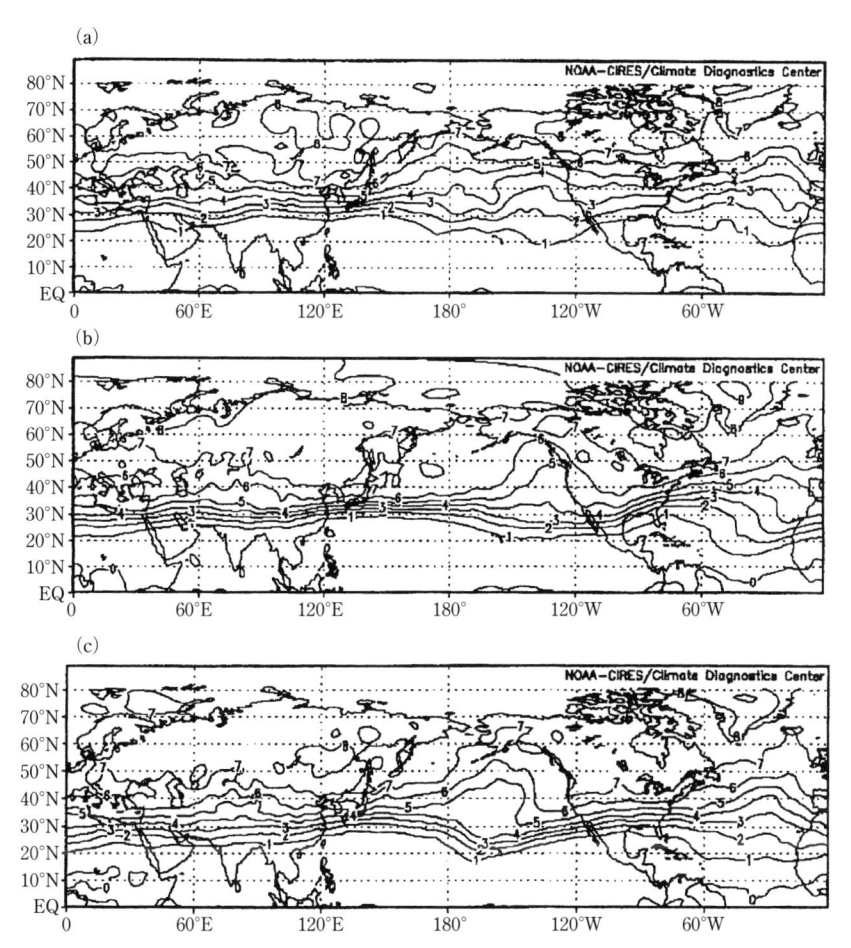

図 6.4 345 K 等温位面上の渦位の月平均値の分布（等渦位線は 1 PVU ごと）[3]．(a) 1990 年 11 月，(b) 1991 年 1 月，(3) 1991 年 3 月．

渦位が 2 PVU（研究者によっては 1 PVU）の面を対流圏と成層圏の境界面として，これを力学的対流圏界面と呼ぶようになっている．

4.2 節において，太平洋上と大西洋上のストームトラックの大きな違いについて述べた．両地域ではジェット気流でも違いがあることは，渦位からもわかる[3]．図 6.4 は 345 K の等温位面上の渦位の分布を，1990 年 11 月，1991 年 1 月，1991 年 3 月について月平均したものである．345 K の等温位面は図 6.3 によれば，ほぼ 300〜200 hPa の高度である．そして，図 6.4 で最も目立つのは，中国から西太平洋にかけて，1 月にほかの月に比べて等渦位線が密集していることである．等渦位線の中には 1 PVU や 2 PVU の等値線も含まれている．それでこのことは，1 月に対流圏界面の高度が低緯度帯から高緯度帯に急激に低下していることを表している．よく知られているように，対流圏界面の高度は大雑把にいえば 10 km であるが，低緯度帯で高く，高緯度帯で低い．図 6.5 に一例を挙げたが，これは 8.1 節で述べる台風並みに発達した南岸低気圧のケースである．この図の場合，対流圏圏界面の高度は八丈島では約 16 km，舘野では約 15 km あったが，秋田では 9.8 km と急降下している．そして図 6.4 の 1 月に等渦位線が太平洋上で密集していることは，太平洋上のジェットの南北方向の広がりが狭いことに対応している（図 4.9）．一方，大西洋上では，このような等渦位線の密集は見られない．

終わりに付け加えておくと，かりに等温位面がほとんど水平であるときには，式 (6.1) は気圧座標系で近似的に

$$PV = -g(f+\zeta)\frac{\Delta\theta}{\Delta p} \qquad (6.3)$$

となる．ζ は普段使っている渦度の鉛直成分である．すでに述べたように，$f+\zeta$ は絶対渦度といわれている量で，通常は正であり，流体が 2 次元運動をしているか，順圧大気である場合には保存量である．対流圏内の傾圧大気の場合には，普通 θ は高度とともに増加するから（$\Delta\theta$ は正で Δp は負だから），PV は正の値を持つ．そして絶対渦度と大気の成層安定度の積が保存量となっているわけである．

6.1 渦位とは何か　107

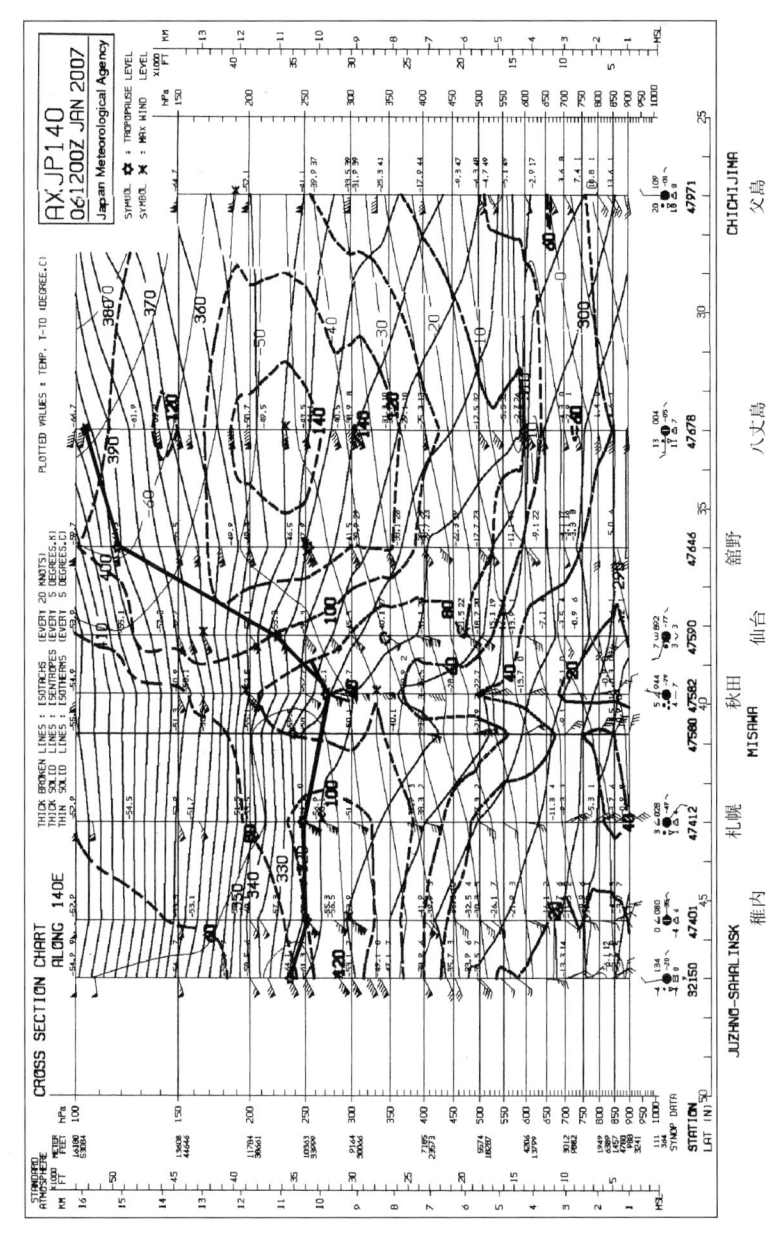

図 6.5　2007 年 1 月 6 日 1212 UTC，140°E に沿った南北鉛直断面図（気象庁，一部加筆．太い破線は等風速線（20 ノットごと），太い実線は等温位線（5 K ごと），細い実線は等温線（5℃ごと），最も太い実線は対流圏界面の高度を示す．

6.2 渦位の逆算性

　気象力学で渦位が多用される理由は，それが断熱過程であれば保存されるという性格に加えて，渦位が逆算性（invertibility）を持つということがある．ここで考えているのは，まず渦位の定義式（6.1）により，温位と流れの速度がわかっていれば，渦位の分布は計算できる．それでは渦位の分布がわかっていれば，それから逆に元の温位と流れの速度の分布は復元できるだろうかという問題である．

　何故こんな問題を考えるか．いま，ある時刻 t における温位と流れの速度の分布から渦位の分布が計算できている場合，各空気塊は時刻 t における流れによって他の場所に運ばれていくが，渦位は保存されているので，ある短い時間 Δt（たとえば1分）後の渦位の分布は計算できる．それで，もし渦位から温位と流れの速度が復元できれば，時刻 $t+\Delta t$ における温位と流れの速度が計算できる．この操作を繰り返せば，時刻 $t+2\Delta t$ における流れの速度と温位が計算できる．これを繰り返して，たとえば12時間後の大気の状態と流れが計算でき，気象予報ができることになる．

　この問題，すなわち渦位から大気の状態（即ち元の温位と速度の分布）を知ることは，2つの条件が整えば可能であることがわかっている[4]．これを渦位は逆算性があるという．その条件の1つは，今考えている大気はある境界で限られた空間であるとして（たとえば極東付近だけの空間を考えているとか），その境界面における大気の状態が既知であるということ．これは，たとえば2次の常微分方程式を解くとき，2つの境界条件を与えなければ，解は完全には決まらないということと同じである．

　もう1つの条件は，何か速度とジオポテンシャル高度の関係を与える式を1つ使うことである．定義により渦位は絶対渦度と静的安定度の積であるから，渦位の定義式（6.1）1つだけから2つの量を決めることはできなくて，もう1つ，速度と質量の分布（すなわちジオポテンシャル高度．高度の分布がわかれば，静水圧の式から温位の分布がわかる）を関係付ける式が必要である．最も簡単な関係式は地衡風あるいは傾度風の関係式である．この関係式はジオポテンシャル高度の水平傾度が風ベクトルに比例するという関係を

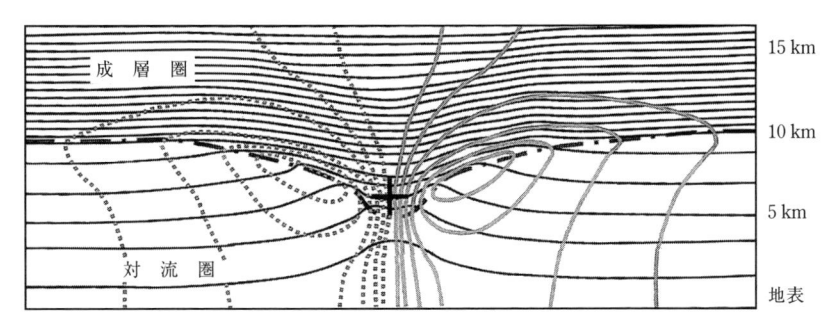

[図]

図 6.6 成層圏と対流圏がある基本場の中の＋印で示された区域に，低気圧性渦位のアノマリーが置かれた場合に，逆算法により計算された温位（実線）と流れ（破線）[4]．流れは等風速線で表されている．実線は紙面に直角方向に紙面の裏側に，点線は紙面に直角方向に裏側から正面に向かう風の等風速度線．一点鎖線は力学的圏界面．

表している式だから，これを使えば，必要な条件は満足される．

　これを使って，定性的であるが，どう逆算できたか一例を示そう．図 6.6 において，初めに基本場として成層圏と対流圏があった．流れはまったくなく，等温位面は水平であった．そこに，対流圏界面の＋印のある区域に，孤立した正の渦位のアノマリーが置かれたとする．アノマリーとは，ある水平面上の平均，あるいは長期間の時間平均からの偏差である．このアノマリーから逆算法によって決めた温位と流れの場が図 6.6 である．これを見ると，アノマリーがないときには水平だった等温位面は変形されて，アノマリーの下では等温位面は上に盛り上がる．すなわち寒気のドームが位置する．反対に，成層圏内では等温位面は下にさがる．アノマリーがなければ水平だった対流圏界面も変形されて下に垂れ下がる．アノマリーから逆算された流れを見ると，アノマリーの東側には紙面に直角に紙面の裏側に向かう風が，西側には反対に紙面から突き出る風がある．つまり，アノマリーを中心として低気圧性に回転する渦があることになる．この風と温位の分布は使用した温度風の関係を満足している．逆にいうと，図 6.6 で示された温位と速度場で，水平面上の平均からの偏差を計算し，その偏差から渦位を計算すれば，＋印のある区域に正の渦位が計算される（復元される）はずである．

　まとめると，対流圏界面にある正の渦位のアノマリーの下の対流圏内では温位は周囲より低く，それより上の成層圏内では周囲より高い．アノマリー

を中心として低気圧性の循環がある．その水平速度は，アノマリーがある高度で最も強く，それから下でも上でも弱くなっている．

　圏界面で負の温位のアノマリーがある場合には図6.6とはすべてが逆の分布となる．即ち，対流圏内では等温位線は下方に凸となり，高気圧性に回転する流れを誘発する．

　上記のように長々しい説明をしなくても，渦位の定義から正のアノマリーがあれば，その高度に低気圧性の循環があることはわかる．問題はその低気圧性循環が元のアノマリーの高度から，どれくらい下層まで達しているかである．この目安を与えてくれるのが，次式で与えられるロスビーの浸透高度Hである．

$$H = \frac{fL}{N}. \quad (6.4)$$

ここでfはコリオリパラメータ，Lは今考えているアノマリーの水平スケール，Nはブラント・バイサラの振動数と呼ばれている静的安定度を表すパラメータで，次式で定義される．

$$N^2 = \frac{g}{\theta}\frac{\Delta\theta}{\Delta z} \quad (6.5)$$

ここでgは重力加速度，zは高度である．典型的な値としては$g \sim 9.8\,\mathrm{m\,s^{-2}}$，$\theta \sim 300\,\mathrm{K}$，$\Delta\theta/\Delta z \sim 0.65\,\mathrm{K}/100\,\mathrm{m}$をとれば，$N \sim 10^{-2}\,\mathrm{s^{-1}}$である．安定な成層をしている大気中の空気塊を少し上方に移動させて離したとき，元の点を中心として空気塊が上下に振動する際の振動数がブラント・バイサラ振動数である．式 (6.4) によると，アノマリーの水平スケールが非常に小さいときや，大気が非常に安定な成層をしているときには，アノマリーに伴う空気の回転運動は，大気の上層に限定される．逆に極端な場合として，大気が中立成層をしているときには（$N \to \infty$），大気の上層から地表面まで同じ回転運動をしていることになる．このように，大気の静的安定度Nは上下の運動の結びつきやすさの程度を表す重要な指数である．

　さて，図6.7に示すように，上層に正の渦位のアノマリーがあり，対流圏には寒気のドームの存在を示す等温位線の上方への盛り上がりがあるという状況を考える．アノマリーが強さも形も変えずに断熱的に西風で流され，東進しているとする．温位は保存されるから，空気塊ははじめにいた等温位面

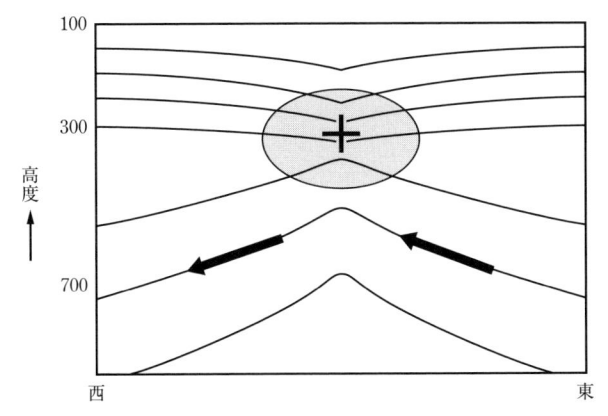

図 6.7 上層の渦位のアノマリーの東向き移動に伴う鉛直流（真空掃除機効果）の説明図．実線は等温位線．＋印を持つ陰影の部分は正の渦位のアノマリーを表す．

から離れることはできない．したがって，アノマリーの進行方向にある空気塊は，東進する等温位面に沿って上昇し，逆に西側斜面にあった空気塊は下降しなければならない．こうして，移動中の正の渦位のアノマリーは，進行方向の下層の空気を吸い上げては，反対側に吐きおろしていることになる．この状況から，ホスキンスらは移動中の正の渦位のアノマリーを真空掃除機の役割をすると表現している[5]．実際の例は図 8.10 で示す．

ここまでは，300 hPa にある渦位のアノマリーを考えたが，一般的にアノマリーはどの高度でも出現する．いろいろの高度に分布している場合には，仮に，それを上層にあるアノマリー，中層にあるアノマリー，下層にあるアノマリーと分けて，各々のアノマリーから逆算して，流れと温度の分布を計算する．各々の層からの寄与が線形である（すなわち重ね合わせができる）と仮定すれば（これは実際には，ある程度の誤差はあるが正しいとみてよい），それらを全部合わせたものは，元の流れと温度分布を復元することになる．

なぜこんなことを考えるか．たとえば，ある高度で低気圧の前方に上昇流があったとする．よく起こる疑問は，この上昇流が 500 hPa での渦度の移流によって起こったものか，あるいは下層の暖気の移流によるのかである．こ

うした場合には，上に述べたように，まず各高度の渦位を計算し，次にいろいろな高度別の渦位のアノマリーから逆算した流れと温度を計算し，その値から渦度移流や温度移流を見れば，どの高度のアノマリーが全体の鉛直流に対して，どの程度の寄与をしているか，わかることになる．この手法を部分的逆算法（piece-wise invertibility）という[6),7)]．

6.3 寒冷低気圧

寒冷渦ともいう．対流圏界面あるいは対流圏の上層に起源を持ち，中心とその付近の温度が周囲より低い低気圧のことである．切離低気圧も同種類の低気圧である．高層天気図で見ると，トラフの幅が時間とともに細くなり，ついにその南端が切離されて，孤立した低気圧として発生したものである．

実例を挙げて説明した方がわかりやすい[8)]．図6.8は1994年8月12日00 UTCから21日00 UTCまで，345 Kの等温位面上の渦位と等温位面の高度の分布を示す．12日にはまず日付変更線のあたりで，偏西風の波動に伴って，高緯度の渦位の溜りから高渦位の部分が南に流れ出し（図(a)），その部分は13日には南西方向に伸長する（図(b)）．この部分をストリーマーと呼ぶ．やがて，その先端が反時計回りに巻き上がって，15日までには南端が160°Eあたりで切離される（図(c)）．これが渦位で見た切離低気圧の誕生である（以下渦Aという）．この切離低気圧はそこからほぼ30°Nの緯度線に沿って西に向かう．3.4節で述べたように，夏季には中国大陸上のチベット高気圧が東に張り出し，それを巡る高気圧性の流れが30°Nあたりで東風となっている．

渦Aは18日ごろ伊豆半島の南方洋上に達する（図(d)）．このため18日から19日にかけての15時間，伊豆半島は雷や突風に襲われている．また図(d)に見るように，渦Aのあたりの等高度線は低く，等温位線は上に盛り上がっていて，渦Aの中心付近は周囲より温位が低いことを示している．即ち渦Aは寒冷低気圧である．この後，渦Aはやや北上し，19日には関東地方に接近してから東に移動しながら弱くなっていく．一方，中緯度ではすでに17日ごろには次の偏西風波動が活発となり，日本の西と東で等温位線が南に突出している．やがて20日までに再び160°Eあたりで切離が起こる

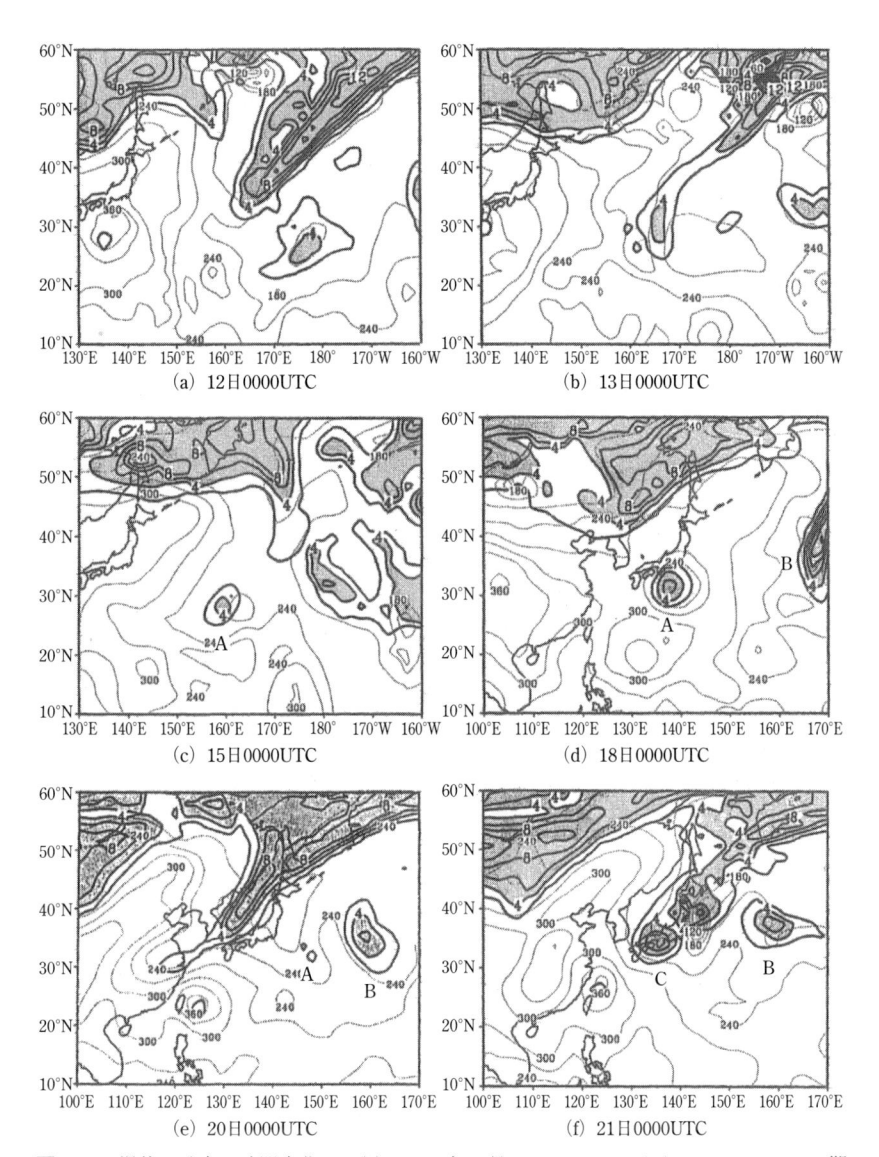

図6.8 渦位の分布の時間変化の一例.1994年8月12日00UTCから21日00UTCの期間,345Kの等温位面上の渦位の分布.ただし時間間隔は一様でない.実線が2PVUおきの等渦位線.陰影は4PVUより大きい領域.細い点線は等温位面上で30hPaおきの気圧分布.A,B,Cは切離された渦[8].

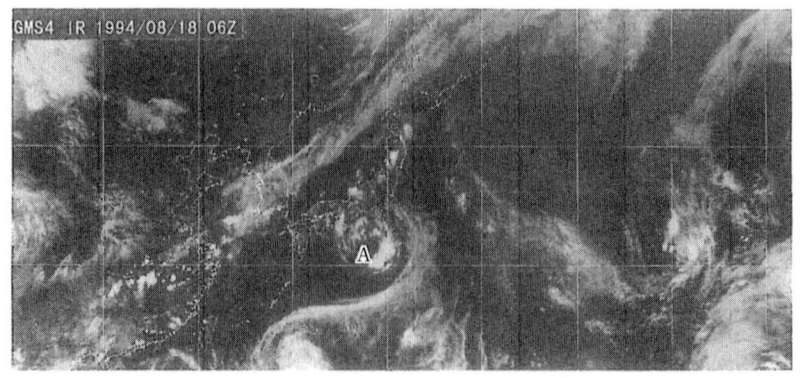

(a) 1994年8月18日0600 UTC

(b) 1994年8月19日0600 UTC

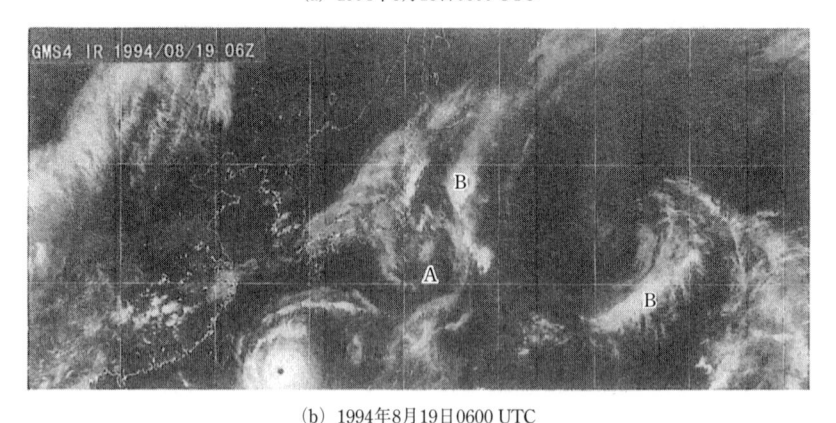

図 6.9　気象衛星赤外画像で見た図 6.8 の渦 A と B.

(図 (e)). この渦（渦 B）はほとんど移動しないが, 図 6.9 の雲画像では, 渦 A のすぐ東方に, ほとんど渦 A の雲リングと押し合うような大きなリング状の雲域として認めることができる.

　この間, 日本の西方で等渦位線はゆっくり東に移動しながら, 日本海から朝鮮半島南部にかけて伸張し, その先端は 21 日までに切離されて渦 C となる（図 (f)). この渦は東進して関東地方に接近する.

　図 6.10 は 18 日 00 UTC において, 渦 A の 31°N に沿う東西方向の鉛直断面上の高度偏差（図 (a)), 温度偏差（図 (b)), 渦度（図 (c)）分布である.

6.3 寒冷低気圧　115

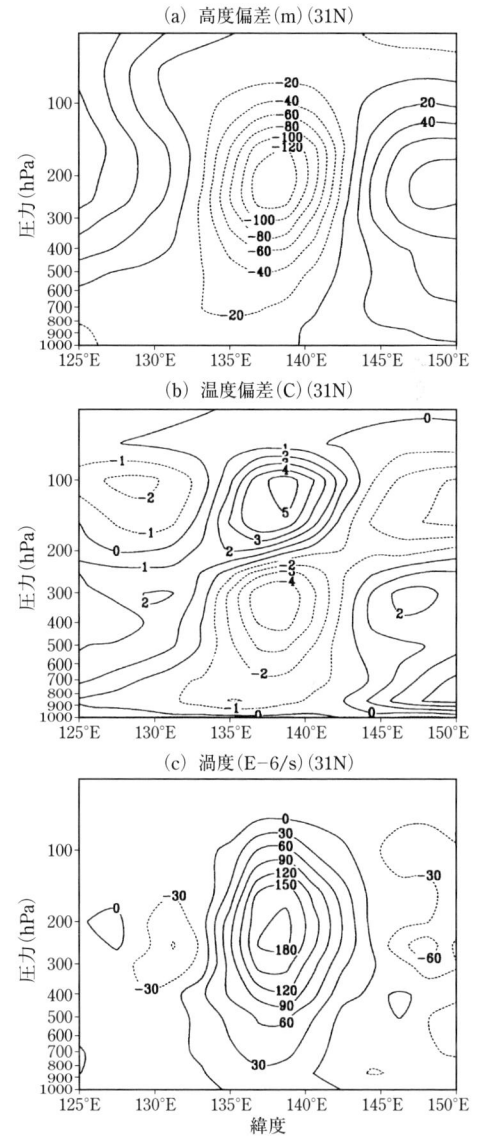

図 6.10 図 6.8 と図 6.9 で示した渦 A の構造. 1994 年 8 月 18 日 00 UTC における 31°N に沿う東西鉛直断面. (a) 高度偏差 (m), (b) 温度偏差 (℃), (c) 渦度 ($10^{-6}\,\mathrm{s}^{-1}$). 偏差は 31°N の 125～150°E の等圧面平均からの差.

ここで，偏差は 31°N の 125〜150°E の平均からの差である．図 (a) は渦 A が 200 hPa の高度に中心を持つ低気圧であることを示し，図 (b) から低気圧中心から下の対流圏内では寒気のドームがあり，上の成層圏内には暖気があること，そして図 (c) からこの低気圧は最大で $1.8 \times 10^{-4} \mathrm{s}^{-1}$ の渦度を持っていることがわかる．これらはすべて図 6.6 の模式図に示したのと同じである．

6.4 凝結加熱と渦位の生成

　断熱過程で粘性の影響を考えなければ，渦位は保存量であると述べた．加熱があれば変化する．今，単位質量の空気塊が単位時間に受け取る熱量を ΔQ とすると，単位時間に空気塊の渦位が増加する割合は，次式で与えられる．

$$\frac{\Delta PV}{\Delta t} = -\frac{g\theta}{c_p T}(f+\zeta)\frac{\Delta Q}{\Delta p} \tag{6.6}$$

ここで，T は空気塊の絶対温度，c_p は乾燥空気の定圧比熱である．仮に，雲の中で水蒸気の凝結による潜熱放出量が 500 hPa で最大であったとすると，地上では ΔQ は 0 であるから，地表面と 500 hPa の間の層で渦位が増加することになる．

　具体的な例として，低気圧の世代交代があった 2009 年 11 月 11 日のケースを取り上げる[9]．1.4 節で述べたように，中国大陸東岸付近で発生した低気圧は東シナ海を横断して，10 日 18 UTC（図 1.8(b)）には九州西方海上に接近した．それに伴って四国・近畿地方に大雨が降った．大雨の一例として，図 6.11 に高知県繁藤における時間雨量の時系列を示す．24 時間降水量は 316 mm で，11 月としては記録的な大雨であった．和歌山市でも，1 時間降水量で最大 119.5 mm，24 時間では 256 mm であった．そして図 1.8(b) によれば，四国地方に新たな低気圧の中心 L が解析されている．この時刻からわずか 6 時間後の 11 日 00 時には（図 1.8(c)），九州西方の低気圧は衰える一方で，新しい低気圧は温暖前線と寒冷前線を伴いつつ，東海地方に東進する．その時刻以降は，東北地方沖の太平洋に移動した第 2 世代の低気圧が主役となり，九州南方海上に移動した第 1 世代の低気圧は消滅していく（図 1.8(d)）．

6.4 凝結加熱と渦位の生成　117

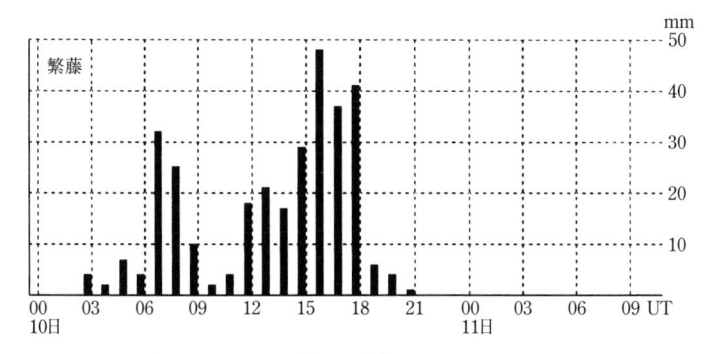

図 6.11　2009 年 11 月 10 日，高知県繁藤におけるアメダス 1 時間降水量．

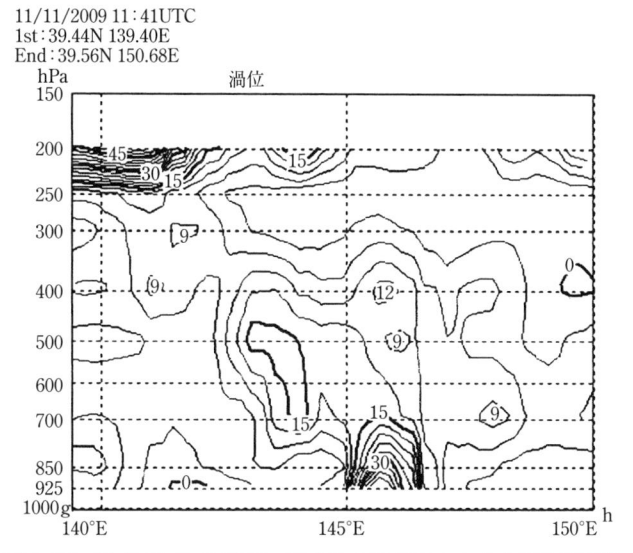

図 6.12　11 月 11 日 12 UTC，東北沖の低気圧の中心を通る東西鉛直断面上の渦位の分布（等値線は 0.5 PVU おき）．

　そして 11 日 12 UTC のころ，第 2 世代の低気圧のほぼ中心付近を通る東西方向の鉛直断面上の渦位の分布を示したのが図 6.12 である．ほぼ地上の低気圧中心の位置に，約 600 hPa の高さまで，渦位の大きい気柱がある．最大で約 3.5 PVU もある．こうして，近畿地方豪雨以来低気圧中心で続いていた大雨による凝結加熱が第 2 世代の低気圧を発生させ，それが大きな渦位

118　第6章　渦位

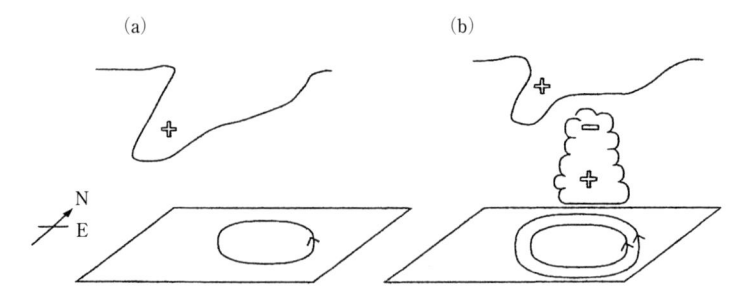

図 6.13　凝結加熱が下層の低気圧性循環に及ぼす効果を示す模式図[10]．(a) 加熱が起こる前の状況．上方の曲線は＋印の位置にある渦位の正のアノマリーに伴う圏界面の垂れ下がりを示し，地表面の曲線は低気圧性の循環を示す．(b) 成熟期にある低気圧に対する凝結加熱の効果．雲の下層に正のアノマリー（＋印）が作られ，これが地表面の循環を強めている．反対に雲の上部では渦位の負の源（－印）があり，これが上層のアノマリーを弱めている．

の生成に反映されているのである．図 6.13 はこのプロセスを模式的に表したものである[10]．

6.5　上層ジェットストリークの周りの鉛直循環

　次節で低気圧発達の重要なメカニズムを説明するが，その前に 1 つ準備が要る．地衡風的な考え方によると，強化されつつある前線では，それを巡って鉛直循環があることを述べた（5.4 節）．その鉛直循環は前線に直角方向の非地衡風成分と鉛直流から成る．同じような地衡風的な考え方によると，直線的なジェットストリーク（jet streak）があるときには，非地衡風を伴う鉛直循環が起こるのである．まず，ジェットストリークとは何か説明する．図 6.14 において，500 hPa の等高線は図の中央部で東西方向に直線状に，その低緯度側の領域では北に（高気圧性に）湾曲し，高緯度側の領域では南に（低気圧性に）湾曲しているとする．風は地衡風であると仮定すると，図の中央部分で等高度線の間隔は最も狭いから，風はここで最も強い西風である．その東西・南北方向には次第に風は弱まっているから，等風速線を点線で描けば，図のようにレンズ状となるであろう．これがジェットストリーク

図 6.14 直線的ジェットストリークの入り口と出口にある発散と収束の説明図. 実線は等高度線. 破線は地衡風である水平風の等風速線. 座標の原点は等風速線の極大値の中向きの位置にとってある. 白ヌキの矢印は非地衡風成分 (v_a). 一点鎖線は非地衡風を加味した空気塊の軌跡.

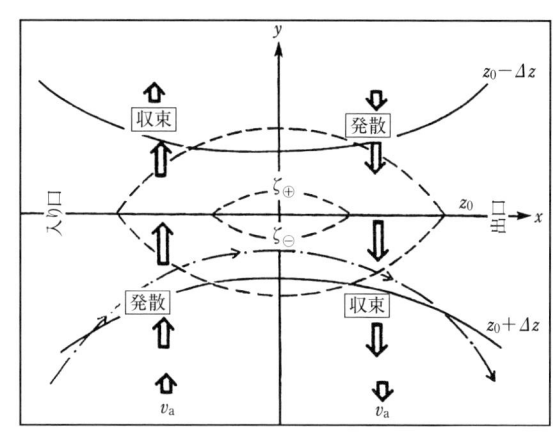

である. この場合, 上流側をジェットストリークの入り口, 下流側を出口という. ここで図の気圧配置が定常的であると仮定すると, 空気素片がジェットストリークの入り口を通って東に進めば, 風速は次第に大きくなり, 等風速線の中央部で最大となる. この状況がどのようにして維持されているかというと, 一次的な流れである地衡風に加えて, 入り口中央部では北に向かう二次的な流れ (非地衡風) があり, これにコリオリの力が働いて東西方向の地衡風を加速させたから, 風は中央部にいくにつれ強くなったと考えるのである. そして中央部から北に, あるいは南に離れるにつれ, 地衡風が加速される程度は小さくなるから, 非地衡風成分は弱くなる. こうして, ジェットストリークの入り口領域では, 風 (地衡風) の方向に向かって右側に発散域, 左側に収束域がある. 反対に, ジェットストリークの出口では右側に収束域, 左側に発散域がある. 上層で発散があれば, それを補うように下層から空気が湧き上がる. すなわち, 上昇流がある. 逆に, 上層の収束域には, そこで収束した空気が下降流となる. こうして地衡風的な考え方によると, 図 6.15 で立体的に示したような, ジェットストリークを巡る鉛直循環があることになる.

このジェットストリークに入り口と出口における発散・収束の存在は, すでにいろいろな実例で示されている. たとえば, 5.3 節で引用した本によると, ニューヨークとワシントンを含む米国北東部に, 大きな雪風被害をもた

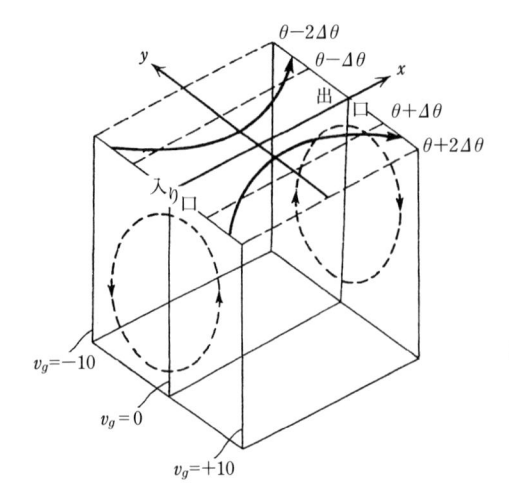

図 6.15 直線的ジェットストリークに伴う非地衡風鉛直循環（破線）の模式図．矢印のついた太い実線は等高度線．v_g は地衡風の南北成分．

らした冬の低気圧 30 個を調べた結果，急速な発達はジェットストリークの出口左側で起こっていることが多いという[11]．日本付近の一例は 10.2 節で述べる．

6.6　上層と下層の低気圧の相互作用

4.3 節で宿題となった問題をこの節で考えよう．すなわち，低気圧は傾圧大気の中で，初めから終わりまで同じ構造をした（即ち，上層と下層，あるいは違った気象要素間，の位相差が不変の）波動であって，ただ振幅が初めの無限小から時間とともに増大していく波動なのだと考えるのをやめる．むしろ初めに，大気の上層と下層に別々の低気圧があって，それらが相互に作用しながら，状況がよければ発達していくものなのだと考える（専門的にはこれを低気圧の初期値問題という）．

大気の下層では，様々な要因や過程で低気圧が発生することから話を始めよう．わかりやすい例としては，大きな山脈（北米大陸のロッキー山脈，欧州のアルプス山脈など）の風下側には，地形の力学的効果によって風下低気圧が発生しやすい．7.3 節で述べるように停滞前線上で雨の降った地域では，下層に低気圧が発生することがある．

6.6 上層と下層の低気圧の相互作用　121

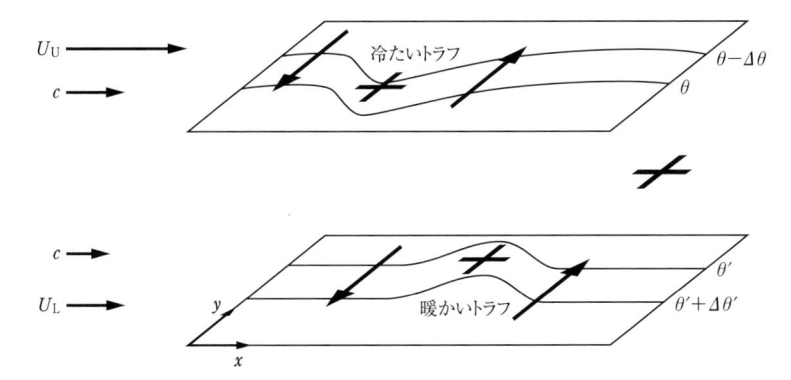

図6.16 上層と下層のトラフが相互に強め合う作用の説明図．実線は等温位線．θ は上層の温位で，θ' は下層の温位．＋印はそれぞれ上層と下層の渦位のアノマリー．それに伴う風を実線の矢印で示す．左側の U_U と U_L はそれぞれ上層と下層の基本流速．c は波の位相速度で，上層と下層で同じ．

　そして，しばしば観察されるのが図6.16に模式的に示した過程である．擾乱が起こる前には等温位線が東西方向に並んでいて，上層の西風の速度（U_U）は下層の風速（U_L）より大きいという傾圧大気を考える．この基本場に重なって，上層に正の渦位のアノマリー（つまり低気圧あるいはトラフ）があり，その東方に下層の正の渦位のアノマリーがあるという（即ち低気圧性の循環があるという），現実によくある状況を考える．この両者のアノマリーは十分に強く，水平スケールは十分に大きく，大気の静的安定度があまり強くないならば，式 (6.4) により上層のアノマリーの影響は下層まで達して，下層の温位場を変形させ，逆に下層のアノマリーの影響は上層まで浸透できるとする．

　ここで念のため付け加えておくと，低気圧性に回転する渦，すなわち低気圧が偏西風に埋め込まれると，偏西風速と低気圧の強さ次第で，渦は閉じた等高度線をもたないトラフとして表現される（『一般気象学 第2版』，図6.32）．また，一般的に，上層では低緯度の方が高緯度よりも気圧が高く，地上では逆に低緯度の方が低い．一方，温度は上層でも地上でも低緯度の方が高緯度よりも高い．したがって，上層のトラフは冷たいトラフであるのに反して，地上のトラフは暖かいトラフであり，等高度線は低緯度側に開いて

いる（だから逆向きトラフと呼ぶのである）．

　さて，図6.16に戻って，上層のトラフの西側（上流側）には，北風が吹いていて寒気移流があり，その領域の温位は下がろうとする．東側には暖気移流があり温位が上がる傾向がある．それで，少し時間が経った状況を考えると，図に示した冷たい温度のトラフが少し西に移動した状況になる．つまり，上層のトラフは基本流の西風に逆らって西に動こうとする傾向がある．そのため上層のトラフの移動速度は基本流 U_U より遅い．反対に地上ではトラフの東側に暖気移流があり，西側に寒気移流があり，トラフの移動速度は基本流 U_L より速い．こうして，上層のトラフと下層のトラフは次第に接近する傾向にある．その間にも，上層のアノマリー（トラフ）は下方に浸透して，下層の傾圧帯を低気圧性に回転させ，地上のトラフを強めようとしているし，下層のトラフも上方に浸透して上層のトラフを強化しようとしている．上層と下層のトラフが接近すれば，互いに強化し合う作用はますます強まる．こうして上層のトラフと下層の位相の差がある最適の値に達したところで，上層と下層のトラフ（即ち波動の位相）はがっちりと固定化され（phase locking という），両トラフは一体となって，共通の移動速度（c）で移動しつつ，成長していく．これが渦位から見た「線形理論でいう傾圧不安定波」の物理的意味あるいは解釈に他ならない[12]．

　それで，図4.5の安定度曲線を見ると，擾乱の波長があまり短いと，波動は安定であるというのは，波長が短いと上下の擾乱の相互作用が起こらないためだと解釈できる．あまり大気成層の安定度がよいと不安定波がないというのも，上下の擾乱の相互作用ができないからだと解釈できる．あまり波長が長すぎる波動は安定であるというのも理由があるが，ここでは省略する．

　上記図6.16の説明では，簡単のために下層に初期に低気圧性の循環があるとした．詳しい理論的な説明は専門書に譲るが[13]，仮に初期の循環がなくても，上層の正の渦位のアノマリーが下層の傾圧帯に差し掛かると，それに伴う上昇流のために下層の傾圧帯は乱され，等温線は図6.17に示したように局所的に波をうつ．これは局所的に逆向きトラフができたのと同じことで，つまりここに下層の正のアノマリーができたのと見なすことができる．普通の言葉でいえば，上層のトラフが下層の傾圧帯に接近すると，傾圧帯に低気圧性の循環，つまり低気圧ができるということである．

上記の上層と下層のトラフの相互作用による傾圧不安定理論の説明は，根源的なものであるが，抽象的であり，また十分納得できなかったかもしれない．それで，話をもっと現実的に，初期にある程度の強さをもつ低気圧がジェット気流をもつ偏西風帯の上層と下層に孤立して存在している場合，この両者がどのように相互作用をするのか，特にどのように配置されているとき，下層の低気圧は最も強く発達するのか，具体的に数値実験で調べてみよう[14]．4.3 節の疑似高・低気圧の数値実験に似て，乾燥大気中に仮想した典型的な疑似西風ジェット気流を置く．ジェット軸の高度は約 10 km で，そこでの風速は 38 m s^{-1}，地表面では 0 とする．基本場の温位分布は，この基本流と温度風の関係にあるように決める．したがって，下層の南北温位傾度はジェット気流の軸の下で最も大きい．仮想的な上層の低気圧は直径約 900 km の渦巻で，高度約 8 km に中心があり，中心の渦度は約 15×10^{-5} s^{-1} とする．この上層低気圧のため，低気圧中心の南の区域では西風が吹いているので，この西風と基本場の西風の和が最大のところに局地的なジェットストリークができる（図 6.14 の上半分のような）．一方，下層の低気圧は地表面から高度 1 km 余りまでしかなく，渦度は約 3.5×10^{-5} s^{-1} と指定する．この低気圧のため，（図 5.8 に示したように）低気圧の北側では等温位線が密集し，傾圧性が高い．

このように指定した 2 つの初期の低気圧の有無や相互距離などをいろいろ変えて，10 通りの感度実験が繰り返されたが，ここでは次の 4 つの実験に注目する．

  コントロールラン：上層の低気圧はジェット軸の 1200 km 北，下層の
    低気圧はジェット軸上，ただし上層の低気圧から 1500 km 東に
    位置している．すなわち，上層の低気圧は下層の低気圧の北西方
    向に約 1910 km 離れている．
  実験 E1：上層低気圧はそのままだが，下層低気圧は無い．
  実験 E2：逆に下層低気圧はそのままだが，上層低気圧は無い．
  実験 E3：上層・下層の低気圧は両者ともジェット軸上にあるが，下層
    低気圧は上層低気圧の 1900 km 東にある．これはコントロール
    ランの場合の 2 つの低気圧の直線距離にほぼ等しい．

これらの数値実験の結果わかったことは，上層と下層の低気圧の相互位置

が違うだけで，下層の低気圧の発達に大きな違いがあることである．最も発達が大きかったのはコントロールランの場合であった．この場合には，下層の渦度ははじめ緩やかに増加したが，2.5日あたりから爆発的に増加し，5日にはピークの $17 \times 10^{-5}\,\mathrm{s}^{-1}$ に達した．一方，実験 E1 の場合には，6.2節で説明したように，上層のトラフ（すなわち渦位のアノマリー）の東進に伴い，初期のときからあった下層の傾圧性のために下層に低気圧が誘発され，これが上層のトラフの支援を受けて（すなわちトラフに伴う上昇流によるストレッチ効果で）次第に発達していった．一方，実験 E2（上層のトラフなし）の場合には，上層からの支援がないので，下層に傾圧性があっても，下層の低気圧はほとんど発達しなかった．コントロールランと対比して興味があるのは実験 E3 で，（図は示さないが）初期の渦度の約 $3.5 \times 10^{-5}\,\mathrm{s}^{-1}$ から出発して約 2.5 日に約 $7.5 \times 10^{-5}\,\mathrm{s}^{-1}$ に達したが，ここがピークで，以後ほとんど成長していない．結論として，上層の低気圧が下層の低気圧の北西方向にあるときが，低気圧は一番発達しやすい．

　それでは，コントロールランの場合，上層と下層の低気圧の間にどんな相互作用があったのか．図 6.17(a) は実験開始後の 2 日，上層のジェットストリークの入り口領域内での，南北方向の鉛直断面上の渦度と温位と断面内の流れ（鉛直速度と南北成分のベクトル和）を示す．図 (b) は同じ鉛直断面上でポテンシャル渦位 1 PVU（即ち力学的圏界面）の高度の時間変化を示す．図は込み入っているが，要点は，6.5節で述べたように，ジェットストリークの入り口領域には，ジェット軸の北側に下降流があることである．このため，力学的圏界面は大きく下方に曲げられる．それとともに，上層低気圧に伴う強い渦度の領域も高度 2 km 付近まで達するようになる．これは反時計回りの強い渦巻があることであり，この入り口領域には強い北風がある．一方，ジェット軸の高度には南風があり，図 6.15 で模式的に示した非地衡風鉛直循環が認められる．

　図 6.18 は上層と下層の低気圧の中間にある緯度における東西方向の鉛直断面上の渦位と温位と鉛直面に沿う速度ベクトルの分布である．図 (a) の 2 日の状況では，まだ上層と下層の強い渦度の領域は離れていて，上層のトラフ東方の上昇流と，下層の暖気移流による上昇流も重なっていない．ところが図 (b) の 2.5 日になると，上層と下層の渦巻はかなり接近し，両者とも 1

6.6 上層と下層の低気圧の相互作用　125

(a) 渦度

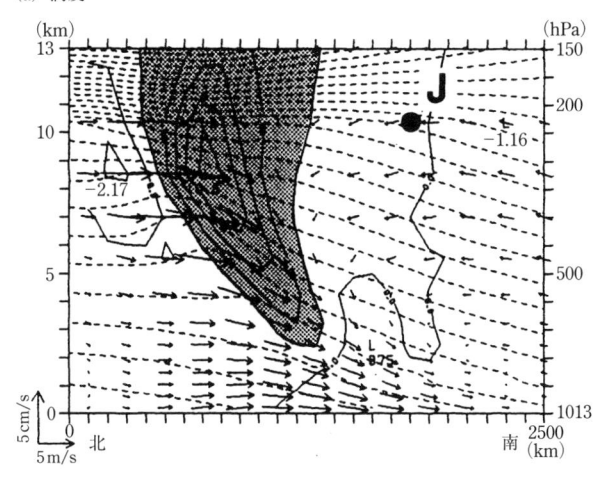

(b) 温位

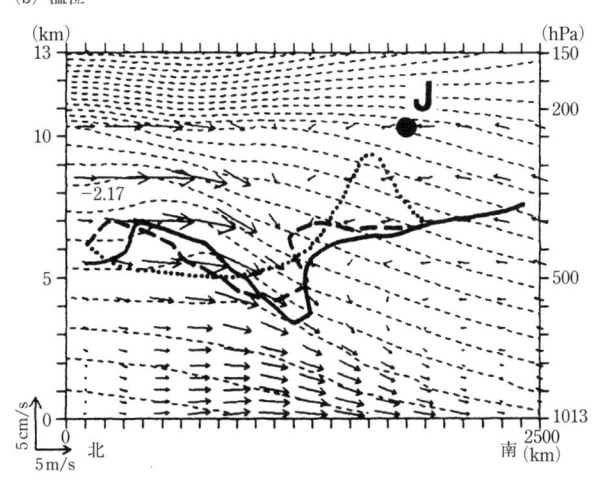

図 6.17 数値実験のコントロールランにおいて，ジェットストリークの入り口の領域の南北鉛直断面[14]．(a) 実験開始から 2 日，点線は等温位線（5 K おき），実線は等渦度線で（$2\times10^{-5}\,\mathrm{s}^{-1}$ おき），陰影をつけたのは渦度 $2\times10^{-5}\,\mathrm{s}^{-1}$ 以上の領域．矢印は断面内の流れ（鉛直速度と南北成分のベクトル和）を示す．ただし，流れは東西方向と南北方向の平均からの偏差を示す．速度ベクトルの単位は図の左下に示している．大きな J は偏西風ジェット軸の位置．(b) 同じ鉛直断面上で力学的圏界面（1 PVU 面）の位置．点線が 0 日，破線が 1 日，実線が 2 日．

126　第6章　渦位

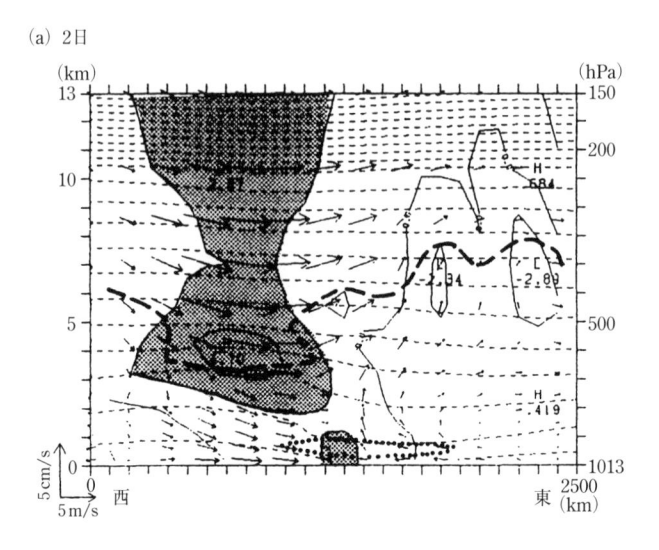

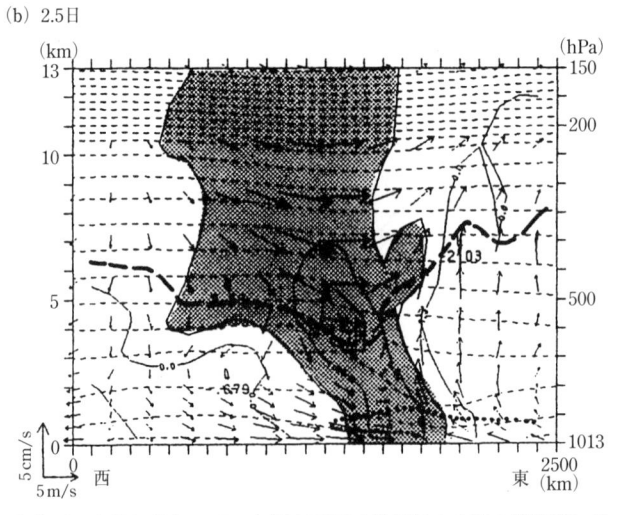

(a) 2日

(b) 2.5日

図6.18 コントロールランにおいて，上層と下層の低気圧の中間の緯度線に沿った東西鉛直断面上の渦度と温位と速度ベクトル（鉛直速度と東西方向の速度成分のベクトル．ただし東西方向の速度成分では，東西方向の平均値は除かれている）[14]．(a)は2日，(b)は2.5日．細い破線は等温位線（5Kおき），実線は等渦度線（$2\times10^{-5}\,\mathrm{s}^{-1}$ おき）．太い破線は力学的圏界面．図の東半分，地表面近くの点線は地表面近くの0.6 PVUの等渦位線．

つの等渦位面に包まれてしまう．それでも，まだ下層の渦巻の中心は上層のそれの東および南の方向に離れている．よく知られた上層と下層の気圧の谷を結ぶ線は高度とともに西に傾くという状況である．この2つの渦巻の位置関係で重要なことは，上層と下層の上昇流域がちょうどうまく上下に連結されていることで，このため上昇流は一体となって急速に増大し，ますます渦の渦度は増し，暖気移流は強まり，上昇気流は強まり，といった連鎖反応が起こる．こうして，コントロールランの場合の爆発的な発達となったのである．初期に2つの低気圧が同じ緯度線上に配置された実験E3ではこうした相互作用は弱かった．

このように，上層の低気圧が下層低気圧の北西に位置しているとき，その後の下層低気圧の発達が最も著しいということは重要であるが，この結論は乾燥空気の数値実験から得られたものである．現実には，次章で述べる水蒸気の凝結の際放出される潜熱の影響を考える必要がある．

第7章
低気圧の発生・発達に及ぼす凝結潜熱の影響

7.1 コンピュータがなくても

　第1章で天気系はいろいろスケールの違った成分から成り立っていること，そして重要なことは，その成分間に相互作用が働いていること，たとえば，大きさが μm から mm 程度の水粒子による雲物理的過程が，大きさが数千 km の低気圧の発達・進路に影響を及ぼすと述べた．本章でその具体的な例を述べよう．

　私事であるが，私は1958年から約6年間，米国マサチューセッツ工科大学（MIT）の気象学教室でチャーニー教授の下で研究員として，主に研究を，ときにはサバチカルで不在となったロレンツ教授の代理として，気象力学の講義を受け持ったりしていた．そのころの博士課程にトラックトンという院生がいた．なかなかハンサムで，話し方もうまく，アルバイトとして地域のテレビ局のウェザー・キャスターをして人気があった．彼の博士論文のテーマは，水蒸気の凝結による潜熱が温帯低気圧の発達に及ぼす影響といったものであった．今日ならば数値予報技術がよく発達したから，そのモデルを使って大雨のあったケースを選び，そのモデルが精度よく現実の天気のシミュレーションをしていることを確かめたうえで，モデルが含む物理過程の中から水蒸気の凝結過程を計算する部分を除いて，もう一度モデルを走らせる．この両者の結果を比較すれば，凝結熱の影響を定量的に決めることができる（7.2節以下）．しかし当時の数値予報モデルは，その任に耐えるほどの精度はもっていなかった．それに，トラックトンの指導教官はサンダース教授で，天気図解析とその解釈では，当時の米国では1，2を争うほどの専門家であった．

それでトラックトンのとった方法は，毎日自分で天気図を丁寧に描いて，実況をしっかり把握する．それを天気予報の米国現業官庁である NOAA (National Oceanic and Atmospheric Agency) の予報と比較して，低気圧の発達・進路の予報が大きくはずれたケースを選び出すということだった．こうしてたくさんのケースを調べた結果によると，予報が大きくはずれたケースの多くは，雨量が過少に予報されていることがわかった．これは数値予報モデルで，雲物理過程を，そして雨量の予報スキームを改善する必要があることを明確に示していた．そして，トラックトン自身は博士号取得後 NOAA に就職した．

7.2 コンピュータがあれば

今日のように，数値予報モデルが発達していれば，そのモデルを使って，低気圧内で雨が降っているとき，放出された凝結熱がどれくらい低気圧の発生場所や進路，そして発達に影響を及ぼすか，定量的に調べることができる．この種の研究論文はたくさんあるが，まず凝結の潜熱が低気圧の発生場所と進路にどのような影響を与えたか調べよう[1]．

図7.1 はここで取り上げる低気圧の12時間ごとの中心位置と中心気圧を示す．低気圧は 2000 年 2 月 18 日 18 UTC ころ，上海付近の東シナ海で発生し，その後本州南岸沿いに進んだ（南岸沿いに進む低気圧を南岸低気圧という）．そして，低気圧の中心気圧は 20 日 00 UTC から 21 日 00 UTC の間の24 時間に 30 hPa も下がったから，文句なしに爆弾低気圧にランクされる資格を持つ．その後，本州の南岸沿いに進み，22 日ころ千島南方海上で最盛期に達するころには，中心気圧 956 hPa という台風並みの低気圧となった．

この低気圧の発生状況をみる．図7.2 が低気圧発生前の 2000 年 2 月 18 日 00 UTC の状況である．図(a) の地上天気図においては，閉じた等圧線をもつ低気圧はまだ発生していない．中国大陸の中央部に東西に延びる停滞前線があるが，これは，この時期よくあるように，千島列島の東で 958 hPa まで発達した先発の低気圧から延びてきた前線の名残りである．

図(b) の同時刻 850 hPa 高層天気図では，この停滞前線に対応して，ほぼ 30°N の緯度線に沿ってトラフが東西に延びている．そして，このトラフ上に（ほぼ 110°E に位置する上層のトラフに対応して）A と記号した低気

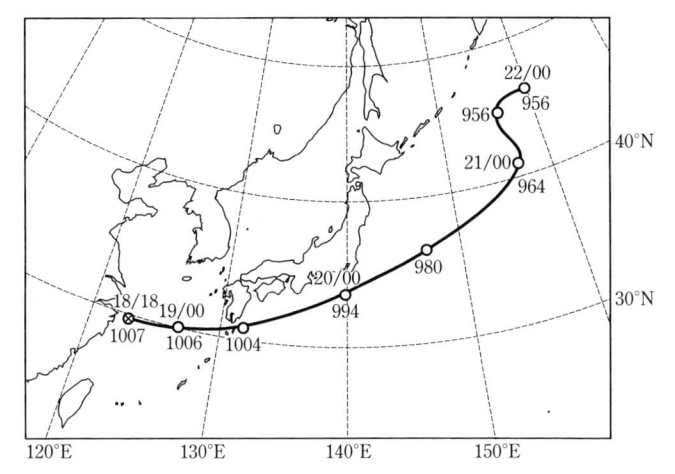

図 7.1 2000 年 2 月 19 日 00 UTC から 22 日 00 UTC まで，12 時間おきの低気圧中心の気圧と位置．18 日 18 UTC だけは例外的に 6 時間おき[1]．

圧がある．低気圧 A の東側の地域では，最大 35 ～ 40 ノットという強い南西風が等温線と大きな角度をなして吹いている．すなわち暖気移流が強い．下層で強い暖気移流がある地域には上昇流があることが多い．事実，この場合にもトラフに沿って湿数（温度と露点の差）は小さく，空気が湿っていることを示している．

現実には，低気圧は図 7.2 の 18 時間後，図 (a) に示した停滞前線の東端，上海付近で発生し，これが図 7.1 に示したような台風並みの低気圧となった．ここで疑問が起こる．なぜ 18 時間も前からあった渦巻 A（図 7.2 (b)）ではなくて，約 1500 km も離れた上海付近で生まれた低気圧の卵が成長し，台風並みの低気圧となったのか．

その答えを得るために，当時気象庁の現業モデルであった領域スペクトルモデル（RSM）を用い，まず，上記の 2 月 18 日 00 UTC を初期値として 51 時間先までのコントロールランを行った．その結果によると，地上の低気圧が発生したのは実験開始後 15 時間（$t = 15$ 時間，実際の 18 日 15 UTC に対応）である．これは気象庁の 6 時間ごとの地上天気図によれば，18 日 18 UTC ではじめて低気圧が出現したのに極めて近い．図 7.3 (a) がモデル低気圧発生

(a) 2000年2月18日 000 UTC, 地上

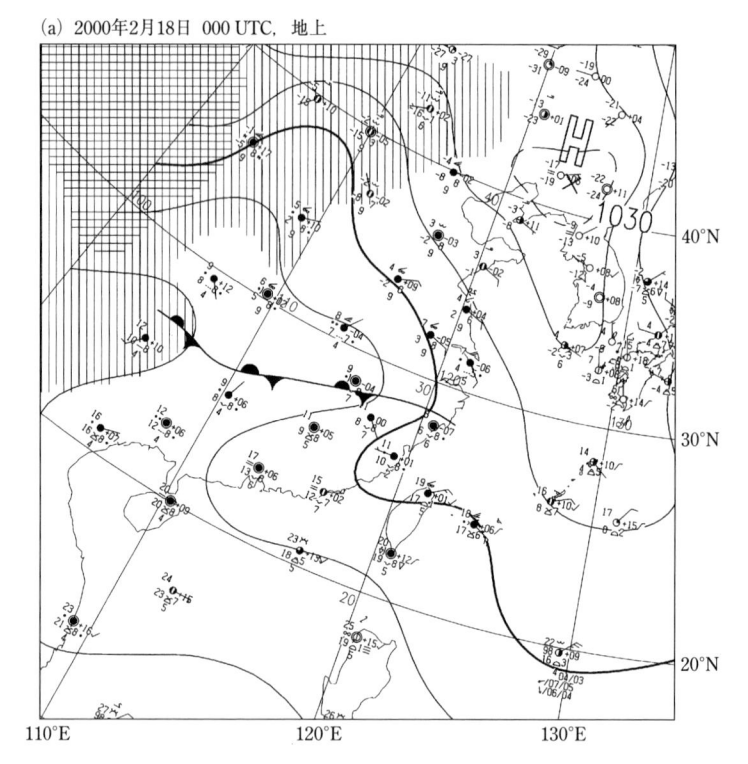

図 7.2 低気圧発生前の 2 月 18 日 00 UTC の (a) 地上天気図と (b) 850 hPa の高層天気図（気象庁）.

直後の $t=18$ 時間（18 日 18 UTC）における地上気圧と前 3 時間の降水量分布を示す．上海付近において L で示したのが今回対象とする低気圧である．その北東側には，前述の前線が変形しつつ移動している．図 7.3(b) は 950 hPa の風ベクトルと 700 hPa の鉛直速度 ω を示す．図 7.2(b) で華中（中国中央部）にあった低気圧 A が黄海まで移動してきている．図 7.3(c) は 850 hPa における風と相当温位の分布であるが，低気圧 L 付近の相当温位は高く，低気圧 L は逆向きトラフの中にあることがわかる．この高い相当温位の空気と高緯度の空気との間に明瞭な相当温位の前線がある．そして，この前線上，強い暖気移流がある地域に上昇流があり，雨が降った．その凝結加熱により上昇流が強化され，ストレッチ効果により前線にあった渦度が強化

(b) 同時刻，850 hPa，高層

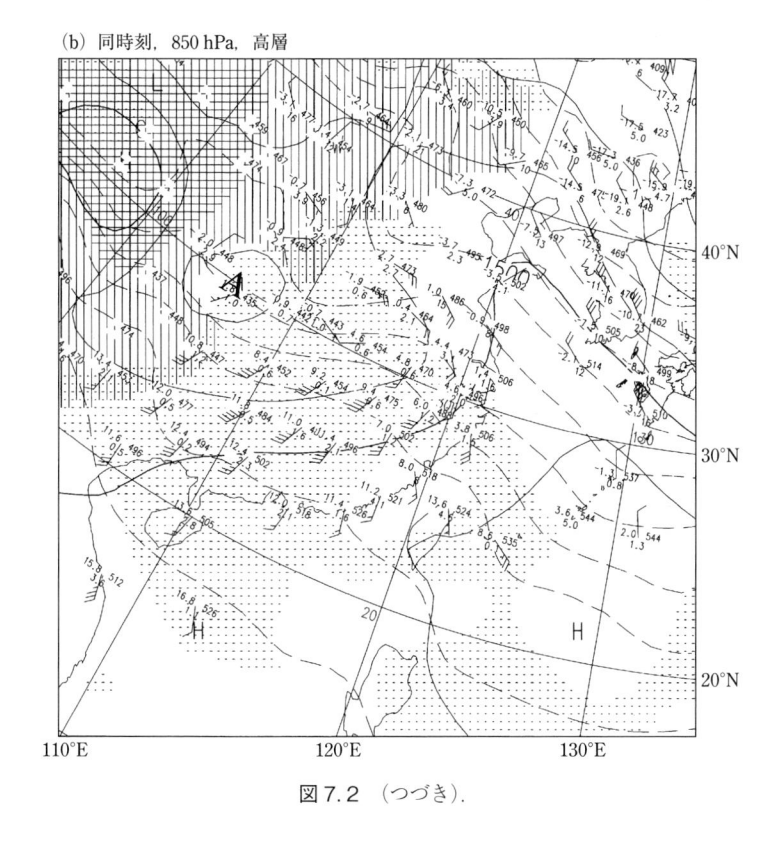

図 7.2 （つづき）．

され（図 7.3(d)），結局，前線の先端部分で低気圧が発生したと考えられる．

もっともらしいが，本当にそうなのか．強い降雨がなかったら東シナ海で低気圧は発生しなかったのか．6.6 節で述べたように，上層のトラフの作用で発生したのではないか．この疑問に答えるために，大気は水蒸気をまったく含まない乾燥空気であるとして実験が繰り返された．図 7.4 はその結果の一部であるが，$t = 27$ 時間の地上気圧の分布である．低気圧が黄海にあるが，東シナ海にはない．細かく見ると，図 7.2 の 850 hPa 天気図で見られた低気圧 A が東進しつつ発達し，$t = 21$ 時間に地上にも低気圧として出現し，図 7.4 の黄海上の低気圧となったのである．

これを要約して，図 7.5 は水蒸気のある大気の場合（コントロールラン）

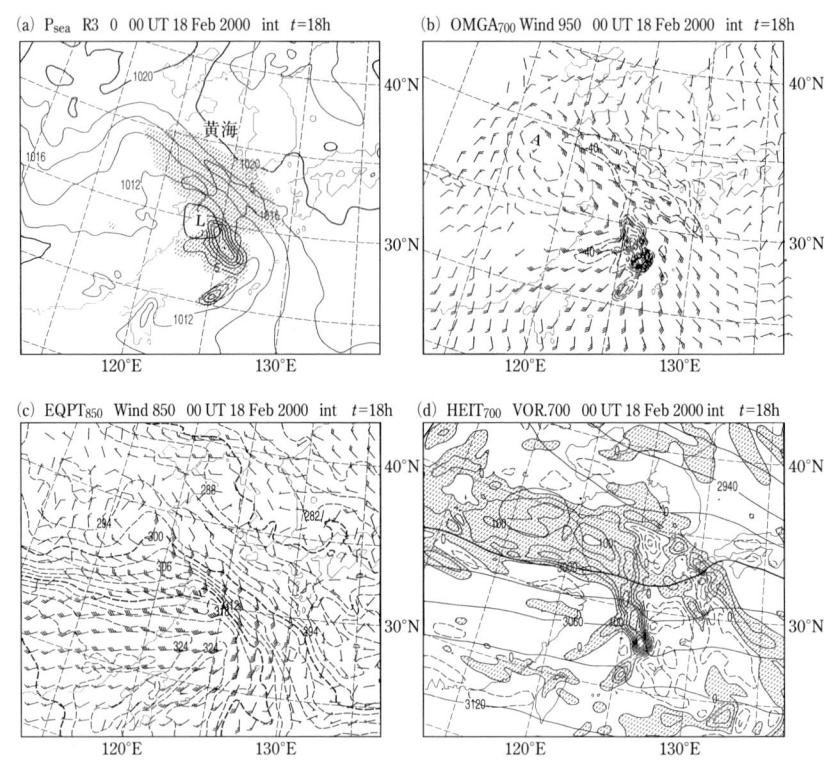

134　第7章　低気圧の発生・発達に及ぼす凝結潜熱の影響

図 7.3　数値実験の 18 時間（18 日 18 UTC 相当）における（a）地上等圧線（2 hPa おき）と前 3 時間の降水量（5 mm おき），（b）950 hPa における風（長い矢羽根は 5 m s^{-1}，短い矢羽根は 2.5 m s^{-1}）と 700 hPa における鉛直 p 速度 ω（20 hPa h^{-1}，破線は上昇流域を表す），（c）850 hPa における相当温位（3 K おき）と風（記号は図（b）と同じ），（d）700 hPa の等高度線（30 m おき）と渦度（5×10^{-5} s^{-1} おき，正渦度の領域に陰影を付けた）[1]．

と乾燥大気の場合について，48 時間後までの中心気圧と位置を示す．コントロールランの場合には，下層の強い暖気移流と水蒸気の凝結加熱により低気圧が生まれ，その後も凝結加熱と上層のトラフの支援を受けて，台風並みの南岸低気圧に成長した．一方，乾燥大気中に生まれた地上低気圧は，発生位置も現実と大きく違うし，日本海を進む低気圧（これを日本海低気圧と総称する）となっている．後で述べるように，日本海低気圧と南岸低気圧とでは，日本に対する影響がまったく違う．

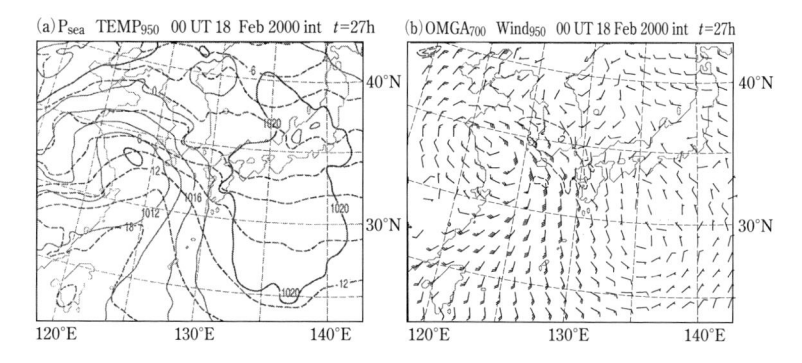

図 7.4　大気中に水蒸気がないとした場合の感度実験 27 時間後[1]．(a) 地上等圧線（2 hPa おき）と 950 hPa における等温線（3℃ おき）．(b) 700 hPa における鉛直 p 速度 ω と風（記号は図 7.3 と同じ）．

次に，凝結加熱が低気圧の発達にも大きな影響を与えることがあることを述べる．日本付近の低気圧について，この影響を議論した研究もたくさんある（最近のものでは[2],[3]など）．ここでは少し目先を変えて，1997 年 1 ～ 2 月に大西洋で行われたファステックス（FASTEX, Fronts and Atlantic Storm-Track Experiment）と呼ばれる国際研究プロジェクトで観測された低気圧のケースについて述べよう[4]．1980 年代に米国東岸と西大平洋で行われたいくつかの特別観測プロジェクトが，シャピロ・カイザーモデルの提出など，大きな成果を上げたのに刺激されて，主に欧州の諸国が大西洋全域に亘る低気圧をできるだけ多く詳しく観測しようという目的で実施したのがファステックスである．多くの低気圧が観測されたが，図 7.6 は強化観測 No. 18 でサンプルされた低気圧の中心気圧の時間変化について，実測と数値モデルによる予測を比較した結果である．この低気圧は中心気圧が 948 hPa まで下がるという，台風並みに発達した低気圧であった．こうして，ある面でモデルが実況をよく再現していることを確かめたうえで，図 7.7 はコントロールランと，2 つの感度実験との比較を示したものである．L01 はコントロールランから凝結の潜熱の影響を除いた場合，LS01 はさらに海面からの潜熱と顕熱のフラックスの影響も除いた場合である．この低気圧の場合には，水蒸気なしでは低気圧はほとんど発達していないことから，雲の中の水蒸気凝結による加熱が決定的な影響を及ぼしていることがわかる．さらに，この

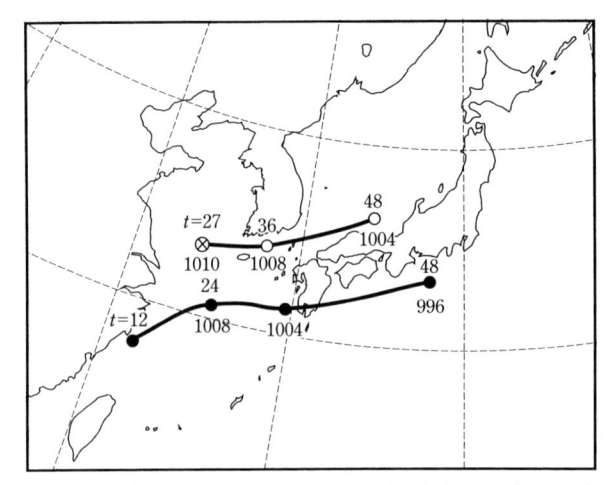

136　第7章　低気圧の発生・発達に及ぼす凝結潜熱の影響

図7.5　黒丸はコントロールランにおける低気圧中心の12時間ごとの位置．白丸は乾燥大気の場合で，丸の中の×印は乾燥大気の場合の低気圧の発生位置．丸印の上の数字は数値実験開始後の時間で，下の数字は中心気圧（hPa）[1]．

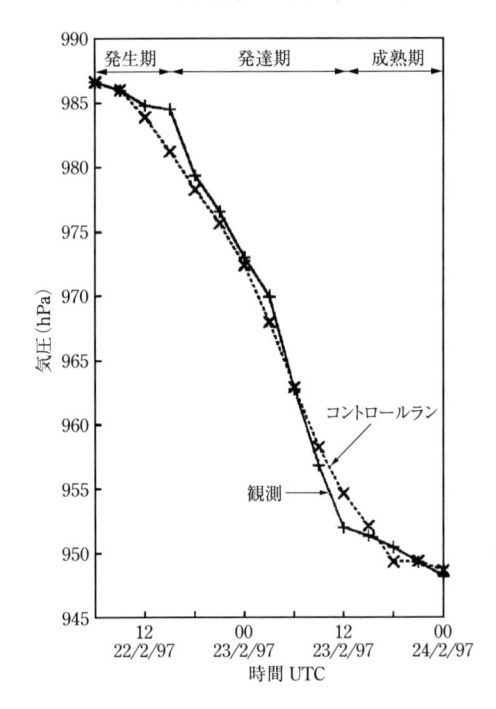

図7.6　国際研究プロジェクト「ファステックス」の集中観測期間 No.18 で集中観測された低気圧について，低気圧の中心気圧の実測値とコントロールランの比較[4]．

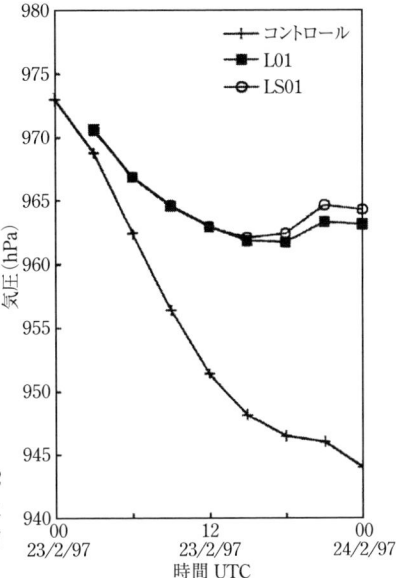

図 7.7 図 7.6 で示した低気圧について，2 つの感度実験の結果[4]．L01 は大気中に水蒸気がないとした場合．LS01 はさらに海面からの潜熱と顕熱の輸送がないとした場合．

低気圧については，海面からの熱や水蒸気の供給の影響は少ないこともわかる．これは，たとえば 16.4 節で述べる日本近海の場合と大きく違う．

実は，ここでファステックスの話を持ち出したのには理由がある．それは，この特別観測プロジェクトの結果に基づいて，温帯低気圧の分類についての提案があったからである．これまでは，低気圧を A 型と B 型に分類することがかなり広く行われていた．A 型の低気圧というのは，ノルウェー学派の流れを継いで，地上の寒帯前線のみならず，低気圧から南西方向に長く延びた寒冷前線や停滞前線などの上に発生する低気圧で，発生前には上層トラフはなく，下層の暖気移流が低気圧発達の主要な寄与者であると考えられる低気圧である．これに対して，B 型の低気圧は上層のトラフが接近中で，上層の渦度の移流の効果が大きいと考えられる低気圧である[5]．

この分類を 2 つのパラメータで定量的に行うという試みがなされた[6]．もともと温度移流や渦度移流が低気圧の発達に寄与するという考え方は，上昇流があればストレッチ効果で渦度が増大するという基本的な概念に基づいている．そして総観規模の風が地衡風であると近似すれば，鉛直速度 ω は 5.4

節で述べたオメガ方程式という診断方程式で決められる（診断方程式というのは予測方程式に対比すべき方程式で，時間変化を予測する式ではなく，ある時刻における種々の物理量の関係式である）．この式は，ある地点，ある高度のωは，地衡風であると仮定した水平風による温度移流と渦度移流によって決まるといっている．式で書くと

$$\omega = \int (渦度移流に関連した効果) dp + \int (温度移流に関連した効果) dp \tag{7.1}$$

となる．この積分記号の意味することは，ある地点，ある高度のωは，その高度における渦度移流や温度移流だけで決まるのではなく，程度の差はあるが，その地点におけるあらゆる高度の移流が寄与しているということである．だから式（7.1）では対流圏の全層に亘って積分するように表現している．それでデヴィソンたちは 700 hPa におけるωについて，650 hPa から 50 hPa までの上層からの渦度・温度移流の寄与を計算してこれをUとし，1050 hPa から 750 hPa までの下層からの寄与をLとして，U/Lの比を見れば，上層と下層からの寄与の相対的な重要性がわかるだろうと考えた．

　もう 1 つのパラメータは，上層のトラフからの寄与に関係する．これは既に 6.6 節で述べたことの繰り返しになるが，発生時には上層の低気圧（トラフの軸）は地上の低気圧の西にあるのに，時間が経ち上層の低気圧が地上の低気圧に接近するのに応じて，地上の低気圧は発達し，やがて両者が重なってくると発達は止まるという例をよく見る．それで地上の低気圧の強さの度合いは渦度で測ることにして，上層と地上の低気圧の間の距離と渦度の相関係数を計算する．これをRとする．もしRの値が小さければ，その低気圧は上層の低気圧の影響はあまり受けていないのだということになる．反対にRが大きければ上層の低気圧の支配が大きいということになる．

　こうして，U/LもRも大きい低気圧は上層のトラフに強く支配されながら発達しているから B 型，両者とも小さい低気圧は A 型とする．

　それでは，実際に A 型と B 型の低気圧はどれくらいあるか．それを調べる際に，地域によって低気圧の発達に地域性があるだろうから，ファステックスで観測された低気圧のデータだけを使うことにする[7]．この観測期間中，観測された低気圧の中で，12 時間以上に亘って，900 hPa での最大渦度が少

なくとも $3.0 \times 10^{-5} \mathrm{s}^{-1}$ 増加した低気圧を選ぶと 16 個あった．

これらの低気圧について，U/L と R を両軸にとって散布図を作ってみると（図省略），これまでの経験から予想されたように，やはり B 型が多くて 7 個あり，A 型は 4 個であった．また発達の初期には A 型であったが，途中から B 型になったものが 1 個，逆に初めは B 型であったが，A 型になったものが 1 個あった．ところが 16 個の中の 3 個は，U/L が 4 以上で，どうにも A 型にも B 型にも入れることができなかった．それで 6.2 節で述べた渦位の部分的逆算法を用いて解析し，また観測データの詳細な解析の結果に基づいて調べた結果[4]，これらの低気圧では凝結加熱の影響が大きいということになり，新たに C 型低気圧と分類することが提案された．

以上述べた議論の中で，すぐ目につく弱点は，1 つには 6.6 節で述べた上層と下層の低気圧の相互の位置関係が考慮されていないことである．もう 1 つは，上層からの寄与としては渦度移流だけを考えていることである．彼ら自身も認めているように，ある低気圧では，上層の暖気流が重要な役割をすることがある．このことの実例は南岸低気圧について 8.1 節で述べる．他の例[8],[9]については，すでに紹介がある[10]．

なお，上記の A，B，C 型の分類法は，ポーラーロウについても議論されている（11.3 節）[11]．

7.3 傾圧不安定波に及ぼす凝結熱の影響——梅雨前線上の小低気圧

梅雨期の日本付近の地上天気図でよく見られる気圧配置は，梅雨前線上にメソ α スケールの低気圧が 1000 から 2000 km の間隔で並んでいるものである（例は後で出てくる図 7.11(a)）．この間隔を 1 波長とみれば，波長は 4.2 節で述べた総観規模の傾圧不安定波の波長が数千 km であるのに比べると，かなり短い．しかも，観測データの解析により見出された特異な現象として，このような低気圧の中には，トラフの軸が高度とともに東に傾いているものがある[12],[13]．なぜこのような低気圧が発生するのか．

この疑問に対する答えの 1 つとして，梅雨前線上の小（メソ α スケール）低気圧はほとんどすべて降雨を伴っていることから，4.2 節で述べた乾燥大気の傾圧不安定波の理論を拡張して，上昇流域の降雨に伴う凝結潜熱の放出

の影響を加味した線形不安定理論が提出された[14),15),16)]. それらによると，最も成長率が高い不安定波の波長は乾燥大気の場合に比べて短くなること，その不安定波のトラフは高度とともに東に傾くことなどが示された.

この考え方に沿って，それまでの理論で用いられてきた静力学平衡や地衡風近似などは使わず，より一般的な線形理論として，不安定波の成長率と波長の関係が近年計算された[17)]. その結果に基づいて成長率最大の不安定波の東西方向の構造を示したのが図7.8である．この計算の場合，現実の小低気圧は背が低いことを考慮して，モデルの大気の厚さは5 kmとしている．この不安定波の東西方向の波長は約1050 km，南北方向の波長は約600 kmであるから，凝結加熱の効果を無視した場合よりかなり短い. また，確かに下層ではトラフの軸は高度とともに東に傾いている．さらに，南北方向の風vが最大値をとる高度は，ジオポテンシャル高度の傾度が最大の位置とは位

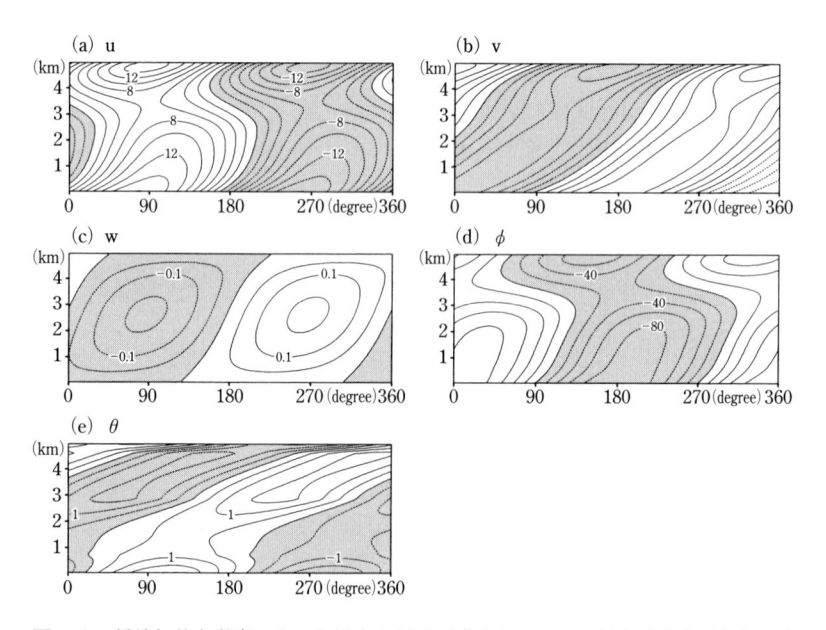

図7.8 凝結加熱を考慮に入れた場合の傾圧不安定波の中で，最も発達率が大きい波の東西－鉛直断面上の構造[17)]. (a)東西風速（$2\,\mathrm{m\,s^{-1}}$おき），(b)南北風速（$2\,\mathrm{m\,s^{-1}}$おき），(c)鉛直速度（$0.05\,\mathrm{m\,s^{-1}}$おき），(d)ジオポテンシャル高度（$20\,\mathrm{m^2\,s^{-2}}$おき），(e)温位（$0.5\,\mathrm{K}$おき）．

相がずれていて，このような小さなスケールの流れに対して，地衡風近似はあまり良い近似ではないことも示している．特に目立つのは，下層のトラフのすぐ東側に冷気が存在していることである．これは，上昇流はあるものの，まだ水蒸気の凝結は起こっていないという高度なので，断熱冷却によって低温となった領域と考えられる．この不安定波をエネルギー的に見ると，放出された凝結熱が有効位置エネルギーを増大させ，これが不安定波の運動エネルギーに変換されている．こうしてみると，本質的には梅雨前線上の小低気圧はC型の低気圧である．

　以上は線形理論に基づく計算結果であるが，一方で，現実の梅雨前線上の小低気圧について，観測データの解析も行われている．ここでは，2001年の6月と7月に出現した小低気圧を解析した結果について述べよう[18]．まず，梅雨期の低気圧は構造上2種類に分類される．第1種は前節で述べたB型の低気圧に似て，上層の擾乱に伴って発生し，気圧のトラフ軸は高度とともに西に傾く．第2種は図7.8に示した低気圧と同じく，トラフ軸は高度とともに東に傾く．この場合には，静水圧平衡と矛盾しないように，下層には，低気圧中心の東に冷気の層があるわけである．そして，解析した期間中に出現した低気圧の大部分は第1種の低気圧であった．しかし，低気圧を取り巻く環境はいろいろ複雑で，さらなる研究が必要であるという．その多様性を示す一例を次節で述べる．

7.4　梅雨前線と小低気圧の世代交代

　低気圧の温暖前線と寒冷前線と閉塞前線の交点（三重点）付近で大雨が降って，新たな低気圧が発生し，低気圧の世代交代が起こる一例を1.4節で述べた．前節で梅雨期の小低気圧の話をしたので，ここでは同じような世代交代という現象が，梅雨時の2003年7月3〜4日，静岡市とその周辺地域で豪雨に伴って起こった事例を述べよう[19]．梅雨期だけに，降雨現象も激しい．雨は静岡市では3日12 UTCころから降り出し，真夜中にピークに達した（真夜中にピークに達する豪雨では，警報が届きにくいので，被害が大きくなる傾向がある[20]）．3日1514 UTCから1614 UTCまでの1時間に113 mmの猛烈な雨を観測し，1時間降水量としては，静岡気象台が観測を開始した

1940年以来最大の値となった．結局，雨が終わった3日20 UTCころまでの総降水量は344.5 mmに達した．さらに，静岡市に豪雨を降らせた雨雲は駿河湾から伊豆半島に進み，3日18 UTCまでの1時間にアメダス「土肥町」で129 mm，19 UTCまでの1時間にアメダス「中伊豆町天城山」で101 mmの雨を観測し，いずれも最大値を更新している．

　この豪雨がピークに達する36時間前の，7月2日03 UTCにおける梅雨前線の全体像を図7.9で示す．本州南岸に沿って，やや南に湾曲しながら東西方向に延びる雲帯がある．梅雨前線帯の典型的な雲帯である．この雲帯に沿って，850 hPaにおける強い渦度の帯が延びていて，渦度も前線の位置を決めるのに役に立つことを示している．黄河下流域と南関東の東方洋上約35°N，145°Eあたりに，メソαスケールの低気圧があることも認められる．両者の間隔は約2500 kmで，前者が今回主役となる低気圧である．さらに，ショワルター安定度指数（SSI）≦0の帯も梅雨前線に沿って延びている．

　図7.9の線分a–bに沿った南北鉛直断面上の諸要素の分布を示したのが図7.10である．まず，相当温位の分布から，下層における梅雨前線帯は31°Nから33°Nに位置していることがわかる．これは渦度分布から決めた

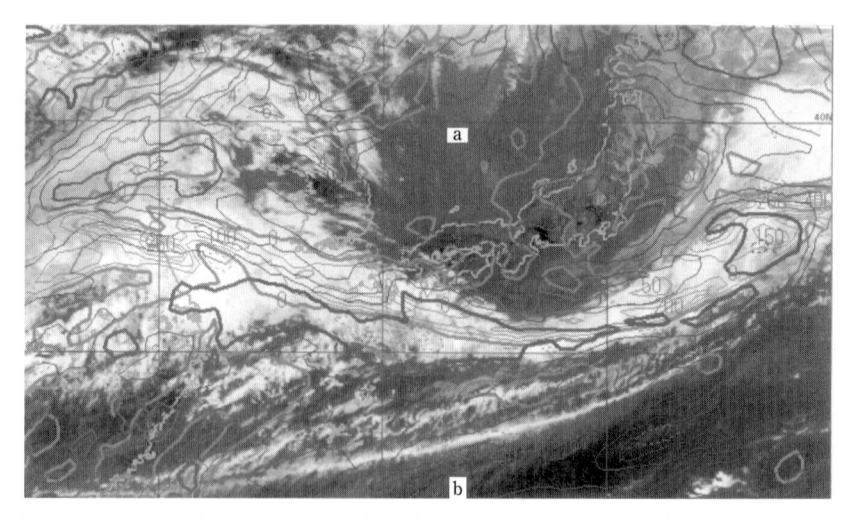

図7.9　2003年7月2日03 UTC．可視画像に重ねた850 hPaの渦度（青線，$50\times10^{-6}\,\mathrm{s}^{-1}$おき）とショワルター安定度指数（赤線，2℃おき）．（口絵にカラーで再掲）

ものとほぼ同じである（渦度の最大は約 $150 \times 10^{-6} \, \text{s}^{-1}$ 程度）．下層の梅雨前線のやや北寄りに上層の亜熱帯ジェット気流の軸がある．一方，下層では（図ではあまり顕著でないが）700 hPa あたりに，最大 30 ノット程度の下層ジェット気流がある．下層の成層が対流不安定であり，対流圏界面が極めて高いため，梅雨前線では雲頂高度が 200 hPa に達する雲が並んでいる．この雲が地表付近の高相当温位の空気を上空に運ぶ．このため，梅雨前線帯の上空の相当温位は高く，等相当温位線が垂れ下がっている．

　図 7.11 は 3 日 00 UTC から 4 日 12 UTC まで，12 時間おきの地上天気図を示す．すでに述べたように，まず 3 日 00 UTC（図(a)）は典型的な梅雨期の地上天気図で，メソ α スケールの小低気圧がほぼ 2500 km の間隔で並んでいる．朝鮮半島南部に位置する低気圧は，図 7.9 で黄河下流域に位置していた低気圧が東進して，3 日 00 UTC にこの位置に到達したものである．小低気圧には温暖前線や寒冷前線も備わっている．

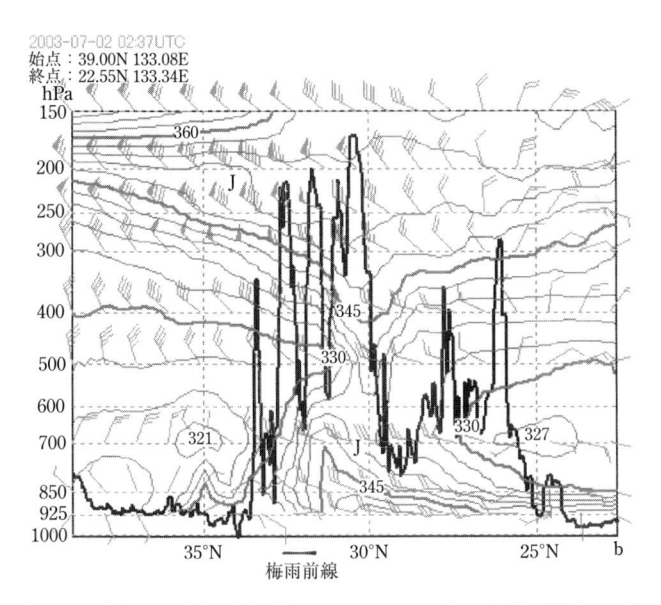

図 7.10　図 7.9 と同時刻，同図の線分 a-b に沿った鉛直断面内の相当温位（細い実線，5 K おき）と風（短い矢羽根が $2.5 \, \text{m s}^{-1}$，長い矢羽根が $5 \, \text{m s}^{-1}$，ペナントが $25 \, \text{m s}^{-1}$）．太い実線は輝度温度から推定した雲頂高度．

ちなみに，この小低気圧と前線の配置は北九州地方にとって集中豪雨が起こりやすい状況である．これまでの北九州で最も死傷者の数が多かった1957年7月25日の諫早豪雨（死者行方不明者739名）や1982年7月23〜24日の長崎豪雨（299名）は，図(a)の低気圧よりも少し南に位置した低気圧に伴う温暖前線上で起こった（14.2節）．

今回は北九州で被害を起こすほどのこともなく東進し，3日12 UTCに日本海南部に到達したときには（図(b)），低気圧中心から閉塞前線が南東に延び，前線の三重点は東海地方にあり，静岡市地域では豪雨が始まっている．それから12時間後の4日00 UTCに低気圧中心が能登半島付近に達したころには（図(c)），静岡豪雨はとっくに終わっていて，新しい低気圧が関東沖に解析されている．その後4日12 UTCには（図(d)），初代の低気圧は東北地方日本海岸付近で停滞し，やがて消滅する．代わって次世代の低気圧は東進し，典型的な梅雨期の小低気圧の顔をして存在している．

ちなみに，今回の低気圧は上層の擾乱を伴っており，最盛期には対流圏全体にわたる構造を持っている．図7.12に3日00 UTCの500 hPaの高層天気図を示す．朝鮮半島上空に短波のトラフがある．しかし，図7.11(a)と一緒に見るとわかるように，トラフの軸の鉛直方向の傾きはほとんどない．したがって，傾圧不安定波として，今後下層の低気圧の発達に寄与することはない．しかし，上層のトラフ軸のすぐ上流側には，西風あるいは北西風があり，乾燥貫入に伴う中層の乾燥した空気は，静岡豪雨を起こす積乱雲群の発達に寄与している（後述）．

図7.13は3日00 UTCに925 hPaにおける相当温位の分布を衛星赤外画像に重ねたものである．この図の注目点は，低気圧中心付近には雲がなく，雲域はそこから離れた温暖前線を越えて北に広がっていることである．この雲は，日本列島の日本海側に沿って吹いている南西風が温暖前線面に沿って上昇する際に出来た雲である．暖気移流による雲と見てもよい．暖域には，相当温位が351 K前後の暖湿な空気があふれている．

この低気圧が東進するにつれ，上記の南西風と温暖前線に大きな変化が見られる．見かけ上，南西風が2つに割れ，各々の先端で温暖前線が現れるのだ．その変化を850 hPaのω（鉛直p速度）と925 hPaの風で見たのが図7.14である．図(a)は3日03 UTCにおける状況である．風が示す渦巻の

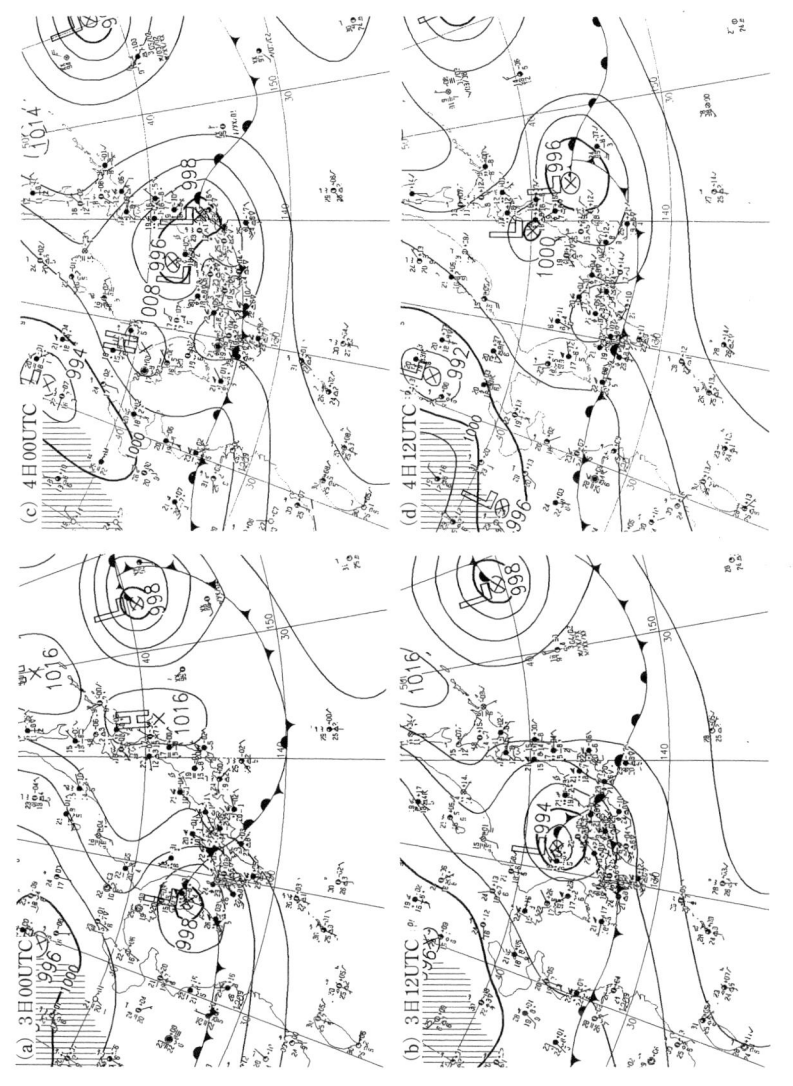

7.4 梅雨前線と小低気圧の世代交代　145

図 7.11　12 時間おきの地上天気図．(a) 2003 年 7 月 3 日 00 UTC, (b) 3 日 12 UTC, (c) 4 日 00 UTC, (d) 4 日 12 UTC（気象庁）．

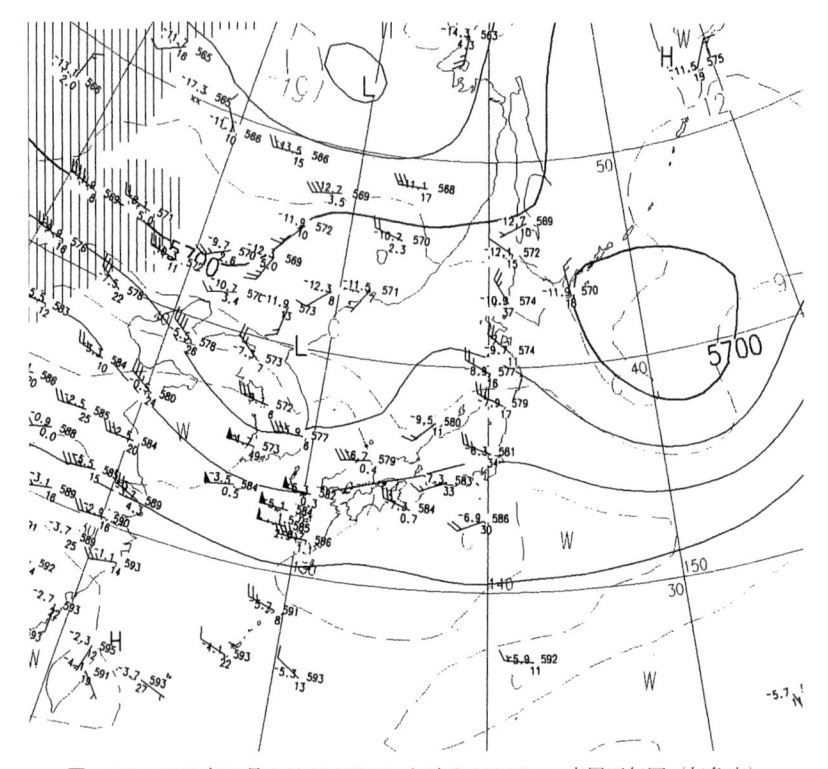

146　第7章　低気圧の発生・発達に及ぼす凝結潜熱の影響

図7.12　2003年7月3日00 UTCにおける500 hPaの高層天気図（気象庁）．

中心は朝鮮半島の南東岸付近にあり，その中心から見て南東側では50ノットを超える南ないし南西の風が吹いている．その南風が西に向きを変えるあたりに，最大で-80 hPa h^{-1}の上昇流がある．それから15時間経った図(b) 3日18 UTCの時刻では，渦巻の中心は南部日本海のほぼ中央あたりまで東進しているが，風は弱まっている．ωの最大は-40 hPa h^{-1}しかない．ところが，静岡県あたりには最大-60 hPa h^{-1}の上昇流を囲む渦巻があり，東海から紀伊半島沖の海上には50ノットの西南西の強風域が西に延びている．この渦巻が図7.11(c)以降の第2世代の低気圧に対応するものである．

　図7.14を補完するために，図7.15に3日12 UTC，925 hPaにおける風とレーダーエコーを衛星水蒸気画像に重ねたものを示す．2つのエコー群が別々に存在している．北側のものは以前からあったものであり，低気圧中心

2003-07-03 00UTC GVAR IR

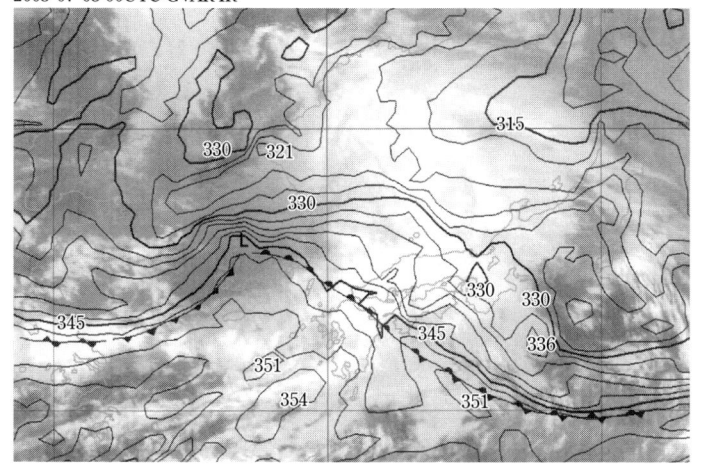

図 7.13 7月3日00UTC，赤外雲画像に重ねた925 hPaにおける相当温位（3Kおき）．

からかなり離れているものの，エコー群に吹き込む風は日本海の低気圧中心を巡る風で，南西方面の湿潤な地域からの風ではない．だからこのエコー群はやがて衰退する運命にある．反対に元気なのは，湿潤な南西風により水蒸気の補給を受けている南側のエコー群である．東海地方の活発な積乱雲群から静岡豪雨を起こしたメソ対流系が生まれている．ちなみに，この図で示された日本海の渦巻の最大渦度は $350 \times 10^{-6}\,\mathrm{s}^{-1}$ で，海面から700 hPa までの厚さしかない薄い渦巻である．

図 7.16 は 3 日 18 UTC におけるレーダーエコーと SSI の分布を衛星水蒸気画像に重ねたものである．この時刻には静岡豪雨はピークを過ぎつつあるが，依然として東海地方南部には $SSI \leq 0$ の不安定な領域があり，静岡市付近には雲頂高度が 200 hPa を超える強いレーダーエコーがある．秋田県沖の降雨域は初代の低気圧に伴うものであるが，次第に衰弱しつつある．

同時刻，500 hPa における相対湿度の分布を衛星水蒸気画像に重ねたのが図 7.17 である．ちょうど，等相対湿度線が密集している地帯に静岡豪雨を表す白い地域がある．それで静岡市を通り，等相対湿度線に直交する方向（図 7.17 の線分 c-d）の鉛直断面上で相当温位の分布を示したのが図 7.18

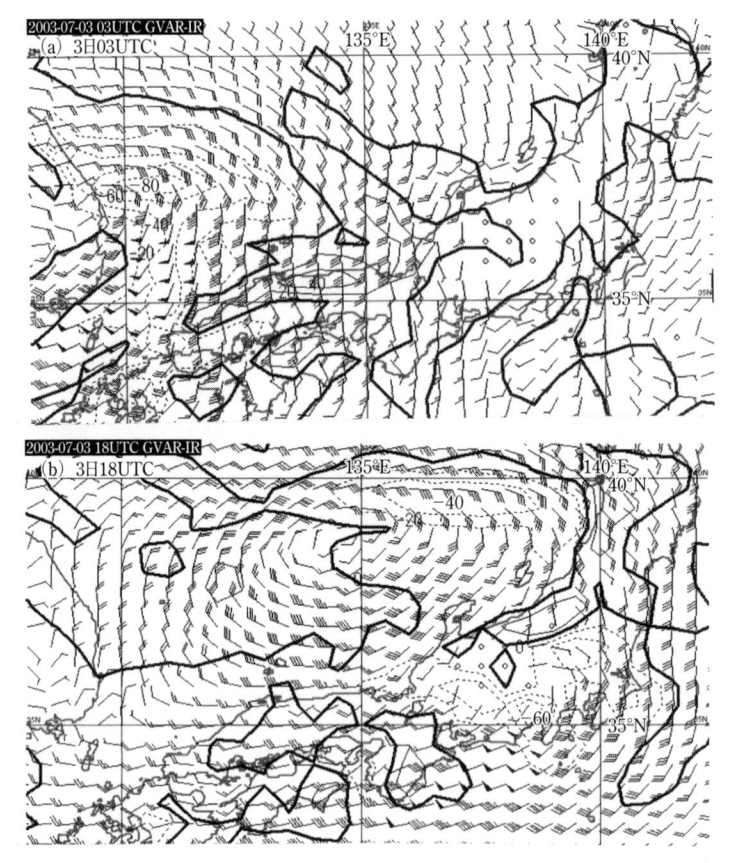

148　第7章　低気圧の発生・発達に及ぼす凝結潜熱の影響

図7.14　850 hPa における ω の分布．等値線の間隔は 20 hPa h^{-1}．破線は負の値（上昇流を表す）．(a) 7月3日03 UTC，(b) 3日18 UTC．

(a)で，相対湿度の分布が図(b)である．西方から侵入してきた相当温位の低い空気は実は乾燥空気であり，下層に湿った空気があるため対流不安定層を形成している．これが温暖前線に伴う上昇気流によって顕在化され，図(a)で雲頂高度が 200 hPa を超す積乱雲を発達させ，静岡豪雨を起こした．5.5 節に述べた上空水蒸気前線の一例と見なせるであろう．

　ちなみに，図 7.18 (b) において，250 hPa の高度を中心とした湿度の高い層は，図 7.17 において日本海南部から西日本を覆う雲に対応する．次に中

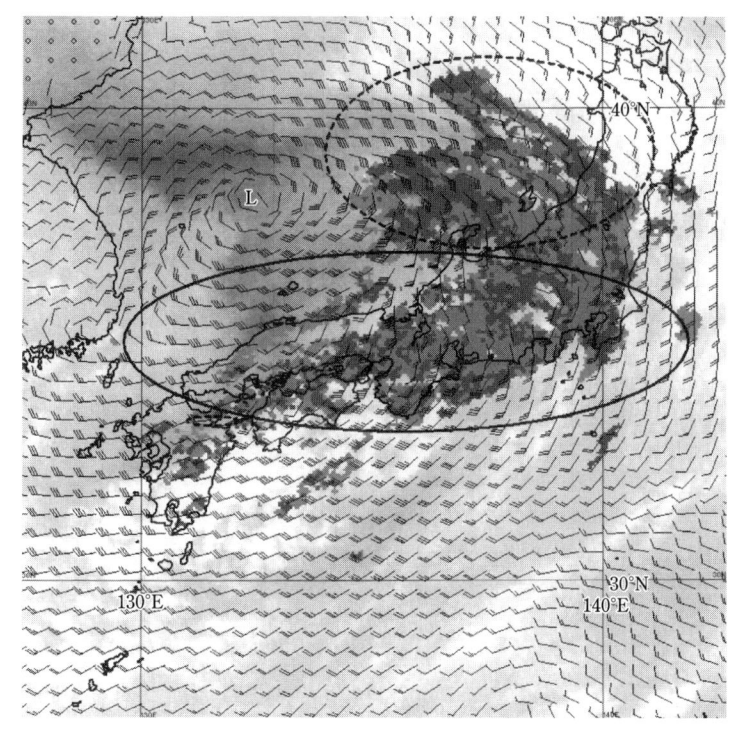

図 7.15　7月3日12 UTC，水蒸気画像に重ねた925 hPaにおける風とレーダーエコー図（実線内が次世代低気圧，破線内が初代低気圧に伴うレーダーエコー）．

国大陸から進行してくる低気圧に伴う上層雲である．

　最後に，梅雨期の低気圧の世代交代については，以前から研究がある[21]．特に，1990年12月11日，千葉県茂原市を日本最強のスーパーセル型の1つといわれる竜巻が襲ったが，それを伴ったのも，新潟県沖の低気圧が静岡県に誘発した低気圧であった（15.3節）．

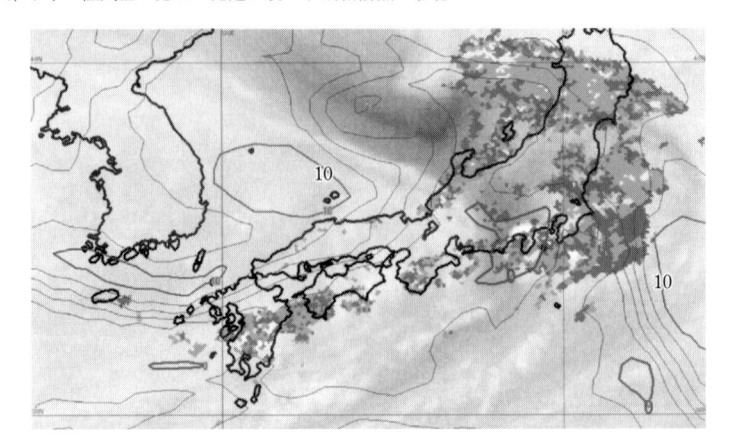

150　第7章　低気圧の発生・発達に及ぼす凝結潜熱の影響

図7.16　7月3日18UTC，水蒸気画像に重ねたレーダーエコー図とショワルター安定度指数（2℃おき）．（口絵にカラーで再掲）

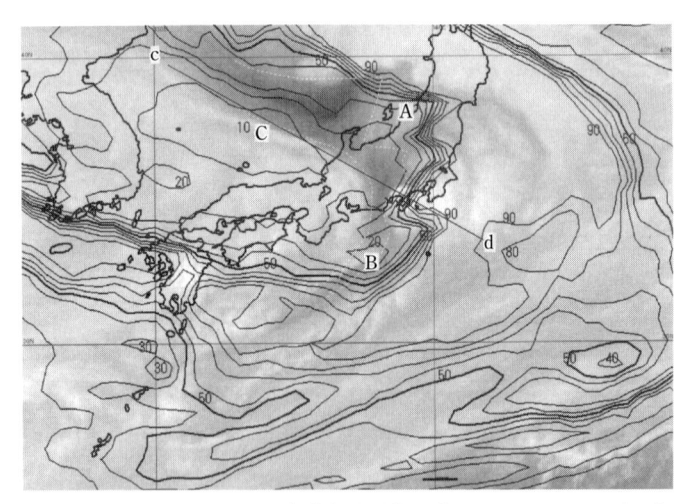

図7.17　7月3日18UTC，水蒸気雲画像に重ねた500hPaにおける相対湿度（10％ごと）．クロスは左から豪雨があった静岡市，土肥町，天城山の位置を示す．線分A–Bは上空水蒸気前線．線分c–dは図7.18の鉛直断面の位置．Cはここでは無関係．

7.4 梅雨前線と小低気圧の世代交代 151

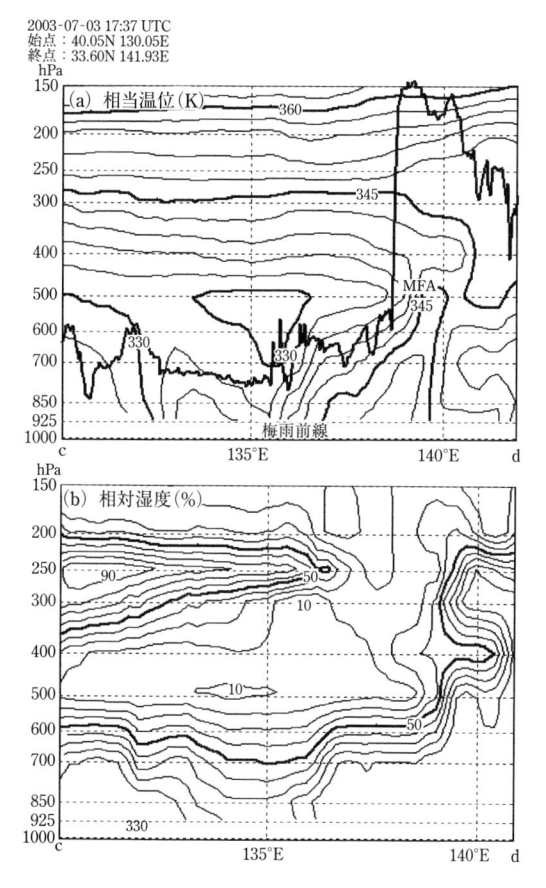

図 7.18 7月3日18 UTC,図 7.17 の線分 c-d に沿った鉛直断面. (a) 相当温位 (3 K おき). 太い実線は輝度温度から推定した雲頂高度. MFA は上空水蒸気前線. (b) 相対湿度 (10% おき).

第**8**章

台風並みに発達した低気圧

　近年テレビや新聞などのマスメディアが強い温帯低気圧による被害を報道する際に，台風並みという表現を使うことが多くなった．どの程度強い低気圧を台風並みというかは，決まりがあるわけではなく，被害の状況によるようであるが，だいたい中心気圧が 950 hPa 台かそれ以下，あるいは瞬間風速が 40 m^{-1}s を超える場合に使っているようである．本書もしばらく理屈の多い話が続いたので，本章で台風並みの低気圧の一生を追いながら，これまで記述してきた基礎的なプロセスが実際の大気中でどのように起こっているか述べよう．

8.1　南岸低気圧の場合

　最初の事例は 2007 年 1 月 6〜7 日の南岸低気圧である[1]．この低気圧が閉じた等圧線を持つ低気圧として誕生したのは 1 月 5 日 12 UTC で，場所は九州の南東沖の海上，停滞前線上である．その時刻の地上天気図を図 8.1 に示す．そして，図 8.2 が同時刻の 300 hPa の高層天気図である．中国東北地方上空に 8640 m の閉じた等高度線を持つ低気圧がある．ふつう，西風ジェット気流の中では渦が十分強くないと，等高度線は高緯度側に開いたトラフとなるが，今回の場合には 300 hPa に既に強い低気圧があることがわかる．その低気圧の南方には 160 ノットのジェットストリークがある．

　図 8.3 が地上低気圧発生直後の水蒸気画像である．400 hPa 面の等ジオポテンシャル高度線が重ねてある．水蒸気画像の注目点は，日本海南部で円弧の一部の形をしたバルジ雲である（5.5 節）．図の 400 hPa の等高度線が低気圧性の曲率から高気圧性の曲率に変わるあたりに位置している．さらに，この地域の上層には発散がある（図省略）．つまり，下層から中層にかけて

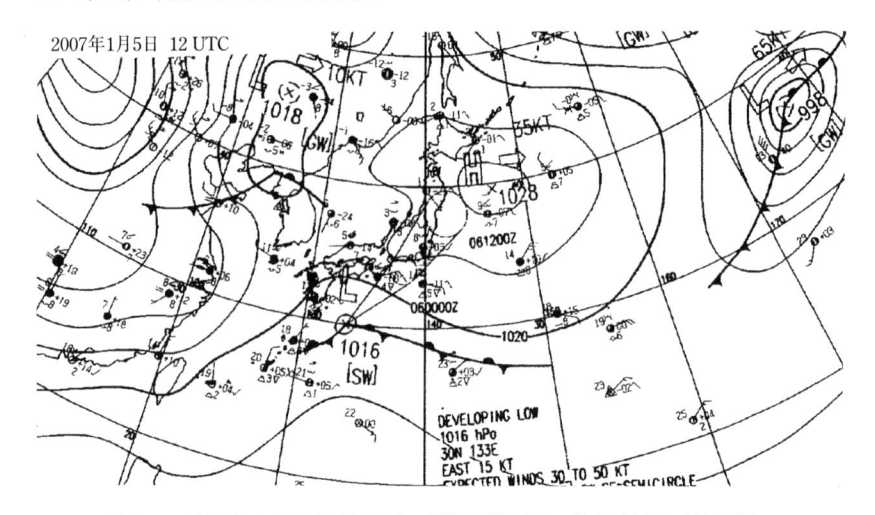

154　第8章　台風並みに発達した低気圧

図 8.1　2007年1月5日12 UTC，低気圧発生時の地上天気図（気象庁）．

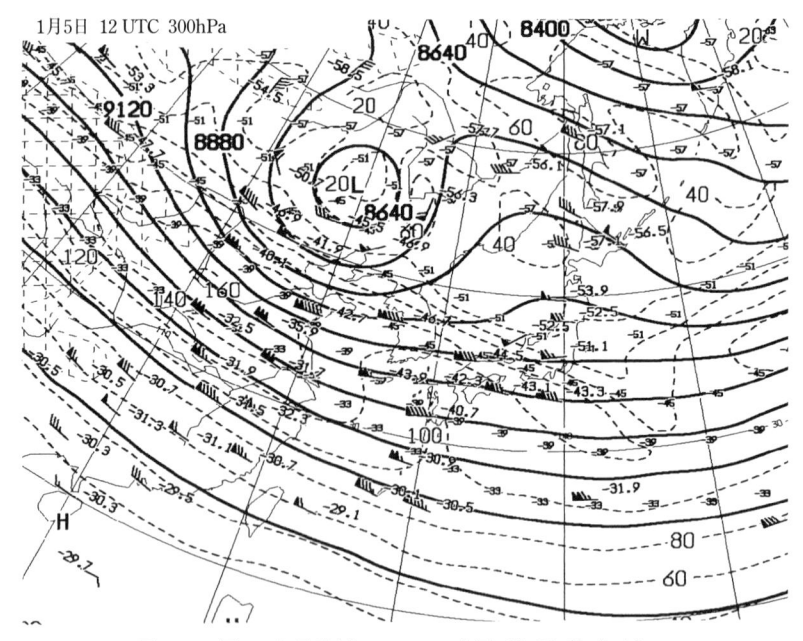

図 8.2　図 8.1 と同時刻の 300 hPa 高層天気図（気象庁）．

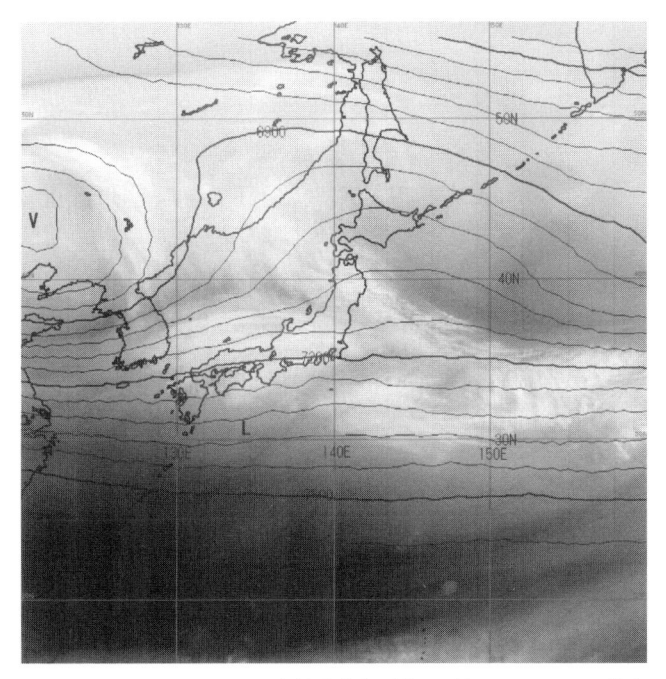

図 8.3 1月5日18 UTC，衛星水蒸気画像に重ねた400 hPaの等高度線（60 m おき）．四国南方海上のLは地上低気圧中心の位置．Vは上層低気圧の中心．

は温暖コンベアベルトで上昇した水蒸気が上層で扇型に発散して出来た上層雲がバルジである．バルジ雲はいよいよ低気圧が発達し始めるぞという兆候である．

ちなみに，図からバルジの雲が上層雲であることはわかるが，念のため，地上低気圧の中心を通る南北方向に沿った鉛直断面上で，輝度温度から推定した雲頂高度と相対湿度の分布を示したのが図8.4である．予想通り，雲頂高度が高い地域と，400〜300 hPaの高度で相対湿度が飽和に達するほど大きい地域とは一致している．気候学的に見ても，対流圏の中層の大気に比べて上層の相対湿度は大きいので，低気圧に伴ったわずかな上昇流でも飽和に達して氷晶を作る[2]．氷晶の落下速度は小さく，発散性の流れに乗って扇型に広がっていく．一方，レーダーで見ると，関西から四国にかけて弱いエコ

156　第 8 章　台風並みに発達した低気圧

2007-01-05 17:40UTC
始点：40.92N 133.16 E
終点：28.28N 133.28E

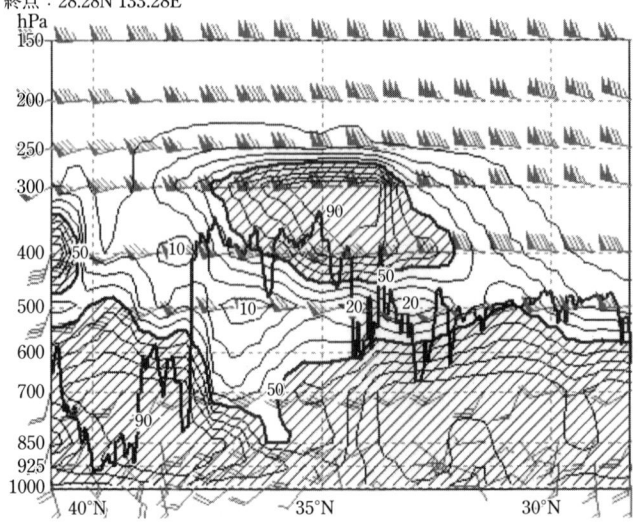

図 8.4　図 8.3 と同時刻，地上低気圧中心を通る南北鉛直断面上の水平風と等相対湿度線（10％おき）．斜線域は相対湿度＞50％の領域，短い矢羽根は 5 ノット，長い矢羽根は 10 ノット，ペナントは 50 ノット．

ーが散在しているだけで，雲はまだ組織化されていない（図省略）．

　図 8.5 が 5 日 12 UTC 以降 6 時間ごとの地上天気図の中心位置と 12 時間おきの中心気圧を示す．最初，東北東に進んだ低気圧は 6 日 06 UTC ころ八丈島の付近に達した頃から急に進路を変え，約 40 ノットのスピードで北上し，同日 12 UTC には宮城県と岩手県の県境に到達している．注目すべきは，このころから低気圧が急速に発達し始めたことである．6 日 00 UTC から 12 UTC までの 12 時間に，中心気圧は 22 hPa も降下した．次の 12 時間に北海道の襟裳岬沖に到達するまでには，さらに 24 hPa 降下したから，結局 7 日 00 UTC までの 24 時間に 46 hPa の降下である．その後，低気圧は千島列島に沿って進み，8 日 00 UTC には 952 hPa の中心気圧を記録した．

　図 8.5 には 300 hPa における 12 時間ごとの低気圧中心の位置も記入されている．地上低気圧の発生時ころには，上層の低気圧中心は地上低気圧のそれの北西方向にある．6.6 節で述べたように，これは地上低気圧が発達する

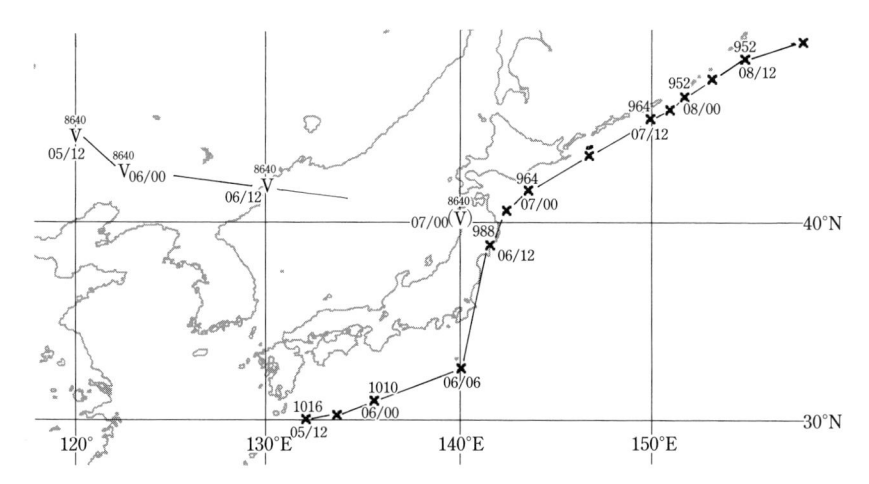

図 8.5　6 時間ごとの地上低気圧中心の位置（記号×）と 12 時間ごとの中心気圧（hPa）．記号 V は 300 hPa 高層天気図上の低気圧中心の位置．ただし，7 日 00 UTC の（V）は，もはや閉じた等高度線を持つ低気圧ではないことを示す．閉じた等高度線の高度はいずれも 8640 m．

のに最適の気圧配置である．その後両者の距離は時間とともに短くなっていく．7 日 00 UTC には，300 hPa の低気圧はもはや閉じた等高度線を持たないで，トラフとなっている．しかし，このトラフと襟裳岬沖の地上低気圧との距離は短い．事実，今回の低気圧はこの時刻あたりがほぼ最盛期である．

風について述べると，北海道浦河町では 7 日未明に最大瞬間風速 48 m s^{-1} を記録するなど，東北地方や北海道で強風と大雪による大きな被害が発生した．空の便はもとより，北海道夜行列車「カシオペア」をはじめとする鉄道の便の運休が相次いだ．山形県内では，雪の重みで倒れた木が山形新幹線が走る JR 奥羽線の送電線をつっていた架線を断線したり，停電となった地域もあった．

図 8.6 は八丈島でのウィンドプロファイラの記録である．5 日 18 UTC ころまでは，高度約 2 km 以下の下層は北東風，それより上は卓越する西風であった．下層の北東風は低気圧誕生の温床となった停滞前線を形成していた風である．しかし低気圧が西から八丈島に接近するにつれ，下層から中層の風は南風に変わる．上空の西風も非常に乾燥した空気に変わったらしく，ウ

158 第8章 台風並みに発達した低気圧

47678八丈島 2007-01-05 00〜2007-01-08 00UTC

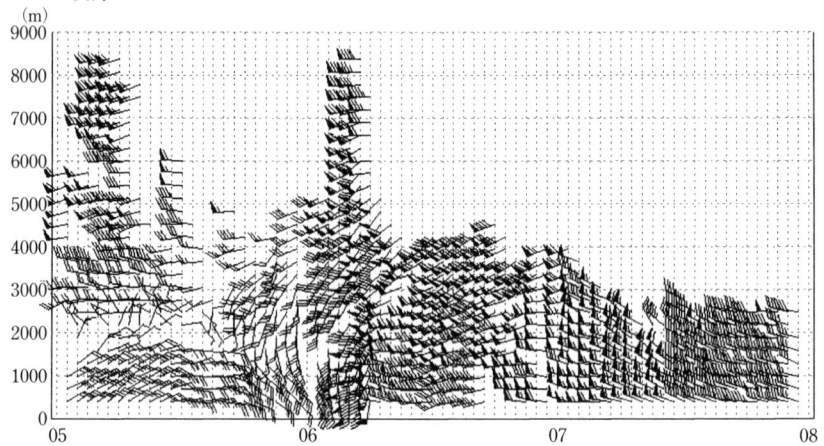

図8.6 1月5〜9日の期間の八丈島におけるウィンドプロファイラによる風の時系列（気象庁）．

ィンドプロファイラでは観測できなくなった．それが6日02〜06UTCの間に南風が50ノットを超えるほど強くなるとともに，高度9km近くまで観測データが得られるようになった．低気圧内で湿った空気がこの高さまで吹き上げられたためであろう．特に驚くのは6日05〜06UTCの間で今度は風向が南から西に変わったその変化の速さである．この変化は寒冷前線の通過に伴うものであることは，後の図でわかるが，その寒冷前線帯の厚さはかなり薄かったらしい．そして図8.6では低気圧が離れるにつれて，上空では再びウィンドプロファイラのデータが得られない状況となっている．乾燥貫入のためである．

次に，成熟期の低気圧の構造を見よう．図8.7は6日12UTC，低気圧中心が宮城県沖に達した時刻，925hPa等圧面上の風と相当温位と分布とレーダーエコーを赤外画像に重ねたものである．雲は主に低気圧中心の東側に存在し，西側すなわち寒冷前線の背後は晴れている．925hPaという下層でも90ノットに達する南ないし南東の風が暖域から温暖前線に吹いている．しかし，暖域内の相当温位は低く，324K以下であり，対流性の雲が発達している地域は低気圧中心付近に限られている．その雲域の北方，北海道南部に東西に延びる弱いエコーがある．温暖コンベアベルトの伴う層状性の降雨を

8.1 南岸低気圧の場合　159

1月6日 12UTC　925hPa 風と相当温位

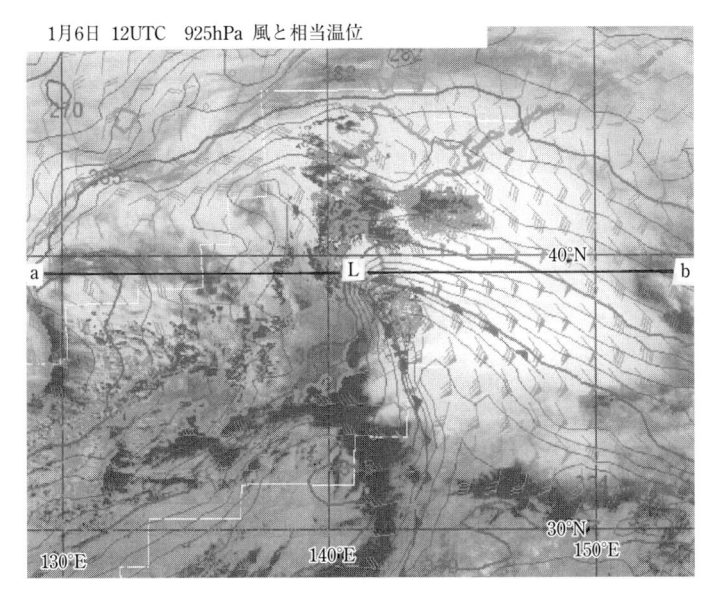

図 8.7　1月6日 12 UTC，水蒸気画像に重ねた 925 hPa における風と相当温位（3 K おき）とレーダーエコーの分布．L は地上低気圧中心の位置．（口絵にカラーで再掲）

表している．

　図 8.8 は同時刻，925 hPa における渦度の分布である．最大で $500 \times 10^{-6}\,\mathrm{s}^{-1}$ という大きな値を持つベルトが南南東の方向に延びている．このベルトの正体は，言うまでもなく寒冷前線で，図 8.6 に示したウィンドプロファイラの記録で見た南風から西風への急変も，この前線の通過に対応していたわけである．一方，図 8.8 の渦度分布図には，温暖前線に対応する強い渦度のベルトがない．このことは図 8.7 の風と相当温位，さらに雲の分布を見ても納得できる．

　この時刻に（6日 12 UTC），ほぼ低気圧の中心を通る図 8.7 の線分 a–b に沿った東西鉛直断面内で，低気圧の構造を見よう．まず，図 8.9 は渦位の分布である．渦位の値が 2 PVU の面を力学的圏界面とすることは 6.1 節で説明したとおりである．図の左側の領域には，成層圏内に強い正の渦位のアノマリーがある．図の右側，145〜150°E では力学圏界面の高度は高く，200 hPa に近い．そこから西に行くにつれて高度は急に低くなり，130〜

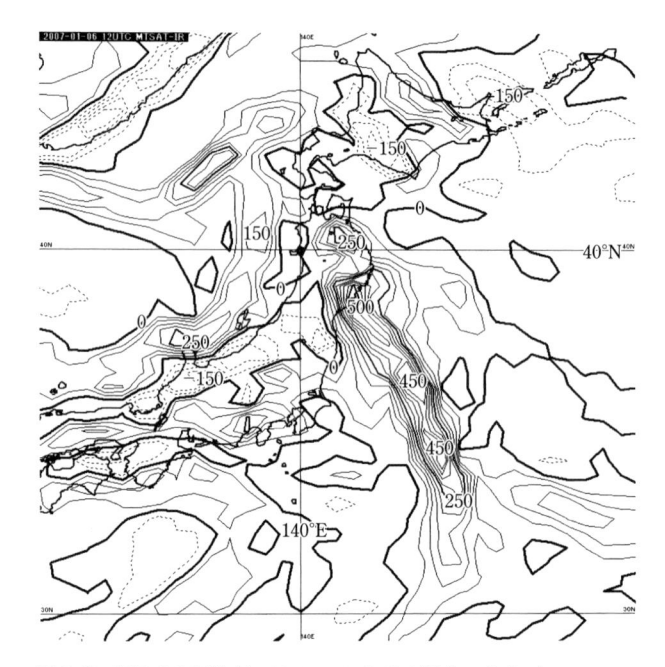

160　第8章　台風並みに発達した低気圧

図 8.8　図 8.7 と同時刻，925 hPa における渦度の分布 ($50\times10^{-6}\,\mathrm{s}^{-1}$ おき).

135°E あたりでは 480 hPa まで低く垂れ下がっている．ここが 200 hPa あたりで渦位のアノマリーが 7 PVU にも達している領域であり，図 8.2 の 300 hPa 高層天気図に現れた低気圧にも対応している．また，対流圏内で 140°E のあたりに，渦位が最大約 2 PVU という大きな値を持つ区域がある．ここは対流性降雨が強い区域であり，大きな渦位は凝結加熱によって生じたと思われる（6.4 節）．

　図 8.10 は同じ東西鉛直断面上で種々の気象要素の分布を示している．まず図 8.10(a) は鉛直速度 ω と温度である．上昇流は強く，最大は 240 hPa h^{-1} もある．仮に平均して 100 hPa h^{-1} もあれば，10 時間で地表の空気が圏界面まで達してしまうほどの強さである．その区域に雲頂高度が 300〜200 hPa に達する雲が発達している（図 8.10(c)）．そして，上昇流が強いのは力学圏界面の傾斜が急な地域である．移動するアノマリーの真空掃除機の効果が働

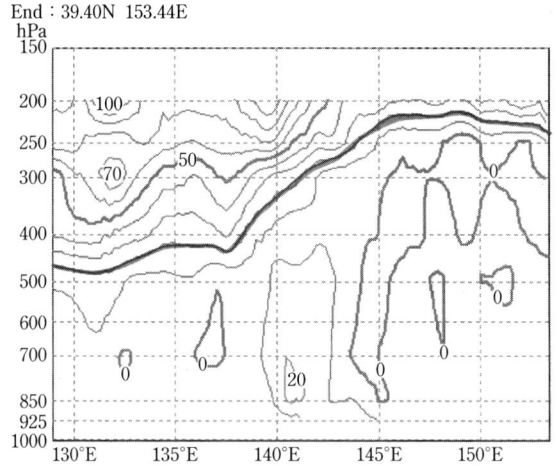

図 8.9　同時刻，図 8.7 の線分 a-b に沿った東西鉛直断面上の渦位の分布（数値の単位は 0.1 PVU で，等値線は 1 PVU おき）．太い線は 2 PVU で定義された力学的圏界面．

いているからである（6.2 節）．そして，そこに地上低気圧の中心があるという構造をもつ．

さらに，この上昇流の区域では，等温線は対流圏内のどの層でも盛り上がっていて，暖気の存在を示している．対照的に，地上低気圧の西側，対流圏界面の高度が低い領域には弱い下降流があり，気温も相対的に低い．傾圧不安定波が発達するときの運動エネルギーの増加は，位置のエネルギーの減少によって賄われていると，4.2 節で述べた．図 8.10(a) は正に比較的暖かい空気が上昇し，比較的冷たい空気が下降し，系全体として位置のエネルギーが減少しつつあることを示している．

次に注目すべき点は風の分布である．図 8.10(b) によると，低気圧中心の東の領域では対流圏全域にわたって等風速線が下方に垂れ下がって，下層まで強風が吹いていることを示している．925 hPa でも 60 ノットを超す風が吹いている．850 hPa では 90 ノットの場所もある．これでは，本章の冒頭で述べたような，強風による停電や交通機関の欠航や遅れが起こったのも不思議ではない．ただし，すでに述べたように，この低気圧はこの時間帯で

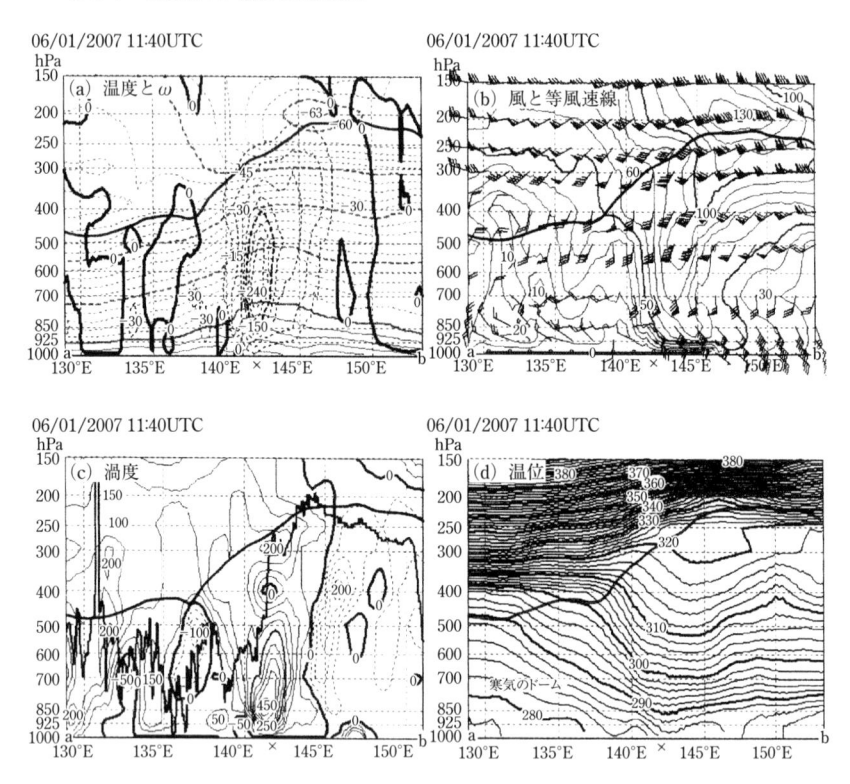

162　第8章　台風並みに発達した低気圧

図8.10　同時刻の1月6日12UTC、図8.9と同じ東西鉛直断面上の諸要素の分布．共通する太い実線は図8.9で示した力学的圏界面で，横軸の×印は地上低気圧の中心位置．(a)等温線（太い波線，5℃おき）と等鉛直p速度（ω，30hPa h^{-1}おき），細い波線は負のωで，太い実線は$\omega=0$，(b)風（記号は図8.4と同じ）と等風速線（10ノットおき），(c)渦度（50×10^{-6} s^{-1}おき，正の値が実線，負の値が破線），ギザギザの実線は雲頂高度，(d)等温位線（2Kおき）．

は約40ノットのスピードで北北東方向に進行していた．したがって，低気圧の東側の強風は，低気圧の移動速度に，渦巻に伴う南風が加わっていたことになる（台風でいえば台風の危険半円）．このことは，下層の強風域の水平の広がりが，図(c)に示した渦度の広がりよりかなり大きいことからわかる．一方，この強風の領域では，風向は下層で南東，中層で南，上層で南西というように順転している．これは，温度風の関係から，ここに暖気移流が

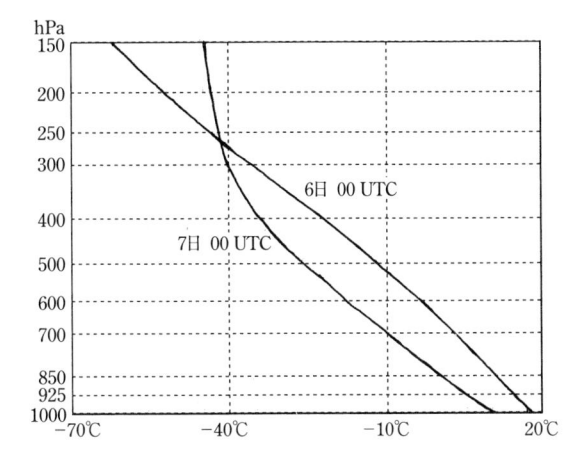

図 8.11　1月6日 00 UTC と 7日 00 UTC の，地上低気圧中心に最も近い格子点における温度の鉛直分布の比較．

あることを示唆している（『一般気象学　第2版』，p. 146）.

　この風の分布に対応して，渦度の分布は図 8.10 (c) に示したように，850 hPa を中心とした下層で大きく，最大で $450 \times 10^{-6}\,\mathrm{s}^{-1}$ である．そして，この低気圧の特徴としては，強い渦が狭い区域範囲に集中していることがある．その区域のスケールは，渦度が最大値をとる 850 hPa で見ると，直径で約 230 km である．そして，そこに深い対流が発達していて，雲頂高度は最高で 200 hPa にも達している．まさに台風並みといってよい．

　図 8.10 (d) に示した温位の分布も発達する低気圧に特有のものである．垂れ下がった圏界面の下に，寒気のドームがある．一方，その東方，低気圧中心付近では，等温位線が垂れ下がっていて，温位は高い．つまり，この低気圧は，初期には寒気核を持っていたが，暖気核を持つようになったのである．暖気核を持つ点では，台風に似ているように見える．

　ある時刻における気圧の水平分布を見て，周囲より気圧の低いところを低気圧という意味では，上記の話でよいが，時間を追って見たらどうか．低気圧が急成長を始める前の 6日 00 UTC と，発達した後の 24 時間後の 7日 00 UTC において，低気圧中心における気温の高度分布を比較したのが図 8.11 である．対流圏内では，発達した低気圧の中心付近の空気の温度は，以前より最大で 14℃ も下がっている．以前より冷たい空気が積み重なった

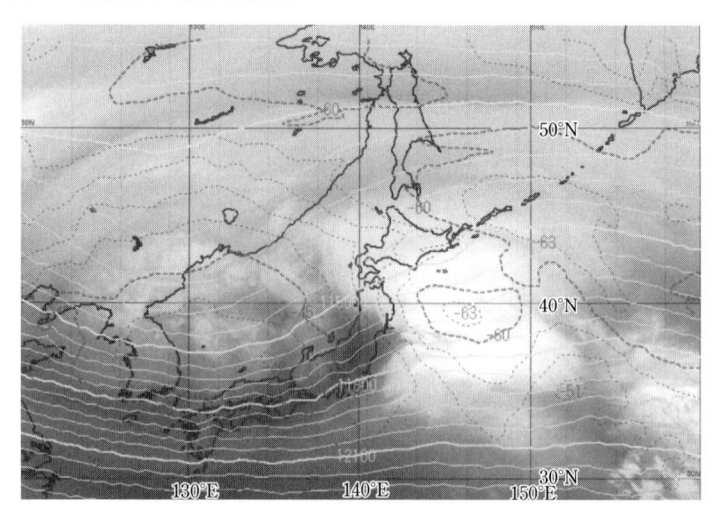

164　第 8 章　台風並みに発達した低気圧

図 8.12　1 月 6 日 12 UTC，水蒸気画像に重ねた 200 hPa の等高度線（黄色，60 m おき）と等温度線（赤色，3 K おき）．宮城県上の L は地上低気圧の位置．（口絵にカラーで再掲）

にもかかわらず，地上気圧が 46 hPa も下がったのはどうしてだろう．答えは 260 hPa より上空で気温の上昇が著しかったという以外にはない．

　それを示すのが図 8.12 で，200 hPa における温度とジオポテンシャル高度の分布を水蒸気画像に重ねてある．対流圏内の状況とは逆に，この高度では対流圏界面の起伏に応じて，トラフの温度は高く，リッジの温度は低い．しかも，図に見るように，等高度線に平行して吹く地衡風は，地上低気圧の上空では，ほとんど等温線に直角に吹いている．すなわち，この低気圧の場合，暖気移流が強い．これによる温度上昇が，対流圏内での冷気の積み重ねによる気圧の上昇を打ち消して，おつりまで来て，地上低気圧の中心気圧を下げているのである．このように，300 hPa より上の層で，強い暖気移流がある例として図 9.16 も参照してほしい．

　なお，図は示さないが，地上低気圧付近には成層圏内で下降流があり，断熱圧縮効果も温度上昇に寄与している．

　ここまで，主に強い風について述べたが，図 8.10 (c) の高い雲頂高度から想像されるように，今回の低気圧に伴って関東地方から東北地方の広い範

囲で，局地的であるが大雨も降った．特に岩手県沿岸部では日本時間の6日夜遅くにかけて，冬季としては激しい雨となり，多くの観測地点で1月の最大1時間降水量の極値を更新した．岩手県宮古では1時間54.0 mmであった．また，北海道では6日から8日にかけての総降雪量が60 cmを超える大雪となった．低気圧がまだ四国沖にいたころには，低気圧付近ではSSIが2℃程度であったが，7日00 UTCでは宮城県から岩手県にかけてSSI＜0の不安定な領域が出現している．上層の冷たいリッジのせいである．

以上述べたように，今回の低気圧はその最盛期における中心気圧の低さといい，風速の強さといい，雨量といい，台風並みの発達といっても誇張ではない．そればかりか，発生してからわずか24時間で，こうした荒れ狂う天気をもたらしたのは，台風ではできない早業である．

ただし，強調しておきたいのは，台風並みの発達であっても，あるいは終末期に等圧線がほぼ軸対称の円形になっても，この低気圧は台風ではないことである．運動エネルギーの源が違う．上層の温度は周囲より高いが，それは水平移流のせいであって，台風のように凝結加熱のせいではない．台風のようにその上部には負の渦度があって，そこから上層雲が時計回りに吹き出すということもない．

さらにもう1つ，今回の低気圧の発達は，対流圏内の変動ばかりか，対流圏界面高度の大きな変動とともに起こった．低気圧中心の東側では220 hPaの高度にあった力学的圏界面は，西側では約480 hPaとなった．成層圏の空気が約480 hPaまで引き摺り下ろされたわけだ．こうして，今回の低気圧は，海面から成層圏下部までの全気層を上下にひっくり返してしまうほどの大擾乱だったのである．

8.2 日本海低気圧の場合

春季に日本海を通過する温帯低気圧は日本列島にいろいろな気象災害を起こす．その典型的な例は次章で述べる．ここでは，前節で台風並みに発達した南岸低気圧の話をしたのを受けて，日本海で記録的に発達した低気圧の話をしよう[3]．まず取り上げる低気圧は，2012年4月2日00 UTCに中国大陸東部で中心気圧1008 hPaをもって発生し，それから東進して日本海に入っ

てから急速に発達した．12時間おきの中心位置と中心気圧は図8.13に示してある．2日12 UTC には 1006 hPa だった中心気圧が次の12時間で20 hPaも下がり，次の12時間にはさらに22 hPa も下がったから，24時間で42 hPa も下がったことになる．こうして日本海を東北方向に通過して，4日 06 UTC に北海道に到達したときには，生涯で最低となる 950 hPa の中心気圧を記録した．

過去の記録を見ると，1951年以降，日本海で中心気圧が24時間に40 hPa 以上下降し，970 hPa 未満まで発達した低気圧は2例しかない．その一例は 1995年11月7〜8日の低気圧で，24時間に44 hPa 下降し，最終的にはサハリン近海で8日12 UTC に 946 hPa に達した．稚内では8日の最大瞬間風速は $44.9\,\mathrm{m\,s^{-1}}$ であった[4]．もう一例は1955年2月19〜20日の低気圧で，24時間の最大下降量は 40 hPa であった．

いずれにせよ，同期間，今回のように日本海中部で 964 hPa にまで発達した低気圧は1例もなく，その点では極めて珍しい低気圧である．また，この低気圧が日本海を通過中の3日昼過ぎ，和歌山県友ヶ島では最大風速 $32.2\,\mathrm{m\,s^{-1}}$，最大瞬間風速 $41.9\,\mathrm{m\,s^{-1}}$ の南南東の風を観測するなど，西日本から北日本の広い地域で記録的な暴風が吹き，交通機関などに大きな影響が出た．

参考までに，図8.14で今回の低気圧が発生した2012年4月2日00 UTC から24時間おきの地上天気図を示す．低気圧が日本海に入って，温暖前線と寒冷前線を伴い，最終的にほぼ円形の等圧線を持つ低気圧になる様子など

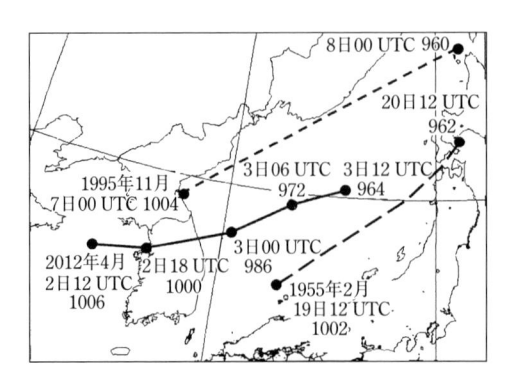

図8.13　1951年以降，24時間に中心気圧が40 hPa 以上下降し，970 hPa 未満まで発達した3つの低気圧の経路と中心気圧（hPa）[3]．

は前節とほぼ同じである．また爆発的発達中の3日12 UTCにおける500 hPaの高層天気図は，既に図1.2で示した．寒気を伴った深い低気圧が地上低気圧のすぐ西方に接近していることがわかる．渦位解析によれば[5]，この頃には地上低気圧の西方200〜300 kmに，約500 kmのスケールを持つ正の渦位のアノマリーがあり，2 PVUで定義され力学的圏界面は500 hPa付近まで下がり，それが接近中だったためアノマリーの前方，地上低気圧の真上で強い上昇流があり，これがストレッチ効果で低気圧の発達に寄与した．また，最盛期には暖気核を持つ構造に進化した．こうした状況なども前節で述べた事例と共通している．

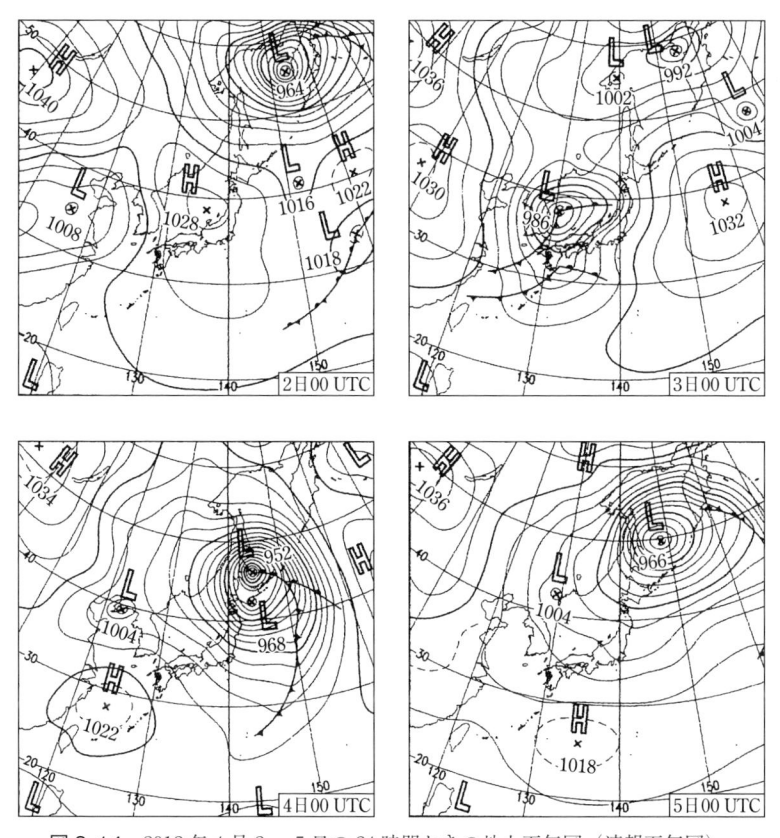

図8.14 2012年4月2〜5日の24時間おきの地上天気図（速報天気図）．

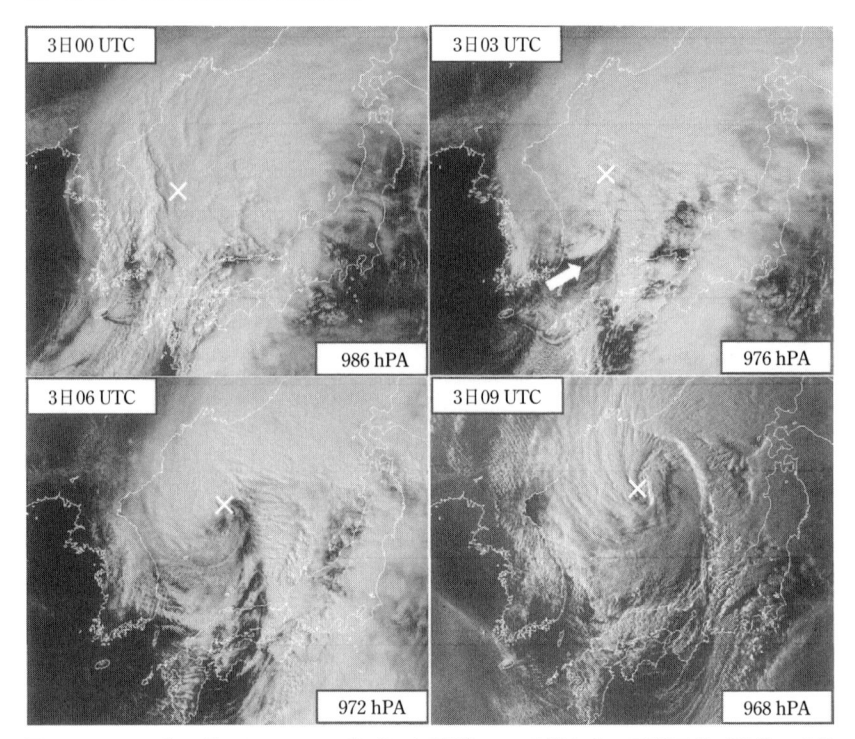

168　第8章　台風並みに発達した低気圧

図8.15　2012年4月3日09〜18時（日本時間）の3時間おきの可視画像（記号×は地上天気図の中心の位置．矢印はドライスロット．右下の数値は低気圧の中心気圧[3]．

　図8.15は低気圧が急成長した3日00 UTCから同日09 UTCまで3時間おきの可視画像である．5.5節の図5.10で模式的に示したドライスロットとクラウドヘッドが明瞭に認められるし，日没に近い時刻になると，温暖コンベアの雲・クラウドヘッド・暖かい日本海上で発生した筋状の雲の頂の高度差が日光に照らされて明るいアーク状に見えるのも興味深い．
　この低気圧は数値モデルによって，よくシミュレーションされた[5]．感度実験によると，湿潤大気では低気圧の中心気圧は3日12 UTCには960 hPaまで下がったのに，凝結の潜熱がないと，985 hPaまでしか下がらないことになる．

第9章 春の嵐を呼ぶ日本海低気圧

9.1 2004年4月の日本海低気圧の場合

　2004年4月27日，日本列島の関東から西の各地を，雨を伴った強風が襲った．新聞報道によると，同日午後5時までに，高知県室戸岬では最大瞬間風速43.7 m s^{-1} を観測した．このほか和歌山市の38.5 m s^{-1}，宮崎県日南市の33 m s^{-1}，高知県宿毛市の27.5 m s^{-1}，大阪市の25 m s^{-1} など，いずれも各地の4月としての観測史上当時として最大値を記録した．また，長崎市は28.8 m s^{-1} で1位タイ，東京都心の32.2 m s^{-1} と福井県敦賀市の30.6 m s^{-1} は2位だった．一方，各地で降水量も多く，同日午後5時までの24時間に静岡県伊豆市で206 mm を観測した．

　この日の強風のため，横浜港内に停泊していたマレーシア船籍の自動車運搬船（全長約165 m，約2万5000トン）が北方に約5 km 流され，27日午後2時5分ごろ川崎市の防波堤に衝突するという事故があった．また，常磐線の一時運転見合わせなどの交通障害，強風による歩行者の転倒などの人身事故などもあった[1)]．

　図9.1が27日00 UTCにおける地上天気図である．日本海に中心気圧988 hPaを持つ温帯低気圧があり，東西方向には両側から高気圧で挟まれている．このように，日本海に低気圧があるときには，その中心を巡って強い南風が吹き，日本列島が春の嵐に襲われるということは，どの気象入門書にも書いてある．事実，私が初めて書かせていただいた気象の本は，正野重方先生と共著の『氣象の話』（子供の科學文庫，誠文堂新光社，1948）であるが，その中に「春の旋風」と題して，図9.1と同じような天気図の場合についての解説がある．

170　第9章　春の嵐を呼ぶ日本海低気圧

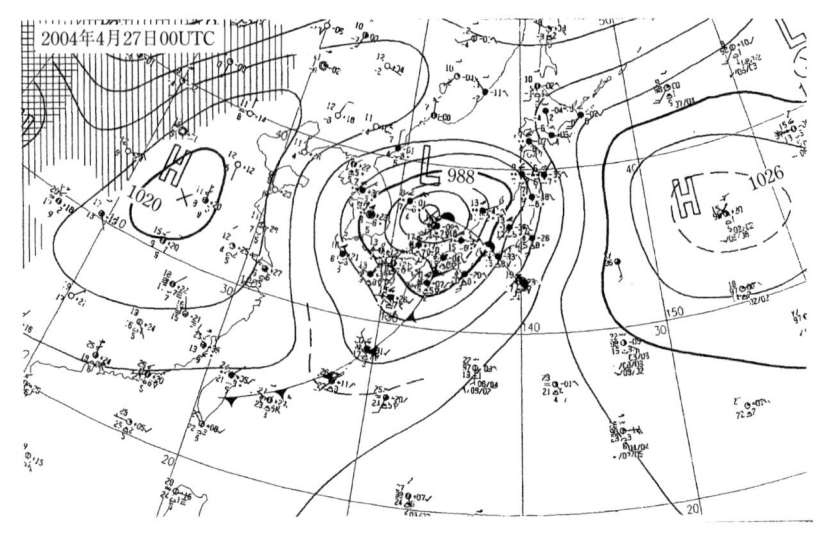

図 9.1　春の嵐が襲った 2004 年 4 月 27 日 00 UTC の地上天気図（気象庁）.

　しかし，日本海を通過する低気圧の数は多い．だから，そうした低気圧を日本海低気圧と総称するほどである．しかし，大見出しで新聞記事になるほどの春の嵐はそう頻繁には起こらない（8.2 節）．春の嵐を呼ぶ低気圧と呼ばない低気圧の違いはどこにあるのか．また，温帯低気圧の中には中心気圧が 970 hPa や 960 hPa になるものもあって，それに比べれば，図 9.1 の 988 hPa の中心気圧はそれほど低いとは思えない．それなのに，被害を起こすほどの強風が吹いたのは何故だろうか．

　まず，この低気圧の発生前の状況から調べよう．図 9.2 は図 9.1 の 36 時間前である 25 日 12 UTC での 300 hPa と 700 hPa の高層天気図である．300 hPa の高層天気図では，日本およびその東に，ほぼ南北に走る軸を持つ長い波長のトラフ（大きな低気圧）があるが，これは直接今回の低気圧とは関係していない．関係しているのは，そのトラフの西方 110 ～ 120°E あたり，北東−南西に走る短波のトラフである．短波のトラフというのは，東西方向の波長が短いトラフのことで，特に波長何 km 以下のものという定義があるわけではないが，現に日本およびその東を覆っている大きなトラフに比べれば，その小ささは納得できるだろう．また温度分布を見ると，その当時の大

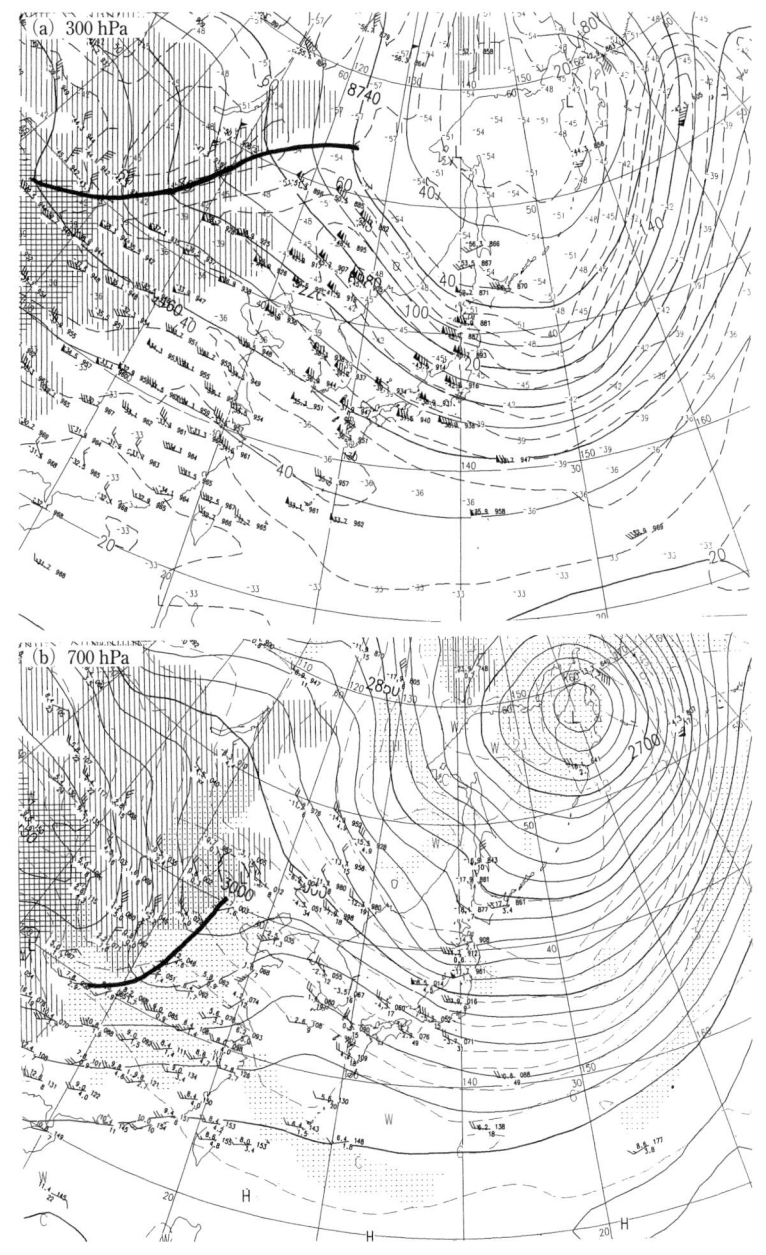

9.1 2004年4月の日本海低気圧の場合　171

図 9.2　2004 年 4 月 25 日 12 UTC における高層天気図, (a) 300 hPa, (b) 700 hPa (気象庁). 太い実線はトラフ軸を表す.

気の傾圧性は大きいことがわかる．

　図9.3(a)は同時刻における地上天気図である．700 hPaの短波トラフの中心付近（図9.2(b)），110°E，2°NのあたりにAと記号した中心気圧1006 hPaの低気圧がある．しかし，この低気圧が発達して図9.1の低気圧になったのではない．それから6時間後の25日18 UTCの天気図には（図9.3(b)），低気圧Aの南，逆向きトラフの中に新たに中心気圧1006 hPaの低気圧Bが出現している．前線は解析されていないから，これはノルウェー学派の言う寒帯前線波動説で発生した低気圧ではない．さらに6時間経った26日00 UTCまでには（図9.3(c)），低気圧Aは消滅し，低気圧Bだけが1004 hPaに発達しながら東進している．温暖・寒冷前線も出来た．その後も低気圧Bは東進を続け，27日00 UTCには図9.1の状態となった．なぜ最初に700 hPaのトラフの下に出現した低気圧Aでなく，その南方に後から出現した低気圧Bが主導権を握ったのかの理由は，7.2節で述べたのと同じである．

　このように，26日00 UTCに黄河下流域の南で中心気圧1004 hPaをもった低気圧は東北東に進み，24時間後には図9.1に示した中心気圧988 hPaを持つ日本海南部の低気圧となっている．中心気圧は24時間で16 hPa低下したから，爆弾低気圧に準ずるくらいの急激な発達をしている．しかし，8.2節で述べた低気圧の中心気圧が24時間に42 hPa降下したのには遠く及ばない．しかも，この低気圧の中心気圧は4月27日00 UTCに最も低く，東北地方に達した12時間後には992 hPaと上昇し，新たな低気圧に世代交代してしまった．つまり，2万5000トンの巨船を漂流させるなどの猛威を振るった低気圧は，発生後わずか24時間で最盛期に達し，以後はたちまち衰退していったことになる．

　ちなみに，3.2節でちょっと触れたが，統計的に見ても日本海を含む東アジアの爆弾低気圧は，発生すると，すぐ最も速い成長期に入るという性質をもつという．すなわち，寒期の西太平洋の爆弾低気圧の60％は，発生後わずか12時間で生涯の最大の発達率（中心気圧が減少する割合）を持つ．同じく77％は発生後24時間で，88％は36時間で最大の発達率を持つという調査結果がある[2]．東アジアは本当にめまぐるしく天候が変わる地域なのだ．

　ちょうど日本列島に春の嵐を起こしている図9.1の低気圧の構造をもっと

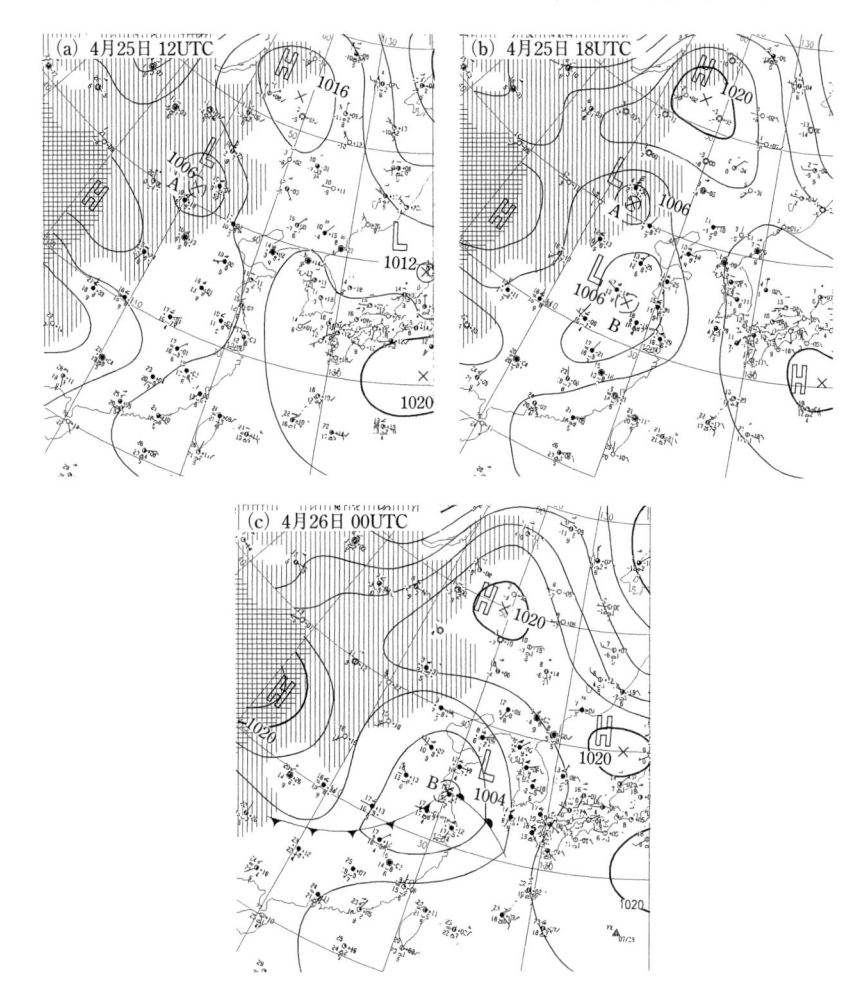

図 9.3　6 時間ごとの地上天気図．(a) 25 日 12 UTC，(b) 25 日 18 UTC，(c) 26 日 00 UTC（気象庁）．

詳しく見よう．図 9.4 は同時刻における海面気圧と 925 hPa における風と相当温位の分布を衛星赤外線画像に重ねたものである．基本的には，逆向きトラフの中で誕生したため，低気圧中心の東側には強い南風が低緯度帯から流れ込んで，合流型の前線形成過程により，明瞭な温暖前線が形成されている．また，発生当時には大気の傾圧性が強かったので，低気圧中心の西側を流れ

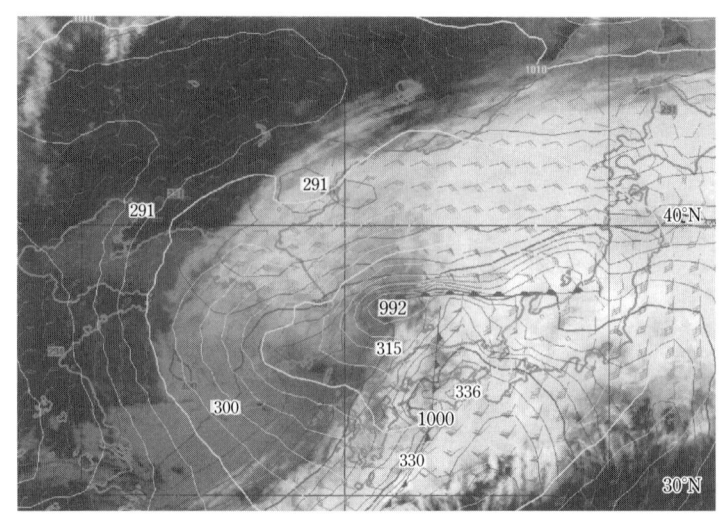

174 第9章 春の嵐を呼ぶ日本海低気圧

図9.4 4月27日00 UTC（図9.1と同時刻）気象衛星GMS-5の赤外画像に重ねた海面気圧（黄色，2 hPa おき），925 hPa における風と相当温位（ピンク色，3 K おき）の分布．風の短い矢羽根は5ノット，長い矢羽根は10ノット，ペナントは50ノット．（口絵にカラーで再掲）

る北風が寒気を運び，ここではシア型の前線形成も寄与して，明瞭な寒冷前線も作られている．そして，日本海低気圧で普通に見られるように，風は寒冷前線に沿った暖域内で最も強い．主な流れは温暖コンベアベルトであり，暖域の下層の空気塊が温暖前線を乗り越えて上昇し，扇状に広がりながら対流圏面に達し，お馴染みのオタマジャクシ形の雲域を作っている．

図9.5は300 hPa での風と渦度の分布を衛星水蒸気画像に重ねたものである．図5.10(c)の最盛期の模式図と対比するとわかりやすい．水蒸気画像からドライスポットやその西にあるヘッドクラウドは明瞭に認められる．そして，温暖コンベアベルトを通ってきた暖湿な空気が上昇して300 hPa で大きく水平に広がっている．その上層雲の北辺の端をなぞるように，120ノットに達するジェット気流が流れている様子も模式図に描いてある．そして，風の分布から朝鮮半島上空に北から短波のトラフが延びていることが認められる．少し見にくいが，正の過度の極値を結んだ青色の二重線が，この短波のトラフの軸を表す．

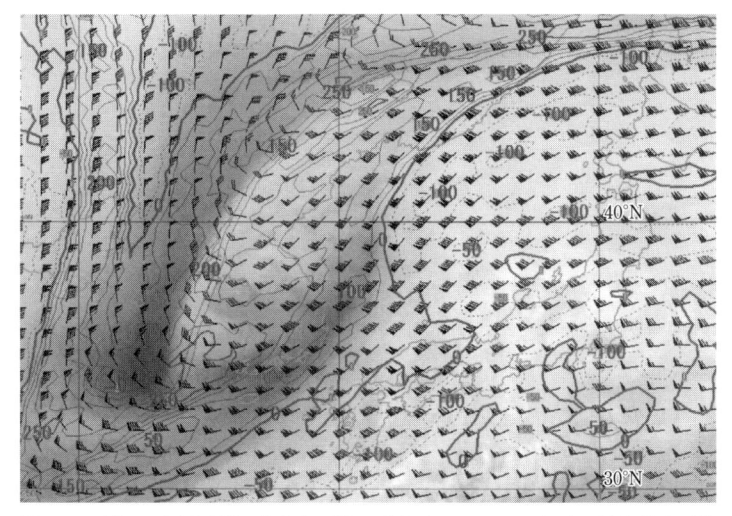

9.1 2004年4月の日本海低気圧の場合　175

図 9.5 図 9.4 と同時刻，水蒸気画像に重ねた 300 hPa における風と渦度（紫色）の分布図．実線は正渦度，破線は負渦度，等値線は $50\times10^{-6}\,\mathrm{s}^{-1}$ おき．記号 L は地上低気圧の中心位置．朝鮮半島の根本を走る青色の二重線はトラフの位置を示す．（口絵にカラーで再掲）

　このトラフの軸にほぼ直角にある，東西方向の鉛直断面上の諸要素（渦位，鉛直速度，温位，風など）の分布は，前章の図 8.9 と図 8.10 で示したものと定性的には同じである．すなわち，トラフの軸は南に延びる渦位のストリークに相当し，力学的圏界面の高度が急に変化する位置に強い上昇流があり，背の高い対流が発達している．その位置の西方では力学的圏界面は 500 hPa 付近まで垂れ下がり，その下には寒気のドームがある．

　ただ今回の場合，強調したいのは温位の水平分布である．図 9.6 は同時刻における 500 hPa 面上の温位の分布を示す．北日本から朝鮮半島南端に延びる前線の南方，日本列島の上空では温位はほぼ 322 〜 324 K と驚くほど一様である．このことが何を意味するか．図 9.7 は千葉県勝浦市におけるウィンドプロファイラによる風の時系列である．ほぼ 27 日 04 UTC から 11 UTC ころまで，測定された最下層の 350 m から最上層の 9 km まで，風向は南西で，風速は 70 〜 80 ノットと，高度についてはほぼ一様な風が吹いている．つまり，この地域では大気はほぼ順圧であり，順圧大気内では風は高度によ

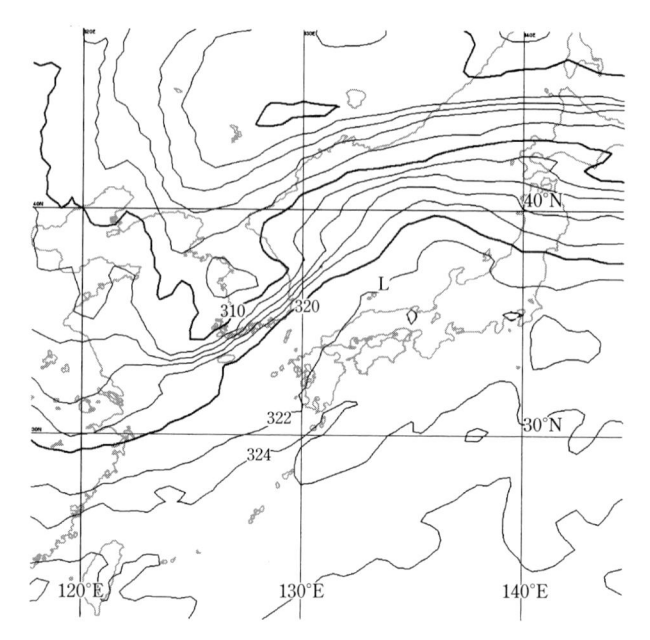

図 9.6 4 月 27 日 00 UTC, 500 hPa における温位の分布図（2 K ごと）. 記号 L は地上低気圧の中心位置.

らず一様という風の特性を如実に示している．11 UTC 以降は乾燥貫入に伴って，高度ほぼ 4 km 以上に乾燥した大気が入ってきたため，ウィンドプロファイラのデータが得られにくくなっているが，それ以下の層では相変わらず風はほぼ一様である．

一方，図 9.8 は低気圧中心の通過経路に近い山形県酒田市のウィンドプロファイラによる風の時系列である．興味深いので 25 〜 29 日という長期間のデータを示しているが，勝浦市とは対照的に，こちらでは，温暖前線と寒冷前線を伴った低気圧の通過を反映して，下層の風は時間とともにめまぐるしく変化している．上層の空気は乾燥していて，ウィンドプロファイラのデータはトラフの通過前の時間帯に限られている．いずれにせよ，勝浦市と酒田市の直線距離は 450 km の程度であるが，風の高度変化がまったく違うのは，この上層の短波に伴った低気圧がいかに小さいかを示している．

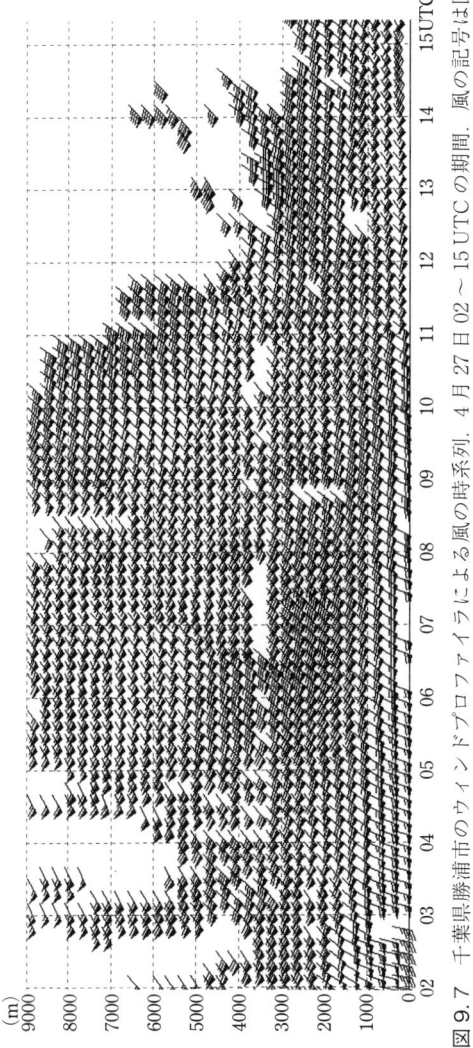

図 9.7 千葉県勝浦市のウィンドプロファイラによる風の時系列．4 月 27 日 02〜15 UTC の期間．風の記号は図 9.4 と同じ．

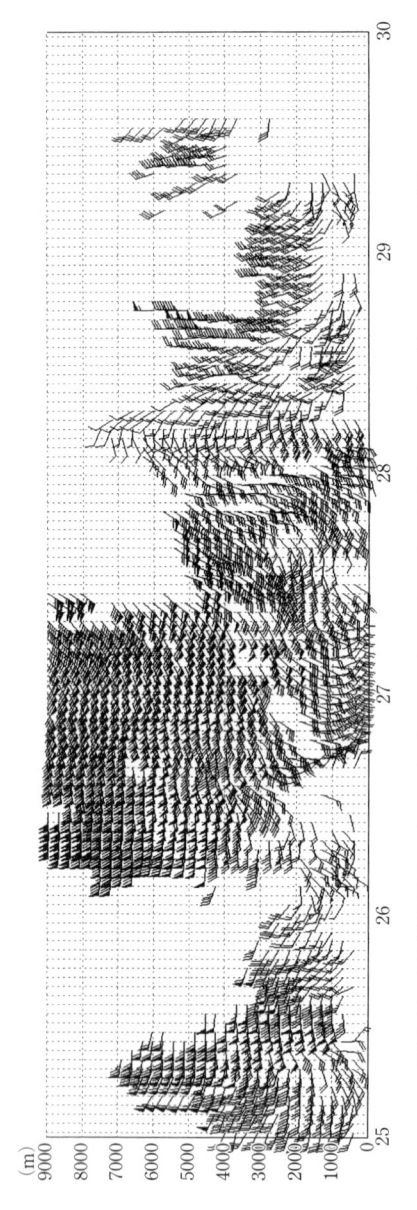

178　第9章　春の嵐を呼ぶ日本海低気圧

図 9.8　山形県酒田市のウィンドプロファイラによる風の時系列, 2004 年 4 月 24 〜 30 日の期間.

28日06 UTCころ低気圧中心は酒田市の北方に最も接近しているが，このころまでには低気圧はかなり衰弱していて，風は比較的弱い．猛威を振るった低気圧が，どのように急激に衰弱してしまったかを示すのが図9.9と図9.10である．まず図9.9は，27日21 UTCにおける地上気圧と925 hPaの相当温位と風の分布を赤外雲画像に重ねたものである．ここでも低気圧の世代交代が起こったのである．元からの低気圧は秋田県沖の海上で，ほぼ足踏み状態にあるが，新たな低気圧が東北地方東方海上に発生し，ここから寒冷前線とそれに伴う雲帯が南南西の方向に延びている．この状態では，初代の低気圧は水分の補給が断たれてしまっている．さらに図9.10は，28日12 UTCにおける各高度の天気図であるが，低気圧あるいはトラフの軸は揃って鉛直方向に立っている．第4章で述べたように，温帯低気圧は大気の傾圧性があまりにも強くなり過ぎたので，それを弱めるために起こった運動であるが，その目的を達して，大気は順圧に近い状態となったのである．

図9.9 4月27日21 UTC，赤外画像に重ねた地上等圧線（黄色，2 hPaおき）と925 hPaにおける等相当温位線（3 Kおき）と風の分布．（口絵にカラーで再掲）

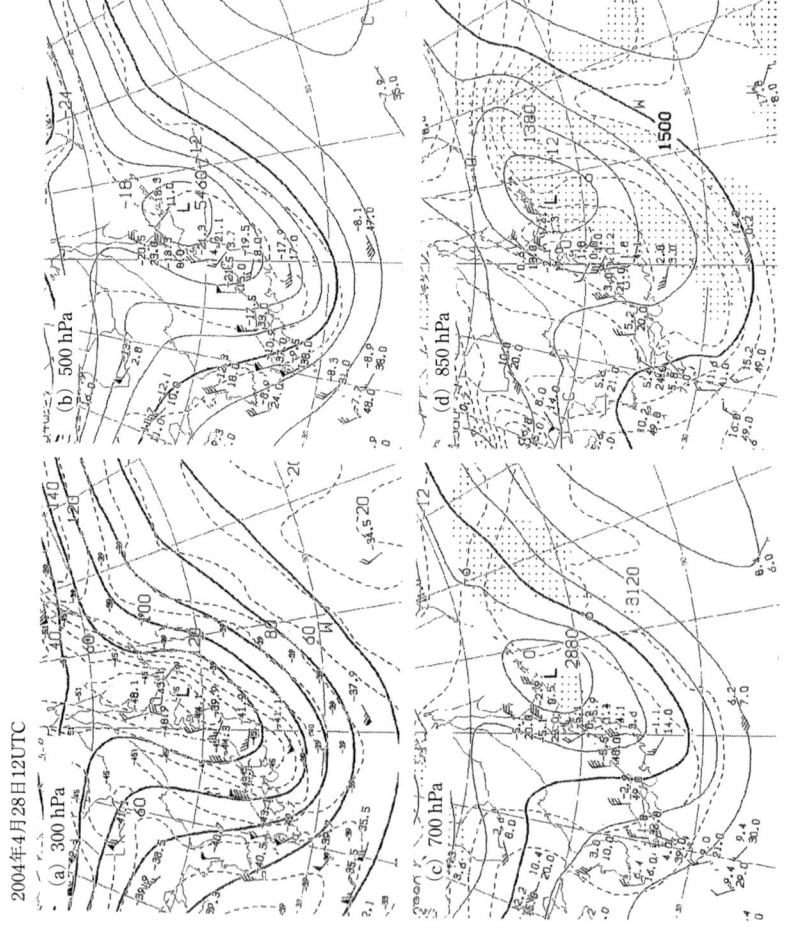

180　第9章　春の嵐を呼ぶ日本海低気圧

図 9.10　4月28日12 UTC における高層天気図：(a) 300 hPa，(b) 500 hPa，(c) 700 hPa，(d) 850 hPa（気象庁）．

こうして，なぜ今回の低気圧が日本列島に春の嵐をもたらしたのかという質問に対する答えは，上層の渦位のストリークの先端がちょうど日本海上に延び，（換言すれば，低気圧の発達を促した上層のトラフが短波であったため），低気圧全体の水平スケールが小さく，気圧傾度が大きかったからである．当たり前のことであるが，風の強さを決めるのは気圧傾度であって，中心気圧を見るだけでは不十分だったのである．また，この低気圧は逆向きトラフの中で発生したため，発生のときから強い降雨と強い寒冷前線を伴っていた．強い降雨は強い低気圧の発達を促す．風は寒冷前線に沿って最も強い．日本海で最盛期に達した低気圧に伴う強い寒冷前線が日本列島を横断する際に，風害がもたらされたというわけである．ちなみに，今回の低気圧の最大の渦度は下層にあり，$5\times10^{-4}\,\mathrm{s}^{-1}$ 程度であった．

 また，図 9.10 のように鉛直に直立した渦巻は，流体力学でいうテーラー・コラム（Taylor column）あるいはテーラー柱を思い出させる．テーラーは偉大な流体力学者であり，地球流体力学にも大きな貢献をした．さて，コーヒーを入れたカップを回転盤に載せて，流体であるコーヒーに回転運動を与える．そこでコーヒーに少しクリームを注ぎ，スプーンを数秒動かしてから引き上げる．すると，表面だけ見ると，ミルクは曲がりくねった白い筋となって渦巻いているが，驚くことには，その部分はまるで白い布でできたカーテンのように，鉛直にカップの底まで延びているのである[3]．どの水平面で切断して見ても，表面と同じクリームのパターンが現れるのだ．金太郎飴と同じである．

 厳密にいうと，テーラー・コラムは流体が非圧縮性流体（密度がどこでもいつでも一定の流体）であることに加えて，少しばかりの条件が満たされたとき成り立つものである[4]．現実の大気は非圧縮性流体ではないので，カップの中のコーヒーのような見事な金太郎飴は出現しない．

9.2 温帯低気圧の熱帯低気圧化

 図 9.10 に示した渦は，ほぼ傾度風平衡にある軸対称の渦という意味で台風に似ているが，もちろん台風とはまったく違う．台風の場合は台風の中心を取り巻いて積乱雲の群れがあり，積乱雲の中で放出される凝結の潜熱が台

風のエネルギーの源となっているが，今回の雲は主に温暖コンベアベルトに乗った雲だけである（図省略）．また台風では対流圏界面付近の高度に負の渦度があり，このことは巻雲系の雲が台風中心から時計回りに吹き出していることからわかるが（4.4節），図9.10の渦巻には上部に負の渦度がない．また台風は暖気核を持つ渦巻なのに，図9.10の渦巻の上部の温度は低い．

　それにしても，発達した温帯低気圧の成れの果てとして，ほぼ軸対称で直立した回転軸を持つ渦巻が出来たというのは興味深い．というのは，温帯低気圧が熱帯低気圧になることがあるという議論が近年されているからである[5),6)]．台風あるいはハリケーンが北上して中緯度の傾圧帯に入ると，温暖前線や寒冷前線が出来て，いわゆる温帯低気圧化することは，テレビの気象情報でもよく耳にする．これと逆のプロセスの話をここでしているのだ．

　彼らによれば，熱帯低気圧が発生するのに好都合な環境は，①26℃（研究者によっては27℃）以上の海面温度，②組織化された深い対流に整合的な対流圏上層の発散，③湿った下層および中層大気，④地表面近くの低気圧性循環，⑤弱い風の鉛直シアである．

　この④は少し説明を要するかもしれない．前章で，微小時間Δtの間に渦巻の渦度ςが増加する量$\Delta\varsigma$を与える渦度の式はすでに式（4.1）で示した．これをもう少しだけ一般的にした式は，

$$\frac{\Delta \varsigma}{\Delta t} = (f+\varsigma)\frac{\Delta \omega}{\Delta p} \qquad (9.1)$$

で与えられる．微小な高度差Δpによる鉛直p速度ωの差が$\Delta\omega$である．fはコリオリパラメータである．たとえば，緯度20°におけるfの値は約$5.0\times 10^{-5} \mathrm{s}^{-1}$である．一方，たとえば梅雨前線のような弱い停滞前線に伴う流れでも，$10\times 10^{-5}\mathrm{s}^{-1}$程度の渦度があるのが普通である．したがって，初期にある程度の低気圧性の循環があると，その場に発生した擾乱は，初期に$\varsigma=0$の場合よりも，もっと早く成長できることになる．

　話が横にそれたが，上記の議論で問題になる点は，最後の⑤弱い風の鉛直シアである．上層と下層で風速が大きく違うと，渦巻は千切れてしまう．どれくらいのシアを弱いと見るかについては，850 hPaと200 hPaの間の風速の差が$15\,\mathrm{m\,s}^{-1}$以下でないと熱帯低気圧は発生しないという報告があるが，その半分くらいを閾値とする報告もある（10.3節参照）．2000年および

2001年の大西洋ハリケーンシーズン中に，20°Nより高緯度の地帯での低気圧を調べた結果によると，一般場の鉛直シアが弱まったため，温帯低気圧から熱帯低気圧に変化したケースが10例あったという[5),6)]．

その中の代表的な場合について，数値実験の結果を図示したのが図9.11である．最初のP1の時間帯では，一般場の鉛直シアが強いので（図(c)），温帯低気圧として発達し，中心気圧は下がり（図(a)），最大地上風速は大きくなっていく（図(b)）．しかし，200 hPaと900 hPaの風速差が時間とともに減少し，閾値とする15 m s^{-1}前後くらいにまで弱くなると，低気圧は静穏期P2に入って，中心気圧も最大風速もほぼ定常になる．そして一般場の風速差がそれ以下にとどまっていると，低気圧の中心気圧は再び下がり始

図9.11 はじめ前線における温帯低気圧として発生し，後にハリケーンミカエルとして再発達した2000年10月15～17日の期間，数値実験による諸要素の時系列[6)]．(a) 低気圧の中心気圧，(b) 最大地表風速（m/s）．X印はクイックスキャット（QuickSCAT）という衛星から海面上の風を推定する方法で得られた値．(c) 低気圧中心を囲む308 km×308 kmの範囲内で平均した鉛直シア（実際は200 hPaと900 hPaの風速差）．P1, P2, P3はそれぞれ傾圧性の発達期，静穏期，熱帯性の再発達期を示す．すべての物理過程を入れたモデルを使った結果が「コントロール」で実線，海面温度（SST）を実際より低くして行った実験の場合が破線，ZはUTCに同じ．

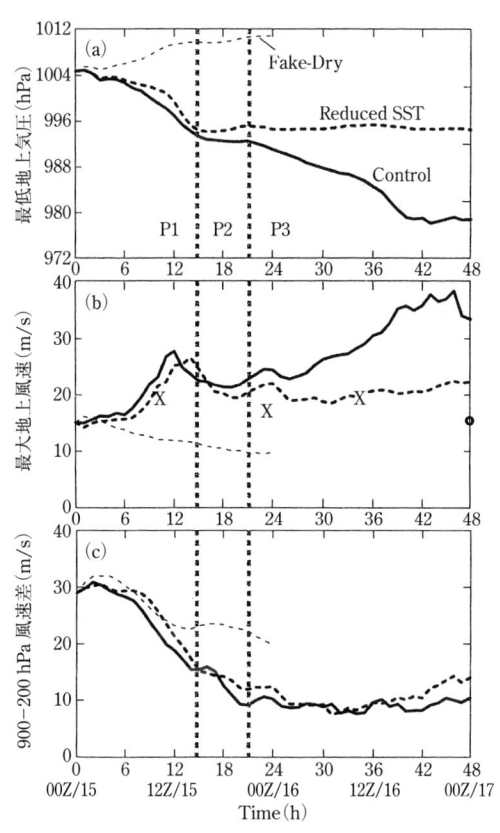

め，最大地上風速も強くなっている（P3 の時間帯）．ほぼ定常状態にあった温帯低気圧が，再び活発化して熱帯低気圧となったことを示す一例である．

ただし，細かいことになるが，このコントロールランでは，P3 の時間帯での最大地上風速は衛星クイックスキャットからのデータで推測した値とあまり一致していない．しかし，一般的に風速が大きいときには，クイックスキャットの値は 20 m s^{-1} 以上も実測値を過小評価するという報告がある[7]．さらに数値実験として，海面水温を最大で 1.5℃ 下げて実験を繰り返したところ，図 9.11 (a) の破線で示したように，P3 の時間帯での低気圧の発達は見られず，低気圧の発達が海面水温に鋭敏であることを示している．そしてモデルによる地上最大風速の値がクイックスキャットの値とほぼ一致していることから，最大地上風速はこの実線と破線の間くらいらしい．

> 歴史を遡ると，温帯低気圧が熱帯低気圧化したという記録はいくつかある[8]．中でも有名なのが，1991 年 10 月 28 日～11 月 3 日の「無名（unnamed）のハリケーン」である[9]．無名どころか，映画「パーフェクト・ストーム」のモデルになったというので有名となった．現実の低気圧は 10 月 28 日カナダの大西洋岸から数百 km 東の海上で発生した．そして南東へ，次いで南西に移動している間に発達し，温帯低気圧としてピークを迎えた．中心気圧 972 hPa，最大風速 40 m s^{-1} だった．これが米国の東海岸をはじめ西太平洋の沿岸地方に，強風と高波と海水の洪水の被害をもたらした．カナダのブイは 30.8 m の波高を記録している．その後，低気圧は南西に，次いで南に移動し，中心気圧も徐々に上昇して，11 月 1 日 00 UTC には 998 hPa までになった．ところが，その移動先には，海面温度約 26℃ をもつメキシコ湾流が流れていた．1 日 06 UTC までには，帯状の積乱雲も熱帯ストームと認められるほどの活動を始めた．米国空軍の航空機は 2 日 00 UTC ころには低気圧はハリケーンの強さに達していると報告している．航空高度（850 hPa）の最大風速 44 m s^{-1}，中心で 4℃ の温度上昇であった．

9.3 低気圧位相空間

台風シーズンになると，「台風は北上して温帯低気圧となりました」などとテレビ放送でよく聴く．一方，上に述べたように，温帯低気圧が熱帯低気

圧となることもある．温帯低気圧と熱帯低気圧はどうやって区別するのだろう．力学的に言えば，両者の運動エネルギーがどこからくるかの違いである．何度も述べたように，温帯低気圧の場合は位置のエネルギーで，熱帯低気圧の場合は凝結の潜熱や海面からくる顕熱だ．構造的にみると，熱帯低気圧の中心部は周囲に比べて明らかに高温である．一番わかりやすいのは，台風が傾圧性の高い中緯度に侵入してくると，温暖前線や寒冷前線ができ，それまでの軸対称の構造が崩れるといった違いである．

　これまでの章で，中緯度の低気圧は様々な構造と形態で出現し，進化すると述べた．さらに違った構造を持つ低気圧の話を後の章でする．ポーラーロウの中には熱帯低気圧とそっくりの低気圧があり，極域のハリケーン（arctic hurricane）と呼んだ研究者もいる（第11章）．学問的には，温帯低気圧と熱帯低気圧とを問わず，低気圧の3次元構造の時間的変化（進化）をきちんと記述し，その変化のプロセスを理解すればよい．しかし米国では，行政的に温帯低気圧と熱帯低気圧の区別を明確にする必要があるということで，3つのパラメータで定量的に区別する提案がなされた[10]．そのパラメータとは，気圧の水平分布がどの程度低気圧の中心に対して軸対称か，下層の低気圧の中心付近の温度は周囲より高いか低いか，上層の低気圧の中心付近の温度は周囲より高いか低いか，である．この3つのパラメータを座標軸とした3次元空間を考え，ある時刻の低気圧の状態を，この3次元空間の1点で表現することによって，低気圧を定量的に分類しようという提案である．この空間を低気圧位相空間（cyclone phase space，略してCPS）という．

　参考までに，その3つのパラメータを定量的に表すと，次のB，$-V_T^L$，$-V_T^U$となる．

$$B = h\left[\overline{(Z_{600\,hPa} - Z_{900\,hPa})}_{右} - \overline{(Z_{600\,hPa} - Z_{900\,hPa})}_{左}\right] \quad (9.2)$$

$$-V_T^L = \frac{\partial(\Delta Z)}{\partial \ln p}\bigg|_{900\,hPa}^{600\,hPa} \quad (9.3)$$

$$-V_T^U = \frac{\partial(\Delta Z)}{\partial \ln p}\bigg|_{600\,hPa}^{300\,hPa} \quad (9.4)$$

まず，低気圧の性格は上層と下層では大きく違うことを考慮して，大気を600 hPaから300 hPaまでの上層（Uの添え字）と，900 hPaから600 hPaまでの下層（Lの添え字）の2つの層に分ける．300 hPaから上の層は，し

ばしば成層圏の空気の侵入があるので考えない．この2つの層は同じ質量を持つから，公平に扱っているわけである．上の式でZはジオポテンシャル高度を表す．式（9.2）の$Z_{600\,\text{hPa}} - Z_{900\,\text{hPa}}$は600 hPaと900 hPaの間の層の厚さを表す．一般的に，層厚が厚いということは，その2つの等圧面間の層内の空気の密度が小さいこと，つまり層内の温度は高いことを表す．温度は空間的にも時間的にも細かい変動をすることが多いので，ある程度広い地域の大気の熱的状態を記述するためには，欧米では温度でなくて，層厚の分布が用いられることが多いことは，すでに述べた．式（9.2）の右と左という添え字は，低気圧の進行方向のそれぞれ右側と左側を表す．また，オーバーバーは，中心から500 kmの半径をもつ半円内の平均を表す．こうして，Bは低気圧の下層の軸対称性を表す指標で，もし完全に軸対称ならば，$B=0$であるし，温暖前線や寒冷前線があれば，Bの値は大きい．右辺の括弧の前のhは，北半球ならば+1を，南半球ならば−1をとる決まりである．

次に，式（9.3）と（9.4）のΔZは，低気圧中心から半径500 kmの範囲内で，それぞれの等圧面高度Zの最大値と最小値の差である．この2地点の距離をdとすれば，地衡風速V_gは，

$$\Delta Z = \frac{fd|V_\text{g}|}{g} \tag{9.5}$$

という関係にある．式（9.3）と（9.4）では偏微分記号が使ってあるが，要するに，ΔZの鉛直傾度を考えよという記号である．ΔZは地衡風に比例するから，その鉛直傾度は温度風に比例する．それで，式（9.3）と（9.4）の$-V_\text{T}^\text{L}$と$-V_\text{T}^\text{U}$は（適当な単位で表した）下層内と上層内の温度風（thermal wind）なので，Tの添え字を使っている．

前線を持つ温帯低気圧では，あまり使われていないパラメータなので，式（9.3）と（9.4）をもう少し詳しく説明する．図9.12（a）は純粋な暖気核を持つハリケーンの場合である．ハリケーンでは下層の中心ほど高度の偏差は大きい．したがって対流圏内では，ΔZは高度とともに小さくなる．式（9.3）は，右側の図でこのΔZの曲線のスロープを900 hPaから600 hPaの間の層で平均したものを考えよということであるから，図に示したように$-V_\text{T}^\text{L}$は正の値をとる．すなわち下層で暖気核である．同じように$-V_\text{T}^\text{U}$も正の値である．

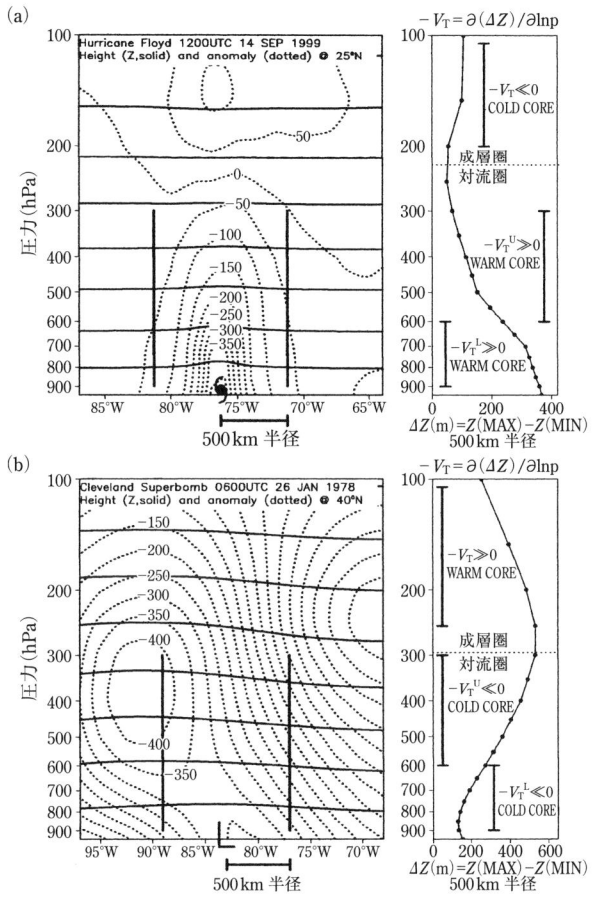

図 9.12 式 (9.3) と (9.4) における $-V_T^L$ と $-V_T^U$ 計算法の説明図[10]. (a) が対流圏で暖気核を持つハリケーンの場合 (実際に 1999 年 9 月のハリケーン・フロイドの例) で，(b) は寒気核をもつ温帯低気圧の場合 (1978 年 1 月の温帯低気圧の例). 左側の図は，東西鉛直断面上のジオポテンシャル高度 (Z) の東西方向からの偏差値の高度分布 (点線，50 m おき). 2 本の直立した実線の線分は 500 km の半径，図 (b) のほぼ水平な実線は等圧面高度 (Z) を示す. 右側の図は，この半径内の Z の最大値と最小値の差 (ΔZ) の高度分布. ΔZ の鉛直傾度が $-V_T^L$ と $-V_T^U$ を与える.

図 9.12(b) は温帯低気圧の場合である．低気圧を等圧面上で平均からの高度偏差としてみると，上層に行くにつれて波動の振幅は大きいから，ΔZ は高度とともに大きくなる．地衡風速は大きくなる．したがって，ΔZ のスロープは熱帯低気圧の場合と反対となる．こうして，図 9.12(b) では，温帯低気圧は寒気核を持つ低気圧と考えられ，$-V_T{}^L$ と $-V_T{}^U$ 共に負の値をとる．上層の寒気核は，上層のトラフは温度の低いサーマルトラフを伴うことが多いので，受け入れやすい．しかし，温帯低気圧は下層に暖域や温暖前線や寒冷前線を伴っており，温帯低気圧の下層は寒気核を持つといわれても，すぐには馴染めないが，ここではそのまま先に進むことにする．

このようにして，B と $-V_T{}^L$ と $-V_T{}^U$ の 3 変数を座標軸とした 3 次元空間を考える．しかし，3 次元空間を 2 次元の紙面で表すために，図 9.13(a) では $-V_T{}^L$ を横軸に，B を縦軸にとり，図 9.13(b) では $-V_T{}^L$ を横軸に，$-V_T{}^U$ を縦軸にとっている．軸対称の構造を持つ熱帯低気圧でも，移動中ならば $B=0$ とはならない．台風で可航半円と危険半円という違いが出るのと同じである．多くの例について調べた結果，経験的に $B=10$ が熱帯低気圧と温帯低気圧を区別するのに適当だろうということになっている．したがって，図 9.12(a) の場合のように，生涯を通じて熱帯低気圧であった場合には，図 9.13(a) の右下領域，図 9.13(b) の右上領域にとどまることになる．

以下，それ以外の 3 種類の低気圧について，それぞれ実例に基づいて図示する．まず，図 9.13 は典型的な，上層のトラフの接近とともに，ノルウェー学派の描いたような生涯を送った温帯低気圧の場合である[11),12)]．1987 年 12 月 13 日に弱い傾圧性を持つテキサス州西部で発生し，米国を斜めに横断して五大湖域に達するという大陸上の温帯低気圧であった．13 日から 15 日にかけては地上低気圧上空では短波のトラフが接近し，そのため，中層から上層にかけての ΔZ は高度とともに増大した．しかし，まだ地表付近の ΔZ はあまり変化していないから，このことは図 9.12(b) を見ると，下層内で ΔZ の鉛直傾度が大きくなり，したがって図 9.13(a) と (b) の位相空間では左に移動する．これを寒気核の様相が明確となったと提案者は言う．それとともに，温暖前線や寒冷前線が現れて，低気圧の非対称性も顕著となり，これは図 (a) で B が急増していることに現れている．

低気圧は 15 日あたりから急速に発達し始めるが，それとともに寒気核構

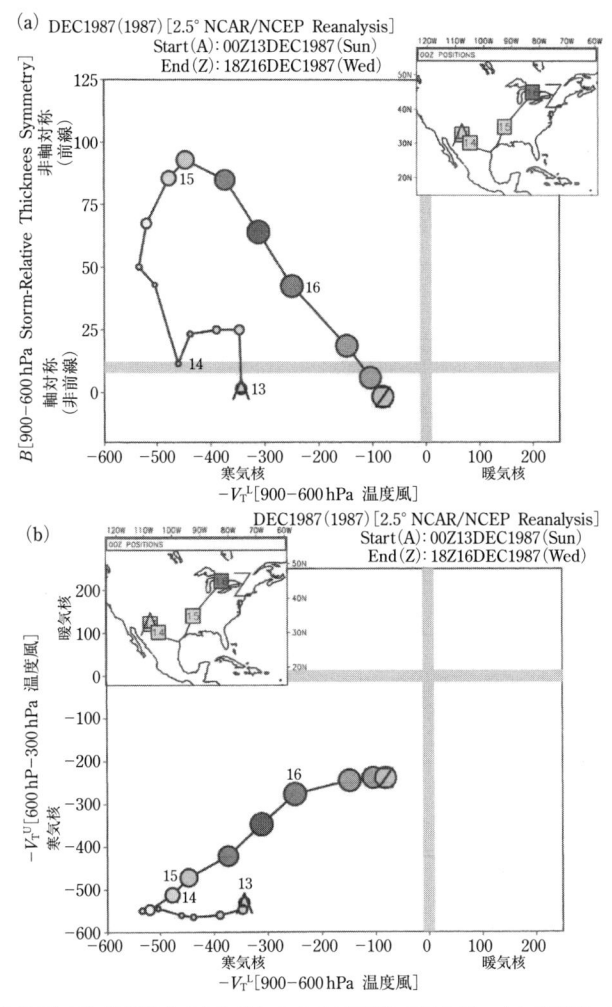

図 9.13 3次元の位相空間を (a) と (b) の 2 次元空間で表す[10]．(a) 横軸は $-V_T^L$ (正ならば下層暖気核，負ならば下層寒気核)，縦軸は温度の軸対称性 B (<10 ならば軸対称と見なす)．B が大きいほど非軸対称，即ち前線性．(b) の横軸は (a) と同じで，縦軸は $-V_T^U$ (正ならば上層暖気核，負ならば上層寒気核)．図中の丸印のデータは 12 時間おきに記入されており，丸印内の陰影は，海面気圧を表し，白>1010 hPa，黒<970 hPa．丸印の大きさは 925 hPa における風速が 17 m s^{-1} (34 ノット，ゲイル風力) 以上になった半径に比例している．丸印に沿った数字は日付．図の実例は 1987 年 12 月 13 ～ 17 日，典型的な温帯低気圧の場合，低気圧は生涯下層・上層とも寒気核を持ち，最後は閉塞した．

造は弱りだす．これは下層のΔZが中・上層のそれよりも急速に増大し，ΔZの鉛直傾度が小さくなったからである．そして，低気圧が発達し，傾圧不安定が弱くなるにつれて，前に述べたように，低気圧は対称になる傾向がある．こうして，下層の低気圧が発達するにつれて，図(a)では位相は急速に右下に，図(b)では右上方に移動するのが見える．実際の低気圧では，15日18UTCに中心気圧が最低になった後，16日には閉塞して（$B \fallingdotseq 0$），寒気核構造も極めて弱くなり（$-V_T^L \sim -75$），結局は9.1節に述べたような順圧構造を持つに至る．16日18UTCにBがわずかながら負の値をもつのは，寒気が中心の東側まで回り込み，暖気が中心の北側を包み込むという，典型的な終末に達したからである．

次に図9.14は熱帯低気圧が北上して温帯低気圧化した場合である．実例は1999年9月9〜19日のハリケーン・フロイドである．9月10日から15日まではメキシコ湾を北西に進みながら着々と熱帯低気圧として発達し，15日には$-V_T^L \sim +250$に達した．その間は，図9.14(a)では右下の領域に，図(b)では右上の領域にとどまっていたわけである．そして進行方向を変え，16日にノースカロライナ州に上陸し始めたころ，上層の強いトラフが接近し，温帯低気圧化が始まった．その開始は16日早々にBが10mを超えたことで表示され，16日中には暖気核でありながら前線も持つという構造になった．これはハイブリッド低気圧と名が付けられた．そして，17日には$-V_T^L$が負の値をとり，暖気核が寒気核に変化して，温帯低気圧になったと宣言された．このハリケーンの場合には，接近したトラフが強かったため，ハイブリッドの状態は約24時間と短かったが，なかには数日も続く場合もあるとのことである．

最後に，シャピロ・カイザーモデルのように，暖気の解離を起こしながら発達する海上の低気圧が，この低気圧位相空間でどう見えるかを図9.15で示す．暖気の解離は低気圧の急速な発達に伴い，寒気が低気圧核を極めて急速に取り囲んだ結果，寒冷前線の先にあった暖気が捕捉されてしまったものである．これに従って地上低気圧中心の上には下層の暖気の柱があり，これがジオポテンシャル高度や海面気圧を下げる．暖気の解離は外からの加熱のないモデルの数値実験でも再現されたから[13]，海面からのフラックスや湿潤対流なしでも出現するらしい．もちろん，加熱があれば，暖気解離のプロセ

9.3 低気圧位相空間　191

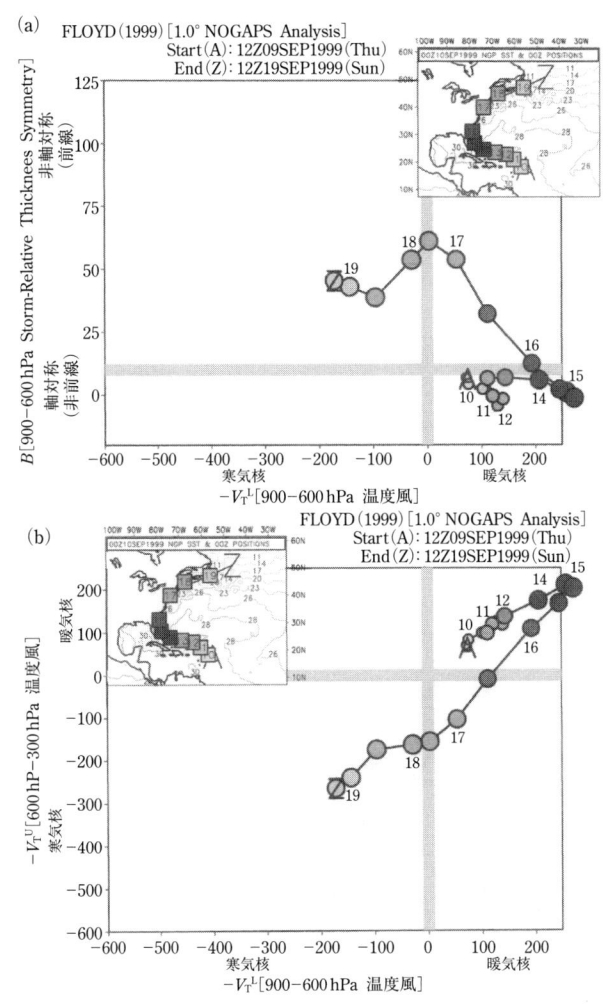

図9.14 図9.13と同じ．ただしハリケーン・フロイドが北上し温帯低気圧化した場合[10]．1999年9月9〜15日は熱帯低気圧，16〜17日は暖気核を持ちながら前線も持つというハイブリッド型．それ以降は温帯低気圧．

スは加速される[14]．

　さて，図9.15に示した低気圧は1982年2月12日，メキシコ湾北部で発生したときには，上・下層とも寒気核を持っていた．2月13日，短波のトラフが米国の東部を覆っていた長波長のトラフの南の端に移動してきたので，

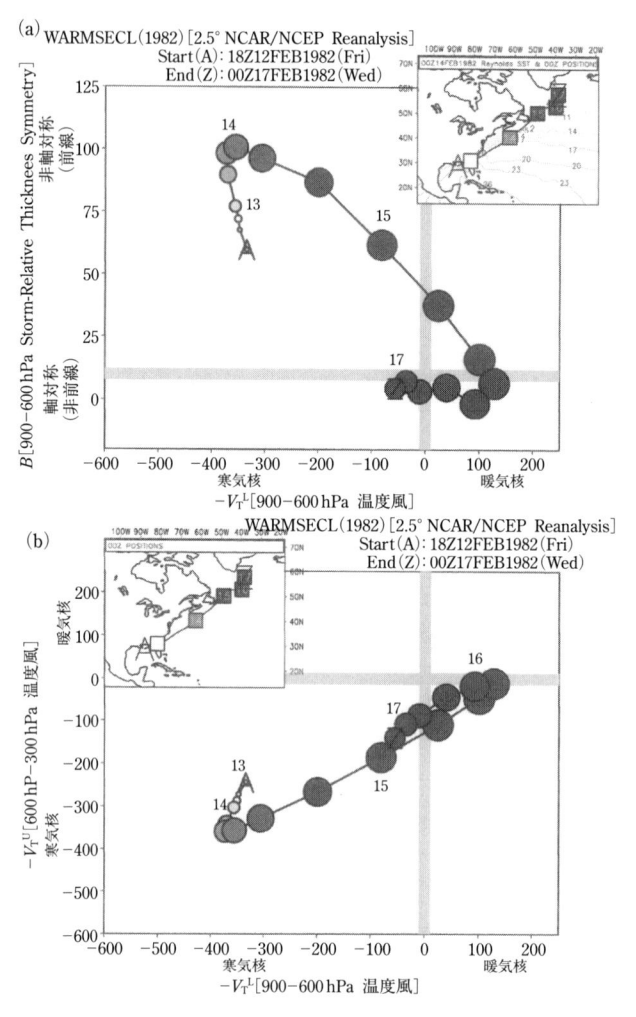

192　第9章　春の嵐を呼ぶ日本海低気圧

図9.15　図9.14に同じ．ただし暖気の解離が起こった温帯低気圧の場合[10]．1982年2月13日，メキシコ湾岸沿いに発生した低気圧は北東に大西洋上を進んだが，14日頃から爆発的に発達し，やがて暖気の解離を起こした．

9.3 低気圧位相空間 193

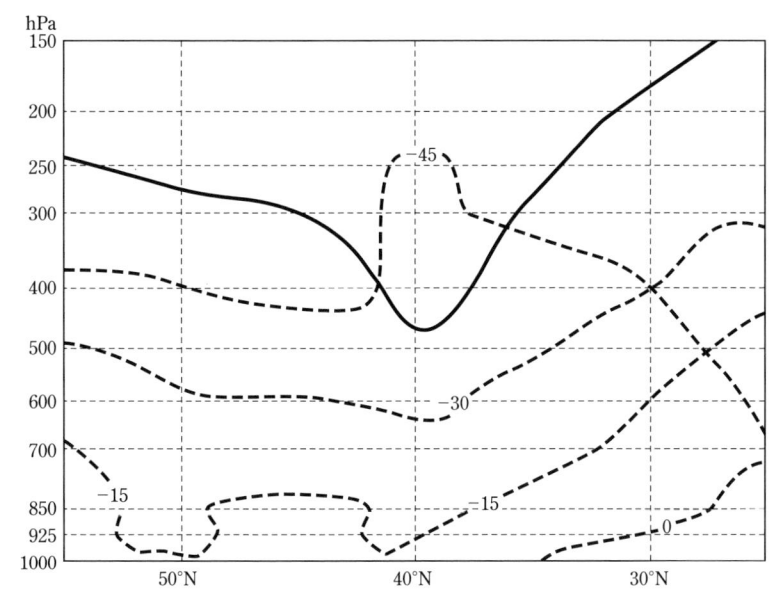

図 9.16 2013 年 12 月 19 日 00 UTC の全球モデル（GSM）による 124°E 付近の南北鉛直断面[16]．低気圧の世代交替が起こった事例．破線は等温線（15℃ごと）．太い実線は対流圏界面．原図を簡略化．

$-V_T^L$ の負の値は大きくなった．ここまでは図 9.13 で示した通常の低気圧と同じである．ところが，14 日に爆発的な発達が起こり，ここから普通のプロセスと違ってくる．すなわち，15 日過ぎには下層大気は暖気核となり，やがて $-V_T^L > 150$ と劇的に変化する．一方，600 hPa より上では，16 日早朝を通じて，せいぜい $-V_T^U$ は 0 近傍であった．事実，(以下提案者によれば[10])，これまで調べられた暖気解離の低気圧の大部分では，暖気は 600 hPa 以下の層に限定されていて，最も強い暖気解離の場合に限って，$-V_T^U$ はわずかながら正であった．これはおそらく，対流圏界面が 300 hPa 以下にまで下がった結果と思われる．熱帯低気圧は対流圏全体を通じて暖気核を持つから，この点が熱帯低気圧と暖気解離の温帯低気圧を区別する 1 つの主な点である．

ちなみに，北太平洋西部における熱帯低気圧の温帯低気圧化については，CPS のパラメータを 1979〜2004 年の期間につき JRA-25 のデータを用いて計算したものがある[15]．

上記の CPS は，はじめから成層圏の空気を考えないことにして，300 hPa 以下の層だけを考えている．ところが，これまでに述べたように，中緯度の低気圧では，圏界面および成層圏下部の空気の振る舞いは本質的に重要である．たとえば，図 6.7 で示したように，大きな渦位のアノマリーが圏界面にある場合には，圏界面が大きく変形し，低気圧は高度 5 km では寒気核を持つが高度 8 km では暖気核を持つ．また，実際の場合でも，図 9.16 に示したように，500 hPa では寒気核であるが，300 hPa では暖気核となっている．

第10章
亜熱帯低気圧

10.1　秋雨前線上で生まれた亜熱帯低気圧

　2003年10月13日，強風が千葉県・茨城県を襲った．新聞報道によると，特に茨城県鹿島灘に近い神栖町（現，神栖市）ではガータークレーンと呼ばれる大型の鉄の台車3台が強風のため落下し，操縦者1名が死亡した．現地の工場では瞬間風速60 m s^{-1} を記録した．また，千葉県成田市でも強風のため家屋などに被害があった．東京管区気象台などの現地調査の結果により，成田市では風力が藤田スケールでF1，神栖町ではF1～F2のダウンバースト（14.5節）が発生したと報告された[1]．ところが，この強風被害をもたらしたストームが，どこでいつ発生したのか進化を辿っていったところ，それは5日も前に沖縄の那覇付近の海上で発生したメソαスケールの渦巻と関係していることがわかり，この渦巻に亜熱帯低気圧という名称が与えられた[2]．このケースも多重スケールの現象の好例であるし，茨城県で起こったメソ現象でも，その素因を探るためには東アジア全体を見る必要があることを教えてくれる一例でもある．

　ところで，一口に亜熱帯低気圧といっても，subtropical cyclone, subtropical storm, subtropical low などのように，名称も違えば実態も違う．それについては10.3節で述べるが，本章の最初の2例で記述するのは，いずれも日本付近の海上で発生し，気象庁風力階級（ビューフォルト風力階級）で8以上，即ち風速で34ノット（17.2 m s^{-1}）以上の風を伴い，さらに大雨の被害をもたらし，成熟期には中心で台風の目に似た構造を持つ低気圧である．台風と対比したとき，最も大きな違いは，強風域の半径が50～150 kmと台風よりかなり小さいこと，台風のように1週間くらいの日数をかけて，南方

海域から日本付近に到達するのではなく，日本近海で発生・発達するということである．だから，発生してからすぐに日本を襲う．昔は豆台風（mini typhoon）と呼ばれていたが，風速が64ノットを超えるものが出現していないこともあり，ここでは第11章で述べるポーラーロウになぞらえて，亜熱帯低気圧（subtropical low，略してSL）と呼ぶことにする．

図10.1が今回話題とするSLが誕生する直前の，2003年10月8日00 UTCの地上天気図である．本州を覆う移動性高気圧と南方洋上の北太平洋高気圧の間，本州南方海上に秋雨前線がほぼ東西方向に延びている．本州上の高気圧は対流圏界面近くまで達するような背の高いもので，その南の縁辺には強い東風が吹いている．第12章で述べるように，秋雨前線は梅雨期における梅

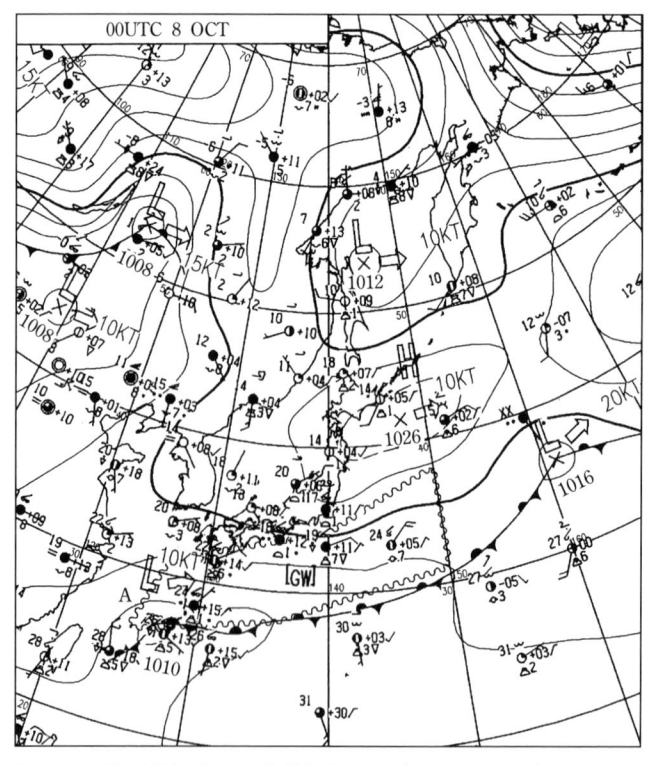

図10.1 秋雨前線上に亜熱帯低気圧Aを生んだ2003年10月8日 00 UTCの地上天気図（気象庁）．

雨前線の季節的なカウンター・パートであり，やはり 1000〜3000 km おきに小低気圧を伴うことが多い．今回の秋雨前線の西端にある（A と記号した）小低気圧がやがて SL となる．このとき，上層 (300 hPa) では弱い短波のトラフが接近中であった．

この SL は 9 日沖縄県那覇市付近から出発し，しばらくその付近をうろつきながらゆっくり北上する．そして，12 日 00 UTC に鹿児島県の西方海上に達したころから偏西風に乗り，東北東に比較的急速に移動する（後の図 10.6 参照）．

図 10.2 が誕生間もないころ，9 日 06 UTC の SL の姿を，925 hPa における風と相当温位の分布と水蒸気画像で描いたものである．本州を覆う高気圧に伴う強い東風が，相当温位 345 K を持つ南風と接して秋雨前線が形成され，その上に SL が発生している．SL に伴う雲は卵形あるいはマンボウのような形をしていて，その頂点に SL が位置している．秋雨前線の構造を見るた

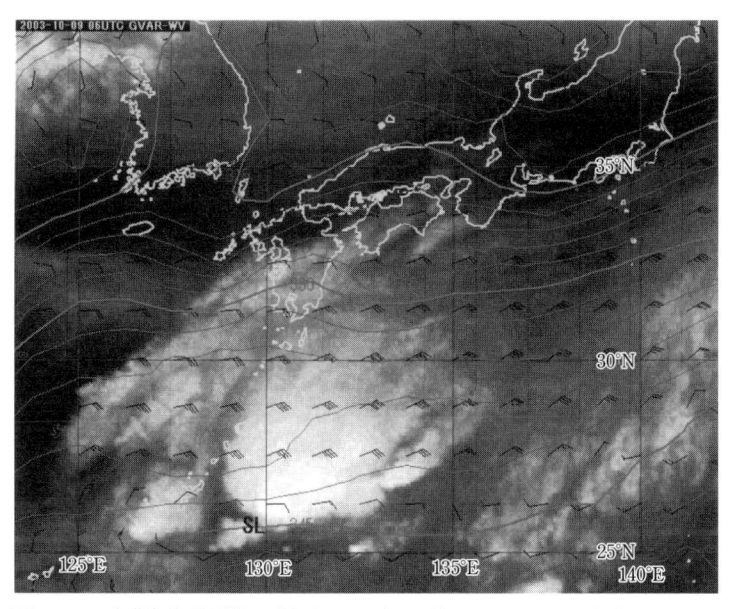

図 10.2 水蒸気衛星画像に重ねた 2003 年 10 月 9 日 06 UTC における 925 hPa の風と相当温位の分布（3 K おき）．SL は地上の亜熱帯低気圧 (low) の位置．（口絵にカラーで再掲）

め，同時刻における SL の中心を通る南北断面を図 10.3 に示す．風向の違いから，秋雨前線面は 500 hPa くらいの高度まで認めることができるし，SL に伴う渦の回転運動が認められるのも，500 hPa くらいまでの浅い渦である．北東ないし東風の気団の相当温位は最低 315 K と低く，一方南西風の熱帯海洋気団の相当温位は 351 K と高い．このため，対流不安定は強く，ショワルター安定度指数は $-2℃$ 以下であった（図省略）．中層の低相当温位の空気層の先端が下層の高相当温位層に接するあたりに SL の中心付近があり，そこで雲頂高度が 150 hPa を超える巨大な積乱雲が発達している．

それから 18 時間経って SL が九州南方に接近した 11 日 00 UTC の状況が図 10.4 である．雲は早くも台風のそれに似て，アウター・バンドの雲と中心付近の雲に分離している．構造の詳しい記述は省略するが，中心付近の渦度の最大は $350 \times 10^{-6} \mathrm{s}^{-1}$ を超え，下層でも上層でも暖気核をもっている．最大風速も 40 ノットを超えているので，この時刻の SL は立派な台風と呼んでも何ら差し支えない．さらに図 10.5 は SL の中心が九州南部にある 12 日 08 UTC におけるレーダーエコー図である．台風のそれとよく似ている．当時，日本近海の表面水温は約 28℃ もあった．

つむじ風でも竜巻でも台風でも温帯低気圧でも，渦というものは，一旦出

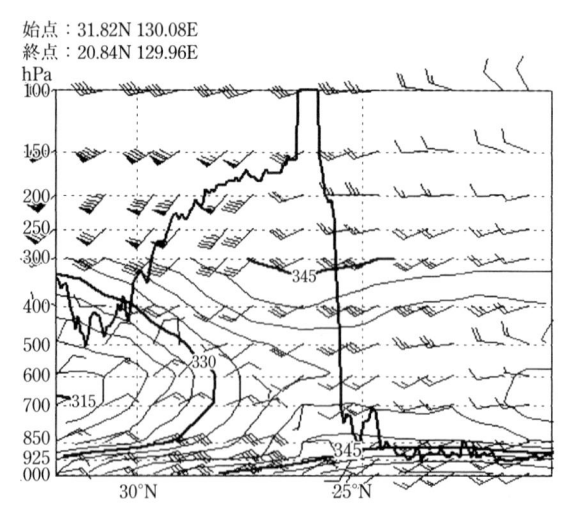

図 10.3 図 10.2 と同時刻，地上の低気圧中心を通る南北鉛直断面上の相当温位 (3 K おき) と風．太い実線は輝度温度から推定した雲頂高度．

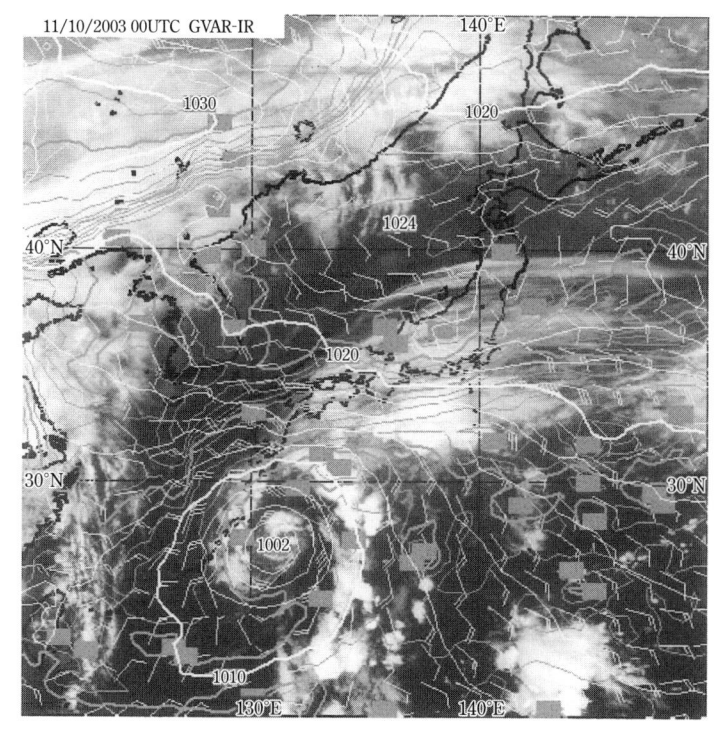

10.1 秋雨前線上で生まれた亜熱帯低気圧　199

図 10.4　11日00UTC，赤外画像に重ねた地上等圧線（2hPaおき）と風．

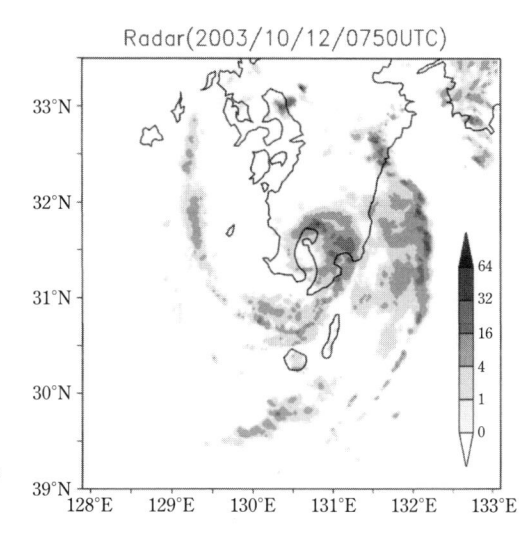

図 10.5　12日08UTCにおける
　　　　レーダー反射強度図．

来ると，なかなか消えないものである．前に述べたことであるが，原理的なことを言えば，最も純粋な流体である非圧縮性流体については，ヘルムホルツの渦の定理というものが成り立つ．もし摩擦力の影響を無視すれば，渦は絶えず同じ流体部分から成り，新しく発生することもなければ，途中で消滅することもないという定理である（15.2節）．

本節では，SLを取り巻く環境が大きく変わっても，われわれのSLはしぶとく生き残って，13日には冒頭で述べた関東地方に強風被害をもたらした経過を述べる．その経過を総括するために図10.6に10月9日から14日まで，毎日の00 UTC（09 JST）における地上天気図を示す．図10.1に示した8日00 UTCの状態から，総観スケールの気象には大きな変化があった．日本列島北部を覆っていた移動性高気圧は東進して東方海上に去り（11日），変わって気圧の谷が接近し（12日），13日には秋雨前線が日本列島上に出現した．しかしその間，SLはずっと存在し続けていた．しかも，この天気図だけを眺めていると，SLは単に秋雨前線上によくある小低気圧としか見えないが，実は図10.4や図10.5が示すように，ちゃんと豆台風の構造を持っ

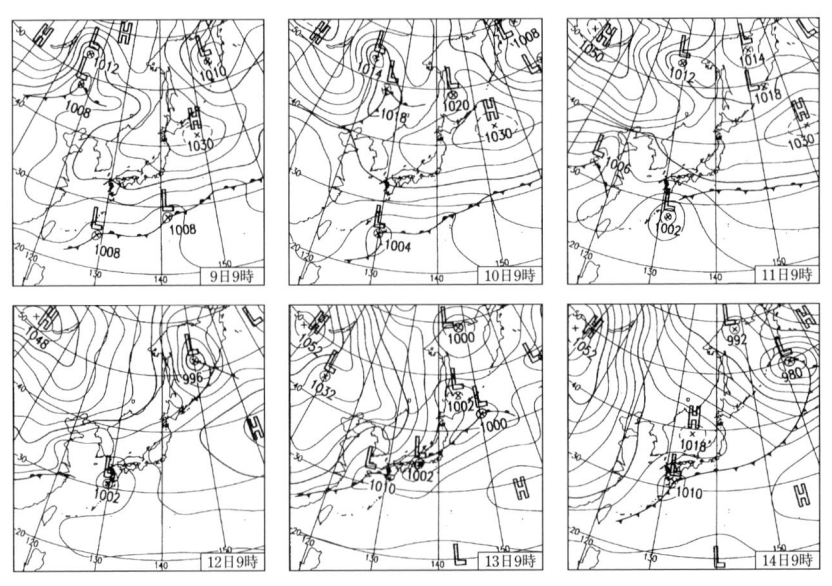

図10.6 九州を襲った豆台風の生涯を表す2003年10月9～14日の00 UTCの地上天気図．

ているのだということが面白い点である．

　それでは冒頭に述べた強風による被害が関東地方で起こっているとき，より広く見た気象状況は，どうなっていたか．図10.7は13日06 UTCにおける水蒸気画像に地上等圧線（2 hPaおき）と925 hPaの風と渦度を示したものである．房総半島北部にある白い雲の塊が神栖町や成田市にダウンバーストなどの被害を起こしたメソ対流系である．その近くに中心気圧1002 hPaの閉じた等圧線があるが，これが総観スケールのトラフに追いつかれ，取り込まれつつもアイデンティティを堅持しているSLである．渦度もここで$150 \times 10^{-6}\,\mathrm{s}^{-1}$という極大値をもっている．また，中心の右側には55ノットという強い風が吹いている．

　SLの中心を通る南北鉛直断面上で，風と渦度と雲頂高度の分布を示したのが図10.8である．渦度で見たSLは背が低く，600〜500 hPaまでしか届かない．渦度も最盛期の12日12UTCには$500 \times 10^{-6}\,\mathrm{s}^{-1}$あったが，13日06 UTCには$150 \times 10^{-6}\,\mathrm{s}^{-1}$まで衰えてしまった．しかし，その南側に55ノットの下層ジェットがあり，これもSLに伴う風なのである．ダウンバース

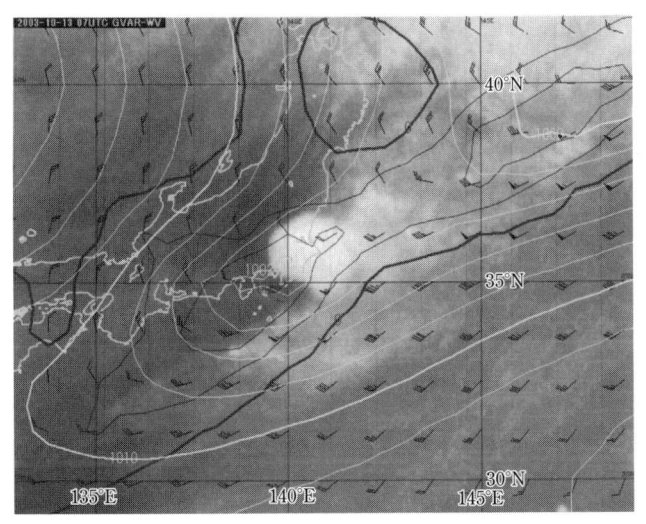

図10.7　10月13日06 UTC，衛星水蒸気画像に重ねた地上等圧線（2 hPaおき）と925 hPaの風と渦度．亜熱帯低気圧を表す1002 hPaの閉じた等圧線に注意．（口絵にカラーで再掲）

202　第 10 章　亜熱帯低気圧

始点：38.54N 139.98E
終点：31.76N 139.92E

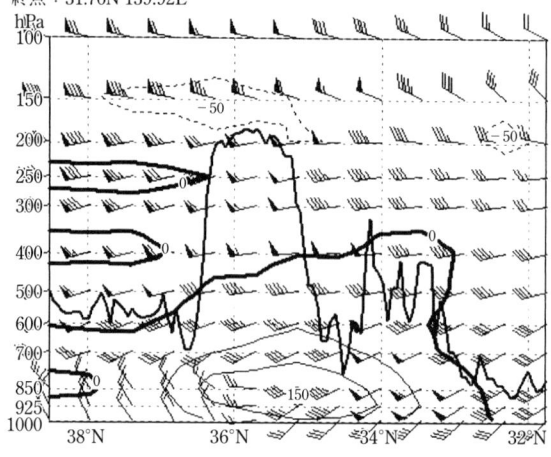

図 10.8　亜熱帯低気圧の中心を通る南北鉛直断面上の風と渦度（単位は $10^{-6}\,\mathrm{s}^{-1}$）の分布．太い実線は雲頂高度．

トを起こした対流活動は依然活発で，雲頂高度も 150 hPa に達している．

　最後に付け加えると，冒頭で述べたように，千葉県成田市では藤田スケールで F1 のダウンバーストがあったとされている．その地域は東京新国際空港（成田国際空港）に設置されているドップラーレーダーからわずか 5〜10 km しか離れていない．そのため，このストームを 50〜100 m の分解能で観測することが可能であった．この利点が生かされ，このストームに直径が 4 km 以下のマイソサイクロン（misocyclone, 14.4 節参照）と呼ばれる小低気圧が存在していることがわかったのである[1]．そうだとすると，今回の強風事象は，マイソスケールの低気圧，メソ β スケールの積乱雲群，メソ α スケールの亜熱帯低気圧，総観スケールのトラフという多重構造を持つことになる．

10.2　上層のジェットストリークと亜熱帯低気圧

　日本付近では，外観は同じように台風と似ていても，前節で述べたのとはまったく違った環境とメカニズムで発生するメソ α スケールの亜熱帯低気圧もある．しかも大雨と強風により，大きな気象災害を起こすこともある．

東アジアの天気系が多様性に富むことの好例であろう．

2008年4月7～8日の低気圧がその一例である[3]．4月7～8日にかけての24時間に，静岡県天城山では230 mmの大雨が降ったし，八丈島での最大瞬間風速は35.1 m s^{-1}に達した．こうした大雨と強風のため，陸上および空の交通は大きな被害を蒙った．たとえば，成田空港では154便が欠航となった．

図10.9に低気圧発生直前の4月6日00 UTCから24時間おきの地上天気

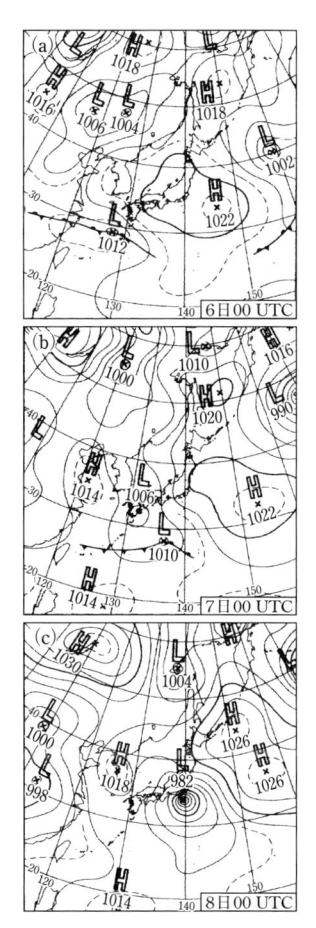

図10.9 24時間おきの地上天気図．(a)亜熱帯低気圧発生前の2008年4月6日00 UTC．(b)低気圧が九州上空に発生している7日00 UTC．(c)円形の等圧線を持った低気圧が関東沖で発達した8日00 UTC．

図を示す．6日00 UTC（図(a)）には移動性高気圧が本州を遠ざかりつつあり，中国大陸から沖縄にかけて停滞前線が東西方向に延びている．この前線上に中心気圧1012 hPaの小さな低気圧があるが，問題の低気圧はこの12時間後に朝鮮半島南西の端に誕生した．7日00 UTC（図(b)），（図が小さくて見にくいがLの記号）中心気圧1006 hPaの閉じた等圧線を持ち，九州北部に位置する低気圧がそれである．そして8日00 UTC（図(c)）には関東地方南方の海上で，大きさはメソαスケールのままで，24時間で24 hPaも中心気圧が下がるという急成長をしている．以後この低気圧を前節と同じくSLと略記する．

　図10.10(a)は地上天気図でSLが誕生した6日12 UTCにおける300 hPaの高層天気図である．黄海から朝鮮半島の上空に短波のトラフ／リッジのペアが，ほぼ南北方向に走っている．そして，8日00 UTC（図(b)）までには，地上のSLの発達とともに，関東地方上空で等高度線は閉じた低気圧となっている．この上層の低気圧は，500 hPa高層天気図でも認められるほどの強い渦巻である（図省略）．

　どうして，このような渦巻ができたのか．確かなことはまだ言えないが，1つの可能性は次の通りである．まず，図10.11は7日00 UTCにおいて，赤外雲画像に300 hPaのジオポテンシャル高度と発散の分布および等風速線を示す．まず，トラフの上流，朝鮮半島西方の海上には，最大で110ノットの風速を持つ直線状のジェットストリークがある．地衡風的な考え方によると（6.5節），直線的なジェットストリークがあるときには，図6.15に示したような，ジェットストリークの入り口と出口の区域には鉛直循環がある．図10.11の場合には，四国地方と中国地方の西部に強い発散域（$\geqq 40 \times 10^{-6}\,\mathrm{s}^{-1}$）があるが，これがちょうどジェットストリーク出口の左側に位置している．したがって，ここに上昇流があり，これがストレッチ効果により亜熱帯低気圧の発達を起こしたと考えられる．

　念のため，図10.12に図10.11の線分a-bに沿った鉛直断面上の風と発散を示した．上層で強い発散がある地域の600 hPa以下の中・下層には，上層の発散を補償するように収束がある．すなわち，ここで上昇流があることは確かである．さらに，図10.12には（線が重なって少し見にくいが）雲頂高度の分布も示されている．250 hPaに達する雲頂高度をもつ積乱雲が，下

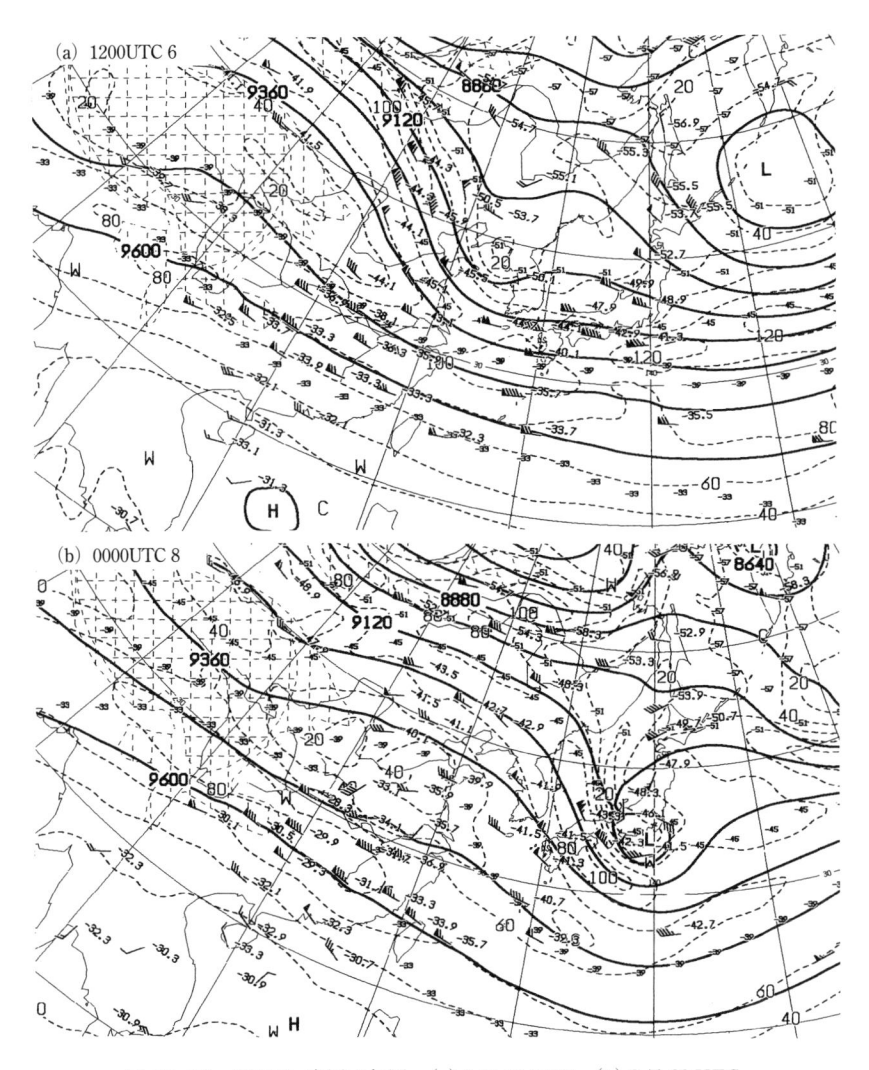

図 10.10 300 hPa 高層天気図. (a) 6 日 12 UTC, (b) 8 日 00 UTC.

206　第10章　亜熱帯低気圧

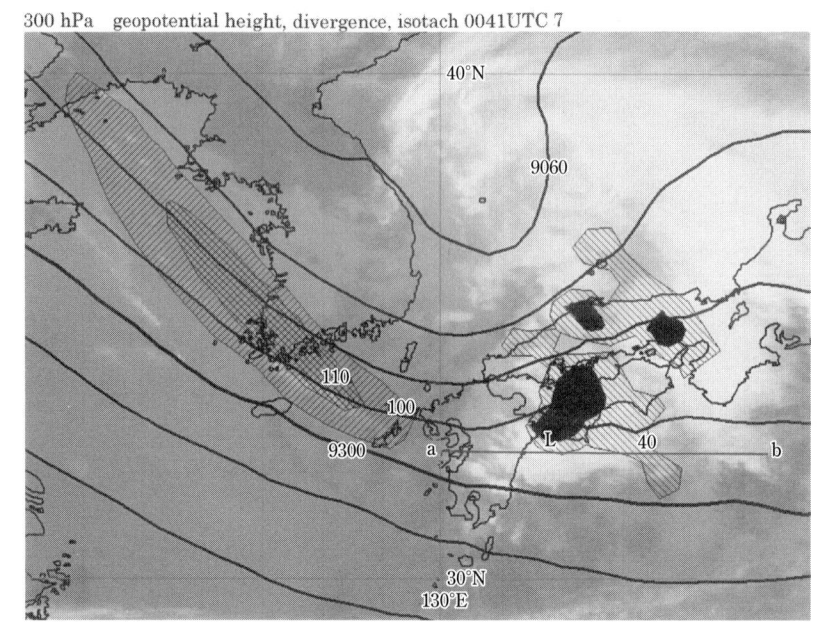

300 hPa　geopotential height, divergence, isotach 0041UTC 7

図 10.11　亜熱帯低気圧の発達を促す上層の流れと衛星赤外画像. 7日00 UTCにおける 300 hPa の等風速線(朝鮮半島西方のハッチは 100 ノット, ダブルハッチは 110 ノット). 西日本上空のハッチは発散域（$\geq 40 \times 10^{-6}\,\mathrm{s}^{-1}$）, 黒塗り領域はより強い発散域（$\geq 120 \times 10^{-6}\,\mathrm{s}^{-1}$）.

層の収束域（すなわち SL 域）で発達している.

　図 10.13 は 7 日 12 UTC において, 地上低気圧の中心を通る東西方向の鉛直断面上で, 温位と渦度の分布を示したものである. 直径約 300 km, 最大で $800 \times 10^{-6}\,\mathrm{s}^{-1}$ の値を持つ渦度の柱が海上から 400 hPa の高度まで直立している. これが今回の SL である. この SL の内部では温位が周囲より高い. すなわち, 暖気核を持つ. ちなみに, 500 hPa より上の層には, より広い区域に比較的大きい渦度の値が広がっているが, これは上層のトラフを表している.

　図 10.14 (a) は同時刻の 7 日 12 UTC において, 925 hPa の風と相当温位と渦度とレーダーエコーの分布を衛星水蒸気画像に重ねたものである. SL の北方には図 10.11 の発散域に対応する雲域が広がっている. それから 5 時

10.2 上層のジェットストリークと亜熱帯低気圧　207

図 10.12　図 10.11 の線分 a–b に沿った鉛直断面上の風と等発散線（$50\times10^{-6}\,\mathrm{s}^{-1}$ おき）と雲頂高度．ハッチしてある区域は発散域（$\geqq 40\times10^{-6}\,\mathrm{s}^{-1}$），黒塗りの区域は収束域（$\leqq -120\times10^{-6}\,\mathrm{s}^{-1}$）．

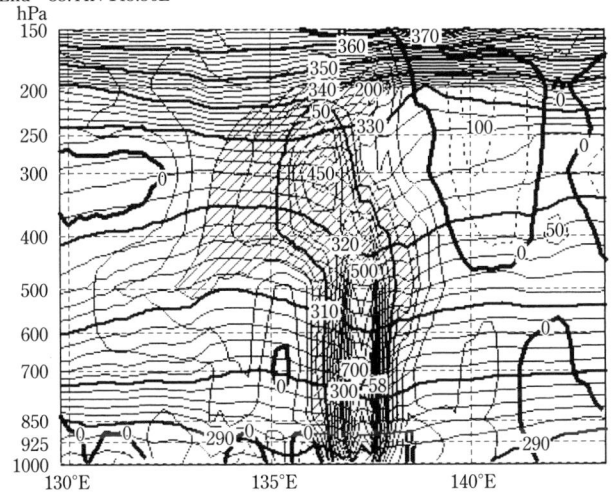

図 10.13　7 日 12 UTC，亜熱帯低気圧の中心を通る東西鉛直断面上の等温位線（2 K おき）と等渦度線（点線，$50\times10^{-6}\,\mathrm{s}^{-1}$ おき）．$150\times10^{-6}\,\mathrm{s}^{-1}$ 以上の強い渦度域にハッチ．

間経った7日17 UTCにおける400 hPaの温位とレーダーエコーを水蒸気画像に重ねたのが図10.14(b)である．SLの中心部には雲のない"台風の目"が明瞭に認められるし，温位は周囲より高く，暖気核の存在を示している．

図10.15は日没時の7日08 UTCにおける衛星可視画像である．SLに伴う円形の雲域は，まぎれもなく，その北方の雲域とは切離された別のものであることを示している．

この台風に似たSLの存在は他の観測データからも示すことができる．図10.16は和歌山市におけるウィンドプロファイラの時系列である．下層2 km以下の風に着目すると，SLは和歌山市の南を通過したので，風向は南から東へ，そして北へと変化している．SLのサイズは小さいので，和歌山市での風速はそれほど大きくない．またSLの通過後は約4000 mより上の層では空気が乾燥しているため，データが得られていない．これは，図10.14や図10.15で見るように，SLの西方には雲がないことと整合している．

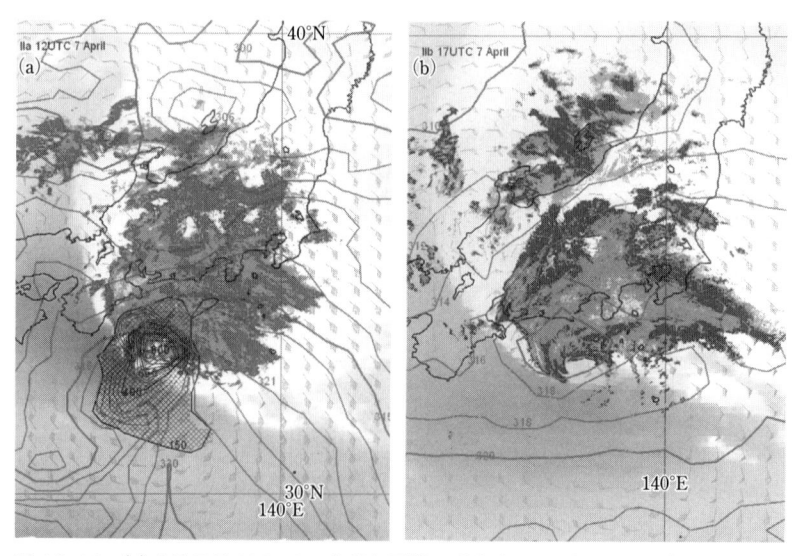

図10.14 (a) 4月7日12 UTC，水蒸気画像に重ねたレーダーエコーと925 hPaの風と等温位線（赤色，2 Kおき）と等渦度線（黒色，50×10^{-6} s^{-1}おき）．ハッチは渦度が150×10^{-6} s^{-1}以上の領域．(b) (a)の5時間後の17 UTC．400 hPaにおける風と等温位線（赤色，2 Kおき）．（口絵にカラーで再掲）

10.2 上層のジェットストリークと亜熱帯低気圧　209

図 10.15　日没時の 7 日 08 UTC における可視雲画像．L は SL の中心．（口絵にカラーで再掲）

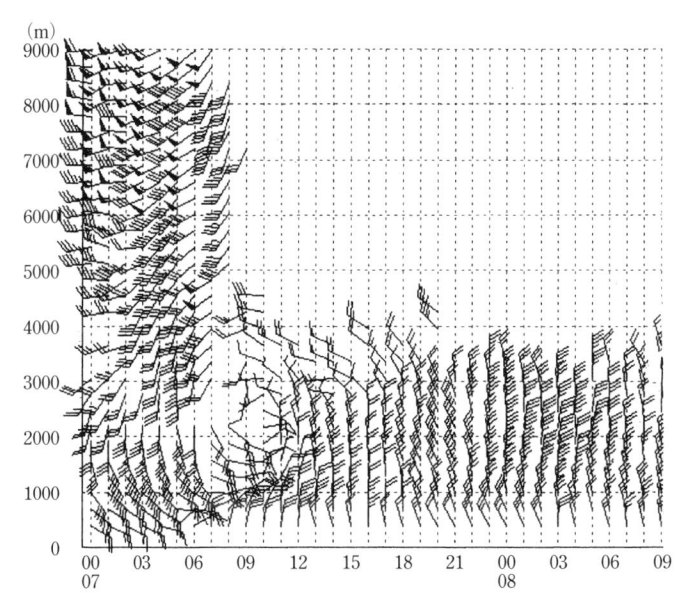

図 10.16　7 日から 8 日半ばまで．和歌山市におけるウィンドプロファイラの時系列．

210　第10章　亜熱帯低気圧

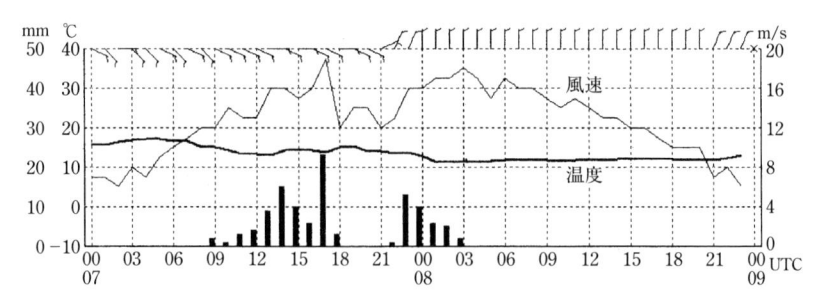

図10.17　伊豆諸島神津島におけるアメダスの風向・風速・温度・1時間降水量の時系列.

　次に図10.17は伊豆諸島の1つである神津島におけるアメダスの風向・風速・温度・1時間降水量の時系列を示す．台風の通過時によく観測されるように，風向の南から北への変化，2つの風速の極大，SLの"目"を挟んだ2つの降水域などが認められる．

　今回のSLの生涯を振り返ると，6日12 UTCから7日02 UTCまでが発生期，それから7日17 UTCまでが発達期である．最大風速は60ノットを超え，優に台風クラスである．渦度の最大値は $1150 \times 10^{-6}\,\mathrm{s}^{-1}$ に達した．しかし，SLの上部に負の渦度は見られないことは前節で述べたSLと同じである．今回のSLの中心および周辺の最大可降水量は約30 mmであったが，水温は20℃以下で，台風を涵養するには低すぎた．7日17 UTC以降は衰弱期で，SLは構造的に軸対称性を失い，シャピロ・カイザーモデルでいう暖気の隔離と後屈温暖前線の形成に似た構造を示したが，やがて消滅した．

10.3　グローバルに見た亜熱帯低気圧

　北緯約20°に位置するハワイは世界屈指のリゾート地である．毎年，年末・年始になると多くの芸能人を含めた日本人がハワイ，特にオアフ島に行く．ところがハワイで暴風雨が最も多いのは1月である．ハワイの年間降水量の半分以上が冬季に2回か3回襲うストームに伴って降る．これをコナ・ストーム（kona storm）という．konaはポリネシアン語で風下側を意味する形容詞である．つまりオアフ島には北西から南東に走る山脈があり，定常的な北東貿易風による地形性の雨は山脈の北東側に降る．ところが，このス

トームの際には南西からの強い風により，観光客が多く集まる島の南西部（ワイキキ・ビーチを含む）に，つまり通常ならば風下側に，大雨が降るというわけである．20年間の統計によると，この間76回のストームがあった．その中で24回が1月に起こる．11月，12月，2月，3月はいずれも11～14回の程度であった．コナ・ストームの大部分は，6.3節で述べたような渦位のストリークが切離した寒冷低気圧である．

　このような，台風に似た小低気圧は地中海でもよく出現する[4]．その研究者たちは小準熱帯低気圧（small quasi-tropical cyclone）と呼んでいる．

　最後に，大西洋の亜熱帯低気圧の話をしよう．ガイシャードという男がいる．彼はバーミュダ気象局に勤務中，強風警報について，次のような体験をした．2001年10月13日，後にハリケーン・カレンとなるストームが島の近くを通過した．空港が観測した10分間平均風速は30 m s^{-1}，瞬間風速は40 m s^{-1}，最低気圧は992 hPaであった．衛星雲画像からは，中心を取り巻く対流の雲帯の存在は明らかであった．国立ハリケーン・センターはこのストームを亜熱帯ストーム（亜熱帯低気圧）と指定し，バーミュダ気象局も風力ゲイル（gale）クラスの強風（>17 m s^{-1}）が吹くとストーム警報を発令した．それにもかかわらず，停電となった地域の2万3000人の住民はバミューダ気象局のサービスを不満とし，メディアもこれを「準備する間もない不意打ちの事態」と報道した．名も付けられていないストームに伴うゲイル風力の警報と，ハリケーンの警報では，一般大衆の受け止め方がだいぶ違うらしいというのが彼の嘆きであった．

　このエピソードを動機として，彼は北大西洋の亜熱帯低気圧（以下STと略記）について，再解析データERA-40を用いて，詳細な統計的研究を行った[5],[6]．北大西洋の低気圧は本書の範囲外であるが，9.3節の話にも関係するので，少し紹介する．まず彼らは，研究の対象とするSTとしては，(1)生涯の中で925 hPaの風力がゲイルを超えたもの，(2)低気圧位相空間で$-|V_T^L|>-10$と$-|V_T^U|<-10$というハイブリッド構造を持つこと，(3)そのハイブリッド構造を少なくとも36時間以上持続すること，(4)ゲイル風力となったのが20°から40°の緯度帯内であること，(5)低気圧が最初に純粋な寒気核あるいは暖気核を持っていたら，24時間以内にSTとなること（すなわち，ハイブリッド構造を持つこと）．こうした条件を満足する低

気圧を，1957年9月〜2002年8月の45年間のデータからコンピュータで自動的に拾い出したところ，197個のケースがあった．

　以下彼らの結果によると，STの発生場所は大西洋全域に亘っているが，やはり水面温度が高い西半分で多い（伝説となった"魔のバーミューダ三角帯"で特に多いということはないそうだ）．水温と並んで重要なのが風の鉛直シアである．900 hPaと200 hPaの風速の差が12 m s^{-1}を超えると，STは出来にくい．統計的に見ると，この風速差の平均は10.7 m s^{-1}，標準偏差は8 m s^{-1}である．以下同様にして，$-V_T^L$の平均と標準偏差はそれぞれ-8.7と87.2，$-V_T^U$のそれは-124.7と76.5であった．

　結局，STとTC（熱帯サイクロン）ともに活発な対流活動が必要であるから，海面水温は高くないといけない．しかし，水温の閾値はTCの方が高い．それはSTの場合には，それほど水温が高くなくても，上層の渦位の支援（トラフや切離低気圧）が期待できるからである．発生環境の最も大きな違いは卓越風の鉛直シアである．発達しかけているTCの中で，対流により暖かくなりつつある部分が，強いシアにより吹き飛ばされてしまっては，TCは発達できない．一方で，予報の見地からはSTの方が問題となるかもしれない．なぜならTCは低緯度で発生・発達し，陸地に上陸するまでに数日かかるのに，STは陸地とか島の付近で急に発達することがあるからである．これは日本付近の豆台風でも同じである．

第11章
ポーラーロウ

11.1 北海の「白鳥」ポーラーロウ

　ポーラーロウは寒帯低気圧と訳してもよいが，わが国では原語のままのポーラーロウ（polar low，以下 PL と略称）で呼ばれることが多い．PL のすべてを包括する定義はないが，一般的には，冬季に高緯度の大陸から比較的暖かい海上に吹き出す寒気の中で発生するメソαスケールの低気圧をいう．通常，水平の大きさは直径が 200～1000 km，誕生から消滅までの寿命は 1日か 2日，長くても 3日である．それに伴う風速は 15 m s^{-1} かそれ以上である．衛星雲画像で見ると，雲形はコンマ形あるいはらせん形が多い．成熟期には台風に似て，中心に雲のない"目"があることもある．しばしば強風や大雨あるいは大雪など悪天候を伴う．サイズが小さいためにラジオゾンデなどの通例の観測網で捕捉しにくいうえに，海岸線近くの海上で発生して短時間で陸上に影響を及ぼすこともあるので，警戒を要する天気系の 1つである．
　PL は南北両半球の各地で出現する．北半球で PL の本場といえる地域は，ベーリング海とアラスカ湾（50～60°N，135～160°W），バレンツ海（65～75°N，20～50°E），ラブラドール海（55～60°N，50～60°W），ノルウェー海（60～70°N，5°W～10°E）などである．バレンツ海とノルウェー海を合わせて北海（Nordic Sea）という．
　なかでも，ノルウェーでは漁業などの関係で，通常の上層観測点がない海上で出現する PL の予報は極めて重要である．このため，わが国で梅雨の研究が昔から盛んであったように，ノルウェーでは以前から PL の研究がよく行われてきた．2010 年代前半から実施されている国際共同研究計画ソルペックス「観測システム研究並びに予測性実験（THORPEX）」のフィール

ド・キャンペーンの対象として，ノルウェーは PL を選んだほどである．ある PL に対しては，3 機の航空機を同時に用い，総計 150 個のドロップゾンデを落として，そのPL の発生から消滅までの生涯を詳細に観測したこともある[1),2)]．ここでは北海の PL の 1 つを取り上げ，PL の実態と発達のメカニズムについて述べよう．

取り上げるのは，白鳥の PL（polar low le Cygne）と呼ばれる PL である．たくさん発生する PL の中でも人気があり，衛星から気象情報データを取り出す新技術の開発や予報モデルの改良等があるたびに，繰り返し研究されてきた[3),4),5)]．このような名前が付いた理由は図 11.1（a）を見れば一目瞭然だろう．いかにも羽ばたいて飛び立つ白鳥のように見える．しかし人気があるのはそれだけでなく，衛星画像で見る雲の形が明瞭にコンマ形かららせん形（図 11.1（b））に変わっているので，それに応じて PL 発達のメカニズムもどう変化していったのかを調べる好対象であった．

この事例の際の 1000 hPa と 500 hPa の等ジオポテンシャル高度線が図 11.2 である．図 11.2（a）の 1993 年 10 月 14 日 00 UTC では，南スカンジナビアから北東に移動してきた総観規模の地上低気圧が，スカンジナビア半島の北端のコラ半島に達している．この低気圧と図の左上に位置するグリーンランド上の高気圧の間で，日本流にいえば西高東低の気圧配置となり，寒気の吹き出しに伴う筋状の雲が図 11.1（a）の左端に見える．その気圧配置が少し緩んで，図 11.2（b）や（c）では，スカンジナビア半島中部の沖合に，日本海でいえば「袋型」（あるいは西に突き出たトラフ）の気圧配置となっている（次節参照）．ここに白鳥 PL が発生して，図 11.1（b）や図 11.2（d）の閉じた等圧線が示すように南下していったわけである．一方 500 hPa の天気図では，図 11.2（a）の時刻に，コラ半島の総観規模低気圧の西方に上層低気圧がある（図の破線）．これは地上低気圧より速く東に進んで，図 11.2（c）では両者が上下に重なっている．図は示さないが，この時間帯には力学的圏界面はほぼ 450 hPa の高度にあり，上層の低気圧は最大 2〜3 PVU の渦位のアノマリーと結びついている．

気象衛星で見ると，図 11.1（a）より約 10 時間前には，PL はまだ姿を現していない．しかし，図 11.1（a）の時刻になると，PL の存在は図のように，見事なコンマ形（あるいは横になったクエスチョンマーク「？」形）の雲に

11.1 北海の「白鳥」ポーラーロウ　215

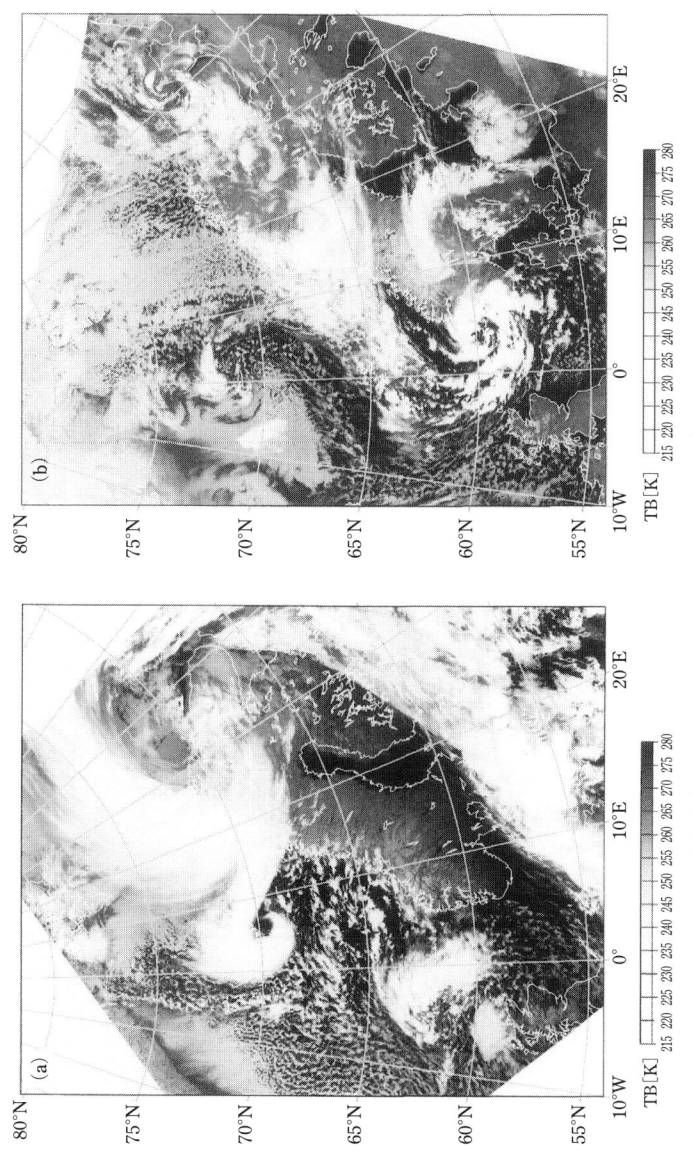

図 11.1　ノルウェー海上の「白鳥」ポーラーロウの赤外衛星写真図[4]．(a) 1993 年 10 月 14 日 1341 UTC, (b) 16 日 0504 UTC.

216　第11章　ポーラーロウ

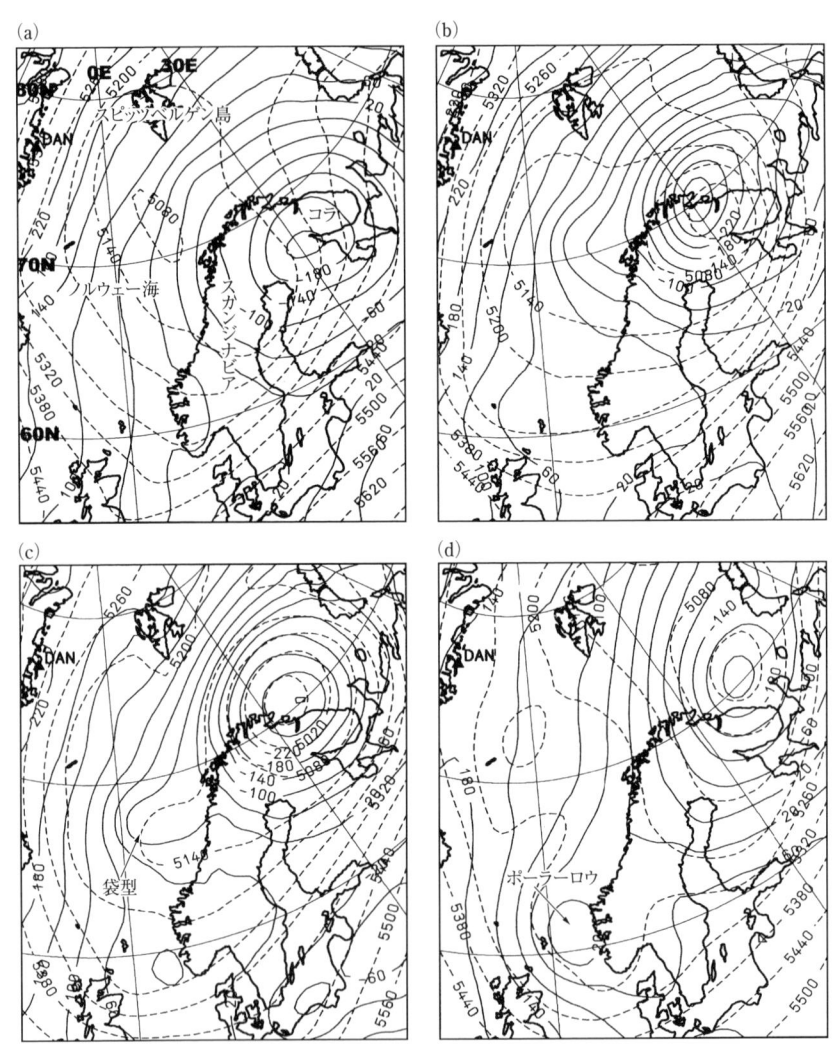

図 11.2 1000 hPa（実線，40 gpm ごと）と 500 hPa（破線，60 gpm ごと）の等ジオポテンシャル高度線[4]．(a) 10月14日00 UTC, (b) 14日12 UTC, (c) 15日00 UTC, (d) 16日00 UTC.

よって示される．これはほぼ70°Nに沿って西に延びるメソスケールの「袋型」のトラフに対応するものである．一方「白鳥」の羽に相当する雲は，コラ半島に位置する総観規模の低気圧を取り巻く総観規模のコンマ形の雲の一部である．

図11.3に示したのは，13日04～06 UTCにおける1000～500 hPaの層厚である．ほぼ70°Nあたりに等層厚線が密集している．これは，グリーンランドやスピッツベルゲン島付近の海氷に覆われた地域から吹き出した寒気と，ノルウェー海南東部でメキシコ湾流の影響を受けたより暖かい空気との境界である．この強い傾圧帯が極前線 (arctic front) である．

以上のことから，図11.1(a)に示した白鳥のPLの進化のプロセスは次のように理解できる．まず，地表の極前線の上層では，2～3 PVU程度の強い渦位のアノマリーが西方から接近中であった．これに伴い，力学的圏界面は450 hPa付近まで垂れ下がった（もともと，気候学的に見ても，70°Nのような高緯度帯では対流圏面の高度は低い）．一方地表付近の大気では，70°N付近に強い傾圧帯があった．そして大気下層では，総観スケールの温帯低気圧が東進して，スカンジナビア半島の北端に接近中という状況であった．上層の渦位のアノマリーが下層の傾圧帯に接近すると，傾圧帯の中に渦巻が

図11.3 1000 hPaと500 hPaの間の層厚[4]．単位はdamで，等値線の間隔は50．1993年10月13日，04～06 UTCの間に，衛星に搭載されたトヴス (TIROS-N Operationl Vertical Sounder, 略してTOVS) という温度の鉛直分布を推定する装置で観測された．

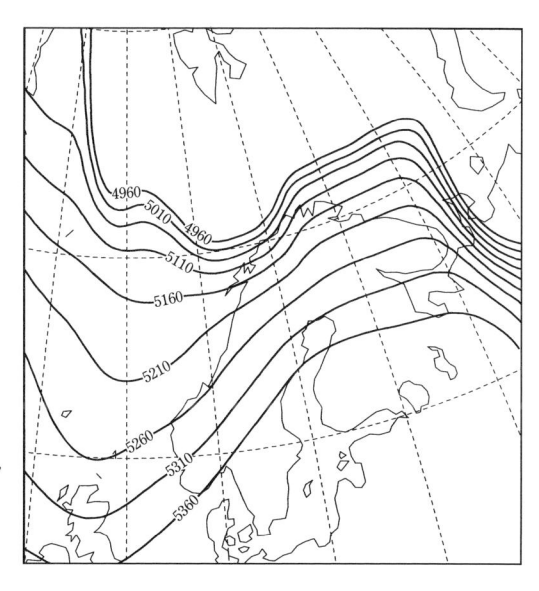

発生することは第6章で述べたことである．また，強い傾圧帯があるということは，温度風の関係から，風の鉛直シアが強いということである．そして対流圏界面の高度が低く，さらに雲もあるということから，7.3節で梅雨前線上の小低気圧について説明したように，傾圧不安定によって波長が短くコンマ形の雲を持つメソスケールの低気圧が成長した．これが今回のPLである．そして，総観規模の低気圧を取り巻く雲の一部がPLの雲に重なって，ちょうど白鳥の形となった．

その後，もとからあった寒気の吹き出しとともにPLは南下する．それとともに下層大気は海面から水蒸気を受け取るし，下層からの加熱により成層は不安定となり対流活動が活発となる．この白鳥PLの場合，数値実験の結果は強い降雨の存在を示している[5]．レーダーで見ると図11.1(b)の段階の雲はらせん状をしている．

図11.4は66°N，2°Eに位置していた観測船が測定した気圧・風速・風向の時系列である．PLの通過に伴い，気圧は約16 hPa低下し，風向がほぼ正反対の2つの風速のピーク（約23 m s^{-1}）がある．お馴染みの台風通過時の気象要素の時系列を見ているようだ．

このような多くの研究の結果から，現在では，PLの発達を2段階に分けるのが普通である．第1段階は傾圧過程の段階で，コンマ形の雲ができる．

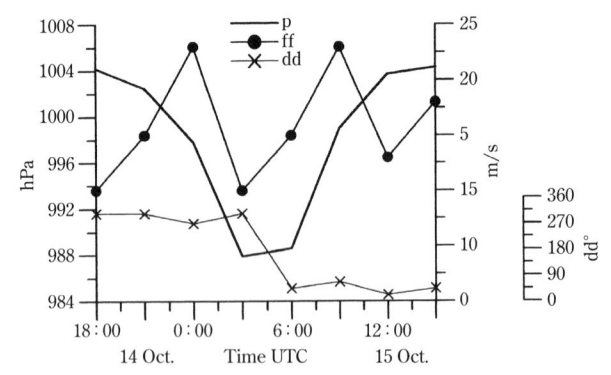

図11.4 1993年10月14日18UTCから15日15UTCの期間，66°N，2°Eに位置していた気象観測船が測定した気圧・風速・風向の時系列[4]．

この段階で終わってしまう PL も多いが，コンマ雲がもっと海面水温が高い領域に移動すると，成層が不安定となり，対流雲が発達し，らせん雲形の PL となる．これが第 2 段階である．しかし，今回述べた白鳥 PL については，その寿命が異常に長いことから，第 3 段階も考えられている．すなわち第 3 段階では，PL はすでに背の高い暖気核をもっており，ウィシー (WISHE, Wind-Induced Surface Heat Exchange) と呼ばれる力学過程によって維持されている可能性があるという[5]．ウィシーは台風（ハリケーン）の発達を説明する理論の 1 つである．台風の中に存在する積乱雲の中で放出される凝結熱が台風発達のエネルギー源であることはよく知られているが，積乱雲の源は大気中の水蒸気であり，その源は主に海面からの蒸発である．そして蒸発量の大きさは風速に比例する．それで，風速の増加→蒸発量の増加→積乱雲中の凝結量の増加→風速の増加という正のフィードバックにより台風が発達するという理論である．

　また多くの PL は中心部に雲の無い "目" を持つこともよく知られている．このような多くの類似点から，ある研究者は，彼らが事例解析したベーリング海上の小さくて強い渦巻を，極域ハリケーン（arctic hurricane）と呼んだことがある[6]．しかしこの呼び名は早速反対され[7]，以後使われていない．その反対の第 1 の理由は，これらの渦巻に伴う風速がハリケーンの条件となる風速 33 m s^{-1} を超えたという報告はこれまでないことである（現在までにもそういった報告はないと思う）．第 2 の理由は，こうした小さく強い渦巻は，何も極域に限らず他の地域でも出現している（たとえば第 10 章の亜熱帯低気圧）ということである．いずれも，もっともな理由である．

11.2　日本海のポーラーロウ

　PL は冬季の日本海上でもよく発生する．特に，朝鮮半島東方海上と北海道西方海上で発生頻度が高い[8]．日本海の PL は，本州日本海側の平野型の大雪の原因の 1 つとなる重要な天気系の 1 つであり，多くの研究・調査がなされている．

　図 11.5 は朝鮮半島東方海上に PL が発生した事例の地上天気図である．能登半島から日本海を縦断して朝鮮半島北部に延びる逆向きトラフがある．

220 第11章 ポーラーロウ

あるいは「袋型」の気圧配置をしているとみてもよい．図は示さないが，上空には総観規模のトラフが接近中である．この大気下層の逆向きトラフ上に，2個のメソβスケールの渦巻が発生した．これらのメソβスケールの渦巻が能登半島に上陸した頃のレーダー図が図11.6に示されている．東側のAと記号した渦巻はコンマ状，西側の渦巻Bはらせん状の雲を伴っていて，両

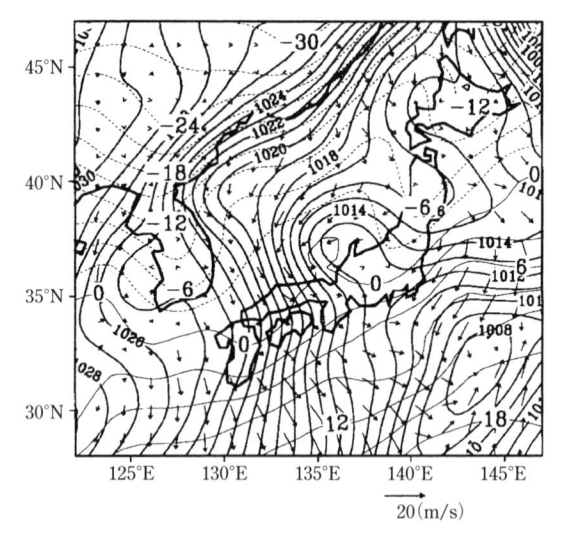

図11.5 日本海南部でポーラーロウが発生する直前，1990年1月23日12UTCの地上気圧と風の分布[10]．

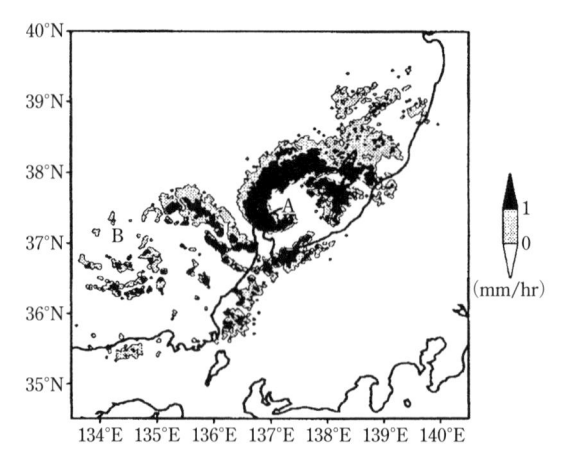

図11.6 1990年1月23日16UTC，北陸沿岸に接近中の2つのポーラーロウを示すレーダーエコー図[10]．

者とも立派な PL である[9),10)].

　次は，北海道西方の海上で発生した PL の例である[11),12)]．図 11.7(a) は PL 発生直前の 1997 年 1 月 21 日 12 UTC の地上天気図，図 (b) は同時刻の 500 hPa 天気図である．地上天気図の注目点は，北海道西方沖海上で 1000 hPa や 1004 hPa の等圧線が西に突き出ていること，すなわち，ここに東西方向に走るトラフがあることである．この配置は図 11.2(b) に示したものとよく似ている．これが時間とともに「袋型」の気圧配置となる．座標軸を時計回りに 90°回転させて考えると，袋型の気圧配置は，これまで何度も本書で出てきた逆向きトラフと同じであることがわかる．よく知られているように，発達した総観規模の日本海低気圧あるいは南岸低気圧が日本列島東方海上に去り，日本周辺が西高東低の気圧配置になると，日本列島上では等圧線がびっしりと南北方向に並ぶ．それが緩み始めるころ，図の「袋型」の気圧配置がよく出現する．図 11.7(b) の 500 hPa 高層天気図によれば，ちょうど日本海上に −42℃ の寒気を伴った低気圧がある．

　何故下層の袋型の気圧配置あるいはトラフが重要であるかを説明するために，ここで数値シミュレーションの結果の助けを借りる．図 11.8(a) は 21 日 15 UTC 対応の海上の風と渦度の分布である．東西方向に延びるトラフとは，周囲より強い渦度が帯状に密集している区域に他ならない．そのトラフ

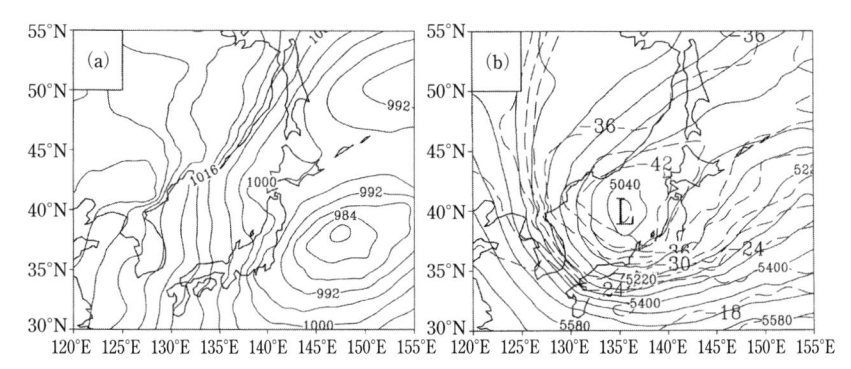

図 11.7　(a) 1997 年 1 月 21 日 12 UTC の地上気圧 (hPa)．北海道西方海上にポーラーロウ発生直前．(b) 同時刻，500 hPa の等ジオポテンシャル高度線（実線，60 gpm おき）と等温線（破線，3℃ おき）[12)]．

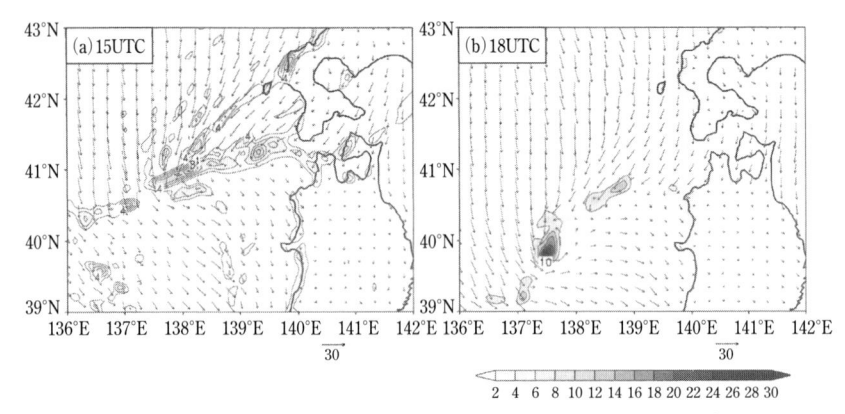

図 11.8 数値シミュレーションによる地表の渦度 (10^{-4}s^{-1}) と風の分布[12]. (a) 1月21日 15 UTC, (b) 同日 18 UTC に対応.

の高緯度側には北東風が, 低緯度側には比較的弱い北西風が吹いている. この風速・風向の違いにより, トラフでは周囲より渦度が強いわけである. 上昇気流があれば, 地表付近の渦度はストレッチ効果により増大しやすい. だから, トラフは PL 発生の温床となるわけである. 事実, 図 11.8(b) では, トラフ先端の渦が孤立してメソスケールの渦巻となり, 北寄りの風に流されて南下している. 現実の PL は秋田県沖まで南下したころには, 直径が 20〜40 km ある台風の"目"に似た構造が衛星画像で明確に見てとれた. そして, その最も高い雲頂高度は約 5 km である. そして, その 1 時間後に秋田県と新潟県の境付近に上陸し, 2 時間後には消滅した.

図 11.9 は新潟県の佐渡島相川における地上気圧・気温・露点・1 時間降水量・風速・風向の時系列である. PL は 21 日 21 UTC ころ相川に最も接近し, 気温も 3〜4℃ 急上昇した. すなわち, この PL は暖気核を持つ. 露点も 18 UTC からのわずか 6 時間に約 7℃ も高くなった. 最も大きな変化をしたのは風速で, 最大で 25 m s^{-1} にまでなったから, 基準の 17 m s^{-1} を超え, 立派な台風クラスである.

以上述べたように, PL の発達初期にはコンマ形の雲が, 成熟期から終末期にかけてはらせん形の雲を伴うことが多い. この 2 種類の雲がどう発生するか, 現実の複雑な状況を避け, できるだけ簡単化した状況下で, 雲を解像

11.2 日本海のポーラーロウ　223

(a) 海面気圧と気温

(b) 露点と1時間降水量

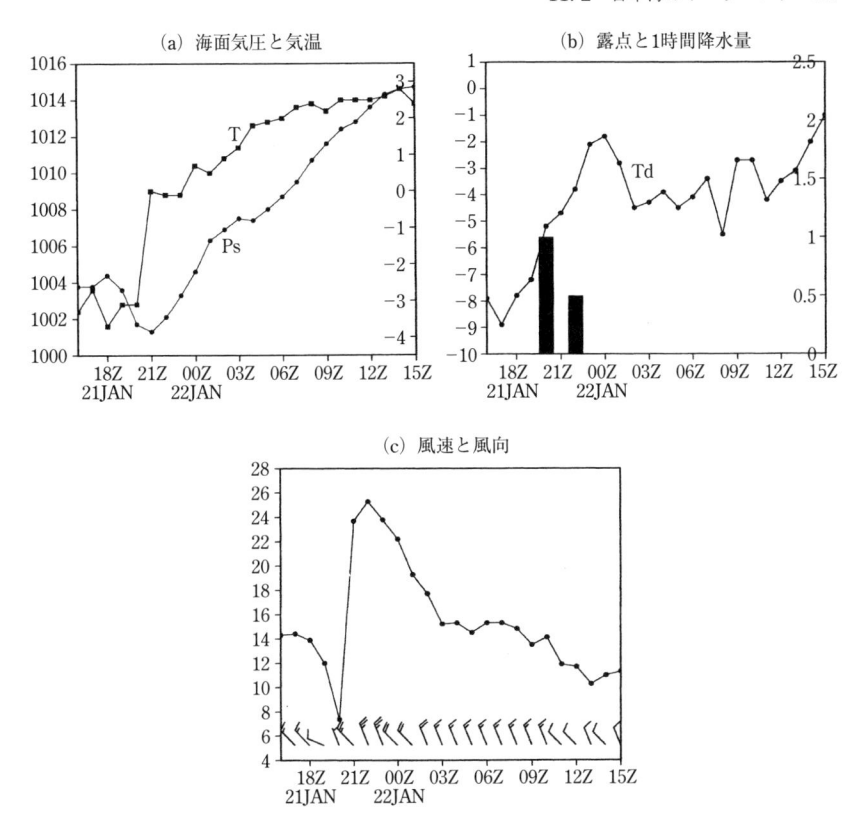

(c) 風速と風向

図 11.9　新潟県の佐渡島相川における 1997 年 1 月 21 日 16 UTC 〜 22 日 15 UTC の期間，地上観測値の時系列[12]．(a) 地上気圧（hPa）と地上気温偏差（℃），(b) 露点温度偏差（℃）と 1 時間降水量（mm），(c) 風速（m s^{-1}）と風向．

できる数値モデルを使って調べられている[13]．数値実験の大気の基本場としては，温位は高度 5 km までは 1 K km^{-1} の割合で上昇し，そこから上には非常に安定した層があるとする．これは前述のように，5 km 付近に対流圏界面があることが多いと想定してのことである．そして，水平面上では基本場の温位は，東西方向には一様であるが，南北方向にはある割合で北に向かって減少するとする．すなわち傾圧帯を考えている．基本場の風はこの温位分布と温度風の関係にあるとするから，基本場の風は西風である．温位の南北方向の温位傾度が大きいほど，温度風が高度とともに増加する割合は大き

い．基本場の相対湿度は地表面で50％，高度とともに減少して高度5kmでは0と指定した．また，擾乱には地衡風は仮定していない．

初期状態として，こうした基本場をもつ大気の下層内に，水平・鉛直方向にある構造を持った軸対称の渦巻を与える．これは，前述のPL発達の第1段階として，上層の渦位のアノマリーが下層の傾圧帯に接近すると，下層の傾圧帯に渦巻が誘発されるという過程を飛び越して，初期に既にこうした渦巻があったところから出発した数値実験である．この初期の渦巻の構造もいろいろ変えて実験が繰り返されているが，基本的には中心から20kmの距離で，地表面で最大風速が7 m s^{-1}であると指定してある．

基本場の条件をいろいろ変えて実験が行われたが，図11.10には2つだけ実験結果を示す．図(a)は基本場の傾圧性は0（即ち基本場の風の鉛直シアは0）の場合に，数値積分60時間後の状態である．初期の渦の周りに，台風によく似たらせん状の雲が出来ている．中心には雲の無い"目"もある．

図(b)の実験では，基本場の風は地表面では0で，大気の上端の5kmでは西風15 m s^{-1}の場合（即ち，鉛直シアは3×10^{-3} s^{-1}）で，30時間後の結果が示されている．雲域の軸対称性はなく，コンマ雲が出現している．中心

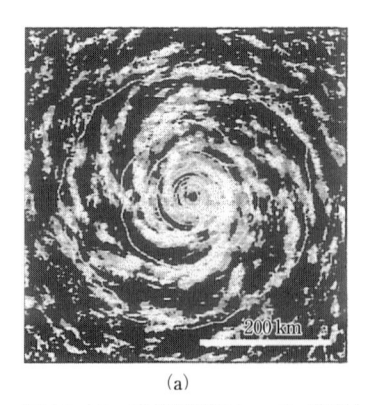

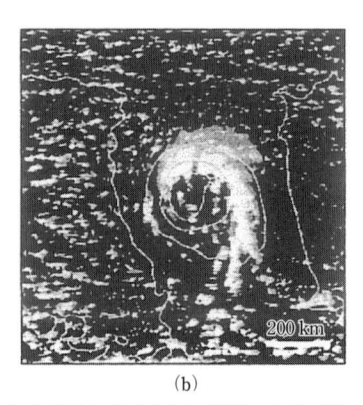

図11.10 数値実験において，凝結した全水分量を鉛直方向に積算した値（陰影部分）と地表面気圧（実線，等値線の間隔は3 hPa）[13]．(a)基本流の鉛直シアが0の場合，60時間分計算した結果．(b)基本流の鉛直シアが3×10^{-3} s^{-1}の場合，30時間分の計算の結果で，(a)の水平計算領域の1/4を拡大して示している．

の東側で雲水量が多いのは，中心から少し離れたところでPLに伴う南風が最も強く，南方の相当温位の高い空気が運ばれてきたからである．中心の北側でも雲水量が多いが，これは東側下層の高相当温位の空気が低気圧性の循環により，渦巻の北東側から北西側に移流され，中心の北側で対流不安定度が最大となったからである．

こうして，コンマ雲やらせん雲が出来る環境の違いは明瞭に示されたが，この数値実験ではコンマ雲が出来るのに時間がかかりすぎる．実際には，寒気の吹き出しの先端で，下層の傾圧帯はもっと集中していたり（たとえば極前線がある），相対的に暖かい空気が前線面を斜めに（slantwise）上昇するなどがあるのであろう．

11.3　グローバルに見たポーラーロウ

上に見たように，PLは水平スケールが小さいので，現在用いられている再解析データや全地球気候モデルでは，十分解像できない．しかし，再解析データが整備されるにつれて，本章で述べてきたような事例解析の研究を基にして，PLが発生しやすい環境をいくつかのパラメータで表現できれば，グローバルにPLの多発地域を特定できるのではないかという研究が最近行われている．

その研究の1つでは，2つのパラメータを採択している[14]．1つのパラメータとして，寒気の吹き出し指数（marine cold-outbreak index）というものをとる．これは本質的には，海表面水温（T_s）と700 hPaの温位（θ_{700}）との差（$T_s - \theta_{700}$）に適当な因子を掛けて無次元な量としたものである[15]．海面温度が高いほど，また大陸から吹き出してくる寒気の温度が低いほど，寒気が吹き出た海上の下層大気の安定度は不安定となり，空気はかき乱され，境界層の厚さは増すであろう．これはPLの発生に好都合な状態である．

もう1つのパラメータは，上層の擾乱からの強制力を表すものとして，渦位が2 PVUの値をとる力学的圏界面の高さ（π_{TR}）をとる．このパラメータを選んだ根拠は，総観規模の大気の状態からは，どう見てもPLの発生に好都合と思われた4つのケースについてシミュレーションをしたが，そのなかで2つのケースだけしか実際にはPLが発生しなかった．この発生しなか

った2例では，いずれも境界層の上面と圏界面の間の高さの差が2500 mを超えていた．一方，PLが発生した2例では，この高さの差が1000 m以下であった．こうしたことから，この差があまり大きいと，上層のアノマリーは下層に影響を及ぼすことができないと考えられたのである[16].

それで，まず，衛星画像（AVHRR, Advanced Very High Resolution Radiometer）とクイックスキャット（QuickSCAT）のデータから，1999〜2010年の冬，北大西洋（ラブラドール海，バレンツ海，ノルウェー海など）で，人間の眼で63個のPLの存在を決める．次に，6時間おきの再解析データERAを用いて，各々のPLにつき，中心から半径400 km以内の最大の寒気吹き出し指数とπ_{TR}を計算する．こうして得た吹き出し指数とπ_{TR}の散布図が図11.11である．黒丸はPL発生時における値，白丸は同地点での気候値である．こうして見ると，確かに指数は3.4，π_{TR}は470 hPaを閾値として，それより値が大きいとPLが発生していることがわかる（π_{TR}が大きいほど，対流圏界面は低い高度にある）．

図11.12は，PLがグリーンランド南端沖の大西洋に出現したときの一例を示す．確かに現実のPLが出現した場所では，吹き出し指数もπ_{TR}も局地的に極大となっている．

しかし，著者自身も言っているように，図11.11の吹き出し指数とπ_{TR}の

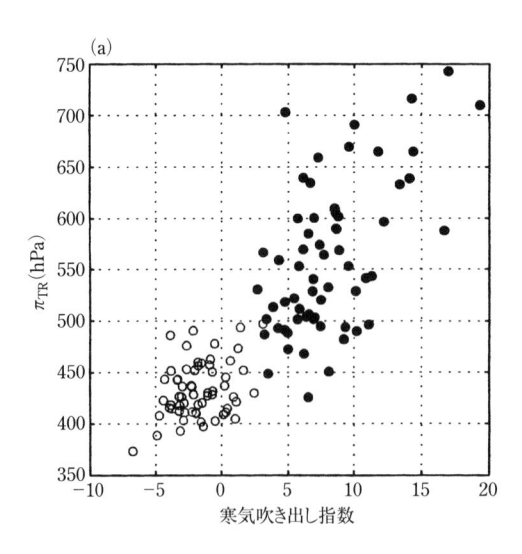

図11.11 黒丸はポーラーロウが実際に出現した場所の寒気吹き出し指数と力学的圏界面高度π_{TR}（hPa）の散布図．白丸はその場所の気候値[14].

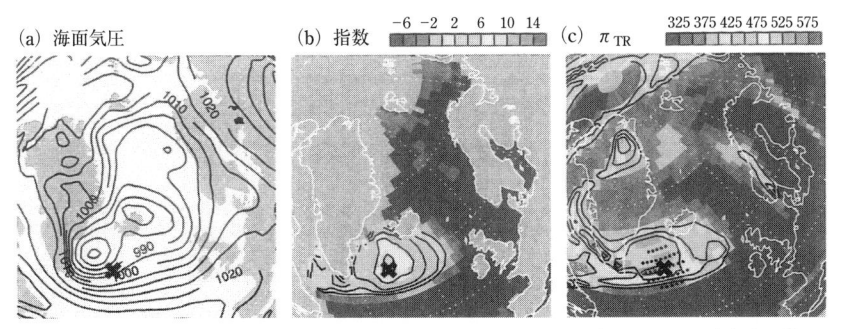

図11.12 2009年3月2日12UTC．現実にPLが出現した時刻における(a)海面気圧(5 hPaおき)，(b)寒気の吹き出し指数の等値線(指数=0線から出発して2おき)，(c)圏界面高度 π_{TR} (50 hPaおき)．図中の小さな点々は×印から半径400 km内の格子点の位置[14]．

散布図を見ると，両者の間には，ある程度の相関があるので，両者は完全に独立したパラメータではない．つまり，この両者にはまだ共有するもの(redundancy)がある．パラメータの選択には，改良する余地が残されていることを示唆している．

最後に1つ付け加える．7.2節において，上層と下層からの寄与を U/L 比で表して，U/L 比が4.0以上の低気圧は凝結加熱の影響が決定的に大きい低気圧として，新たにC型という分類を従来のA型とB型に加えた．それではPLではどうか．2000年1月から2004年4月までの期間に，北海(ノルウェー海+バレンツ海)で発生した115個のPLについて調べたところ[17]，31%のPLでは U/L が4.0を超えていた．すなわち弱い傾圧性の大気中で，深い対流を伴うC型である．ただし，地域性があり，ノルウェー海南部ではC型が卓越しているが，ノルウェー海北部やバレンツ海では，従来知られていたA型やB型が卓越しているという結果だった．

第12章
秋雨前線

12.1 秋雨前線と熱帯低気圧の組み合わせ

　秋雨前線は9月上旬から10月中旬にかけて，日本の南岸沿いに現れる停滞前線である．秋になると，日本付近に勢力を広げていた北太平洋高気圧が後退し，代わってオホーツク海高気圧や大陸の高気圧が日本海や北日本へ張り出す．これらの高気圧の境界に形成されるのが秋雨前線である．梅雨前線が春から夏への季節の推移を表すように，秋雨前線は夏から秋への季節の移り変わりを表す．しかし，梅雨前線と違い，秋雨前線が大雨をもたらすことはあまりない．ただし，熱帯低気圧が北上して秋雨前線に接近するときは話が別である．暴風雨をもたらすことがある．

　そうした暴風雨の一例として，2006年10月5〜8日，関東・東北地方の太平洋岸の地域から北海道にかけて降った記録的な大雨の話をしよう[1]．図12.1は福島県浪江町と北海道遠軽町におけるアメダスの風速・風向と1時間降雨量の記録である．大雨といっても，1時間雨量数十mmの雨が数時間続いて大雨となることもあるが（たとえば図6.11），図12.1が示すのは毎時10mm前後の雨が30時間以上降り続いた結果の大雨である．結局，図に示した期間の総降水量は，浪江町で約370mm，遠軽町で約300mmとなった．10月の月間雨量平年値は，前者で156.2mm，後者で72.9mmであるから，たとえば遠軽町では平年の10月の月間雨量の約4.1倍がこの40時間余りで降ったことになる．しかも，図をよく見ると，不思議なことに，大雨のときの地上風向が両地点とも北である．これまで本書で述べた温帯低気圧に伴う雨は，温暖コンベアベルトを上昇する気流に伴う雨が多かったから，風向は南寄りであった．この点からも，今回の大雨が普通の温帯低気圧の雨

とは違うことがわかる．

　しかも，今回は大雨に伴って強風も吹いた．強風被害の例としては，6日午後には，茨城県鹿島港沖合で停泊中のパナマ船籍の巨大な貨物船（約9万8600トン）が操船不能のまま強風に流され，約2km沖合で座礁し船体が2つに折れ（図12.2），乗員1名が死亡，9名が行方不明となった．この際，同市における最大瞬間風速は39.0 m s^{-1}だった．また，宮城県沖では大型サンマ漁船が座礁し，16名全員が消息を絶った（10月7日夕刊）．さらに北海道でも，日高支庁幌泉郡えりも町では10月7日16時30分に北北東の風速38 m s^{-1}，根室市では8日06時10分に北北東の最大瞬間風速42.2 m s^{-1}という，いずれも歴代1位の記録を立てた．

　これが台風と秋雨前線がもたらした暴風雨である．何故そうなるかというと，台風に伴う強い南風と多量の水蒸気が秋雨前線の活動を活発にしたからだとテレビや新聞の天気情報は説明する．ところが今回の場合は（前線の活動が活発になるとはどういうことなのか疑問を呈するより前に），こうしたありきたりの表現で通り過ぎるのがもったいないほど複雑なプロセスが含まれていて，秋雨前線も完全に変貌してしまったのである．

　まず，図12.3は10月4日00 UTCにおける衛星赤外雲画像である．南方洋上には台風16号と台風17号が日本に接近中である（ちなみに，気象庁は北西太平洋に位置し，風速34ノット（約17 m s^{-1}）以上の風を伴う熱帯低気圧を台風と呼んでいる）．本州南方の雲が秋雨前線に伴う雲である．

　図12.4は5日18 UTCの地上天気図である．本州のすぐ南方海上には，日付変更線よりさらに東にある温帯低気圧から南西方向に延びる寒冷前線の端が，停滞前線として横たわっている．中国大陸から日本海中央部まで延びる高気圧がある場合ほど典型的ではないが，日本海北部に高気圧があり，この図の日本付近の前線を秋雨前線と見て差し支えはない．このため，東日本・西日本の日本海側は概ね曇りや雨となっている．また，2つの熱帯低気圧を含む低圧部の東方には，北太平洋高気圧がある．そしてこの時刻に，四国南方沖の秋雨前線上に，今回の暴風雨の主役となる小さな低気圧が誕生した．

　図12.5はこの低気圧および2つの台風の12時間ごとの位置と中心気圧を示す．6日12 UTCから7日12 UTCまでの24時間に，温帯低気圧の中心

12.1 秋雨前線と熱帯低気圧の組み合わせ　231

(a) 福島県浪江町 (36411)

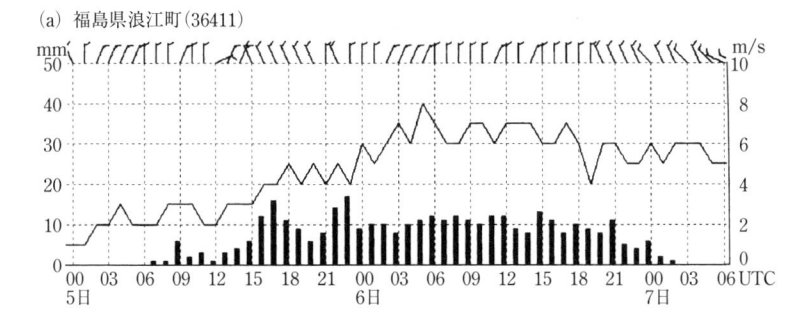

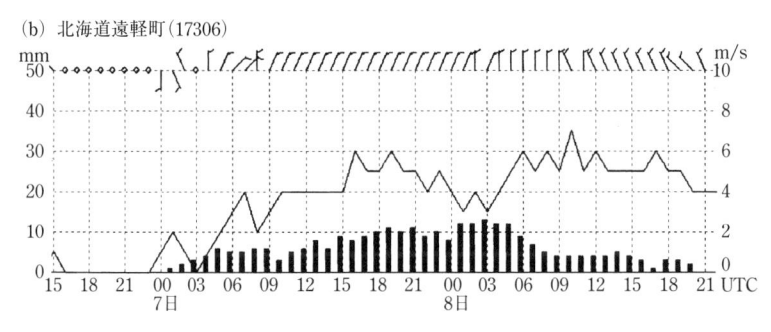

図 12.1　2006 年 10 月 5 ～ 7 日，アメダスの 1 時間降水量，風向と風速．(a) 福島県浪江町，(b) 北海道遠軽町．

図 12.2　10 月 6 日午後，強風で胴体が 2 つにちぎれた約 9 万 8600 トンの貨物船[1]．

232 第12章 秋雨前線

図12.3 10月4日00UTCにおける衛星赤外雲画像.

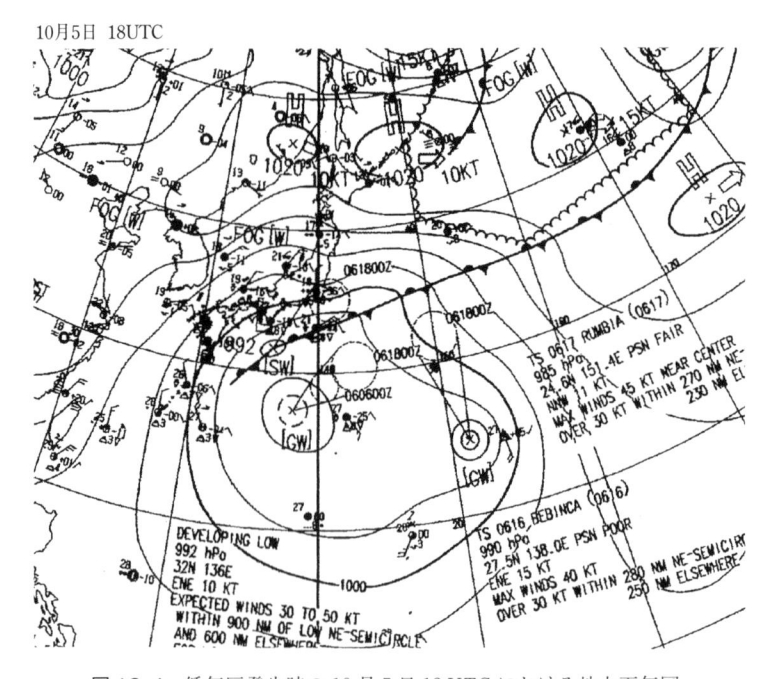

図12.4 低気圧発生時の10月5日18UTCにおける地上天気図.

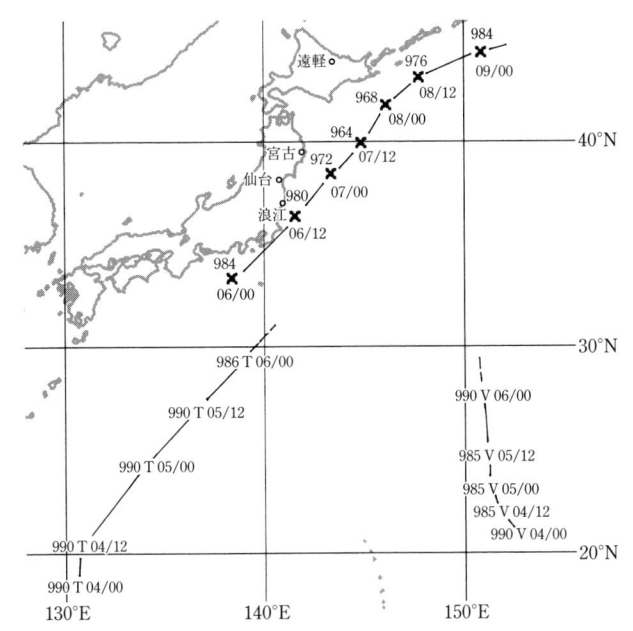

12.1 秋雨前線と熱帯低気圧の組み合わせ 233

図12.5 低気圧と2つの台風について，12時間ごとの中心気圧と中心位置．×，TとVはそれぞれ低気圧，台風0616号，台風0617号を示す．

気圧は16 hPa 低下しているから，爆弾低気圧に準ずる発達はしている．しかし，進行は遅く，移動速度は $5\sim 6\,\mathrm{m\,s^{-1}}$ の程度である．だから降雨の継続時間が長かったわけだ．一方台風16号は6日以降温帯低気圧と一体となって，アイデンティティを失ってしまう．

　この温帯低気圧と台風の合併によって，この時間帯に低気圧は発達したのかもしれない．一方，図12.6 に示した 300 hPa 高層天気図をみると，中国東北部から日本海にかけて短波の弱いトラフがある．これが地表の低気圧を傾圧的に発達させた可能性はある．ただ，この北北西から南南東というトラフの軸の走向は，温帯低気圧の発達を支援する役目に最適ではない．もう1つ考えられるメカニズムは，このトラフの下流に最大120ノットの風速を持つジェットストリークがあり，地表の低気圧はその入り口右方に位置しているから，6.5節で述べたメカニズムにより低気圧は発達したのかもしれない．

234　第12章　秋雨前線

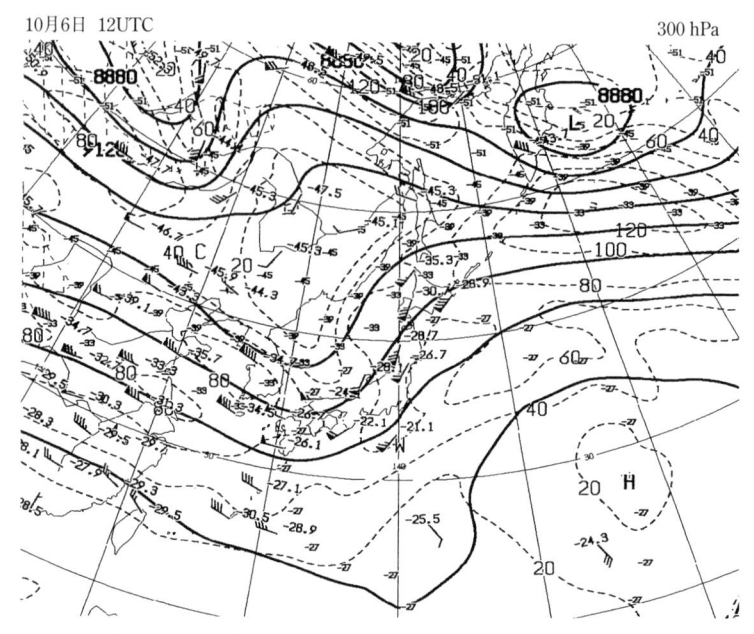

図12.6　10月6日12 UTCにおける300 hPa高層天気図.

定量的な検証は未だされていない．

　もう1つ，図12.6の高層天気図で注目されるのは，トラフの高緯度側にリッジがあることである．この気圧配置は2.3節で述べたブロッキングを起こすそれに近い．今回の場合は完全に流れはブロックされてはいないが，事態の進行は遅い．低気圧の移動速度が遅く，層状性の降雨が長引いたのはその表れである．次に示す図12.7で上層雲の西端が円弧を描いているのもこのリッジのせいである．

　前に述べた貨物船やサンマ漁船の遭難事故は6日午後に起こった．図12.7は6日12 UTCにおける水蒸気画像に，地上気圧並びに925 hPaの風と相当温位を重ねたものである．既に述べたように，この時刻には熱帯低気圧16号と17号は温帯低気圧と合併して，1つのものとして解析されている．そして最も目に付くのは広範囲に吹く強い南風と，その北側に存在する強い東風の間に，顕著な温暖前線が形成されたことである．この北側の強い東風は，秋雨前線の北側に高気圧があり，熱帯低気圧の接近により，南北方向の

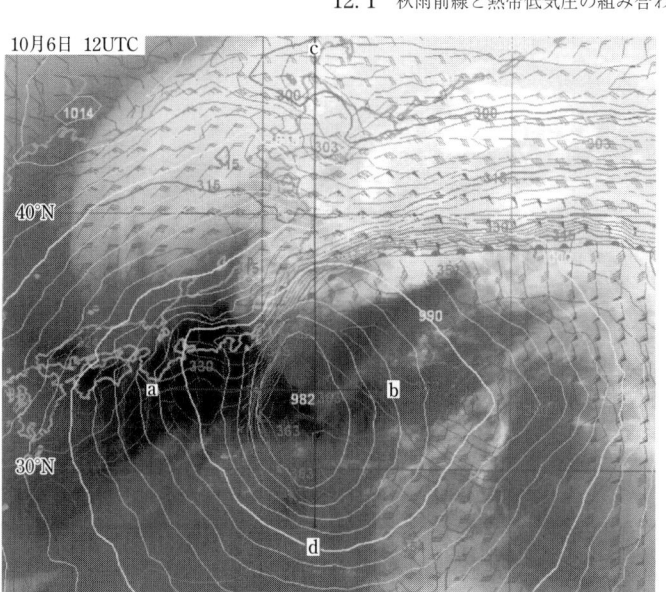

12.1 秋雨前線と熱帯低気圧の組み合わせ 235

図 12.7 10月6日12 UTC, 水蒸気画像に重ねた地上気圧（黄色, 2 hPa ごと），925 hPa の相当温位（ピンク色，3 K ごと）と風（長い矢羽根が10ノット）の分布．（口絵にカラーで再掲）

気圧傾度が大きくなったから吹いているものである．そして，前に図5.6で示したように，温暖前線の前方（東側）部分で出来た強い温位傾度は，前線形成作用の移流項により低気圧の中心区域に運ばれ，そこで今度は低気圧中心をめぐる循環の一部である北風に運ばれて南方に屈曲し，文字通りの後屈前線（bentback front）となる．

この後屈した部分の構造は，図12.7の線分a-bに沿った鉛直断面図（図12.8）に示してある．寒気が楔状に暖気に侵入しているようには見えず，ほぼ700 hPa の高度まで直立した前線帯をなしている．

次に，温暖前線の構造を見るために，前線に直角方向の図12.7の線分c-dに沿った南北方向の鉛直断面上の風と渦度の分布を図12.9に示す．この図の注目点は，35°N 付近では中層の風は弱く，60ノットを超す強風は700 hPa 以下の下層に限定されていることである．したがって，温暖前線上に位置する下層の渦度の極大も700 hPa 以下の下層にある．その極大値は

236　第12章　秋雨前線

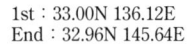

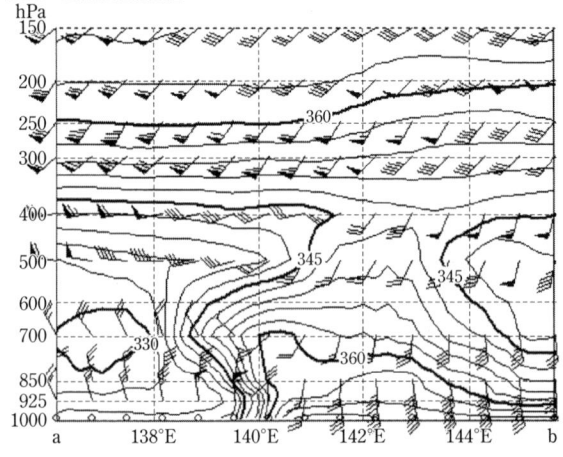

図12.8　10月6日12 UTC，図12.7の線分 a–b に沿った東西鉛直断面上の相当温位（3Kごと）と風の分布．

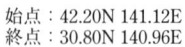

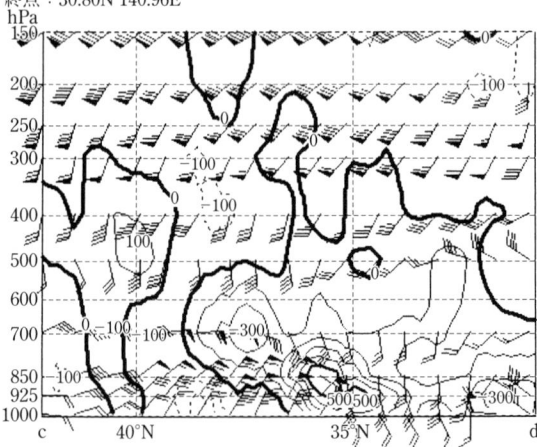

図12.9　10月6日12 UTC，図12.7の線分 c–d に沿った南北鉛直断面上の渦度（$100\times10^{-6}\,\mathrm{s}^{-1}$ ごと）と風の分布．

$550 \times 10^{-6}\,\mathrm{s}^{-1}$ である．その北側にある $300 \times 10^{-6}\,\mathrm{s}^{-1}$ という極大値を結ぶ線が温暖前線面を表している．700 hPa 面を境として，前線面の上の層では南寄りの風，下の層では北寄りの風と明確に風向が違う．

この2層構造は，もっと直接的に仙台市におけるゾンデ観測の結果で認められる．即ち，図12.10によれば，高度約700 hPa に明瞭な逆転層がある．よく知られているように（『一般気象学　第2版』，p.75），成因の違いにより，逆転層は3種類に分類される．それは，①夜間の放射冷却により下層大気の温度が降下して出来た接地逆転層，②下降流により空気が沈降し，断熱圧縮によって地表面から離れた高度に出来る沈降型逆転層，③下層の冷たい空気塊の上を違った方向から暖かい空気が流れてきて出来る移流逆転層である．図12.10の場合には，下層には冷たい北ないし東の風，その上層には暖かい南南西風が吹いているので，移流逆転層である．この逆転層の高度で渦度も局地的に最大値をとる．そして，大気は安定な成層をしている．

この2層構造は図12.11で示した岩手県宮古市でのウィンドプロファイラの風の時系列でも見ることができる．特に6日の午後，高度約2000 m までは最大60ノットの北北西の風が吹いているのに，その上では南風に急変し

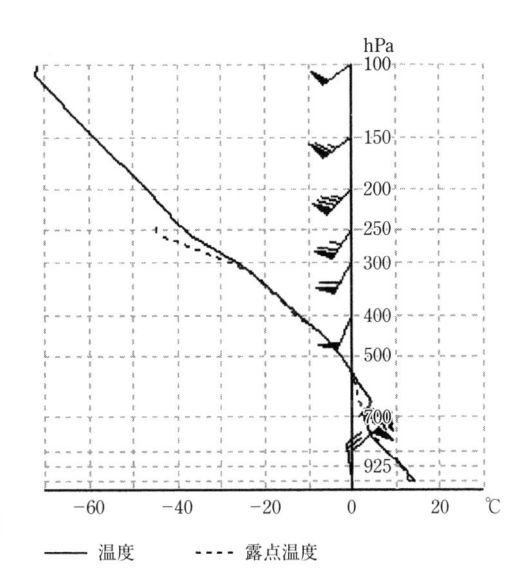

図 12.10　10月6日12 UTC，仙台におけるゾンデ観測結果．　　―― 温度　　---- 露点温度

238　第12章　秋雨前線

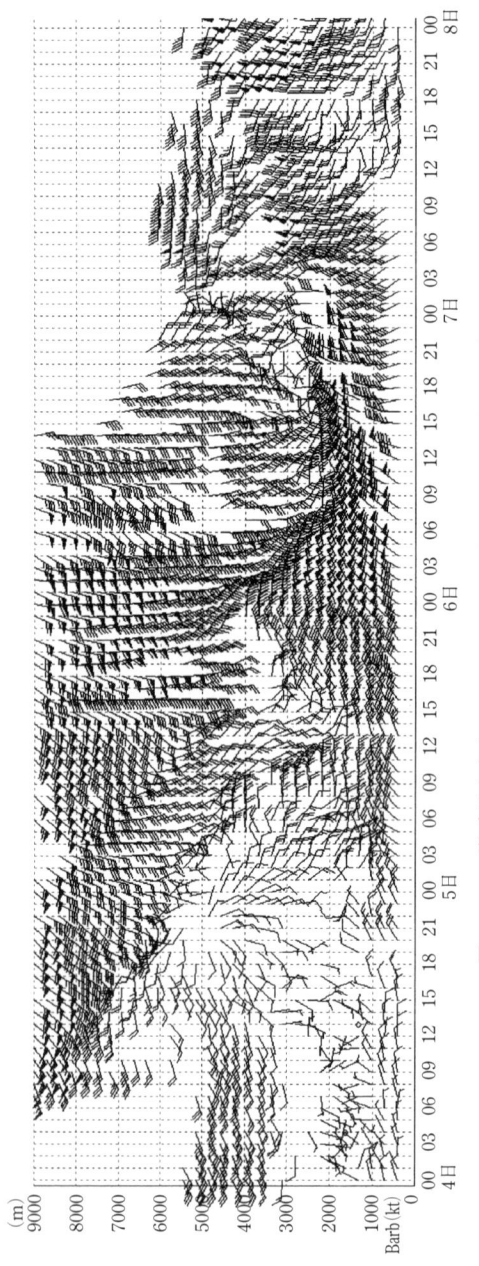

図 12.11　岩手県宮古市におけるウィンドプロファイラの風の時系列.

12.1 秋雨前線と熱帯低気圧の組み合わせ　239

ているのは，温暖前線帯の厚さがいかに薄いかを示している．図12.1のアメダス記録に示した北風のとき大雨が降ったというのは，この温暖前線面に沿った層状性の雨に他ならない．

その層状性の雨を表したのが図12.12で，レーダーエコー図とショワルター安定度指数（SSI）の分布が水蒸気画像に重ねてある．関東地方北部から北海道南端まで雨が降っているが，ほとんど層状性の雨である．同じく，SSIの分布とも整合的で，陸上ではSSIは10℃以上で，不安定な成層をしている地域はない．

図12.7に戻って，ここでもう1つ重要なことは，360 Kを超える高い相当温位の空気が熱帯低気圧に伴われて，本州付近まで進出していることである．このことは空気中に水蒸気がたっぷり含まれていることを示す．図

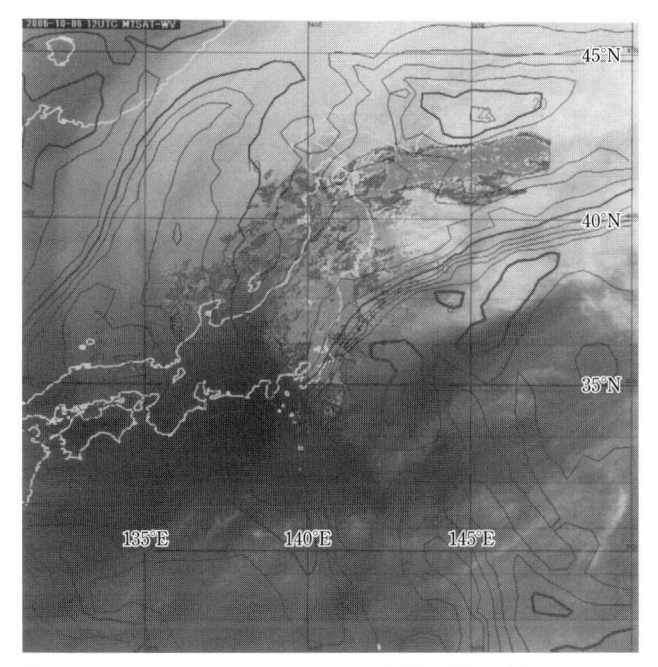

図12.12　10月6日12 UTCにおける水蒸気画像に重ねたレーダーエコーとショワルター安定度指数（2℃ごと）．レーダーエコーの青色の領域は，1〜4 mm h^{-1}，緑の領域は4〜16 mm h^{-1}の降雨量を示す．（口絵にカラーで再掲）

240 第12章 秋雨前線

12.13 は同時刻（6日12 UTC）における可降水量の分布である．本州近くに，65 mm という梅雨期に匹敵する大きな値を持つ帯状の領域がある．16.2節で述べる「大気中の河（atmospheric river）」がこれかもしれない．この水蒸気があればこそ，温暖前線面に沿った緩やかな上昇流でも，層状性の雨でも，記録的な大雨を降らせることができたわけである．

次に，図12.14は，図12.7から12時間後の7日00 UTC における 925 hPa の相当温位と渦度の分布を，レーダーエコー図に重ねた図である．一般的に言って，どういう前線をどの位置に解析するかは，悩ましい解析作業であるが，この図では，等相当温位線と等渦度線が密集している帯を前線帯とし，その低緯度側に前線を解析することにすると，苦労がない作業であった．

この図の時刻は図12.1によると，福島県での降雨はようやく終わりに近づき，北海道では降り始めたころである．本書でこれまで記述した温帯低気

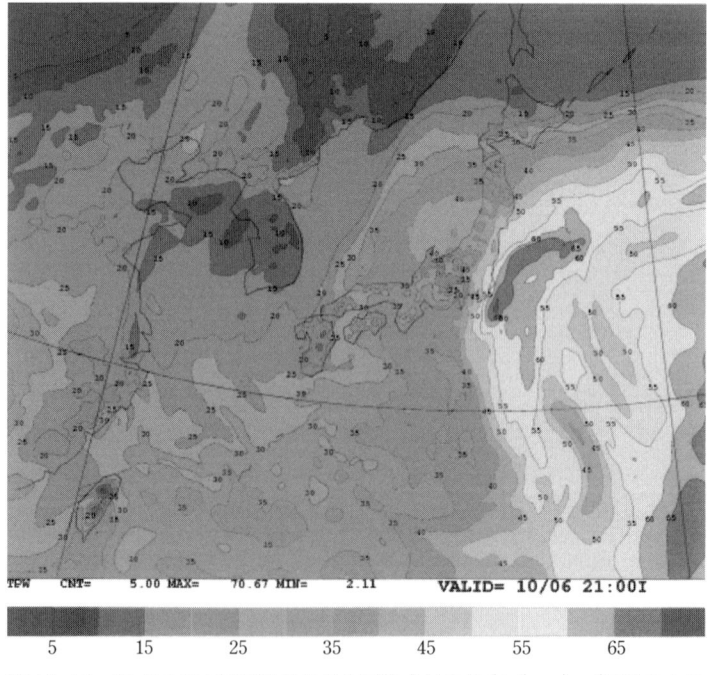

図 12.13　10月6日12 UTC における可降水量の分布（mm）．（口絵にカラーで再掲）

12.2 熱帯低気圧前方の先駆降雨現象（PRE） 241

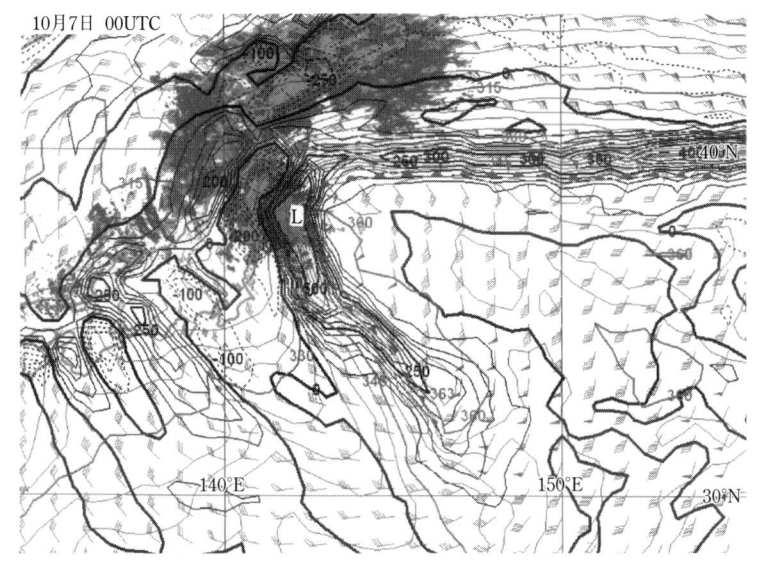

図 12.14 10月7日 00 UTC, 925 hPa における相当温位（赤色, 3 K ごと）と渦度（黒色, $50 \times 10^{-6} \mathrm{s}^{-1}$ ごと）と風の分布．（口絵にカラーで再掲）

圧では，雨は低気圧中心付近ではなく，その東側，温暖前線の北側で降るのが普通であった．今回は低気圧中心の北東から西にかけての象限で層状性の雨があるのが特徴である．

　ちなみに，本題とはまったく関係のないことであるが，図 12.14 において，低気圧中心の西側で本州に沿って，正と負の渦度が並んでいるのが興味を引く．これの原因として考えられているのは，本州の背梁山岳地帯の影響である．伊勢湾や紀伊水道は北西風が吹き抜けやすい地域として知られているが，これらの地域周辺の北西風は相対的に強く，それは，たとえば図 16.23 に見るように，太平洋上の筋状の雲として現れる．

12.2　熱帯低気圧前方の先駆降雨現象（PRE）

　一般的に，熱帯低気圧（tropical cyclone，以下略して TC という）あるいは台風（ハリケーン）の中心部には，中心（目）を取り囲んで崖のように立ち並ぶ壁雲があり，その外側にらせん状に巻き込む外側降雨帯がある．とこ

ろがTCが進行している場合，その前方1000 kmも離れた地域に線状の降雨帯が出現することは，米国でも10年近く前から注目されるようになった．TC前方の先駆降雨現象（predecessor rain event in advance of tropical cyclone，以下略してPRE）という名がつけられた．

最近では，2008年9月10～15日に起こった3つのPREについて事例解析したものがある[2]．その中では，ハリケーン・アイクに先行した降雨が最も典型的と思われる．図12.15は，そこに含まれているプロセスを模式的に描いたものであるが，本書でこれまで述べてきた諸過程が，要領よくまとめられている．

まず700 hPaの高度にはトラフがあり，その上層，ジェットの下流側には70 m s^{-1}を超すジェットがある．下層には停滞前線がほぼ東西に横たわっている．その南方のメキシコ湾にはハリケーン・アイクが北上しつつある．アイクの東方には亜熱帯高気圧があり，その西端とハリケーンの間の気圧差により，20 m s^{-1}を超す下層ジェットができ，強い南寄りの風が暖湿な空気（可降水量>50 mm）を停滞前線に送り込んでいる（3.4節）．

ここで，上層のジェットストリークに伴う二次的鉛直循環により，入り口

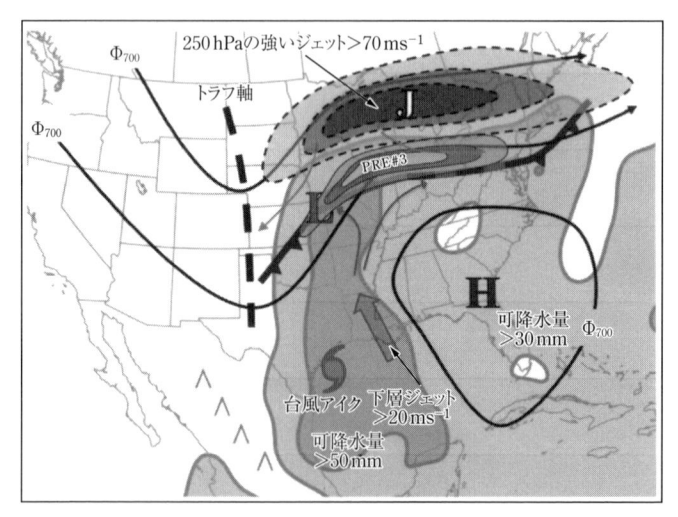

図12.15 熱帯低気圧前方の先駆降雨現象（PRE）の模式図．Φ_{700}は700 hPaの等ジオポテンシャル高度線[2]．

12.2 熱帯低気圧前方の先駆降雨現象（PRE） 243

右側に上昇気流がある．ここで下層の低気圧が発達する（6.5 節）．また，トラフの接近とともに，中緯度傾圧帯に位置する下層の停滞前線の気温傾度が強くなる．これとともに，相対的に温度が高い領域で上昇流，低い領域で下降流という二次的な直接鉛直循環が誘起される（5.4 節）．それで，停滞前線面に沿って暖気が上昇し，雨を降らせる．今回は大気が安定だったので降雨は層状性で，降雨量は PRE としては少ない方であった．

前節で述べた秋雨前線＋接近中の熱帯低気圧の話との主な違いは，前節では，地表で移動性高気圧は熱帯低気圧の北方にあったため，強い後屈温暖前線が出来たということであろう．また，PRE では TC 本体の雨が来る前に，先駆けとして降る雨という意味がある．そして，先駆けの雨の後に TC 本体の雨が加わるので，総降水量としては大きくなる．これに対して前節の場合は，TC 本体は早々に合併してしまい，TC 本体の雨と区別できない．

PRE の中には大雨を降らせるものもある．米国の PRE の中で降雨量が大きかったのは，2007 年 8 月の熱帯低気圧エリンの場合であろう．先行するメソ対流系（第 14 章）によって大雨が降った[3),4)]．カナダとの国境沿いに位置する（つまりメキシコ湾から遠く離れた）ミネソタ州のホカー（Hokah）での 24 時間降雨量は 383.5 mm であり，州としての記録破りとなった．ミネソタ州気候局は，これほど大きい 24 時間雨量が再来するまでの期間は 2000 年以上と見積もっている．8 月 18 〜 20 日の総降水量は 539.6 mm に達した．

こうした事例解析に加えて，1995 〜 2008 年の間に米国ロッキー山脈より東の地域で出現した 28 回の PRE を調べた報告もある[3)]．その結果によると，① PRE の発生は 8 月と 9 月に多く，この 2 ヵ月で年間の 75% を占める．② PRE 発生時には TC は衰弱傾向にある．③ PRE と TC の間の距離は中央値が約 1000 km，最短が 410 km，最長が 1700 km．④ PRE の寿命は最短 6.5 時間，最長 28 時間であった．秋雨前線については，まだこのような研究はされていない．

第13章
深い湿潤対流と雷雨

13.1 積乱雲のイニシエイション

本書ではこれまでに亜熱帯低気圧やポーラーロウなどのメソ α スケールの現象を述べてきた．本章からいよいよメソ β やメソ γ スケールの雲を含む湿潤大気中の対流の話が始まる．

まず湿潤対流を深いと浅いとの2つに分ける．深い湿潤対流（deep moist convection）とは，対流圏界面付近まで達するような，湿潤大気の対流を言う．これに対して，浅い（shallow）湿潤対流とは，晴れた日の午後，ぽっかりと青空に浮かんでいる好晴積雲，貿易風帯の積雲，あるいは冬の季節風の際に日本海上に発生する筋状の雲のような，雲頂高度がたかだか1～2 km の対流雲（積雲）をいう．このように，深い対流と浅い対流ではまったく違う対流であるが，天気系の見地から見ると，重要なのは深い対流である．深い湿潤対流の最も単純な形は積乱雲（入道雲）である．その積乱雲が何個か集まってメソ対流系を作る．鉄砲水や洪水などの水害の多くは，このメソ対流系によって起こされるから，まず，積乱雲の話をしよう．

図 13.1 はほとんどすべての気象学の教科書に載っている図であるが，話の順序として，やはりここから出発する．まず観測された湿潤大気の温度の高度分布を，横軸に温度，縦軸に高度をとった図にプロットする．これはその時刻，その地点の大気の熱的状態を表すから，これを状態曲線と呼ぶ．次に，下層の空気塊をとり，これを強制的に断熱的に上昇させる（実際には上昇流の中の空気塊を考えている）．細かく言えば，どの高度の空気塊をとるかが重要になるが，ここでは単に乱流境界層の中の空気塊とする．空気塊が水蒸気で飽和していなかったとすれば，上昇するにつれ，空気塊の温度は乾

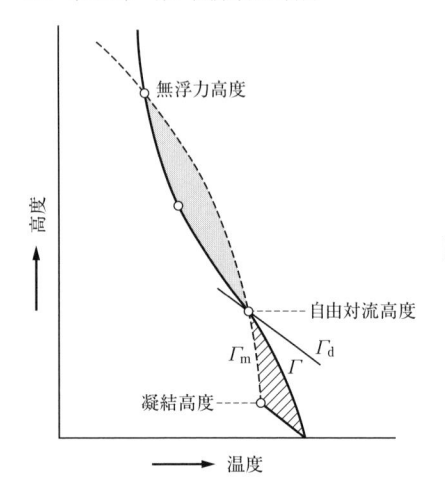

図 13.1 条件付き不安定な大気中の空気塊の上昇に伴う温度の変化. 太い実線は状態曲線 (Γ), 細い実線は乾燥断熱線, 破線が湿潤断熱線. Γ_d と Γ_m はそれぞれ乾燥および湿潤断熱減率, Γ は現実の大気の温度減率. 陰影をつけた部分とハッチした部分の面積がそれぞれケイプ (CAPE) とシン (CIN) に比例する.

燥断熱減率 Γ_d (約 $9.8\,^\circ\mathrm{C\,km^{-1}}$) で下がり, 相対湿度が増す. やがてある高度で飽和に達することになるが, この高度を持ち上げ凝結高度という. さらに空気塊を上昇させると, 空気塊温度は湿潤断熱減率 Γ_m で下がる. 湿潤断熱減率は空気塊に含まれている水蒸気の量と温度によって違う. 大体の目安としては, 大気下層の温かい空気塊が上昇した場合は $4\,^\circ\mathrm{C\,km^{-1}}$ くらいであるが, 対流圏中層での典型的な値としては $6\sim7\,^\circ\mathrm{C\,km^{-1}}$ くらいである.

こうして飽和した空気塊が上昇を続けると, 空気塊内の余分な水蒸気は凝結核の周りに凝結して, 雲粒や雨粒になったり, 昇華核に昇華して氷粒や雪になったりする (1.3節). さらに空気塊を強制的に上昇させ, 空気塊の温度が下がっていくと, ある高度で観測された状態曲線と交わる. この高度を自由対流高度という. つまり, 大気の成層が条件付き不安定 (『一般気象学第2版』, p.73) ならば, ここから上の高度に空気塊が上昇すれば, 空気塊の温度は周囲の大気の温度より高い (すなわち密度が小さい) から, 空気塊は強制的に外から力を与えられなくても, 浮力で上昇する. こうした空気塊が $500\,\mathrm{hPa}$ の高度に達したときの, 周囲の大気の温度と空気塊の温度との差が, 本書でしばしば用いてきたショワルターの安定度指数 (SSI) である.

空気塊がさらに上昇すると, 対流圏界面付近で再び状態曲線と交わる. この高度で空気塊の持つ浮力はゼロとなるので, 図には無浮力高度と記してあ

る．浮力がゼロになるから，この高度を雲頂高度と呼んでもよいが，正確には，空気塊はここで止まらない．無浮力面に達する前までは，空気塊は浮力で絶えず加速されていたから，無浮力高度に達したときには，ある程度の上昇速度を持っている．それで，慣性により空気塊は少し上まで上昇する．いわゆる，行き過ぎ（overshooting）である．ところが，成層圏に入ると，ここでは周りの空気の温度は高度とともに高くなるので，空気塊は逆に下向きの力を受けて，下降する．こうした上下運動を繰り返したのちに，結局，空気塊は無浮力高度面に沿って水平方向に広がってアンヴィル雲（anvil，かなとこ雲）となる．もちろん，対流圏界面でなくても，対流圏内に強い逆転層がある場合には，そこで同じことが起きる．図13.2は対流圏界面を突き破り，こんもりと盛り上がって成層圏に顔を出した積乱雲上部の写真である[1]．周囲のアンヴィルとともに氷晶から成る雲である．

　こうして，上昇中の空気塊と周囲の温度差が大きいほど，空気塊は浮力で強く加速されるから，空気塊の上昇速度は大きくなる．図13.1で陰影をつけた部分の面積（自由対流高度から無浮力高度までの間，湿潤断熱線と状態曲線の温度差の鉛直積分に比例した量）が，空気塊がどれだけ加速度を得てきたか，即ち，積乱雲中の上昇速度の目安を与えてくれる．それで，この面積に比例した量を対流有効位置エネルギー（convective available potential energy，略してCAPE，ケイプ）という．詳しくは述べないが，空気塊の上昇速度の最大値をw_{max}と記すと，ケイプの定義から，ケイプ$= (1/2)(w_{max})^2$という関係が理論上導かれる．ケイプは大気の安定度を表すのに，最も頻繁に用いられている指数である．ケイプが大きいほど，空気塊の上昇速度は大

図13.2　対流圏界面を突き破った積乱雲の上部の写真[1]．周囲の雲はアンヴィルの上面．1972年5月に撮影．CSTは米国中央標準時．5月を含む春は米国中西部で，竜巻などのシビアストームが最も多発する季節である．

きくなり，より高い高度に達するし，単位時間に凝結あるいは昇華する水蒸気の量も大きくなり，降水量も増えるというわけだ．

一方，図13.1のハッチした部分の面積は，これだけ空気塊に外部から力を与えないと，自由対流高度に達することができないことを表す量に比例するので，対流抑制（convective inhibition，略してCIN，シン）という．それで，シンが小さいほど，空気塊にとってハードルが低くなり，自由対流高度に達しやすく，積乱雲は発達しやすくなる．

それでは，どういう環境でシンが小さいか．大気下層に逆転層があると，そこでは安定度が非常に強い．地表から出る汚染物質がこの逆転層の下に溜まるくらいであるから，対流にとっても一番の天敵である．それで，夜間の放射冷却で出来た接地逆転層が，日射によって解消されるという状況ではシンは小さくなる．日中に熱雷が起こりやすいのは，この理由による．もっと簡単にシンが小さくなるプロセスは，移流や地表面からの蒸発などにより下層の水蒸気が増加することである．極端な場合，乱流境界層の上端で相対湿度が100%ならば，もうそこが持ち上げ凝結高度であり，シンは0なわけだ．

また，環境の上昇速度が高度によって違う場合には，そのストレッチ効果によって，大気の安定度が減少する．たとえば，ストレッチが渦度を増す効果があることを示した図4.12の場合，円筒の上面と下面の温位差は変わらなくても，円筒の高さは大きくなったから，温位の鉛直傾度は減り，大気の安定度は悪くなったことになる．こうして，鉛直速度の鉛直傾度があれば，大気の安定度は弱くなる．

こうして対流の発生には，大気の成層が不安定となり，大気が正のケイプを持つことが必要条件である．いくら日射が強く日中の気温が上昇しても熱雷が発生するとは限らない．たとえば図13.3を見よう．これは1994年7月10日から9月10日までの各日に，東京の最高気温と，関東地方1都6県の雷雨発生の目安として1時間降水量20 mm以上の降水量を観測したアメダス地点の数の推移を示したものである[2]．この年を選んだのは，39.1℃という東京都の日最高気温の記録が更新された猛暑の夏だったからである．本当に猛暑の夏で，連日最高温度が35℃を超える猛暑日が続いた．しかし，いまさら言うまでもなく，雷雨が発生したのは，そうした暑い日ではなく，むしろ気温が下がり始める日だった．つまり上層に寒気が入ってくる頃である．

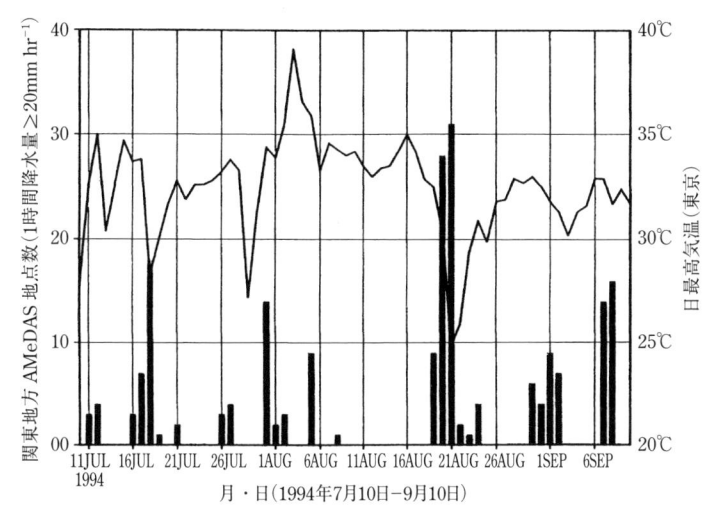

図 13.3　1994 年 7 月 10 日から 9 月 10 日までの各日に，関東地方で 1 時間降水量 20 mm 以上を観測したアメダス地点の数（棒グラフ）と，東京都千代田区における最高温度の時系列[2]．

特に 8 月 20 日と 21 日は大雷雨の日で，上空に寒冷渦があった．

ただ，ここで注釈を入れると，雷雨の日というと雷鳴や雷光など，雷の発生を示す兆候がないといけないが，上記では単に強い雨が降った日という意味でしか使っていない．強い雨が短時間に降るストームを表すよい日本語がないのが不便である．

13.2　雷雨の分類

このように深い湿潤対流が起こるためには，大気の成層が不安定になり，大気が正のケイプを持つことが必要である．しかし，実際に対流が起こるためには，下層の空気塊を自由対流高度まで持ち上げる上昇流も必要である．本章ではこの上昇流をトリガー（引き金）と呼ぶことにするが，その上昇流は様々な天気系に伴われて起こるため，雷雨が起こる状況も，雷雨の形態も多様性を持ってくる．

これに関連して，わが国では昔から（いつからかはわからないが）雷雨を

表 13.1 雷雨の分類

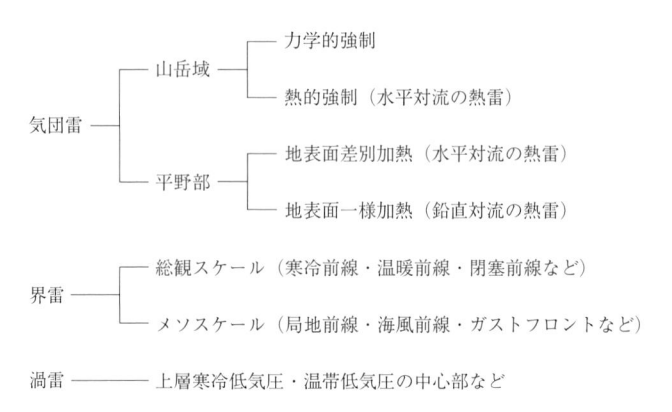

```
気団雷 ─┬─ 山岳域 ─┬─ 力学的強制
        │           └─ 熱的強制（水平対流の熱雷）
        └─ 平野部 ─┬─ 地表面差別加熱（水平対流の熱雷）
                    └─ 地表面一様加熱（鉛直対流の熱雷）

界雷 ─┬─ 総観スケール（寒冷前線・温暖前線・閉塞前線など）
      └─ メソスケール（局地前線・海風前線・ガストフロントなど）

渦雷 ─── 上層寒冷低気圧・温帯低気圧の中心部など
```

熱雷・界雷・渦雷と分類することが行われてきた．しかし熱雷についての明確な定義はなく，漠然と強い日射によって地表面が暖められて発生する雷雨とされている．一方，界雷は境界線，即ちいろいろな前線における上昇流をトリガーとして発生する雷雨である．ところが，熱雷に対応する用語が欧米ではない．あるのは気団雷（air-mass thunderstorm）である．すなわち，ある気団内で発生する雷雨である．これならば，気団の境界である前線における雷雨としての界雷との整合性が保たれる．こうした意味で，気団雷・界雷・渦雷と分類したのが表 13.1 である[3]．渦雷は，温帯低気圧の中心部，熱帯低気圧，上層寒冷低気圧などに伴う雷雨である．

この表において，風が山に吹き付けると，風上側の山腹に沿って空気が強制的に上昇するのが山岳域における力学的トリガーである．一方，日中に太陽放射で加熱された山腹に沿って発達する斜面上昇流（あるいは谷風）が熱的トリガーである．それに関連して，こうした上昇流によって，大気境界層内の豊富な水蒸気が上空に運ばれて空気が湿り，積乱雲が発達しやすくなり，雷雨が夜間まで継続しやすくなるという指摘もある[4,5]．

平野部で発生する気団雷も 2 つに分けられる．1 つは地表面差別（differential）加熱による雷雨である．つまり，地表面が平坦であっても，地表面の状態が一様でないと，場所により大気が加熱される量や地表面温度や大気境界層の厚さなどが違う．たとえば，地表面が裸地か草地で地表面温

度は違うし，土壌が含む水分量の違いによっても，大きく違う[6]．一般的に，ある水平面上で水平温度傾度が存在するとき，その面上の安定成層をした大気中に発達する対流を水平対流と呼ぶ．水平対流に伴って雷雨が発生することがある．都市部ではヒートアイランドによる水平対流のために，積乱雲活動が周囲より活発である可能性がある[7]．また5.2節で述べたが，午前中に下層や中層の層状雲に覆われていた地域と雲がなかった地域の境界で，午後になって積乱雲が発生することもある．

平野域の気団雷のもう1つの可能な型は，一様な状態の地表面が一様に加熱され，大気の下層の成層が不安定となって発生する雷である．無風あるいは弱風のときにはベナール型のセル状の対流が発達する．好晴積雲を生む対流である．ある程度の強さの風があるときには，水平ロール対流（水平ロール渦，16.5節参照）が発生する．冬の日本海上の筋状の雲として可視化される．現実には，個々の浅い対流セルからでなく，これらが多数発生して，それらが併合して雷雲となることがある[8]．また，フロリダ半島でよくあるように，日中に海風が侵入して水平ロール雲と交差した地点で雷雨が発生することがある．

界雷を起こす上昇流としては，総観スケールでは上層のトラフや下層の低気圧に伴う温暖前線や寒冷前線，あるいは閉塞前線がある．メソスケールでは海風前線や局地的な前線（房総半島前線など）があるが，成熟期を過ぎた積乱雲に伴うガストフロント（第1章）に伴うものも重要であることを次節で述べる．事実，よく知られているように，現実の雷雨では2つ以上のトリガーが同時に働いていることが少なくない．そして，あるトリガーによって最初に発生した雷雨を一次雷，既存の雷雨から派生的に発雷した雷雨を二次雷と呼んで区別する．実際問題としては，本書で扱う二次雷は既存の雷雨に伴うガストフロントで発生する雷雨である．

最後に，本書では述べないが，大気中の内部重力波に伴うものもある．

13.3　関東地方の夏の雷雨の多様性

だいぶ古い話になるが，(財)日本気象協会は1995～97年の3年間，SAFIRと呼ばれる雷放電の位置を測定するシステムを関東地方で稼働させ

た．私はその3年間，梅雨明けから8月末まで，ほとんど毎日，モニタリングのスクリーンの前に陣取って，関東地方のあちこちで発雷し，その位置が時々刻々と推移していく様子を眺めていた．そして，同じように真夏の太陽が眩しく照りつけていても，発雷の様子が日によって大きく違うことに改めて驚いたものである（今日では気象庁が全国的な詳細な雷情報を毎日提供している）．局地的現象を扱うため，本節以下では日本時間を使う．

　雷放電といっても2種類ある．1つは雷雲同士の間で放電するもので，雲放電（あるいは雲間放電）という．もう1つは雷雲から地表面への放電で，これが対地放電，いわゆる落雷である．SAFIRはこの両者を区別して測定するが，図13.4に示したのは雲放電のデータである．今話題としている観測では雲放電数は落雷数より1桁多かった．各日に2時間おきに雲放電があった位置を示す色を変えているので，雷雲の発生と移動が一目でわかる（これを発雷パターンと呼ぶことにする）．

　こうして，観測日は3年間で合計136日あったが，雲放電がまったく観測されなかった日は37日（即ち全調査期間の約27％）しかなかった．24時間に100回以上の雲放電があったのが65日，1万回以上が9日あった．この65日について，発雷パターンを次の4種類に分類した[3]．

(a) 山岳型

　これはほとんどすべて山麓を含む山岳域で発雷したパターンである．図13.4(a)がその一例である（1995年7月31日）．14～18時の時間帯に，東京都奥多摩山地，茨城県北部の八溝山地，栃木県南部，群馬県赤城山付近で，わずかながら熱雷が発生している．しかし，この日の主な発雷地は群馬県中央部と栃木県との県境北部で，しかも発雷時刻は20～24時であるから，熱雷ではない．アメダスデータによると，この日は19時ころから群馬県に北東風が入り，卓越していた南寄りの風との間に局地的な収束線を生じ，ここで生じているから，むしろ界雷である．図13.5(a)が同日9時（日本時間）の地上天気図である．梅雨前線は日本海北部に押し上げられ，関東地方は太平洋高気圧に覆われていて，いわゆる南高北低の気圧配置をしている．図13.6が同日14時におけるアメダスによる地上気象状況である．海風前線が関東平野の奥深くまで進入して（広域海風），南高北低の気圧配置の日，昼間の代表的な地上気象要素の分布を示している．夏の山岳や行楽地に出かけ

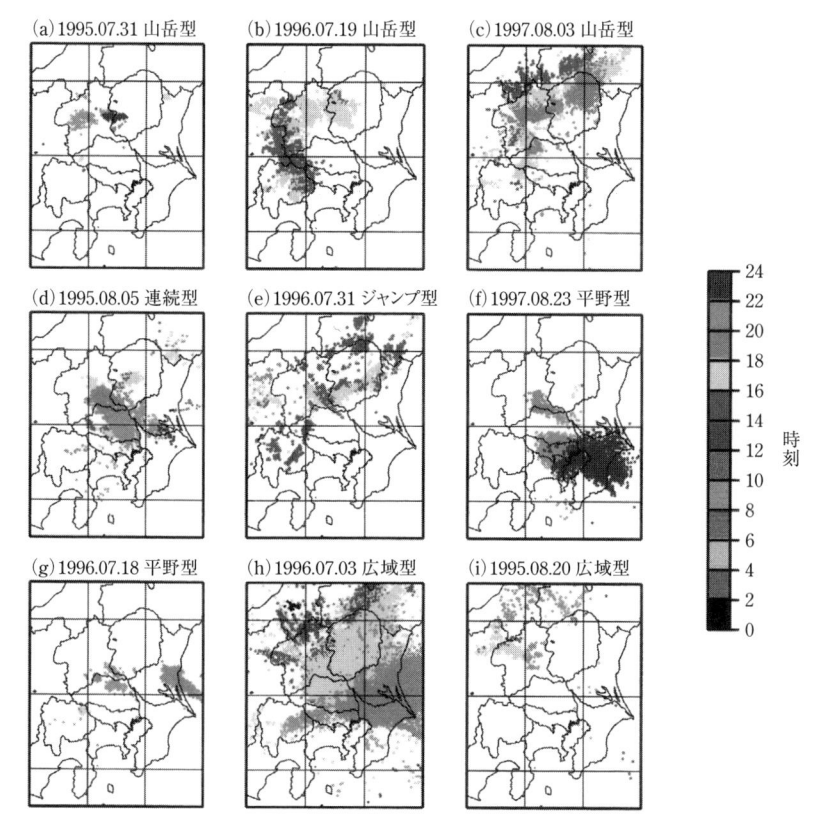

13.3 関東地方の夏の雷雨の多様性 253

(a) 1995.07.31 山岳型　(b) 1996.07.19 山岳型　(c) 1997.08.03 山岳型

(d) 1995.08.05 連続型　(e) 1996.07.31 ジャンプ型　(f) 1997.08.23 平野型

(g) 1996.07.18 平野型　(h) 1996.07.03 広域型　(i) 1995.08.20 広域型

図 13.4　各種発雷パターン（山岳型，山岳から平野型，平野型，広域型）の代表例[3]．（口絵にカラーで再掲）

るのに，最適の日と言えるだろう．

次に同じく山岳型であるが，前例より遥かに発雷数が，しかも日中に多い例が，図 13.4 (b)（1996 年 7 月 19 日）と (c)（1997 年 8 月 3 日）である．それぞれの日の地上天気図が図 13.5 (b) と (c) である．両者とも前例と同じく小笠原気団に覆われて，夏らしい日である．

どうして，この 3 例で発雷数に差が出たか調べた結果によると，まず発雷数が 3 万 8000 回を超えた図 13.4 (c) の場合，9 時に舘野での観測によると，下層から中層の風向は南ないし西南西であった．この南寄りの風は上層のト

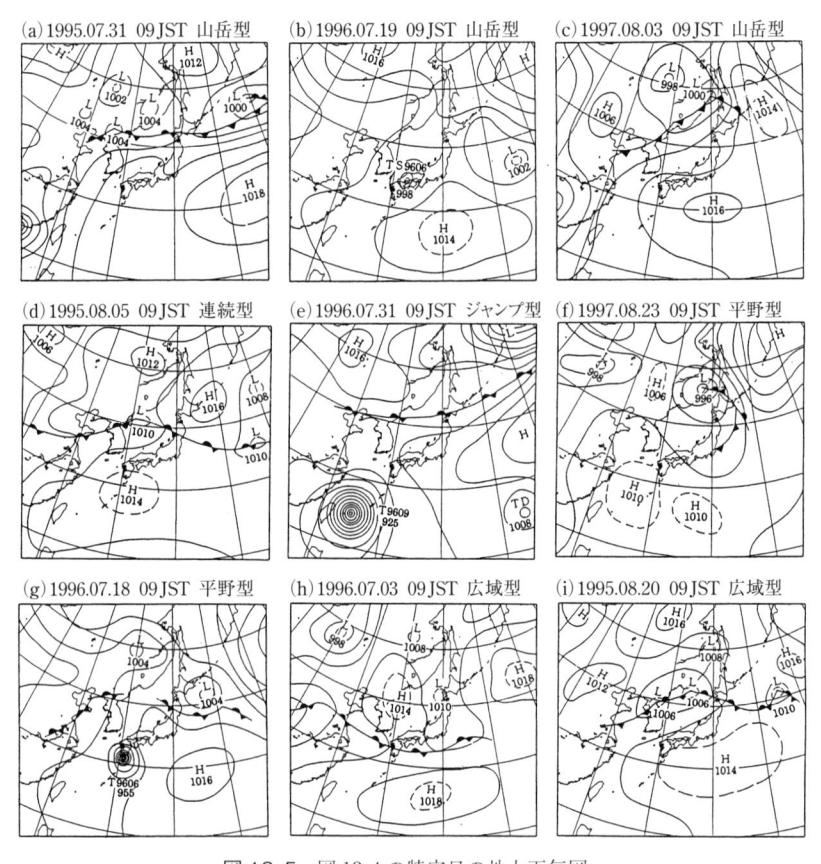

(a) 1995.07.31 09JST 山岳型　(b) 1996.07.19 09JST 山岳型　(c) 1997.08.03 09JST 山岳型

(d) 1995.08.05 09JST 連続型　(e) 1996.07.31 09JST ジャンプ型　(f) 1997.08.23 09JST 平野型

(g) 1996.07.18 09JST 平野型　(h) 1996.07.03 09JST 広域型　(i) 1995.08.20 09JST 広域型

図 13.5　図 13.4 の特定日の地上天気図.

ラフ（図省略）の前面で吹いている風である．このトラフの接近とともに風速は強まり，同日 21 時には，たとえば 500 hPa では南西の風 $18\,\mathrm{m\,s^{-1}}$，700 hPa では南西の風 $10\,\mathrm{m\,s^{-1}}$ となっている．この風向は北関東の山岳地帯にとっては，熱的強制が地形的上昇によって助成される状況である．日没後にも発雷しているのはこのためと思われる．一方，図 13.4(b) の場合には，800〜500 hPa の層の風向は北西ないし西北西であった．この風向は西と北を山脈で囲まれた関東地方の熱雷にとっては，不都合な風向なのである[9),10)]．それにもかかわらず，かなり発雷したのは SSI が -3.2 と不安定であったた

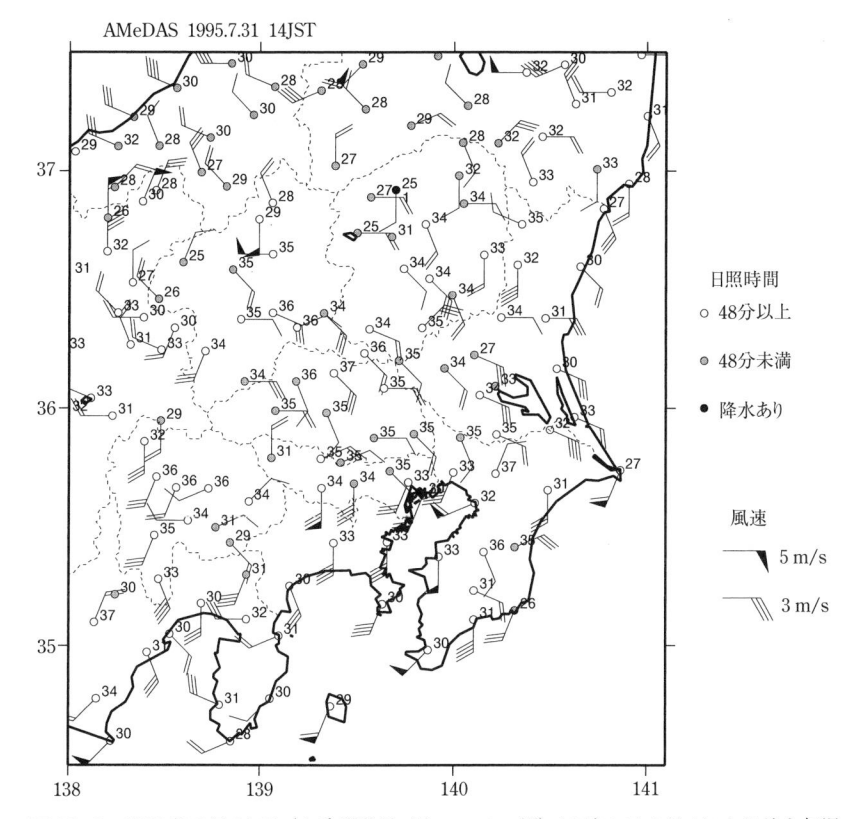

図 13.6　1995年7月31日（山岳型発雷パターンの一例）14時のアメダスによる地上気温（地点の右上の数字）・風・日照時間の分布．風の矢羽根は 1 m s^{-1}，ペナントは 5 m s^{-1}．全時間当たりの日照時間は，中抜き円＞48分，グレイ円＜48分，黒円は降水あり．

めと思われる．図 13.4(a) の場合には，中層の風は西風で，SSI は 0.2 と比較的安定な成層をしていた．

(b) 山岳から平野型の発雷パターン

これは発雷域が山岳域から平野域に移動する型である．こうなる理由は 3 つ考えられる．①山岳域で発生した一次雷が発達しながら環境の風に流されて平野部に移動した．ただし特殊な対流系を除いて，個々の対流セルの寿命時間は 30 分～1 時間の程度である．したがって，これ以上継続する対流系については，②平野部で冷気外出流に伴って二次雷が発生した．また③前述

したように，日射加熱によって起こった局地的鉛直循環のため水蒸気の分布が変化し，日没後 SSI が減少して発雷に好条件となった[11]．

この型はさらに連続型とジャンプ型に細分される．連続型は図 13.4(d) に例示したように山岳域から平野部に連続的に移動する型である．ただしここでは 2 時間の時間解像度での連続である．ここに例示した型は，山岳域から平野域への雷雲の移動としては，比較的頻繁に起こるものである．冷気外出流という概念が確立される以前には，熱雷は川（この場合は利根川）に沿って移動する傾向があるといわれていたものである．

ジャンプ型の例が図 13.4(e) である．12～14 時間帯に栃木県と福島県の県境で発生して雷雨からの冷気外出流が放射状に流れ，栃木県や茨城県中部で南風と収束し，14～16 時間帯に一次雷から 50 km 程離れた地域で二次雷が発生している．

(c) 平野型の発雷パターン

これは平野域だけで一次雷が発生する型である．ここで調査した 65 例の中で平野型と思われるものは 5 例しかなく，すべて局地的な収束線あるいは前線上の界雷であった．図 13.4(f)（1997 年 8 月 23 日）がその一例である．群馬県から埼玉県にかけて，前述の連続型の発雷が見られるが，ここでの注目点は，東京都，神奈川県東部，千葉県にかけての雷雨である．東京都世田谷区で 65 mm，府中市で 50 mm の 1 時間降雨量を記録した．図(f) ではカラーが重なって初期の状況が見にくいが，関東合成レーダーを見ると（図省略），17 時にはまず東京都東部と千葉県の東京湾沿いの一部にエコーが出現し，18 時には図 13.7 に示すように，東京都中央部の府中付近にエコーがあった．一方，東京都や埼玉県の西方の山岳地帯には無い．このときの地上天気図が図 13.5(f) である．寒冷前線の端が鹿島灘にかかっている．この前線の北側で吹く東寄りの風が，図 13.7 の 17 時アメダス風に見るように，関東平野内部に深く侵入し，相模湾からの海風と出会い，ちょうど東京都東部の局地前線を形成している．この日には集中豪雨もあり，事例解析もされている[12]．

図 13.4(g) の事例は興味深いが，少し特異なので，ここでは説明を省略する．

(d) 広域型の発雷パターン

山岳型・山岳から平野型・平野型のどれにも属さない残りの場合は，山岳

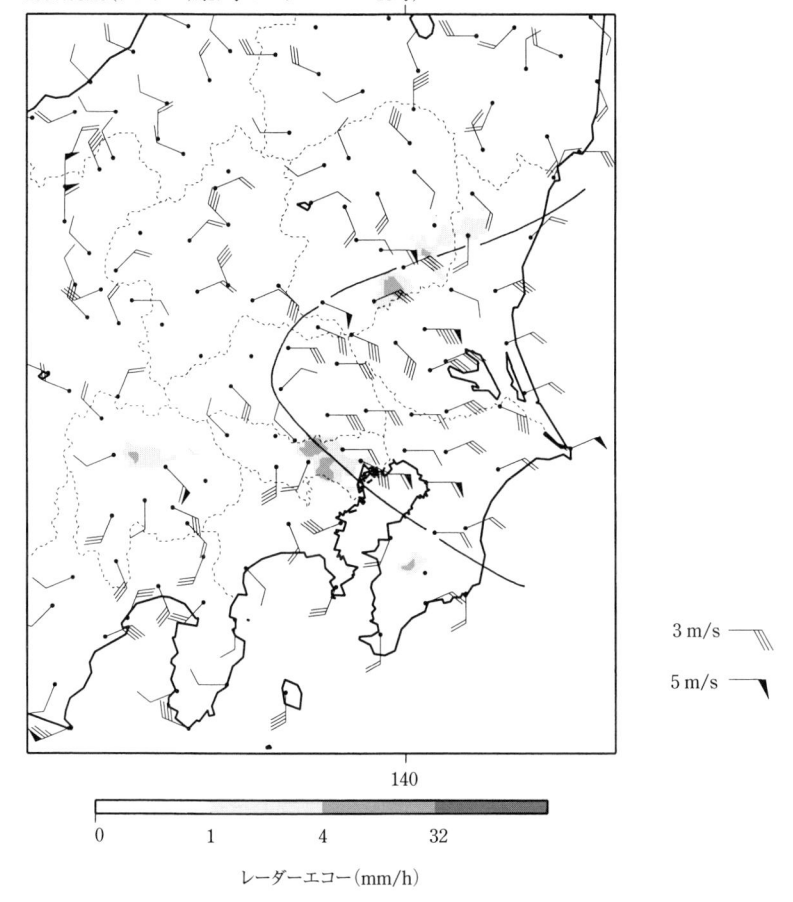

1997.08.23（アメダス風17時 レーダーエコー18時）

140

レーダーエコー(mm/h)

図 13.7 1997年8月23日（平野型発雷パターンの一例）18時，関東合成レーダーのエコー分布（陰影の部分）とアメダスの風の分布．風の記号は図 13.6 に同じ．太い実線は（群馬県を除き）東寄りの風がある領域を示す．

地帯と平野地帯を問わず，広い地域で発雷する型である．容易に想像できるように，関東地方やその近辺を総観規模の前線が通過したか，停滞した場合に起こる．図 13.4(h) は停滞前線（梅雨前線）が日本の南に停滞した場合で，雲放電数は7万 6668，落雷数も実に2万 1397 を記録した．

図 13.4(i) は日本海南部に停滞前線が東西方向に延びている場合である．

図13.5(i) の地上天気図に示したように，関東地方は太平洋高気圧に覆われているが，前線の南側に沿って，雲のクラスターが次々に通過したので，福島県南部や関東地方北部に雲放電があった．

最後に，大気環境と雷の活発度の関係を調べるために，上記の136日の観測日を，無発雷日（雲放電がまったく無かった日），少発雷日（雲放電数が1000より少ない日），大発雷日（1000より多い日）の3つのグループに分ける．各々の日数はそれぞれ37日，65日，34日あった．舘野の09時の高層観測データを関東地方の気象状態を代表するものと仮定し，各高度の気温をグループごとに平均したのが図13.8である．ただし，ここでは全調査期間の平均気温からの偏差としてプロットしてある．これによると，大発雷日には700 hPaより上層では気温は平均より低く，それより下層では高い．これはテレビの気象情報などで，「上層に寒気が入ってきましたので，大気の状態が不安定となり，雷を伴った大雨が降るでしょう」などと言っているように，周知のことである．その他に，風（特に風向）や湿度などの高度分布と発雷数にも明瞭な関係がある[3]．また，静穏日の気団雷と大気環境の関係についても，いくつかの研究がある[13],[14]．

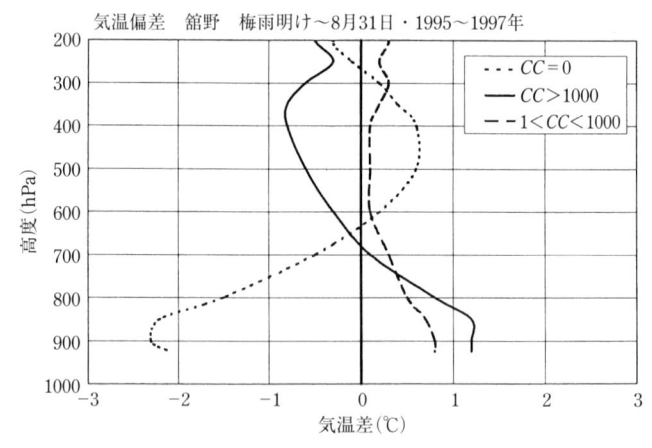

図13.8 各高度における発雷数別グループの平均温度と全調査期間平均温度との差．実線は大発雷日（雲放電数>1000），点線は小発雷日（1≦雲放電数≦1000），破線は無発雷日（雲放電数=0）．舘野09時の高層データ．

13.4 局地的大雨による水害

　気象庁のホームページに掲載されている用語集によると,「局地的大雨」とは急に強く降り, 数十分の短時間に狭い範囲に数十 mm かそれ以上の雨量をもたらす雨をいう. 孤立した積乱雲あるいは複数個の積乱雲の集合体から降る. 短時間で局地的な降雨であるのにもかかわらず, 深刻な人的被害をもたらすことがある. 特に都市部では住宅地がほとんど舗装されているので, 降った雨はほとんどそのまま下水道や排水溝に流れ込み, 河川に達する. このため, 河川や排水溝の水位が急速に上昇し, 水難が起こることがある. 2つ例を挙げよう.

(1) 東京都豊島区雑司が谷での水難事故 (2008 年 8 月 5 日)

　新聞報道によると, 2008 年 8 月 5 日午後 0 時 15 分ごろ, 東京消防庁に通報が入った. 東京都水道局は豊島区雑司が谷下水道幹線の再構築工事中であったが, 急な増水で作業員 6 名が流されたという. その後, 1 人は自力で脱出したが, 1 人は約 3 km 離れた文京区の神田川で発見され, 搬送先の病院で死亡が確認された. 残りの 4 名も亡くなった.

　この災害を起こした気象状況はどうか[15]. 図 13.9 は 8 月 5 日 9 時の地上天気図である. 日本海に移動性高気圧があり, そこからの北寄りの風と日本の東海上の高気圧による南寄り風の収束により, 三陸沖に停滞前線が形成され, その前線の西端が関東平野付近まで延びていた. 図 13.10 に示した同時刻の 500 hPa 天気図によれば, 本州付近は優勢ではないものの帯状の高圧部に覆われていて, 風は弱い. また, 下層の 950 hPa には相当温位 353 K の暖湿な空気が流れ込んでいた (舘野の高層観測). このため, 大気は対流不安定な状態で, ショワルター安定指数は -1.8, 対流有効ポテンシャルエネルギー (CAPE) は $904\,\mathrm{m^2\,s^{-2}}$ であった. そして地上と 500 hPa の風速差は $5\,\mathrm{m\,s^{-1}}$ と弱かった. これらの指数は, 気団雷は発生しやすいが, 長時間続くメソスケールに組織化されにくい状態であることを示す (第 14 章).

　次に, 図 13.11 は 5 日 12 時における海面気圧と高度補正した気温の分布を示す. まず, 長野県を中心とした低気圧が目立つ. これは山岳地帯の地表面が日射で暖められて出来た低気圧である. 熱的低気圧という. 関東平野の

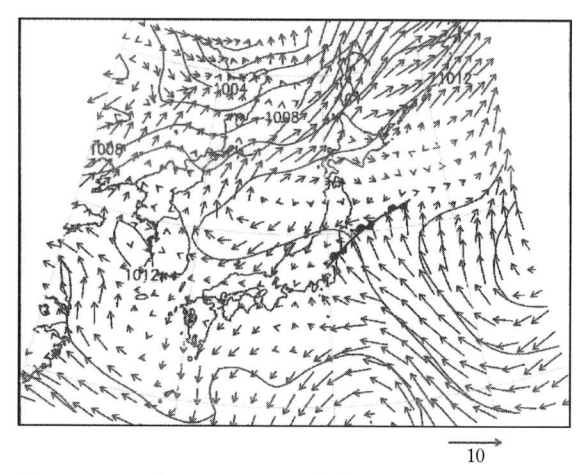

260　第13章　深い湿潤対流と雷雨

図 13.9　2008 年 8 月 5 日 9 時，気象庁気候データ同化システム（JCDAS）による地上天気図[15]．実線は海面等圧線（2 hPa おき）．

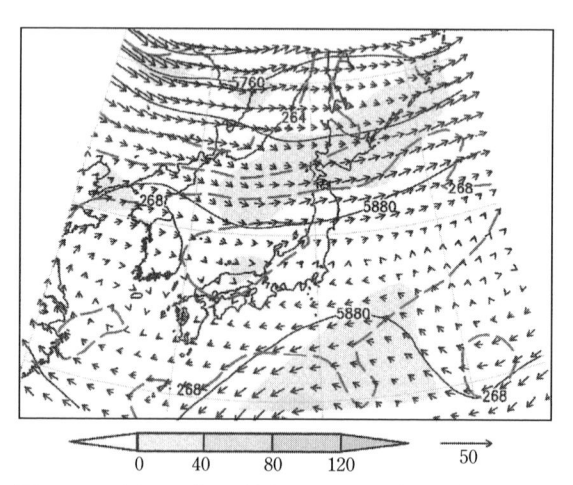

図 13.10　図 13.9 と同時刻の 500 hPa 天気図（JCDAS）．実線はジオポテンシャル高度（gpm），破線は温度（K），陰影の部分は渦度（10^{-6} s^{-1}）[15]．

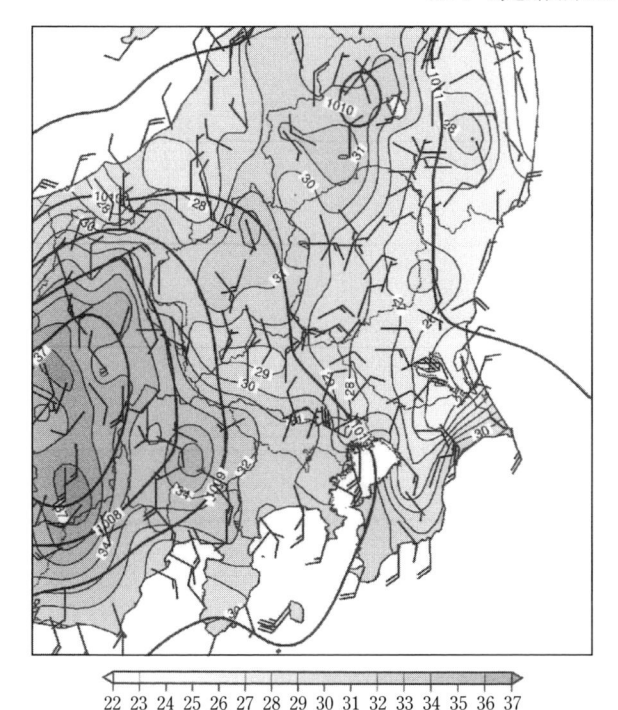

図 13.11 2008 年 8 月 5 日の海面気圧（hPa）．陰影の部分は高度補正した気温（℃）[15]．

気流を見ると，重要な風は鹿島灘から吹いてくる相対的に冷涼な東寄りの風である．これが，その南から吹き込んでくる相対的に温度が高い南寄りの風との間に収束線を作り，ここで対流雲が発達した．この収束線は図 13.9 に示した停滞前線の西端に相当する．さらに，細かく見ると，栃木県や埼玉県には 3 つ目の気流として，北寄りの風がある．この北寄りの風は総観場の東風が奥羽山脈を越えられずに福島県の中通りを通過したものと考えられる．こうした気流の配置は，関東地方南部の平野型の雷雨の発生時によく見られる型である．また，再現実験によれば，収束線の北側の東寄りの風は，三陸沖から関東の東海上までの広い範囲に見られるが，厚さは 1 km 以下という薄い層である．

また，図は示さないが，水道局の豊島営業所の位置で雨量計が測った 10

分間雨量の時系列によると，雨が降り出したのは 11 時 30 分頃で，雨量のピークは 11 時 55 分～12 時 05 分の間の約 16 mm で，続いて 12 時 05～15 分の約 12 mm であった．かなりの強雨である．結局 2 時間で 154 mm の雨が降った．水難は 11 時 40 分から 12 時 00 分の間に起こったと推定されている．

雑司が谷豪雨を起こした対流雲については，ユニークな研究もある[16]．雑司が谷を取り囲んで，神奈川県の海老名市と千葉県の木更津市には，防災科学技術研究所の二重偏波レーダーという特殊なレーダーがあり，茨城県のつくば市には気象研究所のドップラーレーダーがあるので，これらを用いて雑司が谷周辺の対流雲の中の降水粒子の混合比（1 m^3 の空気中の水分の質量）の 3 次元分布が求められた．その結果に基づいて，図 13.12 は水害をもたらした積乱雲群の一生を模式的に示したものである．生涯を通じて，混合比の最大は高度 5 km 前後にある．ここでは混合比 >1 g m^{-3} を持つものを対流セルと呼び，混合比が 3 ないし 5 g m^{-3} 以上の大きい部分を降水核（precipitation core，略して PCO）と呼ぶことにする．成長期には雲中の上昇流により混合比はひたすら増加するが，やがてその荷重により落下を始め，成長期に入る．今回の場合には，1.3 節で述べたプロセスにより，最初の PCO1 の傍に第 2 の PCO2 が発生した．すなわち，多重セルの対流性降水系の構造をもつ．こうして，全体としての寿命は長く 100 分となり，個々の対流セルの寿命の 15～30 分に比べれば，極めて長かった．

(2) 神戸市都賀川の水難事故（2008 年 7 月 28 日）

都賀川は六甲山を発し神戸市灘区を流れる川である．この川で 2008 年 7 月 28 日，水遊びに来ていた 5 名の命が失われた．川といっても，野原をのどかに流れる川ではない．図 13.13 に示すように，両側面を石やコンクリートで固められた川である．それでも市民に親しんでもらう親水公園として，流れの両側に遊歩道などが作られていた．

当日の地上天気図によれば，本州中央部に北陸から福島県を越えて東西方向に梅雨前線が横切り，その南に高気圧，北に低気圧がある．典型的な南高北低の気圧配置である．神戸市でも午前中は夏の太陽が照りつけ，14 時には気温は 32.5 ℃ まで上昇した．

都賀川にも川遊びや川周辺の散歩を楽しむ人が大勢いた．しかし，午後になると積乱雲が発生し，13 時 20 分には兵庫県南部に大雨洪水注意報が，13

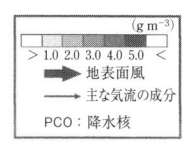

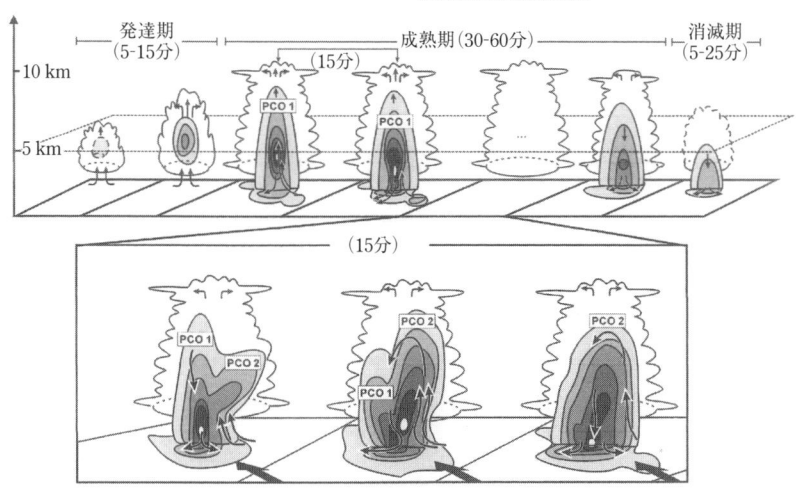

13.4 局地的大雨による水害　263

図 13.12　雑司が谷水難事故を起こした多重セルの一生の模式図[16]．陰影は雲中の降水粒子の混合比（単位は g m^{-3}）で，細い矢印は主な気流の成分，太い矢印は地表面の風．PCO は降水核．

図 13.13　晴れた日の兵庫県神戸市都賀川の光景．河のせせらぎの両側に遊歩道がある．（出典：ウィキメディア・コモンズ，ファイル：Toga river Hankyu.jpg，著作権者：Bakkai，ライセンス：CC 表示-継承）

時 55 分には大雨洪水警報が発表されていた．しかし，河川にアナウンス施設はなく，河川や河川敷にいた大半の人は警報発表を知らなかった．14 時 30 分頃から急速に黒い雲が空を覆い雷鳴がとどろき，河川敷を歩く人は少なくなったが，それでも都賀川やその周辺には 50 名以上が残っていた．14 時 36 分頃から降雨が始まり，14 時 40 分には視界が悪くなるほどの激しい雨となった．14 時 50 分には表六甲山麓部で 10 分間に 15〜20 mm という非常に強い雨が観測されている．

　土木学会都賀川水難事故調査団が分析した甲橋のモニタリングカメラの映像によれば，都賀川の増水が始まったのは 14 時 42 分頃とみられる．水位計の記録によれば，都賀川の水位は 15 時までに 1.3 m 上昇しているが，モニタリングカメラの映像では 14 時 44 分に既に同程度の水位に達したことが確認されている．すなわち，2 分以内に 1 m 以上の水位上昇があったことになる．

　いずれにせよ，この急激な増水により，河川周辺にいた人たちのうち 41 名は自力で避難したが，16 名が濁流に流された．うち 11 名は救助されたが，保育園児 1 名，小学生 2 名，大人 2 名の計 5 名が亡くなった．

第14章
メソ対流系

14.1 積乱雲の組織化

　積乱雲は単独でも起こるが，多くの場合複数個の積乱雲がメソスケールに集合して起こることが多い．これを総称してマルチ（多重）セル型対流系という．その中で，1辺の長さが100 km程度のものをメソ対流系と呼ぶ．それを構成する個々の積乱雲が対流セル（cell）である．言うまでもなく，生物の組織は細胞で構成されていることになぞらえた名称である．メソ対流系を形状によって，団塊型と線状型とに分類する．これに関連して，雲のクラスター（cluster）という言葉が使われることがある．クラスターという言葉自身はお馴染みで，たとえば，夜空に輝く星団はstar clusterである．雲のクラスターは衛星赤外画像や水蒸気画像で，円形や楕円形をして明るく見える部分である．その正体はいくつかの積乱雲が密集して存在していて，それらからのアンヴィルが1つの個体として見えるものである．この雲の下で，積乱雲がどのように組織化されているかは，レーダーエコーの分布を見ないとわからない．

　さて，団塊型のメソ対流系というものがある．これは，発達段階の違う積乱雲が雑然と不規則に集合しているものである．図14.1がその一例で，発達中のものや，すでに成熟期を過ぎて下降流ができているものなどがある．ある1つの気団内で発生する雷雨，すなわち，気団雷（第13章）はこの型で現れることが多い．

　この図は古典となった「雷雨プロジェクト（Thunderstorm Project）」の報告書[1]からの引用である．当時は第2次世界大戦が終わったばかりで，航空機・パイロットに余裕があった．それで，雷雨のため軍用・商用を問わず

266 第14章 メソ対流系

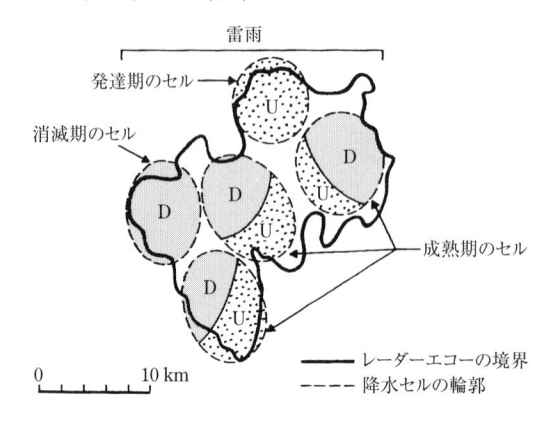

図14.1 気団性雷雨内で複数個の対流セルが分布している水平図[1]. 発達中のセルには上昇流（Uの記号）だけがあり，成熟したセルには上昇流と下降流（Dの記号）が共存し，消滅しつつあるセルには下降流だけがある.

航空機の運行に支障が生じたのに業を煮やした空軍・民間航空会社が，連邦気象局や大学の協力を得て，多数の気象観測用航空機を含む大規模な気象観測網を展開して行った観測プロジェクトである．その後も米国は何か解明を要する現象があれば，まず特別観測を行って，現実の現象のデータを得るという伝統ができた．この雷雨プロジェクトは，その先駆けとなる計画であった[2]．

特に重要な結果の1つだったのは，それまでは，むくむくと空に延びる積乱雲の成長ばかりに目を奪われていたのが，このプロジェクトにより，成熟期以降は下降流が発達し始め，積乱雲の下に冷気プールができることの重要性を認識したことだった．ダウンバースト（14.5節）や竜巻（第15章）などは，下降流なしでは考えられない現象である．

　余談になるが，今から約60年も前の1955年，私は渡米後最初の夏に東岸からコロラド州ボルダーにある国立大気研究所（NCAR）まで，初めてドライブした．途中でカンサス州を通過中，雷雨に遭遇した．そのとき驚いたのは，広い耕地のかなたに見える雷雲の雲底の高さであった．ゆうに地上から3kmから4kmはあったと思う．その高い雲底から太い雨のシャフトが地上まで延びている様子は，本当に異国に来ているのだということを実感させた．緑に覆われた瑞々しい小山の中腹から上は雨雲に覆われるという日本の光景とは，まったく異質だったのである．これだけ雲底が高ければ，冷気プールの温度も低く，冷気外出流も強く，

ガストフロントも強く，新しい対流セルも容易に発生するであろう．殊に，乱流境界層では温度の鉛直傾度が乾燥断熱減率であるため，この層内では落下する空気塊は何の抵抗も受けない．したがって，少し温度が周囲の空気より低ければ，空気塊は容易に落下するのである．

線状メソ対流系は，その形態によっていろいろに分類できる．古くなったが，今でも用いられるのが図 14.2 である．11 年間に米国中西部で観測された約 150 個の線状対流系の中で，シビア・ストーム（severe storm）40 個が以下述べる 4 つに分類されている[3]．ちなみに，この論文でシビアストームとは，竜巻・漏斗雲・$25\,\mathrm{m\,s^{-1}}$ 以上の突風・直径 1.9 cm 以上のひょうを伴ったストームと定義している．

(1) 破線型（broken line type）．

個々の降水セルがほぼ同時刻に発生し，各々セルが成長するとともに，図 1.7 で示した過程により新しい対流が誕生し，隙間の無い線状対流系が形成される型．寒冷前線の先端に沿って出現することが多い．しかし，寒冷前線に伴う雲としては，寒冷前線面に沿って暖域の空気が上昇し，幅広い層状雲を伴うものもある．

特に重要なのが，寒冷前線に沿って発生する狭い帯状の降雨域である．レーダーエコーでよく見ると，連続した 2 次元の降雨帯ではなく，楕円形の降

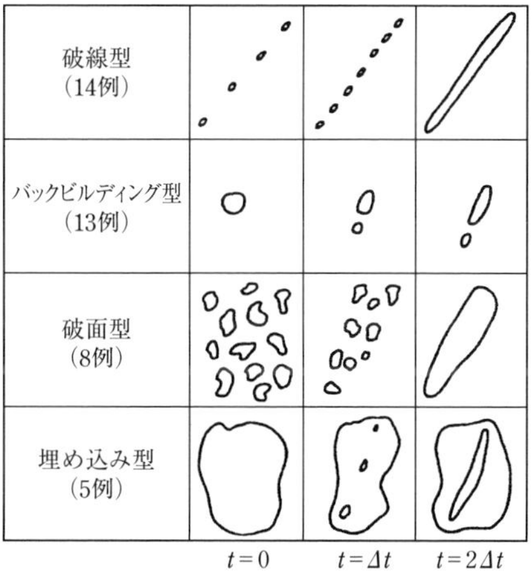

図 14.2 線状対流系が形成される過程の 4 つの型[3]．

268 第14章 メソ対流系

雨セルが寒冷前線に対して斜めに傾いて連なっているものが多い.「狭い寒冷前線降雨帯」と呼ばれている[4]. 図14.3にその4例を示す. いずれも1ヵ月足らずの間に, 名付け親であるホッブスのホームベースである米国ワシントン州を通過した寒冷前線に伴ったものである. かなり頻繁に出現していることがわかる. 日本でもしばしば観測される. 対流セルが寒冷前線の方向とは斜めに傾いて連なっているとはどんな状況かを示したのが図14.4である. 図(b)の場合, 仮に前線の走向が南西から北東であり, 風の鉛直シアベクトルが東を向いているとすると, 初期 ($t = t_0$) に前線上にあった積乱雲

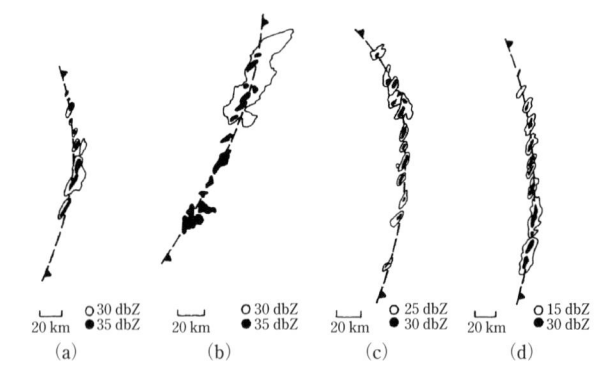

図14.3 狭い寒冷前線降雨帯における低高度のレーダー反射強度の4例[4]. 米国ワシントン州での観測. (a) 1976年11月14日, (b) 11月17日, (c) 11月21日, (d) 12月8日. 破線は東進中の寒冷前線の位置.

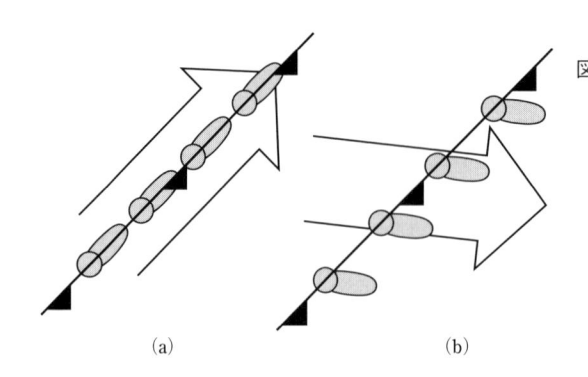

図14.4 (a) 地上寒冷前線に平行して対流セルが並んだ模式図. 太い中抜きの矢印は, 大気の中層から下層にかけての風の鉛直シアベクトル. 薄く陰影をつけた部分が対流セル. (b) 地上寒冷前線に斜めの方向に対流セルが並んだ場合. この場合の力学的特性が図14.5.

からの冷気外出流は，少し時間が経った後では（$t=t_0+\Delta t$），東の方に流れるであろう．そして冷気外出流の先端であるガストフロントで新しいセルが生まれる．こうして $t=t_0+2\Delta t$ には，前線の走向とは傾いた対流セルができることになる．もし前線と鉛直シアベクトルの走向が一致していれば，図14.4(a)のように，連続した2次元の降雨帯となるであろう．

その後，ドップラーレーダーや気象航空機などを用いた研究により明らかにされた「狭い寒冷前線降雨帯」の内部構造と力学的特性を，模式的に示したものが図14.5である[5]．前線に伴う風のシアラインは変形されて，幾つかの降雨セルが並び，その隙間の領域（gap region）には強い低気圧性のシアがある．ここで竜巻が発生することがあるというので注目に値する．このような鉛直シアの重要性は，次章の竜巻の話でさらに明確となる．

(2) バックビルディング型（back building type）．

重要なので，次節で詳しく述べる．

(3) 破面型（broken areal type）．

あまり良い訳語ではないが，強または中程度の強さのセルが雑然と集まっていたのが，はっきりした線状構造に組織化される型．

(4) 埋め込み型（embedded areal type）．

弱い層状の降雨域の中に対流性の降雨帯ができる型．日本で，それらしい型の事例報告がある[6]．

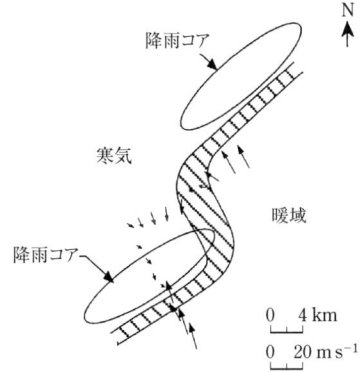

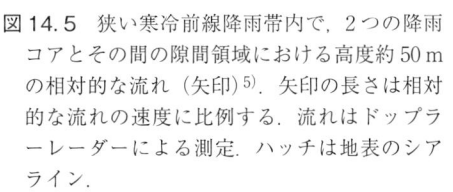

図14.5 狭い寒冷前線降雨帯内で，2つの降雨コアとその間の隙間領域における高度約50 mの相対的な流れ（矢印）[5]．矢印の長さは相対的な流れの速度に比例する．流れはドップラーレーダーによる測定．ハッチは地表のシアライン．

14.2 バックビルディング型の線状メソ対流系

バックビルディング型の線状対流系（以下 BB 型と略称）という名称がまだ生まれていなかった 30 年以上前の，わが国での集中豪雨の古い話から始めよう[7]．1983 年 7 月 22 日から 23 日にかけての真夜中，島根県浜田市や益田市を中心とする地域を豪雨が襲った（図 14.6(a))．以下，島根豪雨と略称する．ピーク時には 1 時間雨量は 90 mm，6 時間の積算雨量は 300 mm を超えた．不幸にも真夜中の豪雨であったため，主に土砂災害により，109 名の生命が失われた．当時の気象状況は，日本海南部で梅雨前線が東西に延び，その上にメソ α スケールの低気圧があった．しかし，図 14.6(a) の線状の豪雨域は，梅雨前線から 100 ～ 200 km 南に位置していた．しかも，降雨量は中国地方の山岳地帯よりも海岸線のほうが多かった．

この豪雨の際の雨の降り方は，図 14.7 に示したほぼ 10 分おきのレーダー

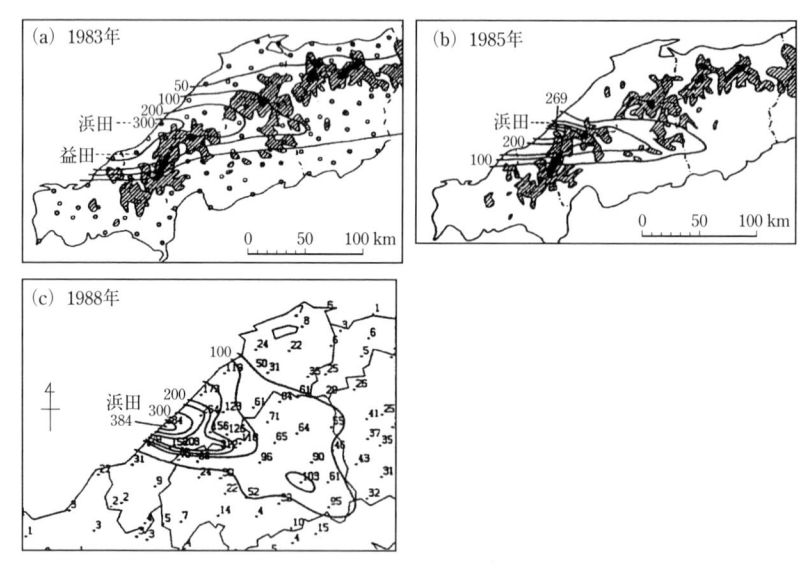

図 14.6 島根県の集中豪雨の降水量分布（単位は mm）[7]．(a) 1983 年 7 月 22 日 11 UTC から 23 日 03 UTC まで，(b) 1985 年 7 月 5 日 14 ～ 20 UTC，(c) 1988 年 7 月 14 日 05 UTC から 15 日 03 UTC まで．浜田市と益田市の位置も示す．

図14.7 1983年7月22日島根豪雨の際，松江市の気象レーダーがほぼ10分間隔で観測したレーダーエコー分布図[7]．左側の図は22日1510～1740 UTC，右側は1910～2140 UTCの時間帯．左側の1510 UTCのレーダー図に中国地方西部の海岸線が重ねてある．HとMはそれぞれ浜田市と益田市の位置を示す．松江市からの距離は50kmおきに描いた点線の円で示す．ハッチした区域は弱いエコー（降水強度≦4 mm h^{-1})，黒く塗った区域はかなり強いエコー（4 mm h^{-1}＜降水強度＜16 mm h^{-1}）か強いエコー（降水強度≧16 mm h^{-1}）の領域．記号AからHはエコー図で確認された対流セル．

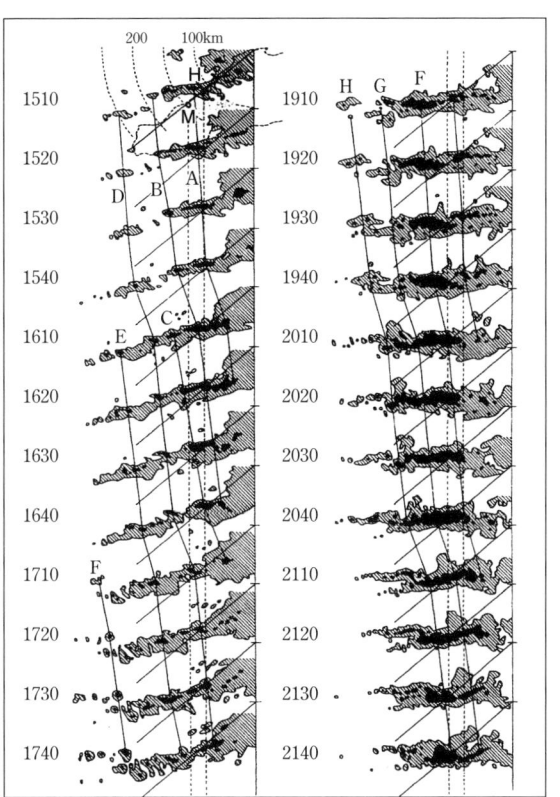

エコー図で明らかである．たとえば，降水セルBは7日1510 UTCに浜田市の西方約50 kmの海上で発生し，発達しながら東に進み，1620 UTCに浜田市あたりに強雨を降らせてから衰弱している．以後CからHまで，たくさんの降水セルが西方海上のほぼ同じ場所で発生しては，同じような経過を繰り返す．こうして出来た線状のメソ対流系が，図14.2で命名されたBB型の線状対流系である．

　災害は忘れたころに来るというが，忘れる暇もなく，引き続いて同じような豪雨が同じ地域をその後の1985年と1988年にも襲った（図14.6(b)，(c))．どれもが同じように7月の梅雨期の豪雨で，同じように夜半に起こった．

272　第14章　メソ対流系

　そして1991年には，そのころまでに事例解析されていた九州地方における梅雨期の豪雨のほとんどすべてが，BB型のメソ対流系によるものであることが指摘された[8]．その事例の中には，1957年7月25日に死者・行方不明者739名を出した諫早豪雨，1982年7月25日に299名の犠牲者を出した長崎豪雨などがある．

　図14.2で示されたように，BB型の対流系は米国中西部でも重要である．その成因とされているのが，図14.8に示された過程である[9]．大気は対流不安定か条件付き不安定か，とにかく不安定な成層をしているのが必要条件である．そして，成熟した積乱雲の雲底下に溜まった冷気プールから冷気が流れだし（冷気外出流），その先端のガストフロントが積乱雲に流入してくる下層の流れと出会って収束ができ，そこで新しい対流セルが発生し，卓越する下層や中層の風に流されて移動する間に発達して積乱雲となる．このプロセスが繰り返されるので，全体としては線状対流系となる．

　前節で述べたように，米国中西部では春から夏にかけての季節，一般的に空気は乾燥しているので，積乱雲の雲底は高く，ガストフロントは強い．したがって，上記の説明は米国中西部のBB型対流系にはよいが，湿度が高いわが国では，別の成因があってもよいのではないか．事実，図14.7に示した島根県のBB型の対流系については，まったく別のメカニズムが示唆されている[10]．すなわち，極めて簡単な静水圧平衡のモデルを使い，島根豪雨のころの下層の流れを調べた結果によると，日本海南部に卓越している西風は北九州地方や中国地方の山岳によって向きを変え，合流（図5.2）する流れとなる．それに伴って海上に収束帯が出来る．収束の最大値は$3.2\times10^{-4}\,\mathrm{s}^{-1}$に達し，浜田市や益田市付近にある．これだけ強い下層の収束があれば境界

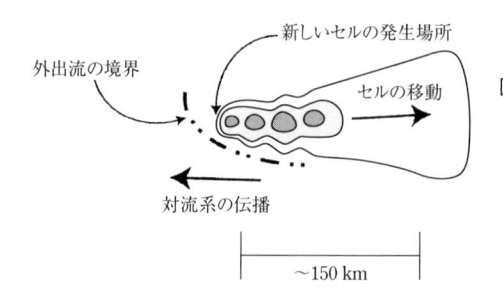

図14.8　レーダーで見たバックビルディング型線状対流系の模式図[9]．図の下端に示した距離のスケールは近似的なもので，与えられた時刻に存在する成熟期の対流セルの数などによって，大きく変わることがある．

層内の空気を自由対流高度まで運ぶのは容易なので，ここで対流セルが次々に発生してBB型の線状対流系ができるのだろうと推論している．

　この記述から，島根豪雨は地形性の降雨であると性格付けるのは，注意を要することがわかる．簡単のため2次元の現象を考えよう．海岸線も山脈も南北方向に延び，そこに水平方向には一様な西風が吹きつけたとする．空気は海岸線を越え，その背後の山腹に沿って強制的に上昇し，やがて飽和に達し雨を降らせる．これが純粋な地形性降雨である．この場合，雨量は山腹を登るにつれて多くなる．ところが島根豪雨の場合には，雨量は海岸線近くの方が山頂付近より多い．これは海上に収束線帯があり，そこで対流雲が次々と生まれ，山岳地帯に接近する間に次第に成長したからである．収束帯が出来た理由として推測されたのは，地形が2次元的ではなかったからである．

　しかし，上記の研究で用いられたモデルは静水圧平衡を仮定しているし，モデルの水平間隔は10kmなので，本当に収束帯があり，そこで対流セルが発生したのだというシミュレーションはされていない．その後，コンピュータの性能向上と，雲解像非静水圧平衡モデルの発達を受けて，1998年には初めてわが国周辺のBB型線状対流系のシミュレーションが成功した[11]．このシミュレーションの対象は，1993年8月1日，九州南部をほぼ東西に延びる梅雨前線に沿って，鹿児島県を東南東の方向に横切る線状の降雨帯であった．梅雨前線は収束帯である．すなわち，対流雲自身が作った収束帯でなく，対流雲より水平スケールの大きい環境の風（周りの風）による収束帯である．ちなみに，「雲を解像する」モデルとは，個々の積乱雲を表現できるくらいの格子点の水平間隔が小さいモデルのことで，だいたい間隔は2kmか，それ以下である．いろいろなモデルが開発されている[12]．

　これ以後は，わが国でも多くのBB型線状対流系のシミュレーションがなされている．その内容は吉崎・加藤による専門書[13]に紹介されているから，興味ある読者は参照してほしい．最近のものとしては，岡崎豪雨についてのシミュレーションがある[14]．この豪雨については16.1節でもっと詳しく述べるが，愛知県岡崎市付近で2008年8月28日17UTCの前1時間降水量が146.4mmを記録したほどの豪雨である．シミュレーションの結果に基づいて，岡崎豪雨を起こしたBB型の線状対流系の構造と，その形成に必要な3因子を模式的に表したのが図14.9である．岡崎市南方の海上の下層大気に

274　第14章　メソ対流系

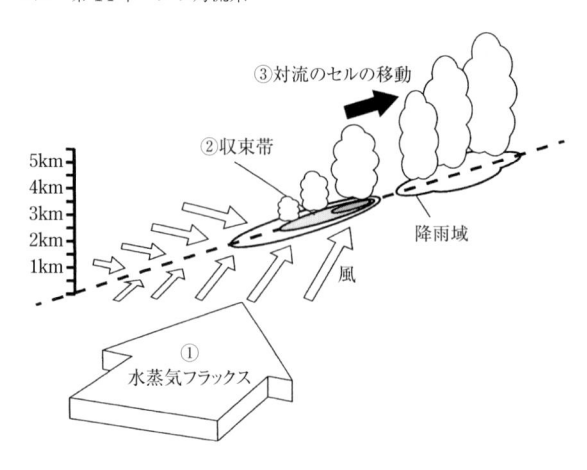

図14.9　2008年8月28日に岡崎市を襲ったバックビルディング（BB）型の線状メソ対流系の模式図[14]．この対流系の維持に必要な3つの因子も記入してある．①雨滴の補給に必要な水蒸気の流入，②下層の空気を自由対流高度まで運ぶのに必要な収束帯，③発生した対流セルを移動させて，次のセルの発生に備えるための下層の流れ．

は，ほぼ南北方向に走る収束帯がある．この収束帯は対流系よりはスケールの大きい合流する流れに伴うものである．

　この章を去る前に，もうひとつBB型の豪雨の例として，2004年11月11～12日の静岡県内の豪雨をとり上げよう[15]．車社会の時代ならでの水害を起こした集中豪雨である．11月12日の朝日新聞の夕刊に，「車が水没，女性が死亡」「大雨，静岡中心に被害」というかなり大きな見出しを持った記事が出た．浜松市東伊場で架道橋の下を通る市道（アンダーパス）が大雨のため冠水，乗用車2台が水没した．そのうちの1台に乗っていた女性が水死した．死の直前まで母と携帯電話で通話していたという痛ましい話が載っていた．

　静岡県菊川町牧の原では，1～3 mmの小雨が11日午後から降っていたが，雨は11日23時ころから急速に激しくなり，真夜中の24時にピークとなっている．11日23時40分までの1時間に110 mmの猛烈な雨を観測した．これは1979年の観測開始以来，これまでの93 mmを超えて記録を更新した．激しい雨は12日の4時までには終わり，その後は1～4 mmの小雨となっている．結局11日23時から翌12日3時までのわずか5時間に256 mmの雨が降ったことになる．記述の便宜上，この豪雨を本節では牧の原豪雨と呼ぶことにする．

　静岡県における豪雨については，7.4節でもとり上げた．しかし，あれは

梅雨期における豪雨であった．今回は，普通ならば可降水量も少なく極端な擾乱はあまり起こらない晩秋の候である．しかし，この牧の原豪雨の約15時間前に，高知市では11日9〜10時を中心として大雨が降り，11日の日降水量は224.5 mm となった．これは高知市の11月としては新記録であった（以下高知豪雨と呼ぶ）．

集中豪雨は総観スケールとメソスケールの相互作用として出現するから，まず総観スケールの気象状況から見ていこう．これ以降，時刻はUTCとする（日本時間JSTはUTC+9時間）．キーとなる時刻は，高知豪雨では11日00 UTC，牧の原豪雨では同日15 UTC である．

図14.10は11日00 UTCにおける700 hPaの高層天気図である．朝鮮半島の東岸に沿って短波のトラフが南北に走り，本州の東および南の海上には中緯度高気圧がある．この両者の間で，本州上には30〜40ノットの南西風が卓越している．

図14.11(a) と (b) は，それぞれ11日00 UTCと18 UTCにおける地上天気図である．まず図(a)ではサハリン上に中心気圧1006 hPaの温帯低気圧があるが，今回の主役は朝鮮半島の東海岸沖の洋上，日本海南部にある低気圧である．この低気圧の中心位置と温暖前線・寒冷前線の配置は，梅雨期には九州から西日本にかけて，しばしば大雨が降るパターンである．事実，図14.12は同時刻におけるレーダーエコー分布を925 hPaにおける相当温位と風とともに，赤外画像に重ねたものである．強い線状のエコーが，ちょうど高知県上を南南西の方向に延びている．暖域内には最大で339 Kの相当温位の空気もある．このため，四国から中国に地方にかけては，ショワルター安定度指数は負の値となっていて（図省略），これが高知豪雨を起こした．

図14.11(a) から18時間後の11日18 UTCの地上天気図が図14.11(b)である．低気圧中心は北海道西部まで進み，短い温暖前線は北海道を横切る位置に来ている．一方，動きが遅い寒冷前線は，まだ北陸・近畿・四国・九州南端を通る位置にいる．ところが，この11日18 UTC（12日03 JST）というのは，前述のように，牧の原豪雨がちょうど終わった時刻なのだ．つまり図14.11(a)の地上天気図に描かれた寒冷前線は，今回の豪雨には直接関係がなさそうである．

さらに，図14.11(a) では，温暖前線がちょうど四国の中央部を横断する

276　第 14 章　メソ対流系

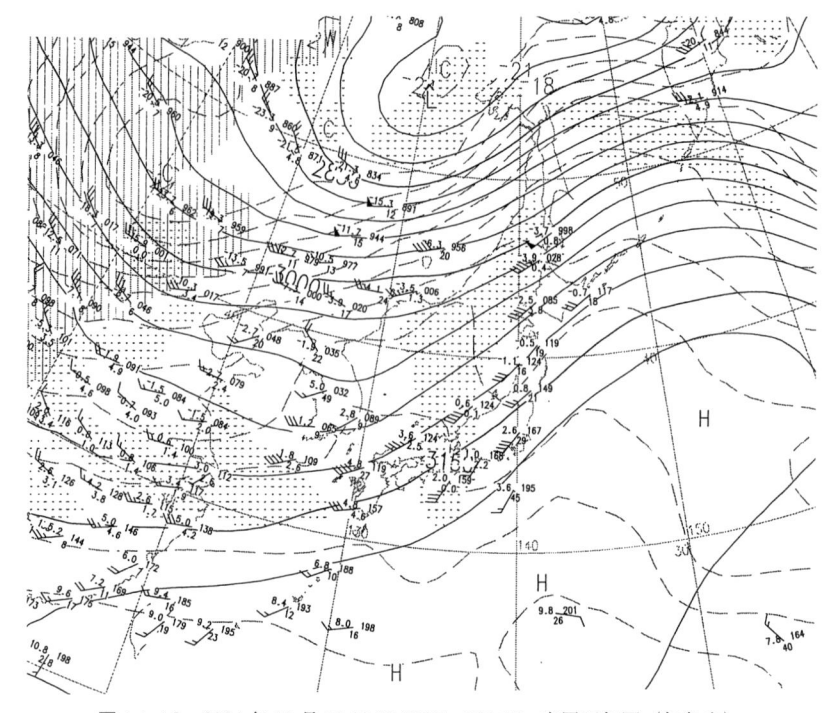

図 14.10　2004 年 11 月 11 日 00 UTC，700 hPa 高層天気図（気象庁）．

ように解析されている．ところが，高知地方気象台における毎時の気象要素のアメダス記録（図省略）を見ると，強雨のあった 10 日 23 UTC から 11 日 01 UTC までの 3 時間，風向は南東から北西に変化して，温暖前線の通過を反映していない．この風向の変化は，むしろ寒冷前線通過を思わせるが，気温の変化にはそれは反映されていなくて，通常の日変化をしているように見える．したがって，図 14.11 (a) に示した温暖前線や寒冷前線がどれだけ高知豪雨に直接関係したか，よくわからない．

むしろ高知豪雨で興味あるのは，図 14.13 に示した高知市におけるウィンドプロファイラの風の時系列である．すなわち，地表から高度約 4000 m の下層の風は，わずか 2～3 時間の間に南風から西ないし南西の風に急変している．もちろん，地表面近くの境界層では風の急変の位相は遅れ，変化はやや緩やかであるが，急変線の水平面との傾きは，寒冷前線の通過によるもの

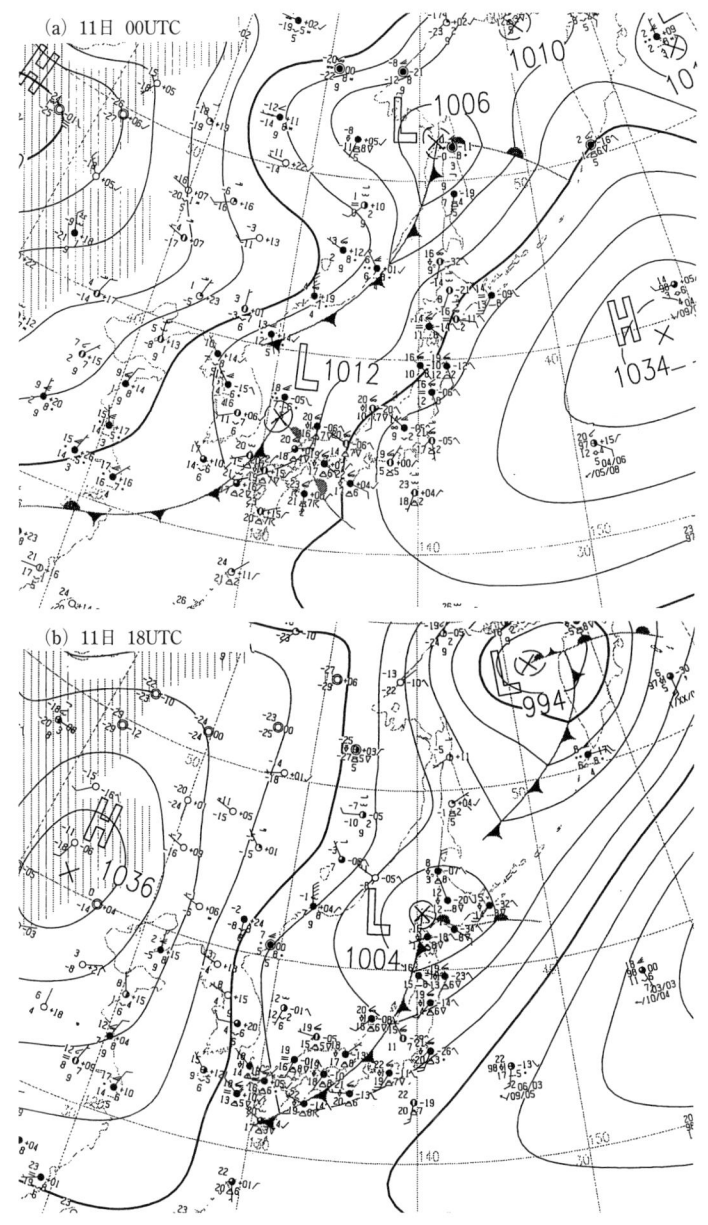

図 14.11　地上天気図 (気象庁). (a) 2004 年 11 月 11 日 00 UTC. (b) 11 日 18 UTC.

278　第14章　メソ対流系

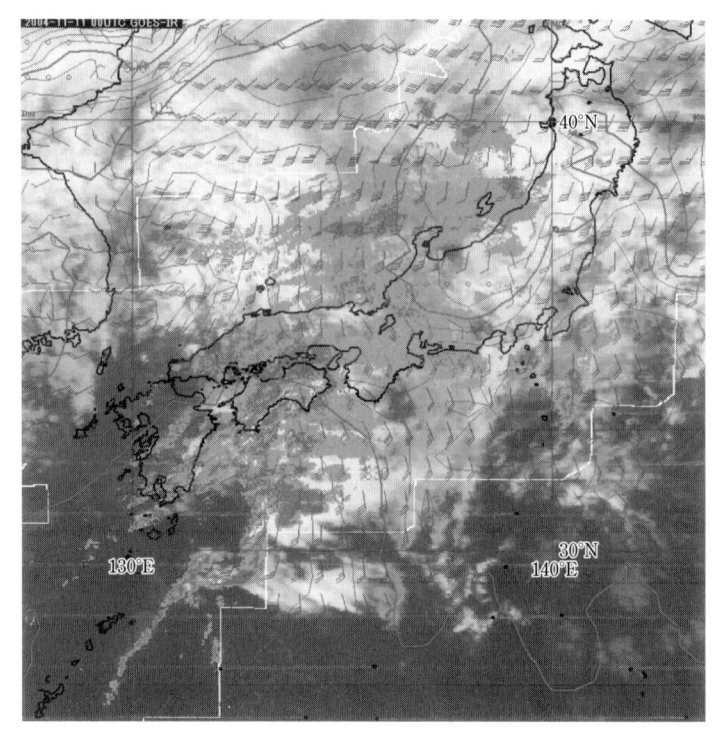

図 14.12　2004年11月11日00 UTC，GOES 赤外画像に重ねた 925 hPa の相当温位（3 K おき）と風とレーダーエコーの分布．（口絵にカラーで再掲）

とは思えないほど急峻である．

　この風の急変線はそのままの形で，あるいはむしろ急変の度合いを強めながら東進した．図 14.14 が静岡市におけるウィンドプロファイラの時系列である．11日14 UTC 頃，下層の南風はほとんど突然に西風となり，3～4時間後には南西の風となっている．しかもこの変化は観測のある高度9 km まで，ほとんど同時に起こっている．この14 UTC はまさに牧の原豪雨が始まる時刻である．

　図 14.15 はその直前の11日14 UTC における 925 hPa の風と相当温位とレーダーエコー図である．本州の日本海側の海岸に沿った雲帯は図 14.11（b）の寒冷前線に対応するものである．そして遠州灘には牧の原豪雨を含む強いエコーがある．遠州灘の東部の風は南風，西部の風は西風である．こ

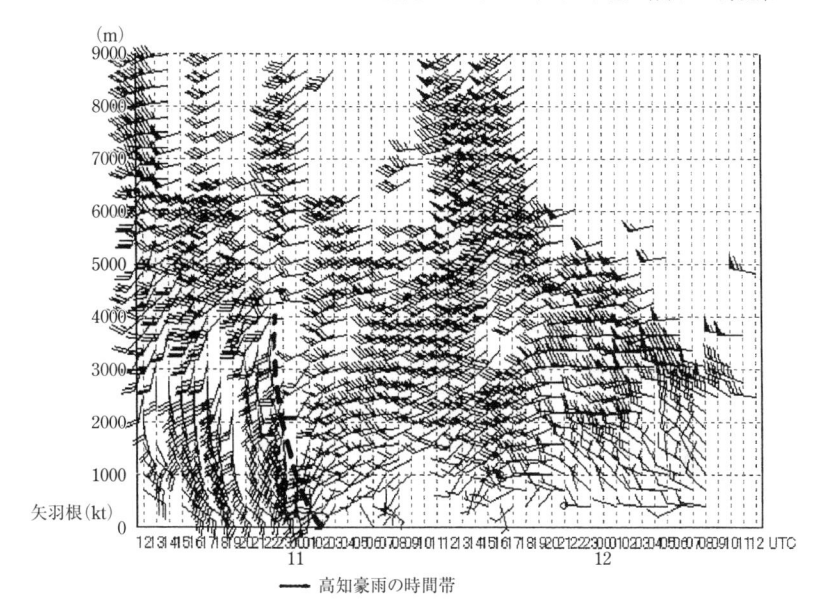

図 14.13　2004 年 11 月 10 ～ 12 日，高知豪雨の際，高知市のウィンドプロファイラが測定した風の時系列．長い矢羽根が 10 ノット．太い破線は風の急変線の位置．時間軸の下の横棒は 40 mm h^{-1} 以上の降雨があった時間帯．

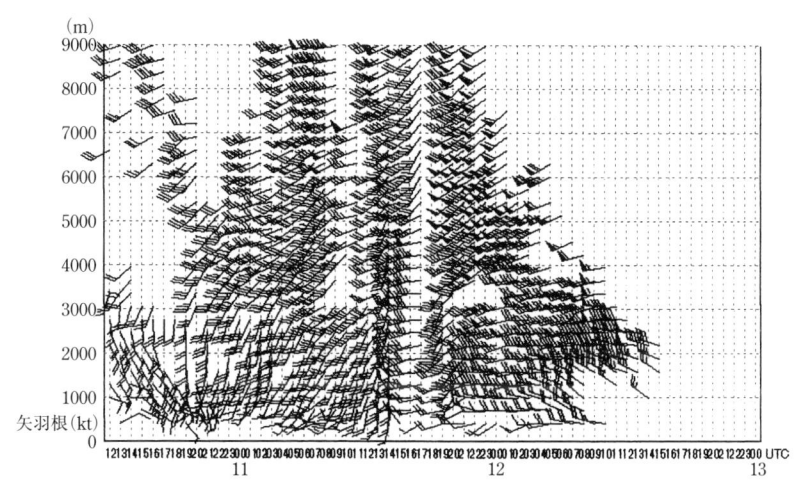

図 14.14　2004 年 11 月 10 ～ 13 日，静岡市豪雨の際，静岡のウィンドプロファイラが測定した風の時系列．

280 第14章 メソ対流系

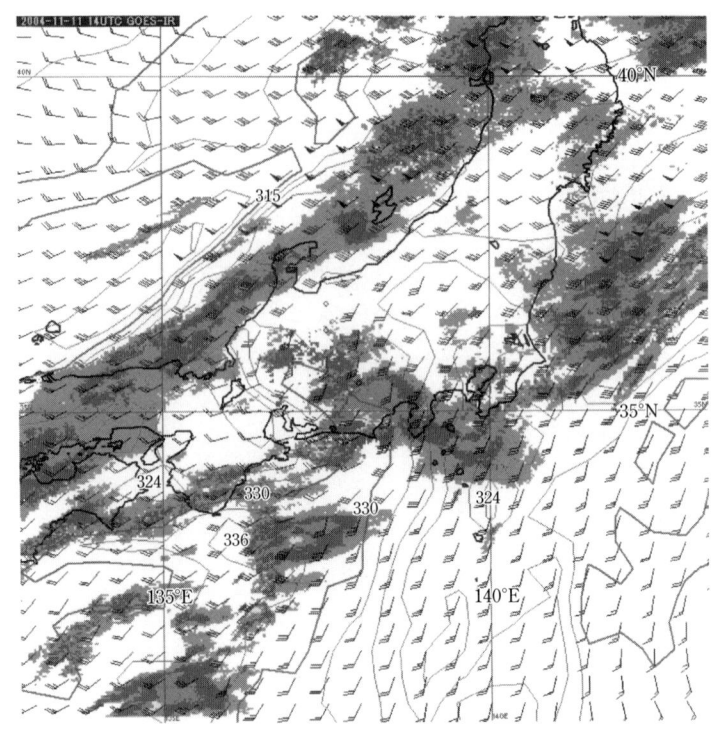

図 14.15 2004 年 11 月 11 日 14 UTC,レーダーエコーと 925 hPa における風と相当温位の分布.レーダーエコーのカラーは赤色:64 mm h^{-1} 以上,紫色:32〜64 mm h^{-1},黄色:16〜32 mm h^{-1},緑色:6〜16 mm h^{-1},青色:1〜6 mm h^{-1}.(口絵にカラーで再掲)

のことは同時刻,高度 1500 m における静岡市の風は真南,名古屋市(図省略)のそれは真西であるというウィンドプロファイラの観測結果と整合的である.この風向の急変線における収束によって,高知豪雨も牧の原豪雨も起こったのであって,寒冷前線とは関係のないことは確かなようである.

　念のため,図 14.16 に牧の原豪雨がピークに達した 11 日 15 UTC におけるショワルター指数と 850 hPa の相当温位の分布を示す.低気圧の中心は北海道の奥尻島付近にある.北陸から山陰地方沖の海上に等温位線が密集しており,ここに前線がある.しかし,この前線に沿って温度の強い傾度は無く(図省略),むしろ相当温位前線あるいは水蒸気前線と呼んだ方が適当な前線

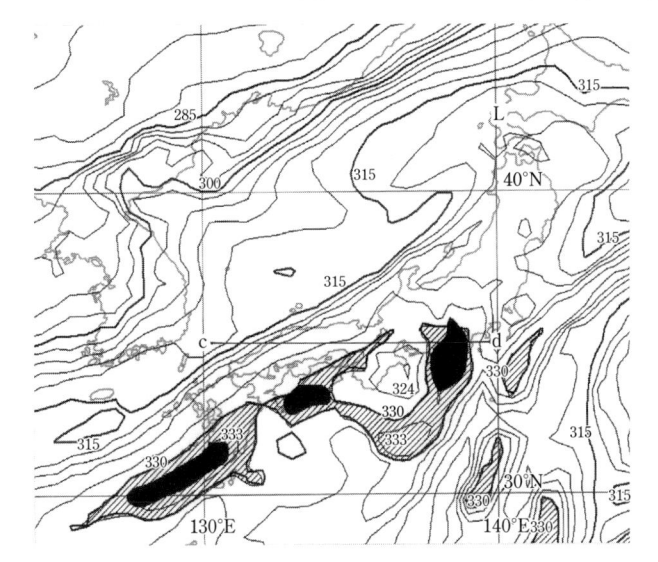

図 14.16 2004年11月11日15 UTCにおける850 hPa相当温位 (θ_e) の分布 (5 K ごと). $\theta_e \geq 330$ K の領域にハッチ. 黒く塗りつぶしたのは SSI ≤ 0 の領域. 北海道西端にある記号 L は低気圧中心の位置.

である. また, 相当温位>330 K の温暖な空気が本州と九州の南岸沖洋上にあり, ここに SSI<0 の不安定な空気もある.

牧の原豪雨で最も興味ある点が図 14.17 に示されている. これは 11 日 12 UTC から1時間おきの本州中央部におけるレーダー図である. 図(a)には幾つかの降水系が分散しているが, これは図 14.11 で高知豪雨をもたらした雲クラスターの名残である. この中でAとBと印をつけた降水系に着目する. 両者ともゆっくり北上しつつ, その西端の部分に降水強度>32 mm h^{-1} の強い対流セルを含む (図(b)). そして両者は次第に接近し (図(c)), 11 日 15 UTC までには遠州灘の海岸線付近で合体して, BB 型の線状対流系を形成する (図(d)). そして, それから約2時間 (図(e)と(f)), この線状対流系はほとんど位置を変えることなく, 渥美半島の先端部分から遠州灘に沿って位置し, 牧の原豪雨を起こすことになる. この間, 相当温位前線に伴った雲域は着々と東進し, 図(g)では正に BB 型の対流系を呑み込まんとしているのにもかかわらず, BB 型対流系は動いていない. BB 型対流系の好例といえ

282 第14章 メソ対流系

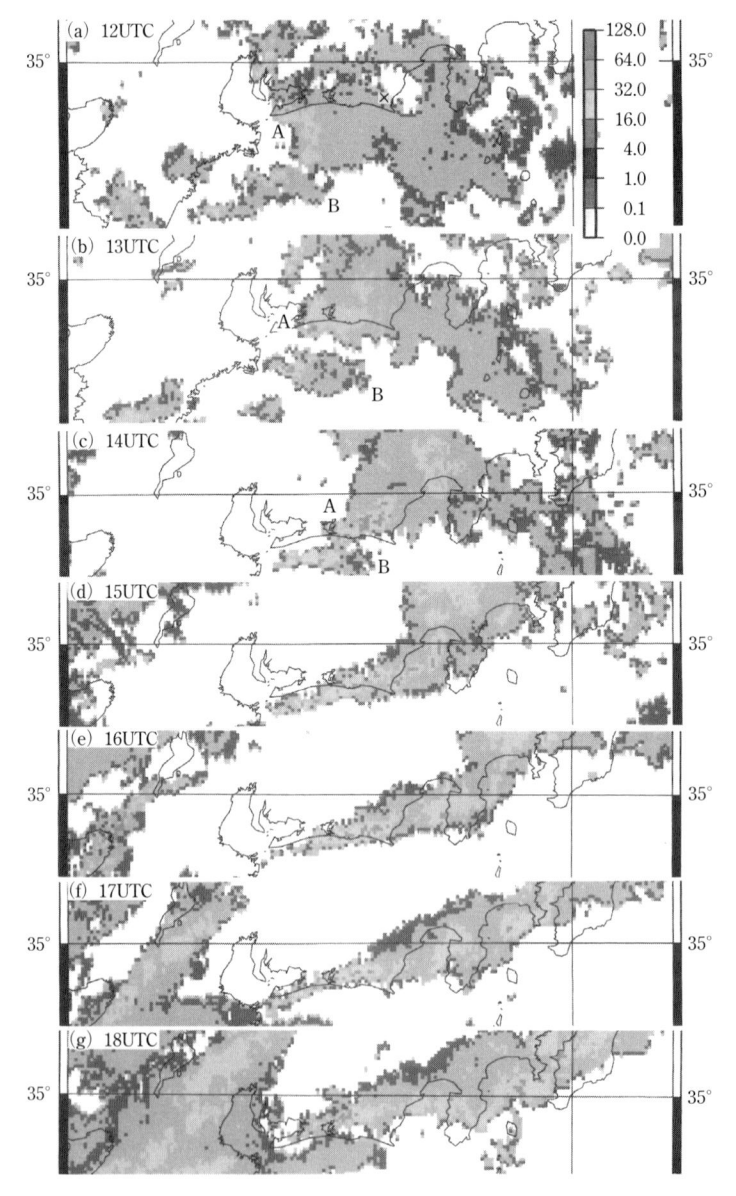

図 14.17 2004年11月11日12UTCから1時間おきのレーダーエコー図. A, Bと記号した対流系が静岡豪雨をもたらしたバック・サイドビルディング型線状対流系に進化した. 図(a)の遠州灘にある×印が静岡県牧の原の位置を示す. (口絵にカラーで再掲)

るだろう．

　少し細かいことを言うと，1時間おきのレーダー図だけしか入手できていないので，個々の対流セルの発生・移動・消滅を追うことはできないが，図(e)と(f)では渥美半島の先端部に誕生したばかりの対流セルと思われる弱いエコーがあり，中央部には強いエコー，そして線状対流系の北側には既に衰弱したセルを表す弱いエコーがある．すなわち，先端と（南風をまともに受けている）対流系の南側に新しいセルの発生域があり，北側に減衰域があるという構造をしている．これにはバック・サイドビルディング（Back and Side Building 略して B&SB）型という名称が付けられている[16),17)]．

　このように，高知豪雨と牧の原豪雨の成因ともいうべき風の急変線については，気象庁のウィンドプロファイラ観測網の記録を全部調べた結果によると，九州の平戸から関東地方の水戸まで明瞭に認められている．その間の平均伝播速度は約 22 km h^{-1} である．一方，北陸地方から東北地方にかけては不明瞭であり，沖縄地方では認められない．また，その移動経路にあたる二十数ヵ所の気象官署で得られている地上気圧ほかの気象要素の時系列を調べたが，現在のところ，風の急変線に対応すると思われるシグナルは見つかっていない．結局，現在のところ風の急変線の正体は不明である．

14.3　スコールライン

　スコールラインは対流セルが線状に並び，その背後に広い層状の雲域を伴ったメソ対流系である．前述の BB 型，あるいは B&SB 型と違い，これはかなり速い速度（5〜15 m s^{-1}）で，線自体に直角の方向に移動する．図14.18 は 5 月に沖縄で観測された例である．伝播速度は約 6 m s^{-1} で，最盛期には全長 460 km のアーク状の先端部を持ち，21 時間も継続した．日本では最大級のスコールラインであった[18)]．

　スコールラインは日本付近ではあまり出現しないが，米国中西部や熱帯では多発する．多くの観測事例を総合し，先端部に直角方向の鉛直断面上で，内部構造を模式的に示したのが図 14.19 である[19)]．流れは移動中のスコールラインに相対的な流れである．まず，ガストフロント付近で，大気境界層内の湿った空気が上昇し，激しい対流性降雨の領域に入る．ここでは約 30 分

284　第14章　メソ対流系

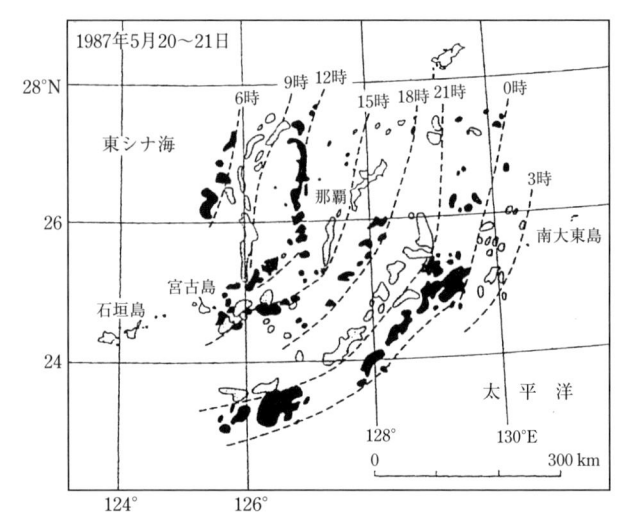

図 14.18　1987年5月20〜21日，沖縄諸島を通過したスコールラインに伴う反射強度33 DBZ以上のレーダーエコー[18].

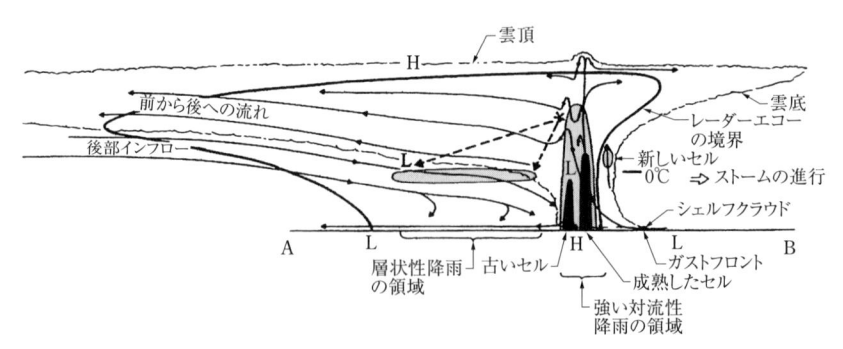

図 14.19　中緯度スコールラインの構造の鉛直断面模式図[19]. 図の左から右に進行中のスコールラインに相対的な流れを細い実線で示す．いちばん外側のギザギザの線が目視による雲の輪郭．太い実線は気象レーダーで検出される範囲．陰影および黒塗りは反射強度が強い領域．破線は降水粒子（雪）の軌跡．横軸に沿ったHとLはそれぞれ相対的に地表面気圧が高い領域と低い領域．

おきに新しい対流セルが発生しては後方に移動し，成熟期の積乱雲となり強い雨を降らせ，やがて広い層状性の雲域となるというプロセスを繰り返している．この対流域の背後では，流れの流線はより緩やかなカーブを描き，中層から上層に広がる付随した層状雲を通って後面へと向かう．対流域で上昇した空気の一部は反転して，前方に向かう．一方，層状雲の下には後部から先端部に向かう流れがある．その中には緩やかな下降流があり，対流域の上層で出来たあられや雪片などの氷粒子は落下して，温度が0℃の高度を通過するときに融解して，大きな水滴となる．水滴は氷粒子よりレーダーをよく反射させるので，レーダーで見ると，この高度で反射強度が特に強いブライトバンドとして観測される．後ろから前への流れは，ついには下層で対流域の背後に達し，そこでの収束を強化しつつ，向きを反転させ，地表面近くで後部に引き返す．後ろから前への流れは，時としてジェットと見なせるほど強いことがある．このときにはこの流れを後ろから流入するジェット気流（rear inflow jet，略してRIJ）という．次節のボウエコーの話でも登場する重要な気流である．

　このスコールライン全体の流れに伴って，幾つかの低圧部と高圧部がある．RIJにとって重要なのが対流域にある低圧部である（Lと記号）．これは積乱雲の内部は周囲より数℃くらい高温なので，静水圧平衡の見地から密度の小さい気柱の底にある低圧部である．わが国の線状対流系の場合には一般的に冷気プールは薄いので，地表面でも低圧のままでいる．図14.19では，雲底高度が高い積乱雲群の下に冷気プールがあるので，高度が下がるとともに低圧は打ち消されて，地表面では結局高圧部となっている．この高圧部から空気は発散している．

　既に述べたように，米国中西部や熱帯地方ではスコールラインが多発する．その中には，スコールラインのイメージ通りに速く移動するものもあれば，移動速度が遅いものもある．この両者では，線状対流系を取り巻く環境の場がどう違うのか．

　この点は，他の擾乱があまり無く，環境の流れが比較的単純な熱帯の線状対流系については，ある程度明確にされている．それによると，大気の成層安定度には両者であまり違いはない．違うのは環境の下層風のシアである．風を線状対流系に平行な成分（V_tと記す）と直角方向の成分（V_n）に分解

して考えると，あまり移動しない対流系では，V_t のシアはある程度あるが，V_n のシアはほとんどない．反対に，速く移動する対流系では V_n のシアはかなり強いが，V_t のシアはほとんどないという結果になっている[20]．

このように，スコールラインが出来るためには，線状対流線に直角方向の風について，下層〜中層の鉛直シアが重要であることが，次のような2次元の数値モデルでも，現実のスコールラインがよく再現できることからもわかる[21]．この数値実験では，初期の基本場として，観測された温度と露点の鉛直分布をとる．環境の風としては，地上で0，そこから高度に比例して風速は増加して，高度6 km では $15\,\mathrm{m\,s^{-1}}$ に達し，そこから上は鉛直シアがないとする．この環境場の中に，初期に仮想的なバブルを下層に与えて対流を起こさせる．すると，対流セルは時間とともに急速に発達して積乱雲になり，約30分後には積乱雲の中の上昇流は $19\,\mathrm{m\,s^{-1}}$ に達する．それからは同じように急速に減少しはじめるが，50分後から再び盛り返し，約5時間以降は，先端にガストフロントを持ったスコールラインが，環境の風の方向に $14\,\mathrm{m\,s^{-1}}$ の速度で進むようになる．この移動速度は現実のスコールラインの伝播速度 $15\,\mathrm{m\,s^{-1}}$ に近い．そして，再現されたスコールラインは定常状態ではなくて，約32分を周期とする非常に規則的な変動を繰り返している．

周期的な変動というのは，まずガストフロント付近で新しいセルが発生する．このセルは時間とともに急速に発達しながら，ガストフロントに相対的に $-10\,\mathrm{m\,s^{-1}}$ の速度で後方に移動しながら成熟し，やがて層状の雲となる．この移動速度は実測の $-9\,\mathrm{m\,s^{-1}}$ に近い．そして，このセルが層状の雲となる前にガストフロントで再び新しいセルが発生しているので，結局年齢が違う複数個のセルが共存するというマルチセル型の構造を示している．こうして，再現されたスコールラインは規則正しい周期変動をしながら，前方のフレッシュな環境の場に侵入していくから，この環境が無限に広く続く限り，スコールラインも不滅である（厳密に言えば，対流域で内部重力波が発生し，スコールラインより速い速度で，前方に伝播している）．

そこで，移動しているモデル・スコールラインに相対的な座標系をとり（つまり移動中のスコールラインから見て），この1周期について時間平均をとってモデル・スコールラインのいろいろな気象要素の空間分布を見たのが図 14.20 である．まず，スコールラインに相対的な流れを見ているから，環

14.3 スコールライン 287

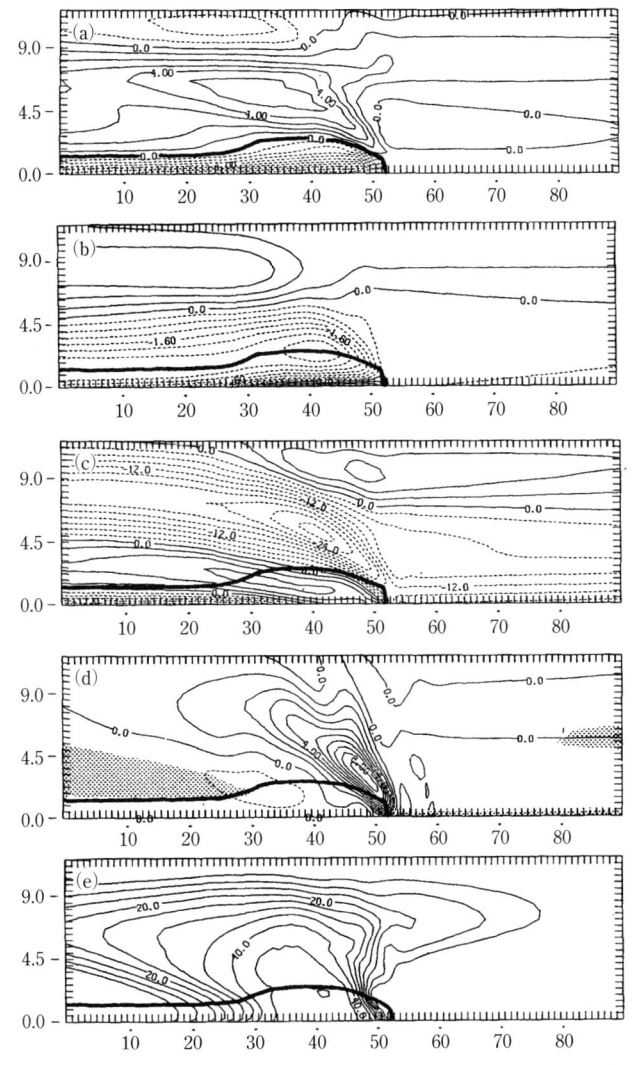

図 14.20 移動中の疑似スコールラインに相対的に見たスコールラインの内部構造[21]．前面で周期的に発生しては後方に流れ去る対流セルの1周期に亘っての時間平均．(a) 温度偏差（1 K ごと），(b) 圧力偏差（0.4 hPa ごと），(c) スコールラインに相対的な水平速度（3 m s^{-1} ごと），(d) 鉛直速度（m s^{-1}），(e) レーダー反射強度（5 dBZ）．

境の風は図の右から左へ，スコールラインに流入する方向に吹いており，その風速は下層ほど強く，地表面では前述のように約 $14\,\mathrm{m\,s^{-1}}$ である．図(a)の温度分布では下層に冷気プールがあり，その先端にガストフロントがある．冷気プールの上には積乱雲内の凝結加熱による高温の領域がある．その最大値は約 5 K である．ここで重要なのが，前に図 14.19 でも指摘したが，図(b)に示した気圧の（環境の場からの）偏差である．冷気プールの境界線の上方へのふくらみを中心として，$-3\,\mathrm{hPa}$ に及ぶ低圧部がある．ところが，ストームの前方にはほとんど気圧の偏差がない．それで，この低圧部との間の強い気圧傾度力のため，図(c)においてストームに相対的に約 $12\,\mathrm{m\,s^{-1}}$ で冷気に衝突した暖気は，上方に持ち上げられるのみならず，冷気プールのふくらみの上では $26\,\mathrm{m\,s^{-1}}$ という高速となり，これが前から後ろ（front to rear，略して FTR）に向かう流れとなる．これがフロント付近で発生した降水セルを後方に運ぶ役をしているわけである．また，この低圧部と後方の環境の気圧差によって後方から前方に流入するジェット気流（RIJ）を形成している．したがって，低圧偏差が強いほど FTR も RIJ も強い．

さらに，冷気プールの底，つまり地表面には正の気圧偏差があって，メソハイを形成する．このメソハイが地表面に沿ってガストフロントに向かう流れと後方に向かう流れを作り出す．図(d)は鉛直速度の分布を示しているが，積乱雲が後方に運び去られるのを反映して，時間平均した上昇流は後方に傾いている．RIJ の領域には弱い下降流が見られる．また，数値モデルからの出力の 1 つとして降水粒子の混合比があるが，それから計算したレーダー反射強度の分布を示したのが図(e)である．スコールラインの前方に延びているのは，下層でスコールラインに侵入してきた空気の一部が，上昇し反転して前方に流れ去っていくという流れを反映したものである．このように，スコールラインというものも，不安定な成層をした湿潤大気をひっくり返して，より安定した状態にしようとする大気の擾乱を表した現象である．

上述の話では，対流域の低圧部と後方の環境の気圧との差によって RIJ ができると説明したが，実はもう 1 つ RIJ を作るメカニズムがある．それを説明したのが図 14.21 である．図の濃い陰影で表された冷気プールの温度は低い．それで図で冷気プールの頂点より後方，A-B の破線で示された水平面を考えると，B の部分の空気の温度は A の部分より温度が低い．したがって，

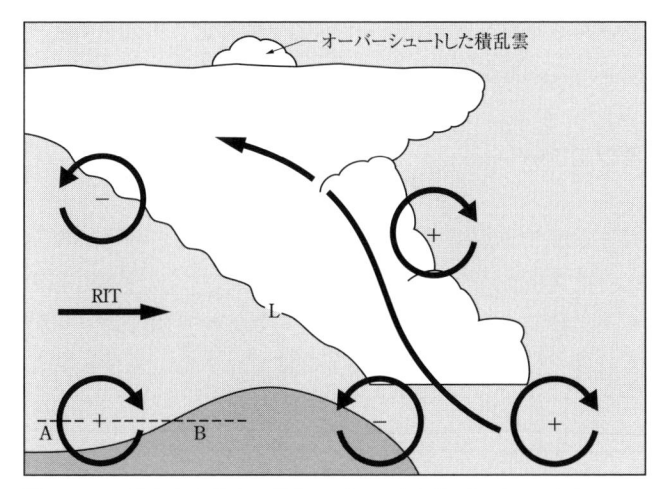

図 14.21 後方から前方へ流れるジェット気流（RIJ）の生成メカニズムの説明図．濃い陰影は冷気プール，白抜きの部分は対流領域を表す．記号 L は対流領域の低圧部．＋と－記号はそれぞれ正と負の渦度．破線 A-B については本文参照．アンヴィルの上にオーバーシュートした積乱雲も描いてある（図 13.2 参照）．

　海風に伴う鉛直循環の類推を考えることにして，A の部分は日中の陸地の表面，B の部分は海面と考える．そうすると A の部分の空気は上昇し，B の部分の空気は下降しなければならない．こうして図に示したような時計回りの鉛直循環，即ち正の渦度が発生する．このメカニズムは気象力学の基礎で必ず学習する「ビヤークネスの循環定理」であり，15.2 節でもっと一般的な解説をする．同じようにして，今述べた正の渦度の上空では，雲の内部の方が周囲より温度が高いので負の渦度ができる．この 2 つの渦巻に伴う流れは中層では同じ方向の流れなので，RIJ となるというわけである．

　最後に少し付け加えると，上に述べた疑似スコールラインの先端部は，ある一定の速度で伝播する．しかし，現実のスコールラインでは，不連続伝播現象（discrete propagation event）が起きることがある．特に夜間に起きやすいという．これはスコールラインの数十 km 前方に新しい対流セルが発生・発達し，伝播しているスコールラインがこれに追いつき併合するので，あたかもスコールラインが不連続に伝播しているように見える現象である．

14.4 ボウエコー

ボウエコー（bow echo）というのはメソ対流系の一種で，レーダーエコーで見ると，線状対流系の真ん中あたりがふくらみ，文字通り引き絞った弓の形をしたものである．しばしば，藤田スケール（15.1節）でF0からF2程度，ときにはF3〜F4に達する強風を伴い，人命や家屋に甚大な被害を及ぼす．直線状に長く延びた地上の被害痕跡は，ときには200 kmに及ぶ．竜巻を伴うこともある．米国中央部（いわゆる大平原域）でよく発生する．レーダーエコーの形態から，ボウエコーというものが認識されたのは約55年前であるから[23]，研究の歴史はかなり古い．日本でも観測されている．その間，多くの人がボウエコーの形態や被害状況の研究・調査を行った．しかし，現業用観測だけでは実態が究明できないということで，2003年春から夏にかけて，米国中央部でBAMEX（Bow echo And Mesoscale convective vortex EXperiment）という野外特別観測実験が行われた．通常の地上と高層の密な気象観測網のほかに，ドップラーレーダーを搭載した気象専用機が2機も同時に投入された（わが国にはこうした専用機は1機もない）．この実験で得られた多くのデータを詳しく解析して，多くの論文が発表されている[24),25),26)]．

ボウエコーを実感するために，2003年6月10日の事例を見よう[27),28)]．まず，図14.22はレーダーエコーで観察したボウエコーの生涯である．初期には複数個の積乱雲が線状に並んでいて，積乱雲の下には冷気プールがあり，そこから流れ出た冷気がガストフロントを形成している．それに沿って，メソγスケールの渦巻が幾つか発生している．ボウエコー全体はメソβスケールである．ただし，Fujitaはスケール別に独自の分類と名称を提案していて，そこでは，400 mから4 kmのスケールにマイソ（miso）という名称を与えている[29]．したがって，上記のメソγスケール渦巻はマイソサイクロン（misocyclone）と呼ばれることもある．

初期の背の高いエコーの段階を過ぎると，次は，前節のスコールラインの

話の一部を繰り返すことになるが，流入してきた暖湿な空気が冷気プールの上を斜めに上昇し，上層を後面に向かって流れ去る．反対に，中層では下降しつつ後面から前面に向かう強い流れがある．これが後面から流入するジェット（RIJ）である．観測および数値シミュレーションによると，RIJの速さは $30\,\mathrm{m\,s^{-1}}$ くらいもあり，ジェット気流と呼んでもおかしくない．そしてこれら2つの流れのスケールはメソ対流系自身と同じくらいあるから，メソγスケールの渦巻よりは1桁大きい．

このRIJのために線状対流系は中央で曲げられて弓状になり始めるとともに，メソγ渦巻も発達して，地上に被害を起こすようになる．特に弓の中心部（apex）では竜巻が発生しやすい．図14.22では主な被害痕跡は1本しか書いてないが，場合によっては複数本あることもある．事実，後で述べる東京湾ボウエコーの場合には2本あった．

次に，ボウエコーの成熟期に入ると，ガストフロントに沿ったメソ渦巻はますます強くなる．それとともに，後面近く，降水がある区域で，RIJの北端には低気圧性回転の渦巻，南端には高気圧性回転の渦巻という渦巻のカップルが現れる．これを本立て渦巻という（bookend vortex，略してBEV．本棚に並べた本が倒れないように置くもの）．時間とともに，コリオリ力のため低気圧性渦巻の方はより強くなり（といわれている），コンマ型の雲域を伴った衰弱期に入る．

この事例を非静水圧雲解像モデルで数値シミュレーションした結果が図14.23である[28]．水平格子間隔は500mである．大気環境の場は実測とほぼ同じく，CAPEが $2558\,\mathrm{J\,kg^{-1}}$，鉛直シアは地表から2kmまでが $14\,\mathrm{m\,s^{-1}}$，

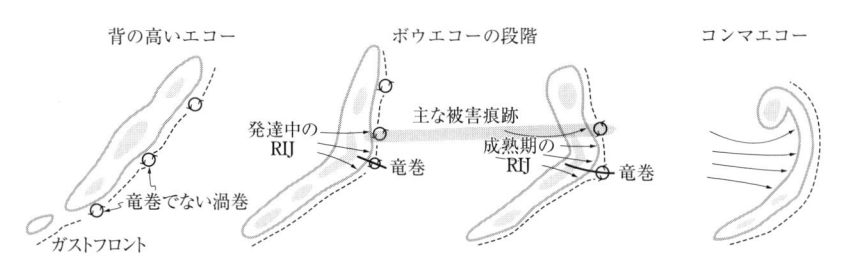

図14.22 2003年6月10日，米国特別観測期間中に観測されたボウエコーの生涯[27]．

地表から6kmまでが18 m s^{-1}というように，2kmまでの下層に集中している．風向も高度で違い，地表面近くで南風，2kmで南西風である．こうした環境の中で，初期には3個の積乱雲の卵が並んでいたとしてモデルの時間積分を始め，2時間経ったときの状況が図14.23の左の図である．この時刻まで，はじめに与えた3個の積乱雲の卵は，連続した線状対流系へと進化している．そして，この初期の段階でも，ガストフロントに沿って低気圧性・高気圧性両者のメソ渦ができている．

図14.23の中図は数値シミュレーションの開始後3.5時間における状況を示す．後面から前面に向かう空気の回転運動も明瞭に認められる．RIJとガストフロントが交差するあたりで特に渦度が大きいが，それ以外にもガストフロントに沿って，いくつかの低気圧性の渦巻がある．この図でノッチと記号した部分ではエコーが弱い．これは，後のダウンバーストの話でも出てく

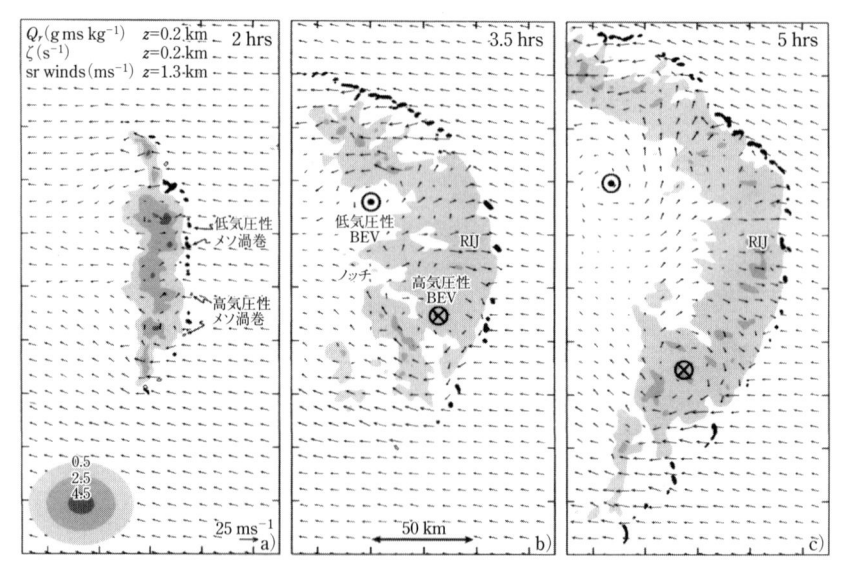

図14.23 図14.22で示したボウエコーの再現実験で，2時間，3.5時間，5時間における結果[28]．薄い陰影は地上から高度0.2kmにおける雨水混合比が0.5〜2g/kgの区域，濃い陰影は2.5〜4.5g/kgの区域を表す．矢印は対流系に相対的な1.3kmの高度における風である．鉛直渦度が$1.25×10^{-2}$s^{-1}より大きい低気圧性の渦巻の位置は小さい黒丸で，$-1.25×10^{-2}$s^{-1}より小さい高気圧性の渦巻の位置は白丸で表す．

るが，強い下降気流に伴って降水粒子が少なくなってしまった部分である．右側の図の5時間後となると，低気圧性のBEVはより強くなり，コンマエコーの段階に進化しつつある．

図14.24は再現実験220分において，弓状対流系の中央部で東西方向の鉛直断面上の場を示したものである．太い線が299Kの等温位線で，この線から下が冷気プールを表す．厚さは約2.5 kmある．実線に囲まれ陰影をつけた区域が低気圧性の回転をしているメソγスケールの渦巻を表す．風の水平分布は省略したが，最も強い対地風速は下降中のRIJの付近で発生したメソ渦巻によって起こる．したがって地上の強風被害が最も大きいのは，この渦巻の南端付近，すなわち，渦巻に伴う風とRIJが重なっているところである．台風の場合の危険半円と同じことである．

そこで問題は，ガストフロントに沿って，メソγスケールの渦巻が発生するメカニズムである．すぐ考えられるのは水平シア不安定である．水平風の

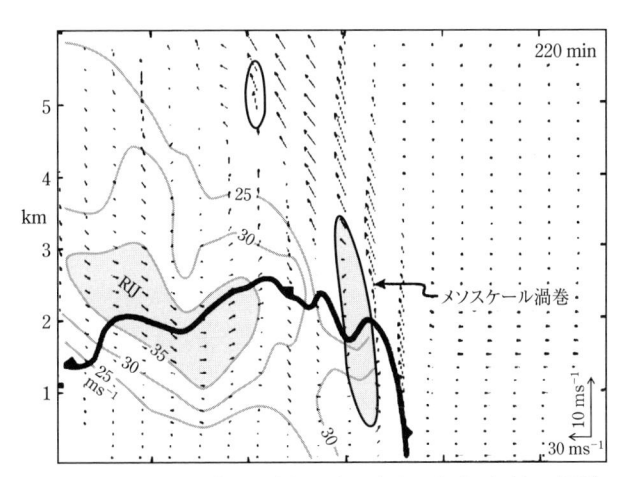

図14.24　弓状対流系の中央部で東西方向の鉛直断面上の場[25]．薄い実線は地表面に相対的な風速（m s^{-1}）．太い線が299Kの等温位線で，この線から下が冷気プールを表す．矢印は移動中の対流系に相対的な鉛直・東西方向の風速成分からなる風ベクトルで，スケールは図の右下にある．薄い線は地表面に相対的な等風速線で，35 m s^{-1}を超すRIJがある．実線に囲まれた陰影の区域がメソγスケールの渦巻．

水平傾度があまり大きくなり過ぎると，そうした状態は不安定なので，擾乱を起こして，その状態を解消しようとする．その擾乱は特定の波長を持った波動の形をとる．こうした水平シア不安定波の理論は本書では省略するが，その結論によれば，最も早く成長する波動の波長は，シアの強い層の水平幅の約 7.5 倍であるという．第 15 章で述べることであるが，スーパーセルに伴われない竜巻では，この水平シア不安定波から発生するものが多いという．しかし，図 14.22 に示したボウエコーの場合には，発生したメソ渦巻の間隔が一様でなく，シア不安定波から期待されるような，多数の渦が比較的同じ間隔で並ぶ渦巻列のようには見えない．したがって他のメカニズムを考える必要がある．このことは，本立て渦巻を発生させるメカニズムとともに第 15 章で述べよう．

　スコールラインと同じく，わが国ではボウエコーはあまり頻繁には発生しない[30]．その点で，2007 年 4 月 28 日に東京湾北部で発生したボウエコーは学問的には貴重なデータをもたらした[31]．というのも，その発生位置が羽田空港と成田空港の空港ドップラーレーダーの近くで発生したので，解像度の良いデータが取得できたこと，またつくば市に位置する気象研究所のドップラーレーダーの測定範囲内でもあったからである．これらにより，降水粒子を運ぶ空気の速度が測定可能となったのである．

　この日の関東地方は，午前中は好天だったが，午後から一転して雷雨・突風，降雹の大荒れの天気となり，各地で藤田スケールで F0 程度の風被害が相次いだ．同日 21 時の 500 hPa の高層天気図によると，ちょうどトラフが関東地方を通過中であった．ボウエコーに伴う風被害痕跡は 2 本あった．主な 1 本は，都営新宿線船堀駅付近・千葉県浦安市の魚市場付近・検見川浜沖を通る全長 18 km で，15 時 20 分から 30 分ごろまでの 10 分間に起こった．図 14.25（口絵）は 15 時 24 分および 15 時 27 分における羽田空港ドップラーレーダーが観測したレーダー反射強度とドップラー速度，およびその一部を拡大したものである．前に述べた本立て渦巻（BEV）やノッチが認められる．目（EYE）や目の壁雲（EYE WALL）も記入してあるが，もちろんここに台風があるわけではなく，それに似た対流雲があると思えばよい．図 (d) のドップラー速度図で，赤色の部分は羽田に向かう方向の視線速度，青色は羽田から離れる方向の視線速度であり，その境界に強い風のシアがあ

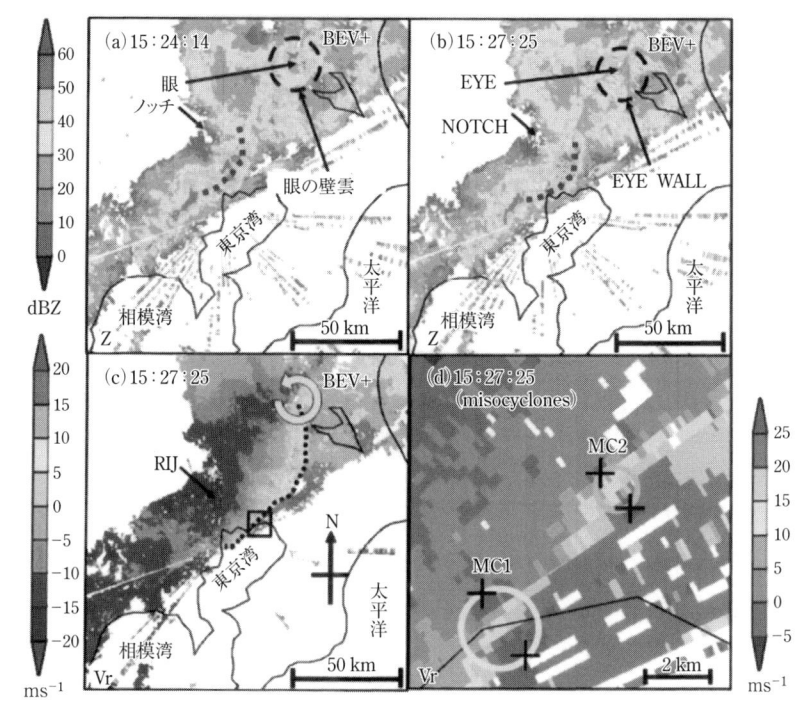

図 14.25 羽田空港ドップラーレーダーによる 2007 年 4 月 28 日東京湾岸地帯を襲ったボウエコーの測定結果[31]．(a) と (b) はそれぞれ 15 時 24 分 14 秒と 15 時 27 分 25 秒における仰角 0.7°の反射強度の分布．(c) は (b) と同時刻におけるドップラー速度の分布．東京湾奥の四角い領域は 10 km × 10 km で，その拡大図を (d) で示す．+印はドップラー速度の極大・極小値の位置で，それから検出された 2 つのメソ γ スケールサイクロンの位置が MC1 と MC2．（口絵にカラーで再掲）

ることがわかる．風の 3 成分から渦度の鉛直成分の分布を計算し，その局地的な最大の地点として決めたメソ γ スケールの渦巻の位置が MC1 と MC2 である．

このボウエコーが気象庁（東京都千代田区大手町）付近を通過した 15 時 12 分ごろ，地上風速は $10\,\mathrm{m\,s^{-1}}$ から $25\,\mathrm{m\,s^{-1}}$ に，風向は南西から北西に急変した．また，気温は 22℃ から 14℃ に急落し，反対に露点温度は 6℃ から 10℃ に増加した．最も著しいのは気圧変化で，3 hPa ほど上昇したから，わが国では最強クラスの冷気プールがあったと想像される．

14.5 ダウンバースト

ダウンバースト（downburst）は，積乱雲の中に強い冷気の下降流が生じ，それが地表面に衝突して強い発散風となって水平に流れ，その先端が渦を巻いているものである．だいたい 10 km くらいの直径をもつが，4 km 以下の場合はマイクロバースト（microburst）という．図 14.26 は一例である[32]．

ダウンバーストという極めて局地的な強風現象は，1975 年 6 月 24 日，ニューヨークのケネディ国際空港でイースタン航空の 66 便ボーイング 727 機が離陸に失敗し，112 名が死亡，12 名が負傷という航空事故の原因調査の際に，藤田により発見された[33]．別の例であるが，図 14.27 は藤田の解析によるアンドリュース空軍基地を襲ったダウンバーストの際の風速と風向の時系列である[34]．米国大統領レーガンが搭乗中の大統領専用機エアフォースワンの着陸がもう数分遅かったら，大惨事となっていただろう．

ダウンバーストは積乱雲の一部に負の浮力が働いて，下降流が強くなって起こるものである．負の浮力を起こす要因は 2 つある．1 つは空気塊が冷やされて密度が増すという熱力学的過程である．すなわち，①液体の雲粒や雨粒が不飽和の空気中を落下して蒸発する際の蒸発熱，②あられやひょうや雪片などの氷粒子が落下して温度が 0℃ 以上の大気層を通過し，融解する際の融解熱，③主に雪などの氷粒が昇華する際の昇華熱．これらの熱が空気塊から失われて温度が低下し，空気の密度が増す．蒸発や融解は主に融解層より下の層で重要であり，昇華の効果は上層に限定されている．乾燥した境界層は落下してくる降水粒子の蒸発により，負の浮力を生むのに極めて好都合である．また，中層が乾燥していると，その空気が積乱雲の中にとり込まれて負の浮力を生じ，レーダー反射強度図で「くびれ」を生ずることがある．これが図 14.25(a) で示したノッチである．すなわち，中層が乾燥していることは蒸発の効果が増加するという意味では，ダウンバーストの生成には好条件である．ただし，中層が乾燥しているからといって，下降流の強さが増すとは限らない．中層が乾燥しているということは，水蒸気の量が少ないということであるから，（与えられた CAPE に対して）降水粒子の量も少なく，蒸発量も少なくなるからである．また，下層の大気の成層が安定なときには，

14.5 ダウンバースト 297

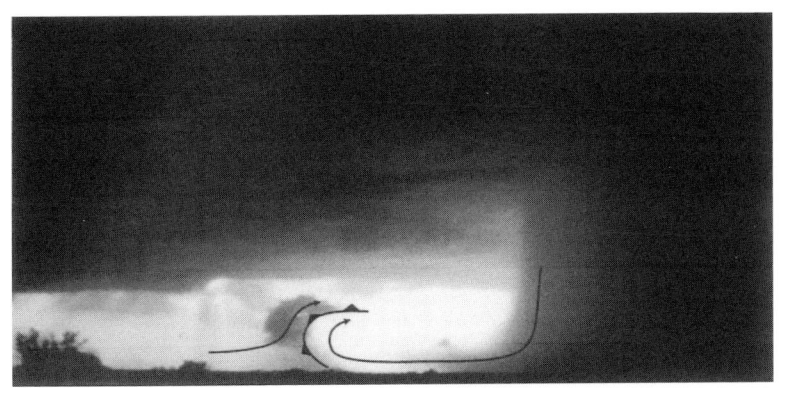

図 14.26 ダウンバーストの写真[32]．図の右側の下降流に伴う冷気外出流の先端のガストフロントが巻き上がっている様子が寒冷前線の記号で表されている．2本の細い実線は流線．National Oceanic and Atmospheric Administration (NOAA) の撮影．（口絵にカラーで再掲）

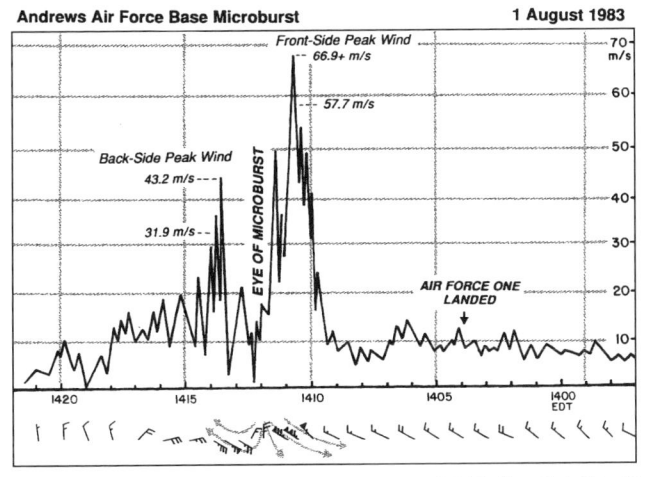

図 14.27 1983年8月1日，アンドリュース空軍基地の滑走路に設置された風速計による風速と風向[34]．横軸は米国東部標準時 (EST)．大統領専用機エアフォースワンの着陸は約14時04分．ダウンバーストの中心は14時12分に，最大風速 66.9 m s^{-1} は14時11分に起こった．

中空でよほど下層気流が強くないと，ダウンバーストが途中で止まってしまい，地表面まで届かない中空ダウンバースト（midlevel downburst）になってしまうこともある．

蒸発・融解・昇華による冷却によって，どれだけ空気塊の温位が下がるか．量的には，熱力学の第1法則によると，

$$\delta\theta = \frac{\theta L}{T c_p} \delta r_h$$

と表される．ここで，δ は微小量を表す記号，θ は温位，L は蒸発熱か融解熱か昇華熱のいずれか，T は絶対温度，c_p は定圧比熱，r_h は降水粒子の混合比（kg kg^{-1}）である．それぞれに適当な数値を入れると，降水粒子1 kg が蒸発・融解・昇華すると，空気の温位はそれぞれ 2.5・0.3・2.8 K 下がるということになる．即ち，下層では水滴が蒸発する効果が圧倒的に大きい．

もう1つの負の浮力を生ずる要因は力学的なものである．上に述べた降水粒子があれば，その混合比を r_h，g を重力加速度とすると，gr_h だけ空気塊に負荷がかかるので，下向きの浮力を生ずるのである．かりに r_h を 1×10^{-3} kg kg^{-1} とすると，この負荷による浮力の減少は，空気の温度が 0.3 K 下がったのに等しいと計算される．ところが同じ混合比の水滴が蒸発すれば，上述のように 2.8 K も温度が下がるのである．こうして見ると，やはり雲底下で降水が蒸発する効果がダウンバーストをつくるのに最も有効的であることがわかる．

また，上記のように，ダウンバーストには，地表に降水が届かないものもある．乾いたダウンバーストという．地表で降水があるのが湿ったダウンバーストである．米国のいわゆる中西部，ロッキー山脈の東側，いわゆる High Plains 地域では，乾燥しているので（ラスベガスがあるアリゾナ州などはそうである），前述のように，境界層が厚く，雲底は高い．したがって，乾いたダウンバーストが多い．わが国では，これまでのところ，すべて雨を伴った湿ったダウンバーストである．

そのわが国のダウンバーストであるが，結構多発し，家屋・大木の倒壊，車両の横転，農業被害などをもたらしている．まだ航空機事故は起こしていないが，着陸の際の機体の一部破損事故や，離着陸時の機体の異常降下は発生している．少し古い統計であるが[35]，1981年6月から1994年7月までの

13 年間に，日本では，数でいえば総数で 75 のダウンバーストの発生，発生事例数でいえば 25 件のダウンバーストが確認されている．つまり，ダウンバーストは 1 事例の中で群れをなして発生することが多い．竜巻とともに発生することも珍しくない．北海道から沖縄まで広く発生している．時期は 6 月から 9 月に多く，7 月に集中している．関東地方以北のダウンバーストはひょうを伴うことが多い．発生時間帯については 11〜21 時にかけて発生し，14〜15 時に発生頻度は最大となる．これは第 13 章で述べた熱雷と同じ歩みである．ほとんどすべてのダウンバーストは藤田スケールで F0 か F1 程度の風速を持ち，これまで F3 以上のものは観測されていない．

第15章
竜巻

15.1 竜巻の概観

　竜巻は積乱雲などの対流雲によって作られる鉛直軸の周りの激しい渦である．わが国では平均すると年に約20個の竜巻が発生し，0.5人の人命が失われている．ただし，こうした発生数や人的被害は年によって大きく違う．2006年には，9月17日に台風13号に伴う九州の延岡竜巻により3名が死亡（後述）．それから2ヵ月も経ない11月7日には，サハリン付近の低気圧から南に延びる寒冷前線に伴う北海道佐呂間竜巻により，9名の命が奪われた．佐呂間竜巻の場合，被害者全員がプレハブ建物内にいて，基礎から完全倒壊した建物の下敷きとなったという不幸な事情があったにせよ，1年に12名の死亡者が出たということは，社会に大きな衝撃を与え，竜巻についての関心が高まった．

　ここで，わが国における過去の竜巻の統計を見る．図15.1は1961年から2012年までに観測された竜巻の地理的分布を示す．関東平野や濃尾平野などを除くと，大部分は沿岸域で起こっている．$10^4 \mathrm{km}^2$の単位面積1年当たり（P）では沖縄県が突出して大きく，9.1となる．伊豆諸島のある東京都がこれに次いで4.3である．これらの値は，世界でも竜巻が頻発するので有名な米国オクラホマ州でのPの値2.9（1953～1991年の平均）より大きいのである．日本での竜巻の発生回数は9月に最も大きく，3月に最も少ない．竜巻による被害域の平均の幅は98 mで，長さは3.2 kmである．平均の移動速度は$10 \mathrm{m\,s^{-1}}$．竜巻が起こりやすい気象条件の日には複数個の竜巻が起こる傾向があり，竜巻があった日の約40％では，1日に複数個の竜巻が起こっている[1]．

302　第 15 章　竜巻

図 15.1　1961 年から 2012 年までに観測された竜巻の地理的分布（気象庁ホームページ：http://www.data.jma.go.jp/obd/stats/data/bosai/tornado/stats/bunpu/bunpuzu.html）．

　ある日に複数の竜巻が起こるという現象が最も顕著だったのは，今も記録に残る米国の竜巻大発生（Jumbo Outbreak）の日であろう（図 15.2）[2]．1974 年 4 月 3 〜 4 日，カナダとの国境近くにあった低気圧は，はるか南のメキシコ湾にまで達する長い寒冷前線を伴いながら東進した．最初の竜巻がイリノイ州を襲ったのが，3 日 1210 CST（米国中央標準時）で，それから 4 日 0520 CST までの 17 時間 10 分の間に，実に 148 個の竜巻が発生した．なかには，わが国で遭遇したことのない藤田スケール F4 の竜巻が 24 個，米国のフィクション映画「ツイスター twister」のなかで，トルネード・ハンターたちが「それはもはや神の世界だ」と呼んだ F5 クラスの竜巻が 6 個もあった．すべてが過ぎ去った後には，死者 315 名，負傷者 5484 名が残された．被害域の長さは全部合わせると 4180 km だった．図 15.2 に日本の地図

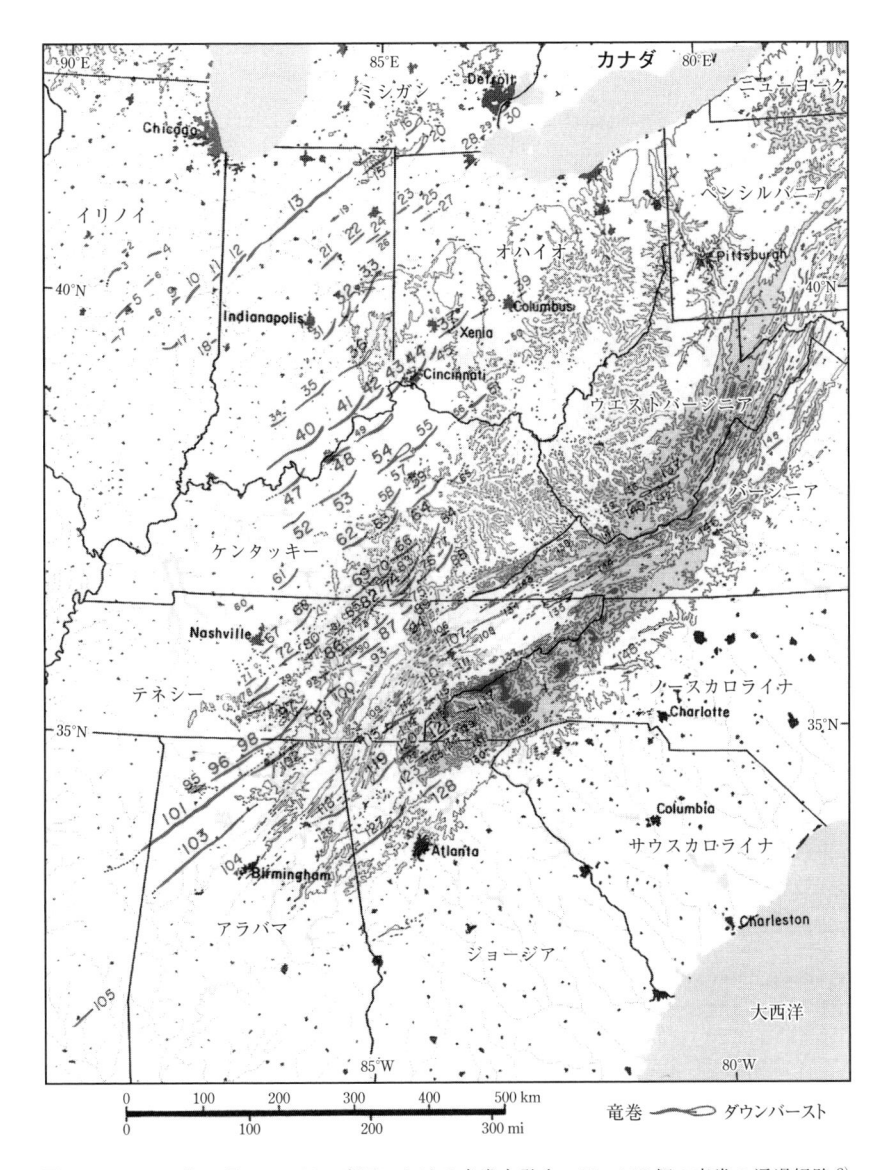

図15.2 1974年4月3〜4日，米国における竜巻大発生の日，148個の竜巻の通過経路[2]．

を重ねると，宮城県から高知県・山口県までを覆う広さである．

　竜巻の強さを表す指数としては，F0 から F5 までの藤田スケール（F スケール）がよく用いられている（表 15.1）．しかし，これはもともと竜巻による被害の大きさを表すための指数であり，竜巻に伴う風速との対応は必ずしも良くなかった．特に F4 や F5 などでは，実際より大きな風速を与える傾向がある．加えて，構造物の種類による推定不確実性も無視できない．そこで，これを発展させた強化藤田スケール（Enhanced Fujita Scale, 略して EF スケール）が提案され，2007 年 2 月 1 日からは，米国海洋大気局（NOAA）でも公式に使われ始めている．

　また，一般的に F4 とか F5 スケールの竜巻といっても，その生涯中いつもその強さを保っているわけではない．図 15.3 に示したように，典型的な米国の竜巻の一生は 5 段階に分けられる．最初の発生期では，砂塵が地面から巻き上げられたり，雲底からロート状の雲が垂れ下がったりして，空気が

表 15.1　藤田スケール

F0	17～32 m/s（約 15 秒間の平均）	煙突やテレビのアンテナが壊れる．小枝が折れ，また根の浅い木が傾くことがある．非住家が壊れるかもしれない．
F1	33～49 m/s（約 10 秒間の平均）	屋根瓦が飛び，ガラス窓は割れる．またビニールハウスの被害甚大．根の弱い木は倒れ，強い木の幹が折れたりする．走っている自動車が横風を受けると道から吹き落とされる．
F2	50～69 m/s（約 7 秒間の平均）	住家の屋根がはぎとられ，弱い非住家は倒壊する．大木が倒れたり，またねじ切られる．自動車が道から吹き飛ばされ，また汽車が脱線することがある．
F3	70～92 m/s（約 5 秒間の平均）	壁が押し倒され住家が倒壊する．非住家はバラバラになって飛散し，鉄骨づくりでもつぶれる．汽車は転覆し，自動車が持ち上げられて飛ばされる．森林の大木でも，大半は折れるか倒れるかし，また引き抜かれることもある．
F4	93～116 m/s（約 4 秒間の平均）	住家がバラバラになってあたりに飛散し，弱い非住家は跡形なく吹き飛ばされてしまう．鉄骨づくりでもペシャンコ．列車が吹き飛ばされ，自動車は何十メートルも空中飛行する．1 トン以上もある物体が降ってきて，危険この上ない．
F5	117～142 m/s（約 3 秒間の平均）	住家は跡形もなく吹き飛ばされるし，立木の皮がはぎとられてしまったりする．自動車，列車などが持ち上げられて飛行し，とんでもないところまで飛ばされる．数トンもある物体がどこからともなく降ってくる．

出典：気象庁ホームページ（http://www.jma.go.jp/jma/kishou/know/toppuu/tornado1-2.html）

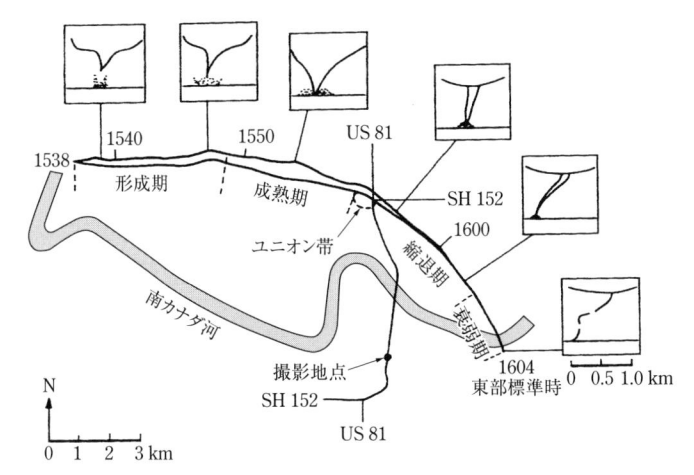

図 15.3　1973 年 5 月 24 日オクラホマ州ユニオン市を襲った竜巻の被害経路図およびロート雲と飛散物の形状から見た竜巻の生涯の模式図[3].ちなみに、この竜巻の継続時間は 26 分，被害経路の長さは 17 km，最大の幅は 0.5 km.

回転していることが認められる．地上の被害はほとんどない．次の成長期は，ロート雲が下方に延び，竜巻が強くなっていく時期である（図 15.3 では第 1 と第 2 の段階を併せて形成期と呼んでいる）．さらに成熟期ではロート雲が地上に達し，ほとんど垂直に立っている．そして衰退期ではロート雲の幅は縮まる．普通ロート雲が地面に接する部分は雲底部分より遅く進行するので，ロート雲は傾いてみえる．この段階で，地表面での被害域の幅も狭くなるが，まだかなりの被害を与える．最後の消滅期では，ロート雲は曲がったり，くねったロープ状になったりすることもある．次節で述べる「摩擦がなければ，非圧縮性流体の渦は不生不滅である」というヘルムホルツの渦定理の世界であろう．

　また，1990 年代までは水上竜巻（waterspout）という言葉もよく使われていた．これは海上で発生し，地上には上陸しない竜巻である．しかし本質的には地上竜巻と違うことはないことがわかって，今日では竜巻といえば両者を含むことになっている．地上には達しないで，上空だけで見られるロート雲（funnel aloft）も竜巻に含まれる．

15.2 スーパーセルと中層のメソサイクロン

　図14.1に示した多重セル型の雷雨と違い，上昇流を持つ単一セルが強く回転していれば，その雷雨をスーパーセル，あるいはスーパーセルストームという．通常の積乱雲の水平スケールが1～2km（メソγスケール），寿命が30分～1時間程度であるのに比べて，スーパーセルの大きさは20～30km（メソβスケール），寿命は数時間であるのが普通である．時には8時間も継続するものもある．そして，多重セルは風の鉛直シアが弱いときに発生しやすいのに対して，スーパーセルは鉛直シアが大きいときに発生する傾向がある．つまり，ホドグラフが長く，しかも高度とともに時計回りに曲がっている風の環境で発生しやすい（図15.13参照）．

　図15.4は米国中西部で航空機から撮影された成熟期にあるスーパーセルの写真である[2]．そして図15.5は典型的なスーパーセルの構造の模式図である．セルは図に示した方向に進行中であり，図中の矢印はスーパーセルに相対的な流れである．レーダーで見る下層から中層のエコーはフック状をしており，これがスーパーセルの特徴である．ここに低気圧性の回転をしている流れがあり（メソサイクロン），この流れに降水粒子が巻き込まれてフック状に見えている．ストームに流入してきた温暖多湿な南寄りの風は回転しながら上昇し，この上昇流域で生まれた雲粒はひょうや大きな雨粒に成長する．ところが前述のようにスーパーセルは鉛直シアが大きいときに発達するから，上層の風は強い．これに降水粒子は運ばれてから落下し，前方下降流（FFD，forward-flank downdraft）となる．そこの下層には冷気プールができ（2～10Kほどの温度低下），ガストフロントもできる．これが前方ガストフロントである．またフックエコーのあたりにも下降流があり，後方下降流（RFD，rearward-flank downdraft）と呼ばれている．ここにも冷気外出流があり，後方ガストフロントを形成する（次節で述べるように，このガストフロントが竜巻発生に重要な役割をする）．これら2つのガストフロントは一見して閉塞期に入った中緯度低気圧に伴う温暖前線と寒冷前線に似た配置をしており，上昇流はその中心部に位置している．ただし，こうした下降流の配置や冷気プールの温度の低さなどは，個々のスーパーセルによって大

15.2 スーパーセルと中層のメソサイクロン 307

図 15.4 1951 年 4 月 21 日，航空機 DC-6 から撮影されたスーパーセルの雲[2]．

図 15.5 スーパーセルストームの古典的なモデル[4]．太い実線はレーダーエコーの範囲．細かい点々の陰影部分は上昇流域．粗い点々域は下降流域で，この域内に，前方下降流 (FFD) と後方下降流 (RFD) がある．矢印はストームに相対的な流れ．フックエコー付近の T 印は竜巻の起こりやすい位置．寒冷前線の記号はガストフロントの位置を示す．

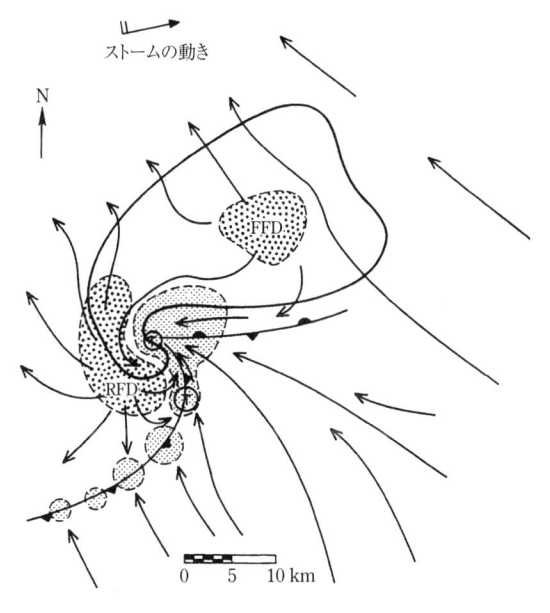

きく違う．しかし一般的に，もしこのスーパーセルに竜巻が発生するとすれば，その発生場所はフックエコーが巻き込んでいる所，そして上昇流と後方下降流が接している所である．なぜ竜巻がこの特定の場所を選ぶかについては，次節に述べるようなメカニズムが考えられている．

　図15.6はスーパーセルを鳥瞰図的に描いた模式図である．東西方向の鉛直断面図にはエコーのヴォールト（vault，丸天井）と記した部分がある．ここでは上昇流が最も強く，水蒸気の凝結が盛んに起こっているが，水滴はまだ出来立てで半径が小さいので，エコー反射強度は弱い．一方，成長した大きな水滴や氷粒子の一部はヴォールトの前面で落下し，丸天井の垂れ下がった部分を構成する[5]．さらに氷粒子の一部は上昇流に乗って雲頂へと上昇しては落下するというサイクルを繰り返すものもある．この過程で過冷却水滴が着氷し，ひょうとなる．

　スーパーセルという用語を作ったのは，今となっては随分昔のことになるが，英国のブラウニングで，1964年のことである[6]．スーパーセルは熱雷などの雷雨に比べれば稀にしか起こらないが，起きれば竜巻・強風・ひょう・強雨・大雨などの被害をもたらす．このため今日まで多くの観測・解析・数値実験が繰り返されてきた．その結果，スーパーセルに伴う降雨の量や空間分布は，多様な形態で起こることがわかった[7]．たとえば，強い降水を伴ったスーパーセル（heavy- or high-precipitation supercell，略してHP）では，雨の大部分はFFDで降ることが多い．しかし，フックエコーの領域やストームの後面でも多量の降雨があることもある．一方，降雨量の少ないスーパーセル（low-precipitation supercell，略してLP）と呼ばれるものでは，降雨のほとんどすべては上昇流のはるか前方で降る．上層の強風で，そこまで流されてから落下するわけだ．しかも，地面に到達する前に蒸発してしまうことも多い．したがって下層のレーダー反射強度としては45 dBZ以下しかなく，RFDはほとんど認められない．今日では図15.5に示したようなスーパーセルは，古典的（classic）スーパーセルと呼ばれるようになった．

　こうした違いはあっても，スーパーセルに共通しているのは，中層でメソサイクロンを伴っているということである．それで，ドップラーレーダーで観測したとき，10^{-2} s^{-1}以上の鉛直渦度を伴う回転上昇気流を持つ積乱雲をスーパーセルと呼んでいる．

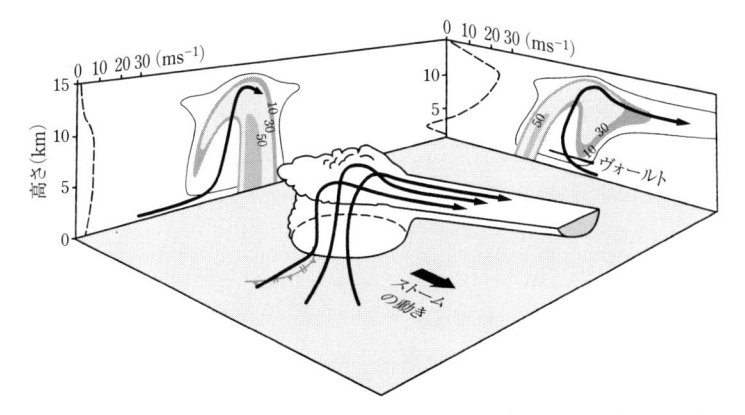

図 15.6 スーパーセルに相対的な流れとレーダー反射強度の分布を示す模式図[5]．反射強度の等値線は 10, 30, 50 dBZ．環境の風の速さも破線で示されている．

それでは，なぜ中層にメソスケールの渦巻ができるのか．それを考えるためには，まず渦度という物理量は 3 次元のベクトル量であることを改めて認識する必要がある．グローバルあるいは総観規模の現象では，高さのスケールは対流圏界面までの高度（約 10 km）と限定されているのに，水平スケールは 1000 km から 1 万 km もある．本当にリンゴの皮のように薄い現象なのだ．だから 3 次元ベクトルの渦度でも，その鉛直成分（ふつう ζ の記号を用いる）だけを考えればよかった．ところがスーパーセルとなると，水平の大きさは 10～20 km だから，鉛直スケールとほぼ同じである．したがって，ζ のみならず，水平軸の 1 つ東向きの x 軸の周りを回転する渦巻，即ち渦度ベクトルの x 成分（ξ）と，y 軸の周りの回転，即ち渦度の y 成分（η）を考えなければならない．

たとえば，スーパーセルが発生する前の環境は 2 次元であり（y 軸に無関係），環境の風は西風で，風速は地上では $0 \, \mathrm{m \, s^{-1}}$，高度とともに直線的に増加し，高度 10 km では $100 \, \mathrm{m \, s^{-1}}$ であるとする．この場合，環境の渦度の 3 成分の大きさは，それぞれ $\xi = 0$, $\eta = 100 \, \mathrm{m \, s^{-1}} / 10 \, \mathrm{km} = 10^{-2} \, \mathrm{s^{-1}}$, $\zeta = 0$ である．この η の値はメソサイクロンの鉛直方向の渦度に匹敵する大きさである．総観規模の低気圧では $\zeta \sim 10^{-4} \, \mathrm{s^{-1}}$ であるのに比べれば，2 桁も大きい渦度の水平成分があるわけである．

ここで話を一般的にして，流体力学でいう流線と渦線という概念を導入しよう．まず話を簡単にするために，流体の粘性を無視する．流体は順圧流体であるとする．密度がどこでもいつでも一定である非圧縮性流体は一種の順圧流体である．さて，ある瞬間に，流体の中にある曲線を考え，曲線のどの部分でもその点における接線の方向が速度ベクトルvの方向と一致しているとき，その曲線を流線という（図15.7(a)）．同じように考えて，どの点でも接線を引けば，それがその点における3次元の渦度ベクトルωの方向となる線を渦線という（図15.7(b)）．

　次に流れの中に，小さい閉じた曲線を考える．曲線状の各点を通る流線を引くと中空の管のようなものが描ける．これを流管という．質量保存の法則により，流管のある断面を通る流量（断面積×速度×密度）は，どの断面をとっても同じでなければならない．つまり流量は，その瞬間の流管にとって固有の量である．

　同じようにして，流れの中に小さな閉じた曲線をとり，曲線上の各点を通る渦線（接線の方向がその点における渦度ベクトルの方向と一致しているような曲線）を引いて渦管（vortex tube）を定義する．渦管のある断面をとり，その断面積をS，断面上の平均の渦度の強さをωとするとき，ωSは今考えている渦管のどの断面をとっても一定であるということを証明することができる（気象力学か流体力学の教科書参照）．その一定の値は渦管によって違うが，今考えている渦管については，渦管が細い部分では渦度は大きいわけである．この特殊な場合が4.4節で述べた渦の鉛直方向への伸長（ストレッチ効果）による鉛直成分ζの増加である．このωSを渦管の強さという．

　そして，ωは∞になることはできないから，Sは0になることができない．このことは，渦管は流体の内部で中断しないことを意味する．だから渦管は流れの境界から境界まで延びているか，あるいは自分自身でドーナッツのように閉じていなければならない．

　ここまでは，流管と渦管にある程度の類似性があったが，次の点でまるで違ってしまう．すなわち，ある時刻t_1に，ある渦管の表面を形成していた流体素片は，それぞれその点の速度に従って移動するが，後の時刻t_2において，それらの素片をつなぎ合わせてみると，あらら不思議，それが（元とは形は違っているものの）渦管の表面になっているという素晴らしいことを

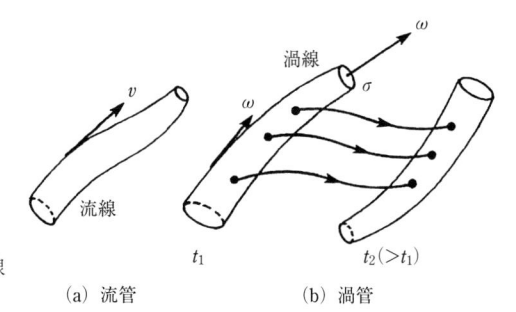

図 15.7 (a) 流線と流管，(b) 渦線と渦管の説明図．

証明することができる（図 15.7）．しかも渦管の強さも元のままである．まるで渦管は実体のようである（詳しい説明は流体力学の教科書を参照してほしい）．流管にはそんな性質はない．非定常な流れでは，次の瞬間には流管はばらばらになってしまう．

こうして，ヘルムホルツの渦定理は宣言する：「渦管は渦管として行動し，かつその強さは変わらない」．渦がないところから渦は発生しないし，今ある渦は不滅である．渦は不生不滅である．第 6 章で述べた渦位の概念は，順圧流体で成り立つこの渦定理を，傾圧流体に拡張したものである．

このように，渦管はゴム管のように曲がりくねりながらも渦管として行動するという性質を用いて，鉛直方向の軸の周りに回転するメソサイクロンの発生のメカニズムを説明すると図 15.8 のようになる．まず，水平面上では環境の風は一様で，下層では東風で，高度とともに西風成分が増大しているとする．このとき，環境の風の渦管はすべて南北方向に水平に並び，北を向いてみると時計回りの回転をしている．

この環境の風の場で積乱雲が発生したとする．図に描いた渦管は下層の風に乗って西に移動し，その一部は積乱雲の中に入り込む．この部分は積乱雲の中の上昇流のために曲げられ，鉛直に立ってしまう．この傾き（tilting）の結果，それまで横向きの渦度が，上昇流の南側では反時計回りの鉛直渦度（$\zeta > 0$），北側では時計回りの鉛直渦度（$\zeta < 0$）を持つようになる．こうして，メソサイクロンとメソ高気圧のペアが中層に出来るわけである．図 15.9 は，はじめ北を向いていた水平の渦度ベクトルが，傾き（あるいは立ち上がり）の効果により，低気圧性の回転をする鉛直に立った渦度ベクトル

312　第15章　竜巻

図 15.8　メソサイクロンの発生の説明図[8]．ストームを南東方向から見ている図．鉛管形の矢印は雲に相対的な空気の流れ．左側の細い矢印は環境の風（下層では東風で，高度とともに西風成分が増す）を示す．太い実線は環境の風による渦管を表し，その回転方向は円形の矢印で示す．陰影を付けた矢印は動圧により新たに発生した鉛直流．ハッチは始まったばかりの降雨の区域．AとBはそれぞれ図15.9のAとBの渦度ベクトルに対応する．

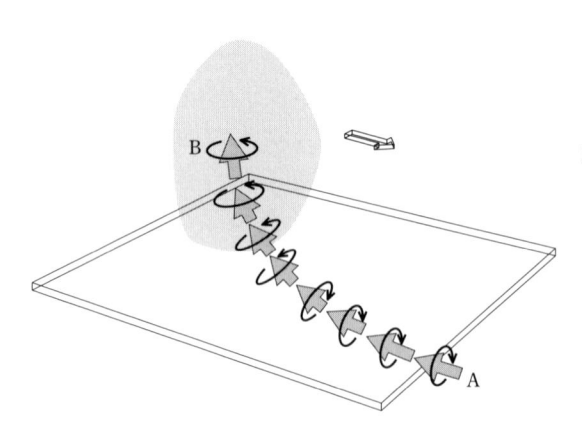

図 15.9　下層では北向きの水平ベクトルであった渦度ベクトルAが，上昇流に乗って鉛直なベクトルBになる過程[9]．陰影を付けてあるのは雲の部分．AとBはそれぞれ図15.8のAとBに対応する渦度ベクトル．

となる過程をわかりやすく示した図である．
　こうして，メソサイクロンとメソ高気圧のペアが出来た．次の段階では，この2つの渦が相互に離れるようになる．そうなる理由の1つは降雨である．積乱雲の降雨に伴う強い下降流が，ウェディングケーキを2つに切り裂くナイフのように，渦のペアを2つに切り離す．

15.2 スーパーセルと中層のメソサイクロン

こうして中層に出来た反時計回りの渦巻を，さらに強化しようとするメカニズムが働く．それが「動圧」である．動圧というと聞きなれないかもしれないが，たとえば台風が接近して強い風が吹いているときには，傘は折れるし，人間も風に逆らっては前に進めなくなる．風の圧力（風圧）のためである．竜巻が襲来すると，窓ガラスが粉々に割れてしまう．飛散物が風に吹き飛ばされて，ミサイルのように部屋にぶつかってガラスが割れることもあるが，そうでなくても風圧でガラスが割れてしまうことがある．だから竜巻が襲ってきそうなときには，ガラス窓のそばにいるのは危険なのである．

ここでいう風圧は，動いていた空気が突如止められたために及ぼす圧力であり，重力とは何も関係がない．総観規模の運動の際に考えた静水圧平衡にある気圧，あるいは空気塊の温度が周囲のそれより高いために起こる浮力などは，重力に関係した圧力であるが，今はまったく別な，運動だけに関係した圧力を考えている．そういう圧力があることを示すために，ベルヌイ（Bernoulli）の式というものを考えよう．ベルヌイは18世紀の人であり，この式は流体力学を習うとき，最初に出てくる基本的な式の1つである．簡単のため，流体は非圧縮性（流体の密度はいつでもどこでも一定）であるとし，さらに粘性の影響を無視すると，前節で述べた流管のどの断面をとっても

$$\frac{q^2}{2} + gz + \frac{p}{\rho} = 一定 \tag{15.1}$$

というエネルギーの保存式が成り立つ．これがベルヌイの式である．ここで $q^2/2$ は速度の2乗の半分を表す．したがって，運動エネルギーに他ならない．g は重力加速度，z はその流管の断面の高度であるから gz は位置のエネルギーを表す．p は圧力，ρ は流体の密度である．仮に流体が運動していないとすれば，$q^2/2 = 0$ であるから，$gz + (p/\rho) =$ 一定となる．これは静水圧平衡の式に他ならない．この関係を満足する圧力を静水圧と呼び，記号 p_h で表そう（hydrostatic の h）．そして，p を p_h と p_d の2つに分けて（dynamic の d），式 (15.1) を

$$\frac{q^2}{2} + gz + \frac{p_h + p_d}{\rho} = 一定$$

と書き直し，

$$gz + \frac{p_{\mathrm{h}}}{\rho} = 一定, \quad (15.2)$$

$$\frac{q^2}{2} + \frac{p_{\mathrm{d}}}{\rho} = 一定 \quad (15.3)$$

とする．式（15.3）が意味することは，速度が小さい部分では圧力 p_{d} が高いことである．すなわち，重力場にある流体内でも，運動があれば流体内の圧力が違うのである．だから力学的圧力あるいは動圧（dynamic pressure）というのである．強い風のとき，傘に感ずる風圧が動圧である．

ここで，流体がある点を中心として円運動をしているとき，お馴染みの傾度風の式を考えよう（『一般気象学　第2版』，p.142）．

$$\frac{V^2}{r} + fV = P_{\mathrm{n}} \quad (15.4)$$

ここで，V は速度，r は中心からの距離，P_{n} は気圧傾度力である．左辺第1項は遠心力，第2項はコリオリ力を表し，この2つの力の和が右辺の気圧傾度力 P_{n} と釣り合っている．釣り合っているから，この式だけを扱っている限りでは，①流体がある点を中心として反時計回りの円運動をしているから，中心で気圧が低いのか，あるいは②中心で気圧が低いから流体が回転運動をしているのか，区別することはできない．

これだけの準備をして，もう一度図15.8に戻ると，中層に出来た低気圧性に回転している渦巻の中心は周囲より気圧（動圧）が低い．一方，下層の圧力に変化は無いから，上向きの気圧傾度が生まれ，ここに上昇流が新たに出来て，ストレッチ効果により渦巻を強化するのである．これがメソサイクロンである．

図15.8によれば，反時計回りと時計回りの渦ができることになるが，現実にはどうか．スーパーセルの多発地帯である米国中西部での観測によると，レーダーでみて強い回転があった143個のうち，たった3個だけが時計回り（高気圧性）の渦であった[10]．どうして反時計回りの渦が優先されるのか．それには渦巻と環境場の風の鉛直シアの相互作用を考える必要があるが，本書の範囲を越えるので，文献[8]だけを挙げて，ここでは省略することにする．

15.3 スーパーセルに伴う竜巻

前節で述べたようにして，スーパーセルの中層にメソサイクロンが出来る．しかし，ドップラーレーダーで中層のメソサイクロンの存在が確認されたものの中で，実際に竜巻が発生したのは20％に過ぎないという米国での報告がある．しかしまた，米国でF4やF5クラスの破滅的な被害をもたらす竜巻は，スーパーセルに伴って起こることが多いのも事実である．

わが国では，F4やF5クラスのような強い竜巻は発生したことはないが，スーパーセル型の竜巻は少数ながら発生する．最も典型的な竜巻の1つが，1990年12月11日千葉県の鴨川市を襲った竜巻であろう[11]．もっとも，竜巻の強さからいえば，鴨川竜巻に続いて起こった茂原竜巻の方が強かった．茂原竜巻による被害域の幅は最大で約1.2 km（平均で約500 m），長さは約6.5 kmに及んだ．家屋の根こそぎ破壊，大型トラックの横転・移動を含め，死者1名，負傷者73名，家屋の全壊81戸，半壊161戸，一部破損1,504戸の被害であった．最大の瞬間風速は約78 m s^{-1}で，F3の竜巻と推定されている．

竜巻当時の気象状況は，12月11日9時ころ，朝鮮半島の東海上に1004 hPaの中心気圧をもった低気圧が発生した．この低気圧は東進して，

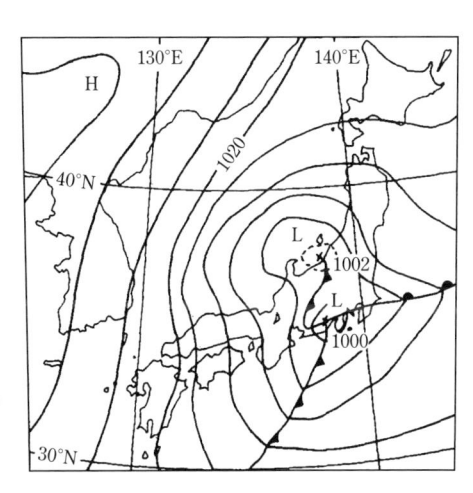

図15.10 茂原竜巻が発生した1990年12月11日の18時（09 UTC）の地上天気図．

316 第15章 竜巻

同日18時ころには図15.10の地上天気図に示したように，能登半島のすぐ西まで接近した．そして，前章までに例を挙げたように，低気圧の世代交代があり，静岡県の富士山南方に新たな低気圧が発生した．ところがそれより早く，レーダー図では1319時に，後に鴨川スーパーセルとなるエコーAと茂原竜巻を起こしたエコーBが遠州南方海上に出現している．その後の進展を図15.11のレーダー図で示した．低気圧の暖域内を，エコーAは1500時には駿河湾沖に（図(a)），1637時には相模湾沖に進み（図(b)），1737時には房総半島南部に上陸している（図(c)）．このときにはすでにフックエ

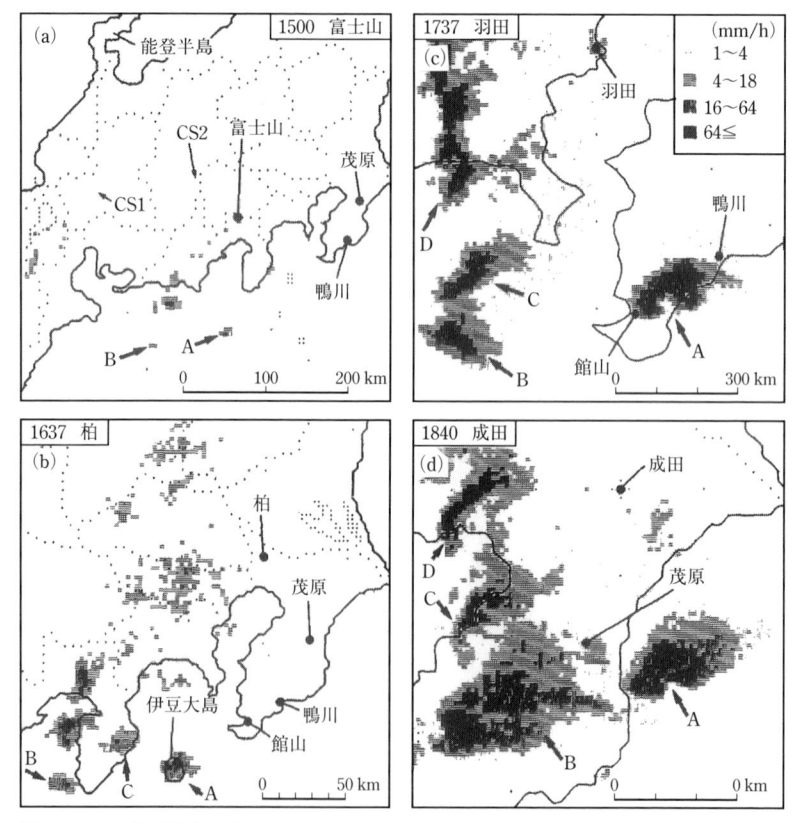

図15.11 茂原竜巻の起こしたスーパーセルのレーダーエコー（図のエコーA）時系列[11]．(a) 1990年12月11日1500時（富士山レーダー），(b) 1637時，（千葉県柏レーダー），(c) 1737時（羽田レーダー），(d) 1840時（成田空港レーダー）．

コーを持った典型的なスーパーセルの形状を持っている．

図15.12は1800時における地上風と雨量の分布である．雨はフックエコーを含めてスーパーセルの典型的な分布をしている．風も低気圧性に回転していて，メソサイクロンの存在を示している．この図の風の空間分布を描くには，いわゆる時間・空間変換法が用いられている．この方法は，短時間の間にはストームの構造は時間的に変化しないと仮定し，ストームの移動速度をまず決めて，それから風速計が測った細かい時系列を空間的分布に変換するのである．羽田空港のドップラーレーダーによれば，メソサイクロンは約44分間継続し，最大の渦度は高度 $1 \sim 5$ km にわたって $2 \times 10^{-2} \mathrm{s}^{-1}$ であった．

いうまでもなく，竜巻研究の難しさは，その空間スケールの小ささと時間スケールの短さにある．継続時間は長くても10分の桁である．大きさは100 mの桁である．ある観測点に固定されたレーダーでは，十分な空間的分解能で観測できるほど近距離で竜巻が発生する確率は極めて小さい．それでドップラーレーダーを車に搭載し，危険を冒して，できる限り竜巻に接近し

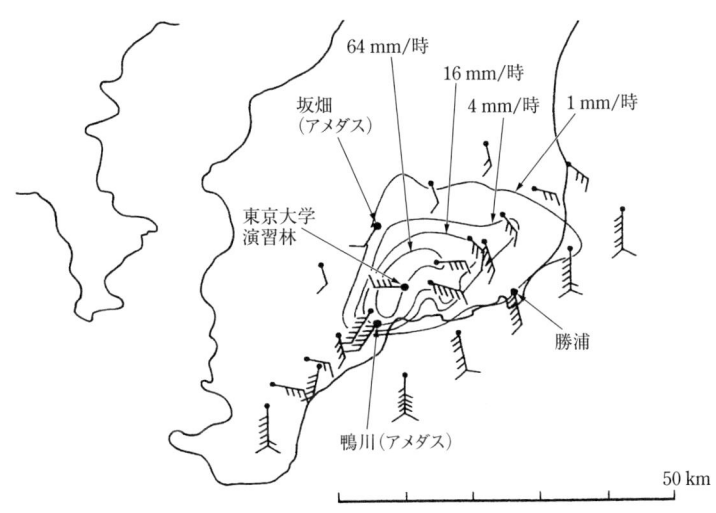

図15.12 12月11日1800時，羽田空港のレーダーエコーから推定した高度2 kmにおける雨量強度と地上風の分布[11]．風の矢羽根の1本は $1 \mathrm{~m~s^{-1}}$ に相当する．

て観測することは，十数年前から行われている[12),13)]．レーダー素子をたくさん並べて，時間分解能を増大する高速走査レーダー（rapid scan radar）も開発されている．その測定結果の一例は 15.6 節で述べる．さらに，スーパーコンピュータの想像を超える進歩を受けて，竜巻の数値シミュレーションも大きく前進している．

その一例として，1977 年 5 月 20 日米国オクラホマ州のデル市を襲った竜巻のシミュレーション結果から，メソサイクロンに伴う竜巻発生のメカニズムを探ってみよう[14),15)]．問題は，中層にメソサイクロンがあったとしても，その水平の大きさは 10 km の桁（メソβスケール）である．ところが竜巻の大きさは 100 m の桁である．メソサイクロンの典型的な渦度は $10^{-2}\,\mathrm{s}^{-1}$ である．竜巻のそれは $1\,\mathrm{s}^{-1}$ である．いずれも 2 桁の差がある．それだけに，竜巻発生のときには，もう一段何らかの力学的なプロセスが働いているに違いない．それは何かが問題である．

数値実験は雲解像非静水圧モデルを用い，水平格子間隔 70 m で行われた．図 15.13 は初期条件として用いた環境の風のホドグラフを示す．ホドグラフは長いし，高度とともに時計回りに大きくカーブしている．ホドグラフが長いということは，風速が高度とともに大きく増加していることを示しているし，ホドグラフがカーブしていることは，風向も高度とともに大きく変化していることを示している．つまり，風速シアも風向シアも大きいのである．

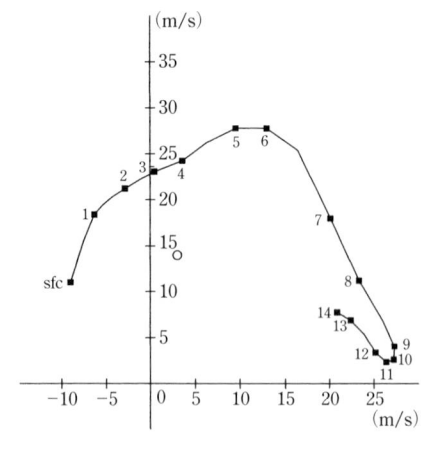

図 15.13 メソサイクロンに伴う竜巻の再現実験の際，初期条件として用いた観測された風のホドグラフ[15)]．横軸は風の東西方向の成分で縦軸は南北方向の成分．記号 sfc は地上付近の風で，数値は高度（km）．縦軸の近くにある白丸は疑似メソサイクロンの中心の移動速度を表す．

15.3 スーパーセルに伴う竜巻

図は示さないが，大気の成層は不安定であった．不安定な成層をし，大きな風の鉛直シアを持った大気に，例のごとく温度が高い仮想的なバブルを初期に与えて対流を起こさせる．その結果は，前節で述べたように，まず積乱雲が発生し，それが低気圧性の渦と高気圧性の渦を生み出し，前者が発達する．計算を始めて 2100 秒までには，南西部にフックエコーを持ったスーパーストームが出来上がった（図 15.14(b)）．4600 秒経ったときには（図(c)），モデルが作った疑似ストームの水平の大きさは 20 km 以上に成長したし，南端にフックエコーが出現した．

巻き込んだフックエコーの東側先端の四角の部分（図 15.14(c)）を拡大して，ここでどのように竜巻が発生したか見ると（図省略）[15]，3900 秒までに 5 km にわたって強い上昇流が四角部分の北西から南東の方向に発達している．そして南西の隅には，強い降雨を伴った下降流がある．4504 秒までには強い下降流（そして寒気）が上昇流の中心に向かって侵入していくが，この 4504 秒には上昇流の核の中に強い鉛直渦度（$>0.5\,\mathrm{s}^{-1}$）が出現した．これが竜巻である．この時刻以降は下降流が上昇流域に巻き込まれ，渦度もバラバラに広く散らばり，スーパーストームも衰弱していく．

肝心の竜巻発生前後の細かい様子をもっとよく示したのが図 15.15 である．数値実験の領域内で，最大の上昇流（図(a)），最大の鉛直渦度（図(b)），最低の気圧偏差（各格子点で初期に与えた気圧からのずれ）（図(c)）があっ

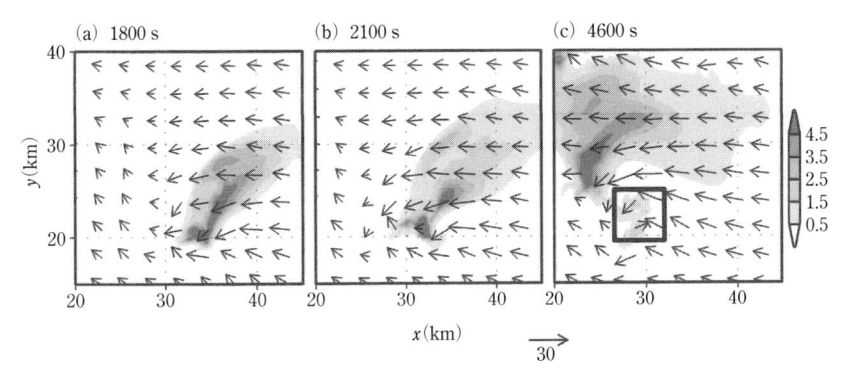

図 15.14 疑似スーパーセルの時間的変化[15]．高度 928 m における降水粒子の混合比（陰影，g kg^{-1}）と風（矢印）．(a) 1800 秒，(b) 2100 秒，(c) 4600 秒．図(c)の四角は図 15.15 の領域を示す．

320　第15章　竜巻

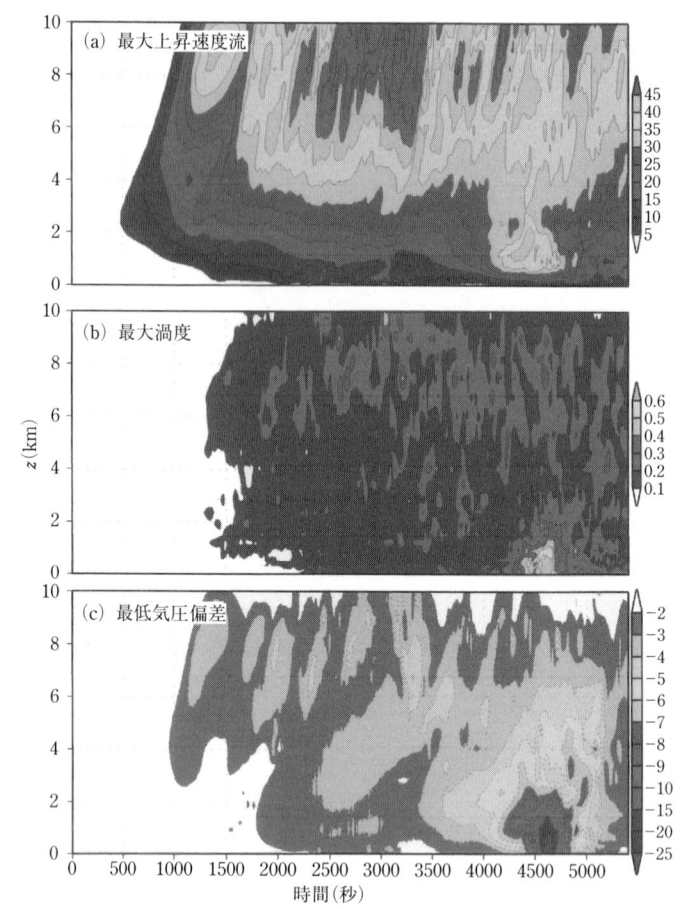

図 15.15 数値シミュレーション開始後の時間・高度の断面図[15]．各高度における (a) 最大上昇速度，(b) 最大鉛直渦度，(c) 最低気圧偏差．等値線の間隔は (a)，(b)，(c) に対して，それぞれ $5\,\mathrm{m\,s^{-1}}$, $0.2\,\mathrm{s^{-1}}$, $1\,\mathrm{hPa}$．計算結果が9秒間隔で図示されている．（口絵にカラーで再掲）

た格子点での高度分布が，時間を追って示されている．これを見ると，4500秒あたりで，高度 $1.5\,\mathrm{km}$ では上昇流は $43\,\mathrm{m\,s^{-1}}$ を超え，鉛直渦度も $0.85\,\mathrm{s^{-1}}$ あり，気圧は最大 $27\,\mathrm{hPa}$ も降下している．この時刻に竜巻が発生したことに間違いはない．ここで興味があるのは，3500秒以降，即ち竜巻発生より約20分も前から，高度 $1800\,\mathrm{m}$ で負の気圧偏差が発達し始めたことである．こ

れが中層でのメソサイクロンに加えて，下層でのメソγスケールのサイクロン（あるいは 14.4 節で導入したマイソサイクロン）が発達したことを示す．

どのように下層のメソγサイクロンができたか．ここで図 15.16 の海風の例を考えよう．5.4 節で発達中の前線を巡る二次鉛直循環の話をしたが，あの場合は前線に沿う風が地衡風の場合であった．今回はメソあるいはマイソスケールの現象の話をしているのだから，もちろん地衡風近似は使えない．さて，図 15.16 で晴れた夏の午後，陸上の気温は海上のそれより高くなる．それで海から陸に向かって，下層では海風が吹き，陸上では上昇流があり，それが上空で反転して海に向かう流れ（反流）となり，海上にある下降流に繋がって，鉛直面上で 1 つの循環を形成する．この流れは，海岸線に平行した水平軸を持つ渦管に伴う鉛直循環と同じ流れと見ることができる．

この現象をもっと一般化する．海岸線上の下層大気中で等温線と等圧線を描くと，日中には陸面上の下層大気の温度は高くなるから，等温線は図 15.16 に示したように水平面から傾くであろう．一方等圧線はほぼ水平に近

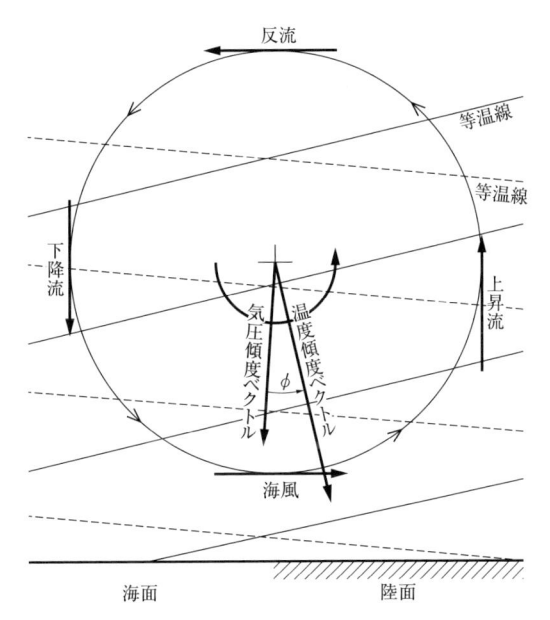

図 15.16 海風を例としたビヤークネスの循環定理の説明図．

いであろう．それで，下層大気中の任意の1点において，気圧傾度ベクトル（気圧傾度が最も大きい方向に沿ったベクトル）を描けば，それはほぼ鉛直方向に下向きとなるであろう．一方，温度傾度ベクトルは鉛直方向からずれるであろう．気圧傾度ベクトルから測って温度傾度ベクトルとの間の角度をϕとすると，$\sin\phi$が正ならば，図のように正の渦度すなわち反時計回りの回転運動が発達するというのが「ビヤークネスの循環定理」が教えることである（もっと正確な循環定理については，気象力学の教科書を参照してほしい）．つまり，等圧線と等温線（もっと一般的には等圧面と等温面）が交差すれば鉛直面内で渦度が時間とともに発達するというのである．図 15.16 で気圧傾度ベクトルと温度傾度ベクトルの方向が一致すれば（つまり $\phi=0$ ならば），その大気は順圧大気なので渦度は生じない．循環定理でいう循環とは，図 15.16 の例でいえば，海風・上昇流・反流・下降流から成る閉じた曲線に沿う流れをいう．夜間ともなれば，図 15.16 の ϕ は負になるので，鉛直循環の方向が反対となり，陸風が吹くことになる．

　説明が長くなったが，スーパーセルに話を戻せば，海岸線は前節で述べた後方ガストフロントに相当し，陸地の部分は暖気が占めている部分，海上は降雨の下の冷気プールと思えばよい．こうしてガストフロントを挟む水平温度勾配によって，循環定理により，水平に横たわる渦管が出来上がった．そしてこれが上昇流によって上に曲げられ（tilting の効果），それまでの渦度の水平成分が鉛直成分になり，鉛直渦度が強化され，さらに上昇流によるストレッチ効果によって，ついに竜巻となったということになる．前に図 15.5 に関連して，竜巻はフックエコー内の上昇流と下降流の境界付近で発生する傾向があるといった理由がこれである．

　この節の最後として，竜巻が発生している 4504 秒における親雲の下層部と竜巻の立体図が図 15.17 である．地表面近くでは竜巻の中心に向かって $60 \mathrm{~m~s^{-1}}$ の速度で空気が動いているのがわかる（ただし，この数値シミュレーションでは地表面での摩擦は無視している）．この図で一番重要なのは，親雲と竜巻とでは，これだけ水平スケールが違うのだ，だから鉛直渦度の強さも，竜巻ではメソサイクロンより2桁も大きいのだということの認識である．

　上に述べたことは，スーパーセルに伴った竜巻発生のメカニズムの一例に

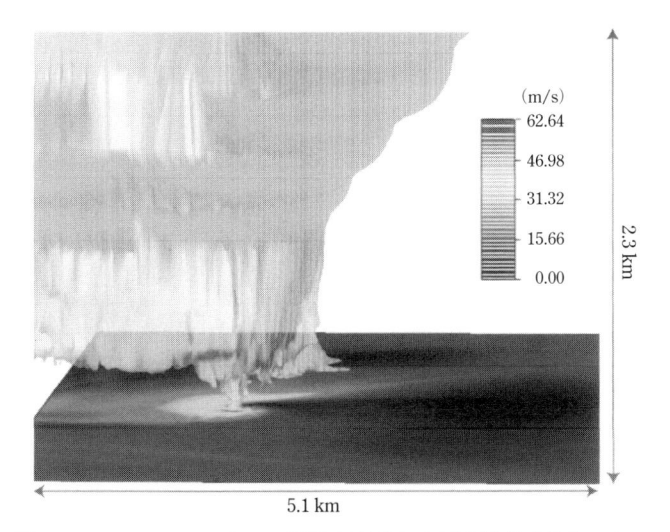

図 15.17 シミュレーション時間 4504 秒における疑似竜巻とストーム下部を南東の方角から見た鳥瞰図．灰色と赤の面は，それぞれ雲水分の混合比が $0.1\,\mathrm{g\,kg^{-1}}$ と鉛直渦度が $0.6\,\mathrm{s^{-1}}$ の面．青色の水平面は数値シミュレーションモデルの最下層である高度 5 m の水平面で，その面上の風速が色彩別に示してある[15]．（口絵にカラーで再掲）

過ぎない．この種の竜巻については米国で多くの観測例があるし，多くの数値実験もされていて，上記の記述と一致していない部分もある．研究は現在も進行中である．

15.4 台風に伴う竜巻

竜巻は台風に伴っても発生する．特に，台風の進行方向に向かって右手前方に多い．1948 〜 86 年までにハリケーンに伴って発生した 626 個の竜巻について，ハリケーンの中心を原点とし，進行方向を 360°として，竜巻の発生位置をプロットしたのが図 15.18 である[16]．確かに，ハリケーンの北東象限で，中心から 400 km 以内の領域で強い竜巻が発生しやすいことがわかる．
　それではハリケーンの北東象限の気象状況は他の象限に比べて，どこが特異なのか．いろいろ調べてみると，ハリケーンに伴う風のシア（風向と風速

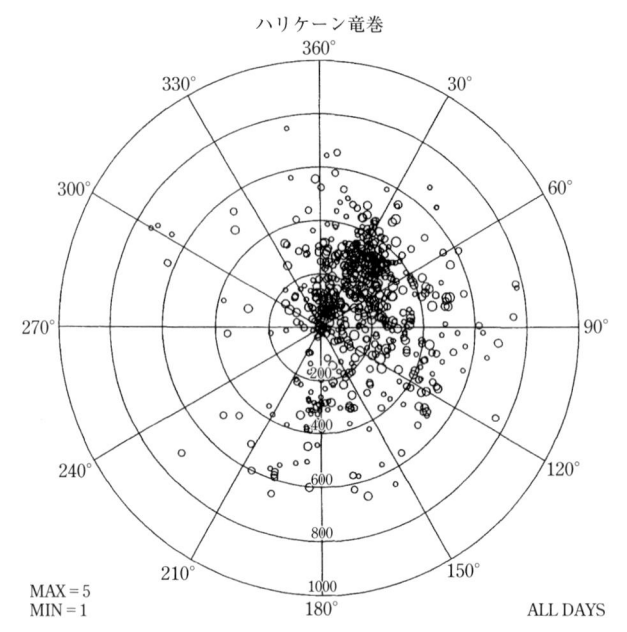

図 15.18 米国ハリケーンの中心と進行方向に相対的な竜巻の発生位置[16]．ハリケーンの進行方向を 360°にとり，1948～86 年に報告のあったすべての竜巻を含む．中抜きの円の大きさは，藤田スケールの 1 から 5 までの竜巻の強さに対応している．

の鉛直傾度）が北東象限で特に大きいことがわかった．実は以前から，環境の風に関連した「ストームに相対的なヘリシティ（storm-relative helicity, 略して SRH）というパラメータが，竜巻発生の指標の 1 つになりうると考えられていた．このパラメータは，環境の下層の風がストームに吹き込む際に，ストームに運び込まれる風の渦度の大きさを表す量だからである．

環境の風ベクトルを v，ストームの移動速度のベクトルを c とすると，ストームに相対的な環境の風は $(v-c)$ となる．これがいわばストームが静止しているとき，ストームに吹き込む風である．それで環境の渦度ベクトルを ω とすると，$(v-c)$ と ω のベクトル内積 $(v-c)\cdot\omega$ が $(v-c)$ の風によってストームに運び込まれる渦度の大きさとなる．もし，ベクトルの内積にお馴染みでなければ，v，c，ω がすべて水平面上にある水平ベクトルであ

るとして，$(\bm{v}-\bm{c})$ と $\bm{\omega}$ のなす角度を ϕ とすると，内積 $(\bm{v}-\bm{c})\cdot\bm{\omega}$ は $|\bm{v}-\bm{c}||\bm{\omega}|\cos\phi$ に等しい．したがって，たとえば $(\bm{v}-\bm{c})$ と $\bm{\omega}$ が直交しているときには，$\phi=90°$ だから，$\cos\phi=0$，したがって SRH $=0$ となる．つまり，いくら $(\bm{v}-\bm{c})$ と $\bm{\omega}$ が大きくとも，この両者が直交してしまっては，環境の渦度はストームの内部に運び込まれないのである．

　実際問題として，$(\bm{v}-\bm{c})\cdot\bm{\omega}$ の値は地表面からの高度によって違うから，普通は地表からある高度までの層内の値を足し合わせる（積分する）．たとえば高度 3 km までならば，

$$\mathrm{SRH} = \int_0^{3\,\mathrm{km}} (\bm{v}-\bm{c})\cdot\bm{\omega}\, dz \tag{15.5}$$

と計算する．SRH の計算に必要な $\bm{c}$ は，実はストームが実際に起こってからでないと測れないので，ここに不確実性が生ずるが，普通はレーダーエコーの動きと同じとして計算している．図 15.18 を作成したときのデータを用いて，地上から 3 km までの SRH を計算した結果が図 15.19 である．確かに台風中心の北東象限で SRH が大きい．つまり，SRH が大きいということは，前節で述べたように，水平軸を持った環境の渦度がストーム内に入り，ストーム内の上昇流によって鉛直の渦度となり，ストレッチ効果でメソサイクロンができやすいのであろうということである．

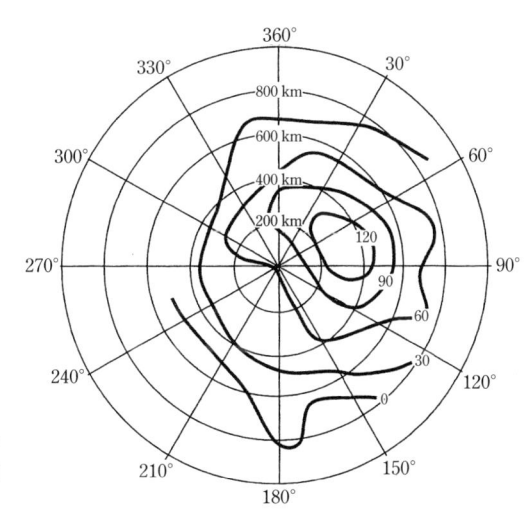

図 15.19　ハリケーンの中心と進行方向に相対的な SRH の分布．ハリケーンの進行方向が 360°．

また，大気の安定度を表すCAPE（13.1節）は深い湿潤対流（積乱雲）の発達に深く関係する指数であるから，CAPEとSRHを組み合わせたエネルギー・ヘリシティインデックス（Energy Helicity Index，略してEHI）という指数が用いられることがある[17]．EHI = (CAPE×SRH) × $(1.6×10^5)^{-1}$ で定義される．このほかにも，竜巻の発生予報に役に立つというさまざまな指数が提案されている[18]．

　わが国では，発生する竜巻の約20%は台風に伴うとされている．F2の強さを持った竜巻の一例を挙げると，1990年9月19日に台風19号が北東に進みながら和歌山県に上陸し，そのまま日本列島を斜めに縦断し，岩手県で太平洋に抜けた．それに伴って関東平野では，9個のスーパーセルがドップラーレーダーで観測され，5個の竜巻が発生した．いずれもF0かF1の強さであったが，その中の1つだけはF2の強さを持ち，栃木県壬生町で23名の負傷者や全壊家屋31棟などの被害を生じた．このときのスーパーセルは，フックエコーやメソサイクロンなど，スーパーセルの特徴は備えてはいるものの，全体としては小ぶりで，ミニスーパーセルと呼ばれるのが適当な種類であった[19]．

　もっと最近では，2006年9月17日に台風シャンシャンに伴って宮崎県延岡市で発生した竜巻がある．一般的に台風に伴う雲としては，台風の目を壁のように取り囲む背の高い（10 km以上）積乱雲からなる壁雲と，外側かららせん状に中心に巻き込む外側降雨帯（outer-rainband）とがある．今回の台風は9月17日には中心示度950 hPaをもって，東シナ海を35 km h^{-1}のスピードで北北東に進行中であった．九州に接近した頃には，図15.20に示すように，2本の外側降雨帯を伴っていた．よく見ると，降雨帯は水平の大きさが20～40 kmの孤立したエコーから成り立っており，しかもそのエコーは台風に伴う風の方向に対して傾いている．この傾きは，図14.3と図14.4の「狭い寒冷前線に伴う降雨帯」の雲からすれば，環境の風に強い鉛直シアがあることを示す．いずれにせよ，今回は一番外側の降雨帯から3個の竜巻が1210，1330，1410 JST（日本時間）に，宮崎県の東岸で発生した．その中で，延岡市を襲った竜巻が最も強く，F2クラスであった．正に台風進行方向の右前方に発生した竜巻である．この竜巻は1403～1408 JSTの間に90 km h^{-1}の速さで北北東に進行し，被害域の幅は150～300 m，長さ

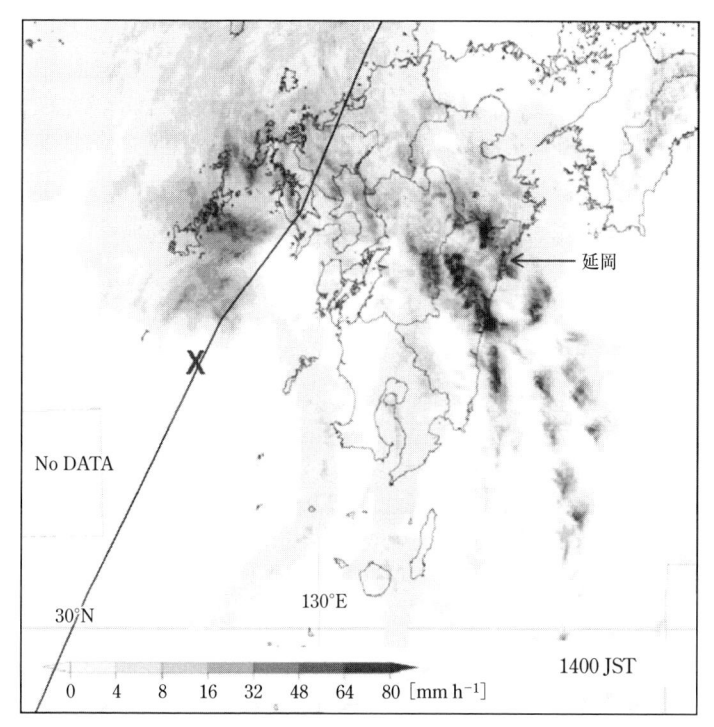

figure 15.20 気象庁の現業レーダーが 2006 年 9 月 17 日 1400 時に観測したレーダーエコーの分布．×印は推定された台風シャンシャンの中心位置．実線は気象庁によるベストトラック．

は 7.5 km で，3 名の死者が出た．ウィンドプロファイラの観測によると，下層，特に 2 km 以下では風向は強く順転し（veering），地表では東風，高度 2 km では南南東風で 35 m s^{-1} であった．地上から 1 km，2 km，3 km までの SRH はそれぞれ 484，641，695 m^2 s^{-2} であった．

この延岡竜巻は気象庁の非静水圧モデル（NHM）でよく再現されたので，その数値実験結果に基づいて，台風に伴う竜巻発生のプロセスを見ていこう[20),21)]．

この数値実験では，コンピュータの計算時間を軽減するために，4 段階にネスティングされたモデルで行われた．第 1 段階のモデルでは，格子間隔は 5 km で，9 月 17 日 9 時における気象庁の現業 4 次元変分法（2.4 節）によ

るデータを初期値として実験が行われた．従来の竜巻の数値実験といえば，たとえば前節で述べた数値実験のように，水平方向には一様な環境場に，仮想的な高温のバブルを初期に人為的に与えて対流を発生させるという実験であったが，今回は実測の気象状況から出発したという点では初めてである．第2段階のモデルの格子間隔は1kmで，このモデルの計算領域を第1段階のモデルの中に埋め込み，第1段階の計算結果を第2段階の計算領域の境界条件とする．3段階目は250m，4段階目は50mというように，次第に竜巻に焦点を合わせて解像度を上げていく．

　図15.21が第2段階のモデルが計算した1420時における延岡市のホドグラフである．ほとんど半円形に近いほど，風は順転していて，鉛直シアが大きい．

　図15.22は第3段階の格子間隔250mモデルで計算した，時刻14時20分における高度1kmの降水粒子（雨粒・雪・あられ）の分布を示す．実況の図15.20のような，はっきりとした2本の降水バンドには分かれていないが，ちょうど延岡市あたりの海岸線に強いエコーが再現されている．この図の四角の部分（外側降雨帯を構成するエコーの南端部分）を拡大してみたのが図15.23である．高度1kmにおける降水粒子の分布で見ると，立派なフックエコーがあり（図(a)），その空気は回転していて，その中心では気圧が低く，メソγスケールのサイクロンを形成している（図(b)）．この図の線分A-Bに沿った鉛直断面を見ると，ヴォールト（丸天井）を持つ弱いエコー領域（WER）があり，そこに$30\,\mathrm{m\,s^{-1}}$を超す強い上昇流がある（図(c)）．鉛直渦度の最大値は$6\times10^{-2}\,\mathrm{s^{-1}}$である．オーバーハングした雲もあるし，正に図15.6で示した米国中西部のスーパーセルとまったく同じ構造である．しかし，米国産ストームの水平の大きさは20～30kmであるのに対して，図15.23に示された水蒸気の多い日本産あるいは熱帯産の下層メソサイクロンの大きさは2～3kmくらいであるし，丸天井を構成する雲の高さは5km以下である．したがって，これはやはり前節で述べたミニスーパーセルと呼んだ方が適当であろう．一方，フックエコーを南端にもつストームの北の部分では，雲頂高度は10kmか，それ以上ある．さらに，台風に伴ったスーパーセルの特性が，図15.23(b)に示した地表付近の温位の分布に見られる．水平の風のシアや，そのシアラインに沿った大きな鉛直渦度のため，地表面

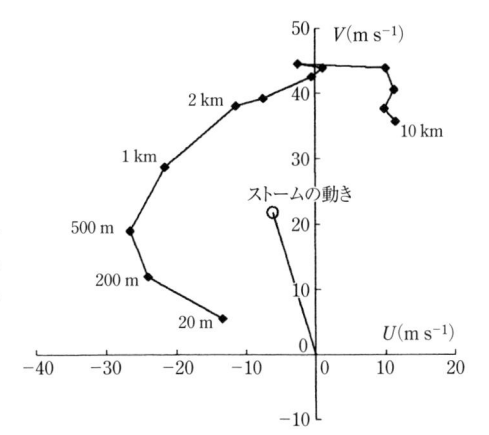

図 15.21 格子間隔 1 km のモデルで再現された延岡市における水平風のホドグラフ[21]．ホドグラフの横の数値は高度を表し，高度 1 km より上は 1 km 間隔で黒の四角で示す．下層のメソッスケールのサイクロンの移動速度も示してある．

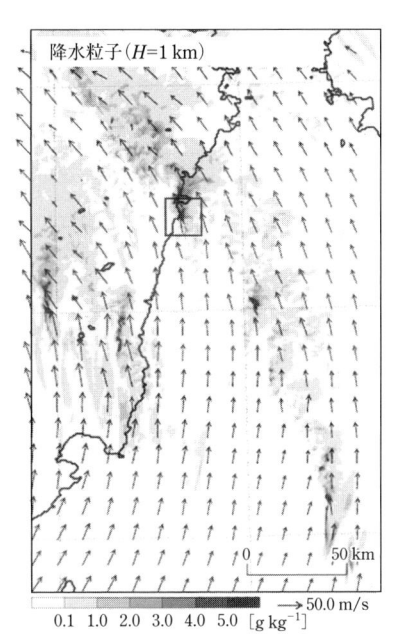

図 15.22 格子間隔 250 m のモデルで再現された 1420 時の高度 1 km における降水粒子（雨，雪，あられの和）の混合比の分布[21]．

近くにガストフロントがあるが，それを横切った温位の差は 1 K くらいしかないのである．したがって，前節で述べたビヤークネスの循環定理による水平渦の発達は期待できない．

それでは何が起こったのかというと，詳しい図はここでは示さないが，も

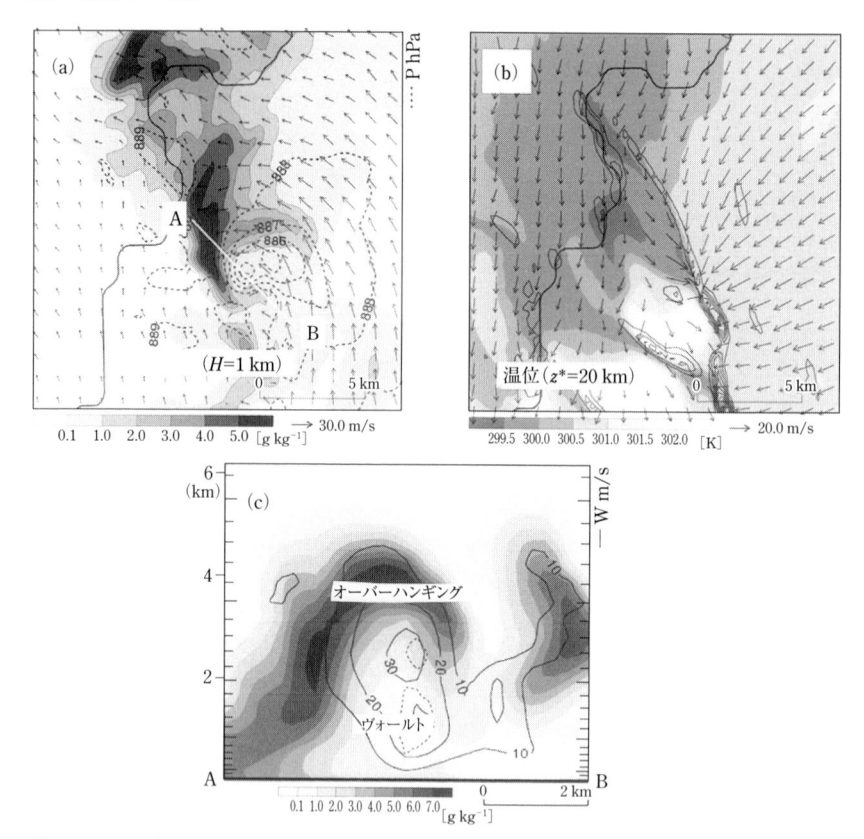

図 15.23 (a) 図 15.22 の四角の部分の拡大図[21]. 矢印はストームに相対的な風ベクトルで, 破線は 1 hPa ごとの等圧線. (b) 高度 20 m における温位の水平分布 (陰影). 等値線は 0.004 s^{-1} ごとの等鉛直渦度線. (c) 図 (a) の線分 A-B に沿った鉛直断面上の降水粒子 (hydrometeor) の混合比. 実線は 10 m s^{-1} ごとの鉛直速度. 破線は 0.06 s^{-1} の鉛直渦度.

　もともと後方のガストフロント (RFG) があったところに, 降雨域からの吹き出しの第 2 波 (secondary outflow surge) があり, 元の RFG フロントに追いついた場所で強い収束ができ, そこで竜巻が発生したのである. つまり, このときには 2 本のガストフロントがあったことになる. このような RFG 域内の 2 本のガストフロントの存在は, 最近 2 台のドップラーレーダーの同調観測でも確認されている[22),23)].

図15.24は，四段目の格子間隔50 mのモデルを使って得た海面気圧最低の地点での最大渦度と最低気圧の時系列である．メソγサイクロン内の気圧は14時27分ころから急激に降下して，ピーク時には約14 hPaも下がった．同時に渦度は増加して$1.19\,\mathrm{s}^{-1}$となったから，この時刻に竜巻が発生したとみてよいであろう．そして，図によれば，竜巻は約6分継続したことになる．

最後に図15.25は，竜巻が発生している14時28分30秒，竜巻中心の北西―南東方向の鉛直断面内での，雲粒子の混合比（陰影）の分布を示す．ロート状の雲が竜巻に相当するのであろう．気圧偏差と渦度の分布にも竜巻が現れている．

さらに，感度実験によると，フックエコーの域内で，降水粒子という空気にとって余分な重みが，RFGの挙動とそれに続く竜巻形成に本質的な役割を果たすことが示されている．このように，海洋性のミニスーパーセルに伴う竜巻の発生は，前節で述べた大陸性のスーパーセルに伴う竜巻とは，かなり違うようである．さらなる研究が待たれている．

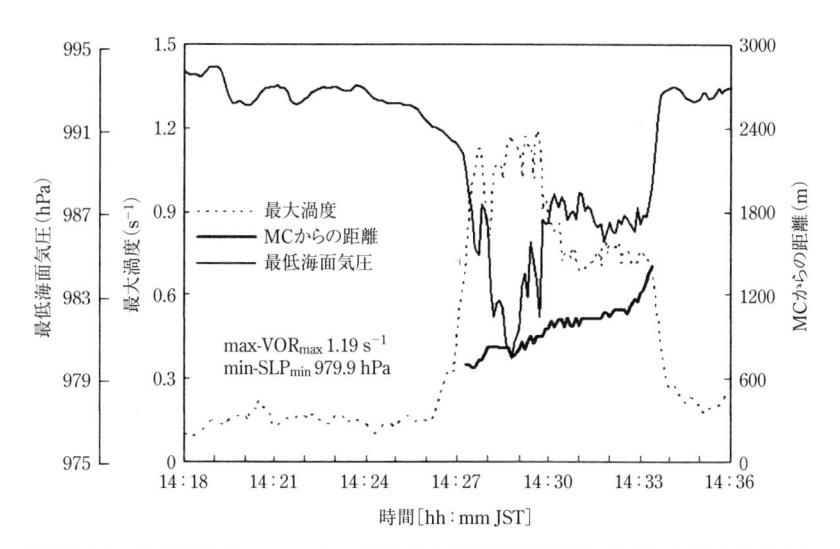

図 15.24 格子間隔50 mのモデルで得られた海面最低低気圧（実線）と最大渦度（破線）並びにメソγサイクロン（MC）中心位置と最大渦度地点との距離（太い実線）の時系列[21]．最大渦度は$1.19\,\mathrm{s}^{-1}$，最低海面気圧は979.9 hPa.

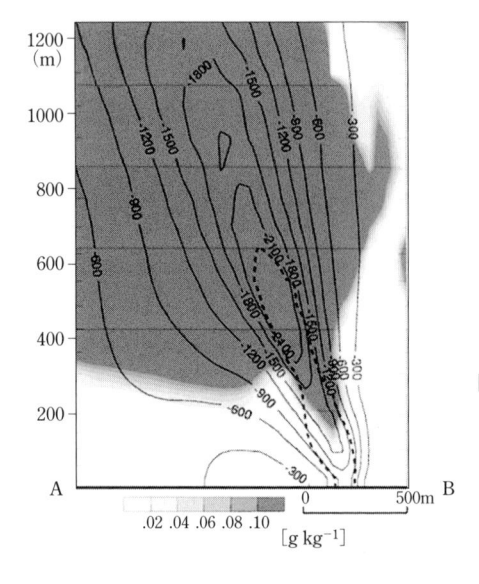

図 15.25 竜巻存在中の 14 時 28 分 30 秒，フックエコーを横断する方向にとった鉛直断面上の雲粒子の混合比を陰影の濃度で示す．実線は 300 Pa おきに描いた気圧偏差．太い点線は渦度 $0.50\,\mathrm{s^{-1}}$ の等値線[21]．

15.5 ノンスーパーセル竜巻

　本章の冒頭に紹介した 2006 年の北海道佐呂間竜巻は，総観スケールの寒冷前線に伴う竜巻であった．これ以外にも，地形的な局地的前線や活発な積乱雲に伴っても竜巻が出現することがある．最近では，2012 年 5 月 6 日 12 時 35 分頃，茨城県常総市からつくば市にかけて竜巻が通過した[24]．被害域の幅は約 500 m，長さ 17 km で，強さは F3 と推定されている．当時は上層に寒気を伴ったトラフがあり，大気は不安定な状態であったが，地上天気図には前線は解析されていなかった．結局，この日は関東地方だけでも 4 個の竜巻が発生した．

　このように，スーパーセルに伴われない竜巻もあることは 1980 年代の終わりに米国で知られるようになった[25),26)]．今日ではこれらを総称してノンスーパーセル竜巻（nonsupercell tounado，略して NST）と呼ぶ．

　NST の一例として，水平格子間隔 60 m の非静水圧平衡モデルを用い，不安定成層をした大気中で，既存の積乱雲の下部に溜まった冷気のプール（cold reservoir）から流れ出た冷気が，南風がもたらした暖気と衝突する境

界線上で発生する竜巻を数値実験した例を見よう[27),28)]．図15.26が実験の初期状況を示す．東に向かって流れ出る冷気の先には，南風を伴った暖気がある．そして高度3 kmより上では10 m s^{-1}の西風が卓越している．

図15.27がこうした状況で発生した竜巻群の生涯を模式的に示したものである．最初に，冷気外出流が東の南風の気塊と衝突するガストフロントには風のシアがあり，ここでシア不安定により波動が生ずる．シア不安定というのは，2つの気塊が違った速度で平行に動いている場合，その境界面における速度差が大き過ぎたとき，その境界面にある無限小の振幅を持つ擾乱の振幅が，時間とともに増幅していく現象をいう．2つの気塊が上下に配置され，その境界面が水平面である状況で励起される不安定波はケルビン・ヘルムホルツ波と呼ばれる．今回の場合は，2つの気塊が水平に配置され，境界面が鉛直に立っているときの不安定であるから，水平シア不安定による波動である．現実の大気中では境界面は幾何学的な面ではなく，ある程度の厚さを持った遷移帯を成す．理論的には，この遷移帯で発達する不安定波の波長は遷移帯の厚さの約6倍とされている[29)]．

話が横にそれたが，図15.27のIとIIの場合，ガストフロントに沿って，約3 kmの波長の水平シア不安定波が発達している．すなわち約3 kmおき

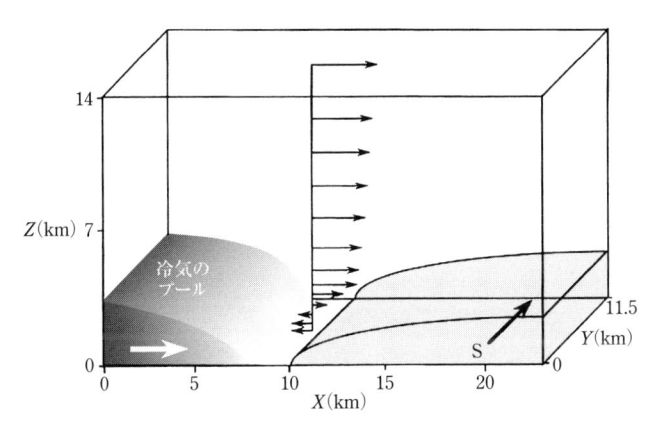

図15.26　ガストフロントにおけるノンスーパーセル竜巻のシミュレーションで使われた初期の環境[27),28)]．西から冷気外出流が東に向けて進行中で，その東には南風を伴った暖気がある．

図 15.27 ガストフロントで発達した疑似ノンスーパーセル竜巻の生涯の模式図[27),28)]. 段階ⅤとⅥは段階Ⅳで複数個ある中のただ1個だけを示している.

にマイソサイクロンが発達している. さらに, ガストフロントにおける強制上昇のため, 積雲も出来始めている.

こうして出来たマイソサイクロンは発達するとともに併合して, ますます強大となる (図Ⅲ). 積雲内の空気も自由対流高度に達して, 雄大積雲になった. NST の初期の成熟期Ⅳでは, 鉛直ストレッチ効果により, マイソサイクロンの循環は強化され, 雄大積雲も積乱雲へと発達している. 最も発達した段階Ⅴは NST の成熟期後期であり, F1 クラスの竜巻が発生した. 降雨により新たな冷気外出流も出現し, 下層の収束も増加している. NST の南西側では傾圧的に形成された水平渦の傾きにより (15.2節), さらに鉛直渦は強化されている. しかし, 次第に下降流が発達し, 負の浮力の空気が竜巻にも浸透し始め, 衰弱期Ⅵが始まる. 直立していた竜巻も, 斜めに傾くようになった (図 15.3 参照).

こうして見ると, NST は1個だけではなく, 複数個がかたまって起こるのが普通であることがわかる.

15.6 多重渦の竜巻——ベテラン竜巻ハンターの死

藤田はしばしばセスナ機で上空から，竜巻被害の調査を行った．その際，図 15.28 に示したような，特徴のある形をした飛散物や破片の地上の痕跡を何本も観察した．さらに複数個の渦巻が共通の点を中心として回転運動をしている痕跡も見つけて，図に示したような，複数個の渦巻から成る竜巻があることを初めて示した．

藤田は各々の渦巻を吸い込み渦（suction vortex）と名付けた[30]．直立していた立木が吸い込み渦に襲われた際に，渦に吸い込まれるように持ち上げられ地表面に倒れるという光景を，藤田がセスナ機から目撃しビデオに収録したので，そう呼んだわけである．複数個の渦巻が，ある点を中心として回転しながら移動するという竜巻は，最近でもテレビなどで報道されている．しかし，その渦巻の力学的構造を「吸い込み」と関連付けるのは難しい．また，前節で述べたように，前線や風のシアラインでも複数個の竜巻が同時に発生することが知られているので，現在では，それらを一括して多重渦の竜巻（multiple-vortex tornado）と呼ぶのが普通である．

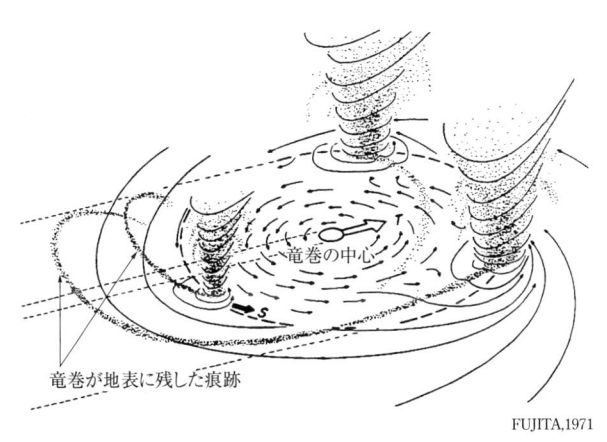

図 15.28　多重渦の竜巻の模式図（原図[30]を改定）．

図 15.28 に示したような多重渦の構造を持つ竜巻は，室内実験でも再現することができる．気象フェアや学園祭などで行う竜巻の実験では，回転している円筒形の筒の中心部を熱して，上昇流を起こさせる．しかし，図 15.28 のような多重渦の竜巻を再現するためには，装置はもう少し複雑で大型となる．いろいろな型があるが，図 15.29 に示したのはその一例である[31),32)]．半径は約 1.5 m，高さは 3.5 m くらいの実験筒で，全体が回転しているのはもちろんであるが，特徴は実験筒の上端にある換気扇である．これで中の空気を追い出し，上昇流を作る．その空気を補うのが，一番下の収束領域で，この部分の筒の側面にはスクリーンがある．これを通って空気が中に入ってくる際に，空気塊は水平の回転運動を行い，鉛直渦度を持つ．この収束領域はストームの雲底下の層と思えばよい．その上の対流領域が竜巻を起こさせる部分である．こうして，回転実験筒の半径，回転速度，中心から引き抜く空気量，流入する空気の渦度など，いろいろな実験パラメータの組み合わせにより，対流領域で発生する竜巻も，1 個の場合から 2 個の渦巻が相互に回転する場合，あるいは多数の渦巻が同時にできる場合など，いろいろな形の竜巻を作ることができる．ただ，現実の竜巻との対応が明瞭でないことなど

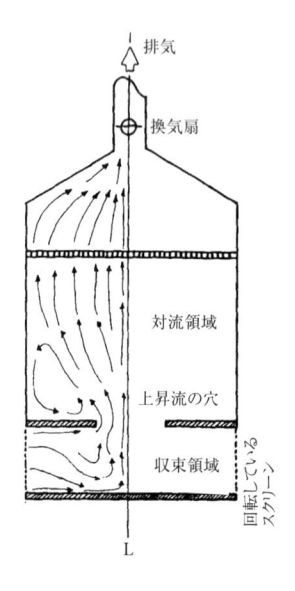

図 15.29　多重渦の竜巻発生装置の一例．インディアナ州パデュウ大学[31)]．

から，この種の室内実験による研究は現在あまり活発ではない．

よく知られているように，オクラホマ州を含む米国中西部は，米国内のみならず，世界に穀物を輸出する生産地帯といわれているほど，小麦，トウモロコシ，大豆など農産物の生産量が大きい地帯である．見渡す限りの広い農地に，縦横に農道が走っている．そして，そこはまた竜巻の多発地帯である．こうして，多くの竜巻ハンターあるいは竜巻チェイサー（追跡者）が活動するようになった．彼ら彼女らは予報センターからの情報や自らの車上の装置から，竜巻の現在位置や移動情報を得て，できるだけ竜巻に接近して，車上の装置（前述の車上のドップラーレーダーやラピッドスキャンレーダーなど）で，竜巻の微細な構造を測定しようとする．なかには，リモートセンシングでなく，竜巻の進路上に装置を敷設して，竜巻の内部構造を実際に（in situ）測定しようとしたりする．

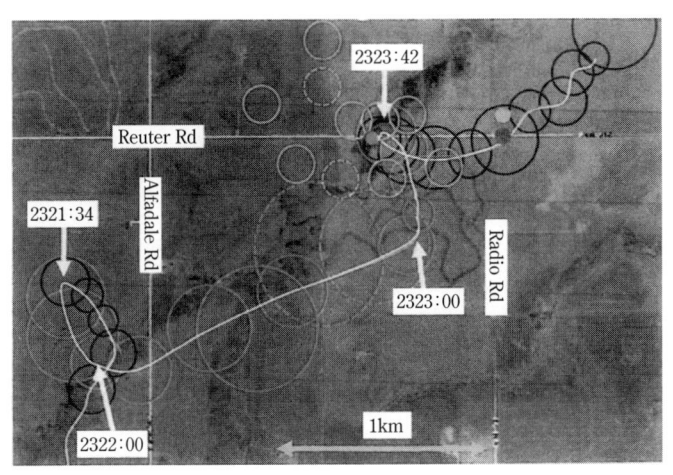

図 15.30　2013 年 5 月 31 日，オクラホマ州西部で発達した多重渦の竜巻周辺で，ベテラン竜巻ハンターであるサマラスを遭難させた副渦巻の軌跡が白い線[33]．時刻の表示は時刻・分：秒 UTC．赤と黒の円は車両搭載のドップラーレーダーが測定した最大の接線方向の風速の領域．赤と青と紫のドットはそれぞれサマラスらが乗っていた車両の出発点，最後に目撃された地点，事故後に発見された地点を示す．緑色の円は事故後に発生した別の副渦巻．（口絵にカラーで再掲）

しかし，悲劇が起こった．2013年5月31日，ベテランの竜巻追跡者サマラス（Samaras）とその息子および友人の乗った車が竜巻に巻き込まれ，全員死亡したのである[33]．この日の午後，オクラホマ州西部には，雷雨が不連続に並び，その中の1つでメソサイクロンが発生し，それに伴って多重渦の竜巻が発生した．さらにその周囲には複数個の副渦巻が次々と出現するという複雑な状況だった．そのなかの1つの副渦巻の軌跡が図15.30の白い線で示してある．まず北に進んでから，2321：34 UTCにループを描き，2322～2323 UTCには急速に東北東に進み，やがて少し緩やかに北北西に進んだ後，ルーター道路でとどまったかと見えたが，再び東北東方向に動き出した．その間，瞬間的に100 m s^{-1}を超える風が吹いていた．そして図の右上，青のドットで示したのが，昼なお暗い雷雨の中，サマラスらの車のヘッドライトが強風に吹き飛ばされるのを，付近にいた他のハンターが最後に目撃した地点である．

第16章
大雨と大雪

　気象庁では災害を起こすような降雨を大雨と呼んでいる．東アジアの天気系の多様性を起こす要因の1つは大気が湿っていることであるから，東アジアの大雨はそれこそいろいろな形態で起こり，それぞれに特有なメカニズムが働いている．台風の通過あるいは接近の際には大雨が降ることはよく知られている．梅雨前線や秋雨前線に伴う大雨については既に述べた．地形による強制上昇流に伴う大雨もある．この章では，いろいろのメカニズムによる大雨の事例から特徴的なものを選んで述べることにする．

16.1　平成20年8月末豪雨

　例年ならば，8月末と言えば，日本では台風か秋雨前線なしでは豪雨がない季節である．ところが，平成20 (2008) 年の8月26日から31日にかけて，顕著な秋雨前線もなしに，しかも，ほぼ本州全域という広い地域にわたって，記録的な局所的豪雨があった．連日新聞紙上でゲリラ豪雨という大きな見出しが躍ったのもこの頃である[1]．終わってみると，この期間に1時間降水量が観測史上1位を更新した地上・アメダス地点は21地点に及んだ[2,3]．なかでも，岡崎市で観測された28日17 UTC（日本時間29日2時）の1時間降水量146.5 mm，8月29日の24時間降水量302.5 mmは，同市の観測史上1位であった．死者2名のほか，各地で浸水害，土砂災害があった．また，この日には関東地方でも千葉県や埼玉県を中心に，2600棟に住家の浸水があった（以下本節ではこの豪雨を岡崎豪雨と呼ぶことにする）．
　このような大雨の日が連続したため，気象庁は8月26〜31日の期間の豪雨を，「平成20年8月末豪雨」と命名した[2,3]．
　数日間にわたって豪雨の日が続いたということは，その期間にわたって総

観規模の大気の流れと状態が，ほぼ同じであったことを意味する．すでに述べたように，一般的にいって，深い対流性の雲によって豪雨が降るためには，大気の成層が不安定であること，大気中の水蒸気量が多いか，水蒸気の水平移流が大きいこと，多量の水蒸気を含む下層の空気塊を自由対流高度まで持ち上げる上昇流が存在するなど，幾つかの要因（ingredients）が出揃うことが必要である．どんな要因があったのか[4]．

　以下時刻はすべて UTC を用いる．この「平成20年8月末豪雨」の期間中，総観規模の気象状況を特徴づける1つは，図 16.1 の 28 日 00 UTC の地上天気図に見る四国沖の低気圧である．この低気圧は 8 月 25 日 00 UTC に中国大陸東岸の上海付近で停滞前線上に発生してから，ゆっくりと東シナ海を東進して，8 月 27 日 00 UTC には九州南端に接近し，以後四国沖に停滞したものである．渦度で見れば，海面近くで最大 $250 \times 10^{-6}\,\mathrm{s}^{-1}$ の渦度をもち，500 hPa の高度に達する渦巻である（図省略）．

　図 16.2 は同時刻における 500 hPa の高層天気図である．ここでの特徴は，

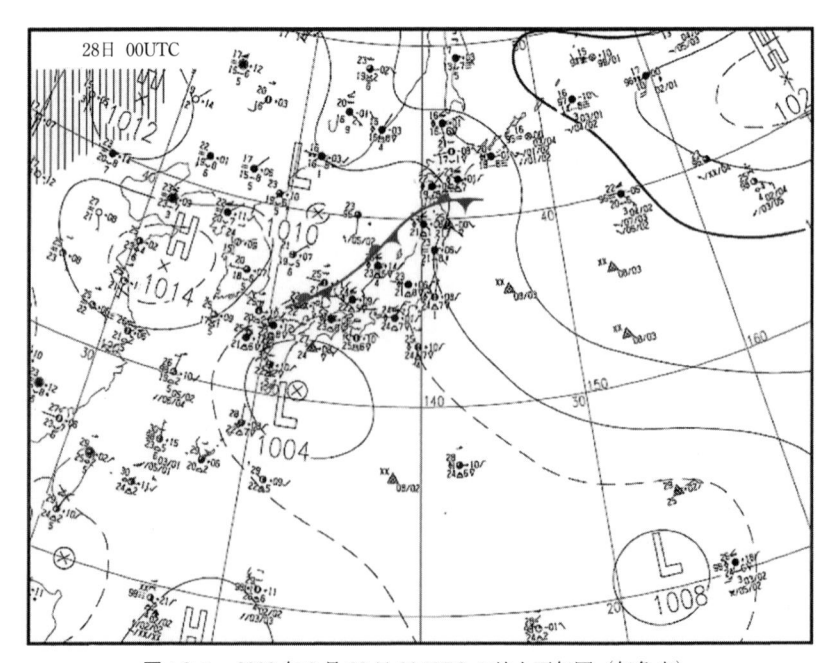

図 16.1　2008 年 8 月 28 日 00 UTC の地上天気図（気象庁）．

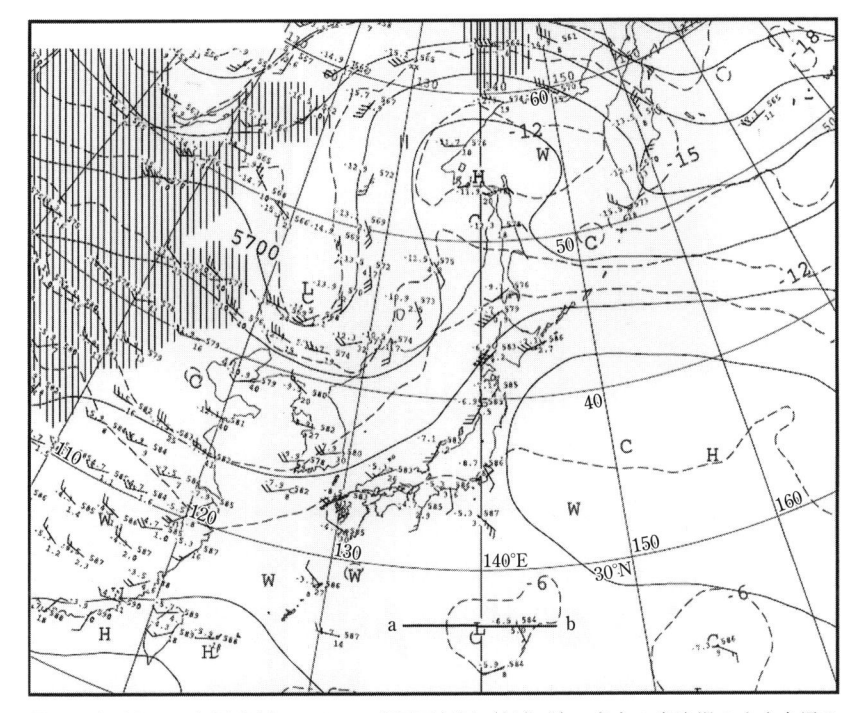

図 16.2 図 16.1 と同時刻の 500 hPa 高層天気図（気象庁）．南方の寒冷渦の中心を通る線分 a–b に沿った鉛直断面は省略．

①亜熱帯ジェット気流が蛇行し，強い寒気を伴ったトラフが中国東北部から九州地方に延びていること．②その下流側にサハリンから北海道にかけてリッジがあることである．特に，リッジの高度線はブロッキング高気圧によく見られるオメガ（Ω）に似たパターンをしている．事実，図 16.3 に示した 8 月 24 日から 28 日までの 5 日間平均の 500 hPa 高度と，気候値からの偏差に見るように，サハリンのすぐ北を中心として 120 m を超す正の偏差があり，このリッジとその上流側のトラフは，ほぼ定常的に停滞していた．

また，図 16.2 に見るように，本州のはるか南方洋上 140°E，27°N 付近に低気圧がある．これは，6.3 節で述べた寒冷渦と同じものである．中心を通る線分 a–b に沿った断面図は図 6.10 と似ているので，ここでは省略するが，渦度の中心はほぼ 250 hPa の高度にあり，その最大値は $250 \times 10^{-6} \mathrm{s}^{-1}$ とかなり大きい．このため，低気圧性の流れがほぼ海面にまで達していて，その

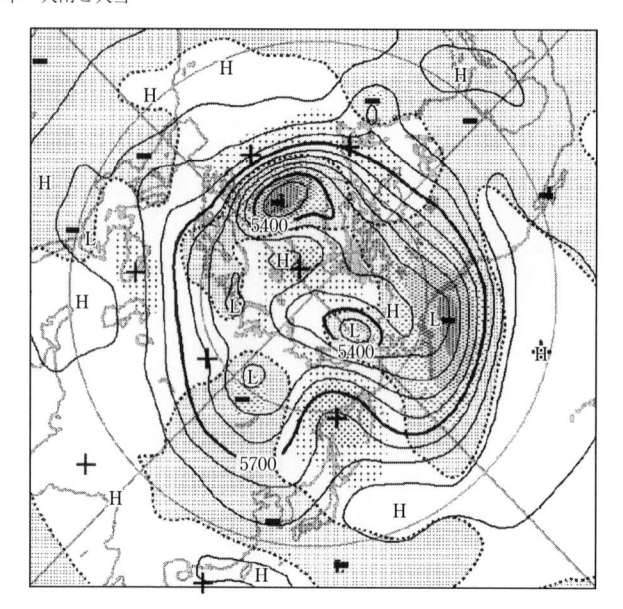

図 16.3 2008 年 8 月 24 〜 28 日の 5 日平均の 500 hPa 等高度線（実線，60 m おき）と気候値からの偏差（破線は偏差が負の領域を示す）．

　東側に存在する南よりの風は，下層の暖湿な空気を日本列島に送り込むのに寄与している．

　しかし，この豪雨の期間の前半で，四国沖の低気圧と並んで最も重要な因子は，リッジの低緯度側に存在する北太平洋高気圧の西縁を巡る流れである．この流れが，3.5 節で強調したように，熱帯地方の暖湿な空気を日本列島に運ぶ重要な役目をしている．図 16.4 (a) は，同時刻の可降水量の分布図である．147°E，25°N あたりから北西に延びる 60 mm を超す多湿の帯が，北太平洋高気圧の西端にある．記述の便宜上，この帯を水蒸気ベルトと呼ぶことにする．このベルトと大気中の河（atmospheric river）との類似点と相違点は次節で述べる．この水蒸気ベルトは本州中央部の山岳地帯に衝突して溜り（damming），本州の太平洋岸沖では可降水量が多い．一方，山岳地帯の上を通り越した空気は，高気圧性に回りながら日本海南部に多湿な領域を広げている．また，四国沖の低気圧を巡っても，やはり 25°N あたりから水

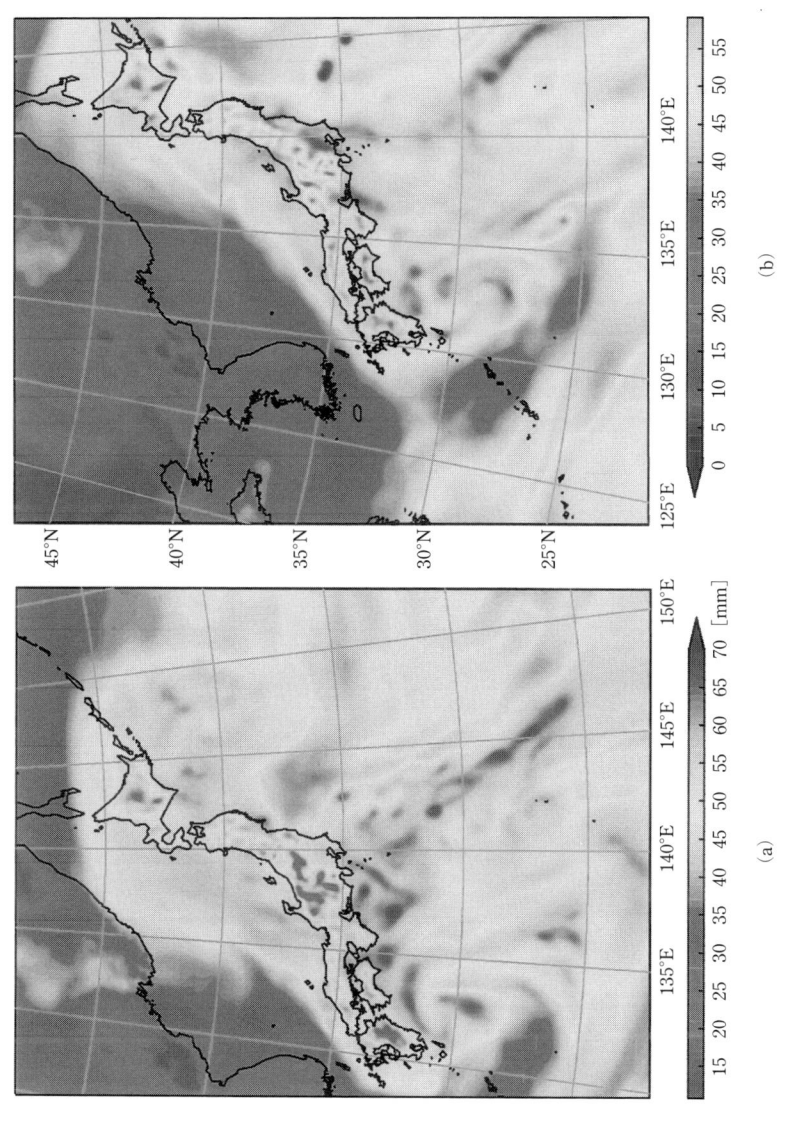

16.1 平成 20 年 8 月末豪雨 343

図 16.4 可降水量の分布図．(a) 28 日 00 UTC, (b) 同日 12 UTC．(口絵にカラーで再掲)

蒸気ベルトが北上し，低気圧性に循環している．この図 16.4(a) の可降水量の分布を見ただけでも，本州で多量の雨が降りそうに感じる．日本列島上では可降水量は少ないように描いてあるが，これは言うまでもなく，水蒸気は下層に多く含まれているから，海抜高度が高い山岳地帯では，可降水量は小さいわけである．

　図 16.5 は 28 日 00 UTC において，水蒸気画像にレーダーエコー分布を重ねたものである．まず，北太平洋高気圧西端の水蒸気ベルトに沿って点々と対流雲が並び，そのすぐ東側の高気圧内の乾燥した暗域の間に，見事に水蒸気ベルトの存在を示している．同じような水蒸気ベルトは，四国沖の低気圧の西方に侵入してきた乾燥空気の先端にある．沖縄列島から四国西部を通って関西地方に暗黒の乾燥した地帯が見られ，その先には北陸沿岸から北東に延びる停滞前線に伴う雲列がある．図 16.1 に示した停滞前線と図 16.4(a) に示した豊富な水蒸気がもたらした雲列である．南方海上には寒冷渦に伴う

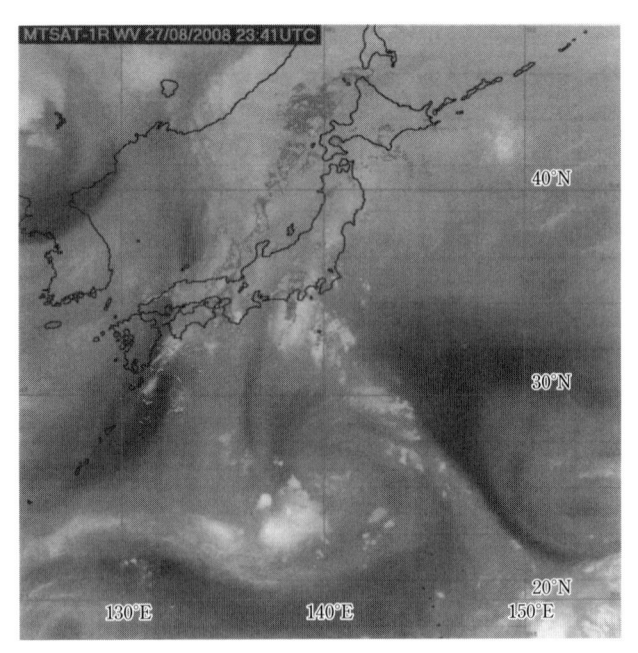

図 16.5　28 日 00 UTC における衛星水蒸気画像に重ねたレーダー反射強度の分布図．

雲がある．こうして，大きく見ると，おむすびの形の湿った南風の空気の先端が日本列島にかかって，8月末の豪雨を引き起こしているわけである．

　こうした状況の下で，組織だった大雨は福井県から始まった．図 16.6(a) は 28 日 0841 UTC における赤外画像に 500 hPa の相対湿度・925 hPa の風・レーダーエコーの分布を重ねたものである．福井県から南南西に延びる線状の降雨帯は，図 16.1 と図 16.5 に示した停滞前線によるものである．この降雨帯により，28 日 08 UTC ころ福井県勝山市では 58.5 mm，大野市では 64.5 mm の 1 時間降雨量の新記録が生まれた．

　ここで興味があるのは，この豪雨が降っている地域は相対湿度の急変線に近いことである．事実，図 16.6 に示した線分 c-d に沿った鉛直断面上に相当温位と相対湿度の分布を見ると（図省略），図 7.18 や図 10.3 に示したのとまったく同じく，西方から 600〜500 hPa の高度を中心として相当温位と相対湿度が低い空気が入り込んでいて，豪雨はこの上空水蒸気前線に沿って降っていることがわかる．

　さらに時間を追って見ると（図 16.7），停滞前線がゆっくり南下するのにつれて，降雨帯も移動する．図 (c)（28 日 1507 UTC）の段階になると，水蒸気画像は，知多半島付近を頂点とした V 字型の雲域のパターンを示すようになる．ここで岡崎市付近を起点とするバックビルディング（BB）型の岡崎豪雨が発生している．

　このような MCS（メソスケール対流系）の進化が福井県から愛知県にかけて起こっている時間帯に，中部地方から関東地方にかけても活発な対流活動が続いている．図 16.7(a) にはいくつかの MCS が認められるが，その中で IV と記号した MCS に注目する．これは北東方向に移動するとともに，2 時間のうちに，その南西側に MCS V，次いで MCS VI を発生させる（図 (b)）．そして最後に神奈川県に MCS VII が誕生する（図 (c)）．これをレーダーで見ると（図省略），やはり相模湾上で次々と新しい対流セルが発生する BB 型の MCS に組織化されている．

　この対流系とは別に，さらに（図 16.6(b) の 28 日 1507 UTC でよく見えるが），茨城県北部から福島県を経て宮城県に至る線状の対流系がある．これが何故出来たかを見るために，図 16.6(b) に示した線分 e-f に沿った鉛直断面上の相当温位と相対湿度の分布を見ると（図省略），この線状対流系

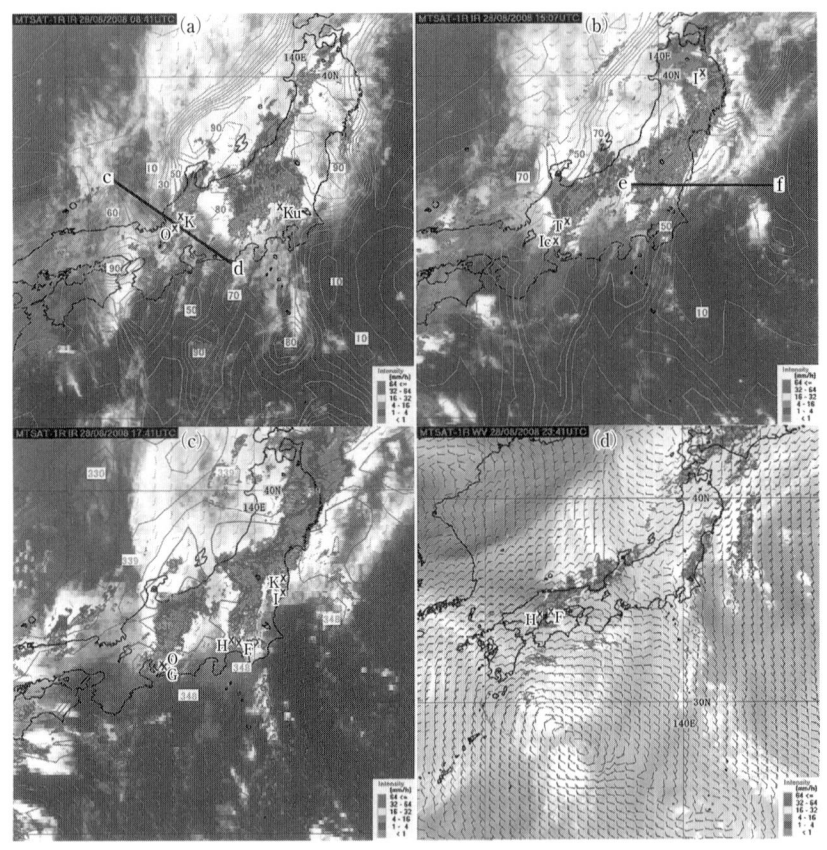

図 16.6 1 時間降雨量が観測史上 1 位を記録した地点の位置（×で示す）とそれが降った時刻前後のレーダー・エコーの分布. 衛星画像は (d) の水蒸気画像を除いて赤外画像. (a) 28 日 0841 UTC, 500 hPa の相対湿度（10％おき）と 925 hPa の風. K は福井県勝山市（0841 UTC に 1 時間降水量 58.5 mm）, O は福井県大野市大野（0807 UTC に 64.5 mm）, Ku は埼玉県久喜市（1152 UTC に 77.0 mm）, 線分 c-d に沿う鉛直断面は省略. (b) 28 日 1507 UTC, 500 hPa の相対湿度と風. I は岩手県一戸町（1520 UTC に 37 mm）, Ic は愛知県一宮市（1410 UTC に 120 mm）, T は岐阜県高山市（1130 UTC に 73.0 mm）, 線分 e-f に沿う鉛直断面は省略. (c) 28 日 1741 UTC, 925 hPa における相当温位（3 K おき）と風. K は福島県川内村（1740 UTC に 64.5 mm）, I は同県いわき市（1700 UTC に 63.0 mm）, H は東京都八王子市（1708 UTC に 63.0 mm）, F は同都府中市（1828 UTC に 58.5 mm）, O は愛知県岡崎市（1700 UTC に 146.5 mm）, G は同県蒲郡市（1831 UTC に 71.5 mm）. (d) 28 日 2341 UTC, 925 hPa の風. H は広島県東広島市（2332 UTC に 88.5 mm）, F は同県福山市（29 日 0337 UTC に 93.0 mm）. （口絵にカラーで再掲）

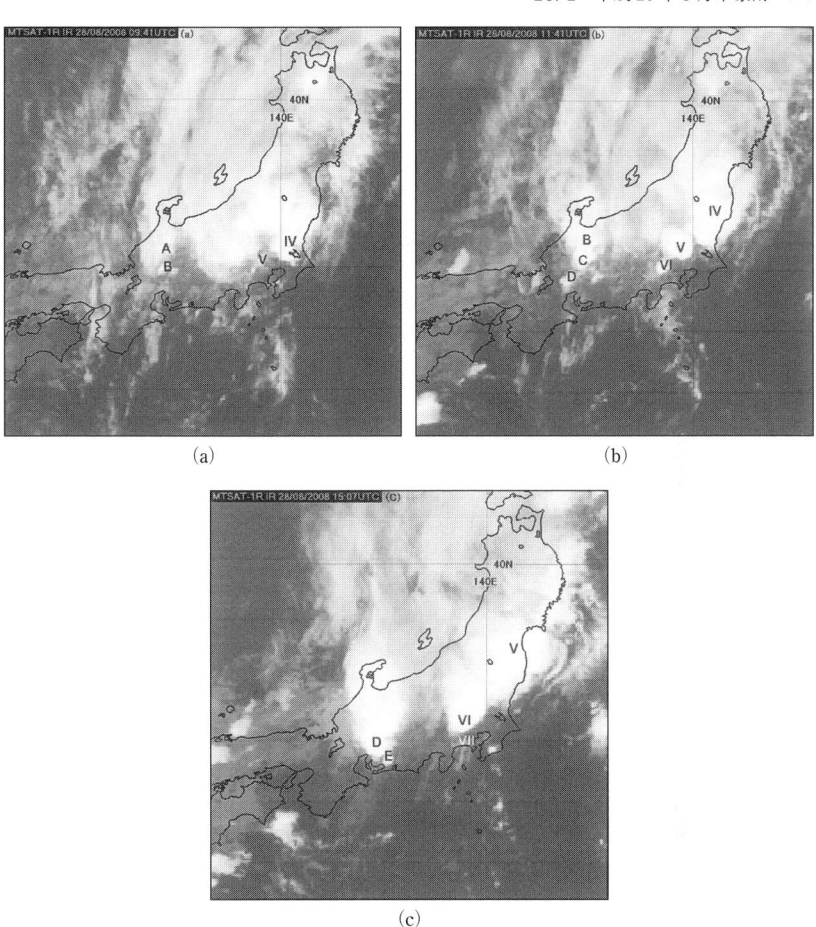

16.1 平成 20 年 8 月末豪雨　347

図 16.7　メソ対流系の発生と移動を示す水蒸気画像．(a) 0941 UTC, (b) 1141 UTC, (c) 1507 UTC.

もまた上空の水蒸気前線に沿ってできたものであることがわかる．

　少し余談になるが，今問題にしている福島県から宮城県にかけての線状対流系の形態は，図 14.2 の線状対流系の分類に従うと「破線 (broken line) 型」となる．もっと最近に提案された分類では，図 16.8 に示したトレイニング線 – 随伴層雲型 (training line-adjoinnig stratiform, 略して TL/AS) に似ている[5]．この分類を提案した目的は，主にフラッシュ型洪水 (flash

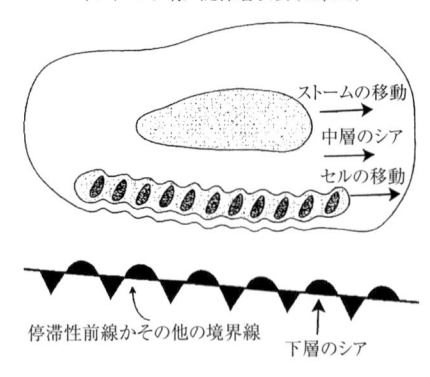

図 16.8 レーダーで観測されたトレイニング線−随伴する層状雲型のメソ対流系の模式的モデル[5]．等値線と塗りつぶしはそれぞれ 20, 40, 50 dBZ のエコー反射強度を示す．下層シアと中層シアは，それぞれ地表から 925 hPa までの層と 925 〜 500 hPa の層の鉛直シア．

flood），すなわち降雨があってから 6 時間以内に起こる洪水をもたらすメソ対流系（MCS）がどんな形態をしているか調べることであった．北米大陸のロッキー山脈の東から東岸にいたる地域において，1999 年から 3 年間の雨量計のデータを用い，ある地点で日降水量が 50 年に一度という閾値を超えたケースを選び，これを「顕著な大雨の事例」(extreme rain events) とする．全部で 116 例あり，その中で 76 例がメソ対流系（MCS）によって引き起こされた．その MCS の中で，最も出現頻度の多かった MCS（24 例）をモデル化したのが図 16.8 である．この図のトレイン（train）という動詞は，人間，動物あるいは車の群れが列をなすという意味であり，トレイニング（training）という名詞は，そのようにさせる行為を表す．それで，TL/AS 型では，対流セルが線形（直線か，ゆるやかにカーブした線）に並んだ対流系をいい，その線の方向は中層の風の鉛直シアに平行している．さらに，その線状対流系の高緯度側に層状の雲あるいは降水があり，同じ方向に移動する．時間的に見れば，線状対流雲が発達するにつれて，その近くに層状雲が形成されるという経過をとる．TL/AS の線状対流系は他の論文でも調べられている[6]．ちなみに，上記の分類によると，BB 型は 2 番目に多く，15 例であった．

しかし，図 16.6(b) の福島県から宮城県にかけて延びる線状 MCS には，TL/AS 型とは違った面がある．多くの場合，TL/AS 型は，線状対流系の南方に，その線に平行して東西に延びる停滞性（あるいは遅い速度で進む）

前線あるいはその他の境界線（たとえば既存の MCS から広がってきた冷気外出流の先端の残りなど）を伴う．ときには，停滞前線から 500 km も離れて発生することがあるという．こうしてみると TL/AS は高所の対流（後述）と本質的に似たもののように見える．ところが今回の場合，線状対流系から離れた前線は見当たらない．また線状対流系の西方に存在している層状の雲は，線状の対流セルより以前に発生していたという違いもある．

今話に出た高所の対流（elevated convection）という用語は，欧米ではしばしば使われるが，大気が湿っているせいか，わが国ではあまり使われたことがないので，少し説明する．これは，地表面対流（surface-based convection）に対比される用語で，下層の安定な層の上面（たとえば前線面）に発生する対流である．つまり，地表面近くの下層に安定な層がある場合には，地表面近くの空気を強制的に持ち上げるとして計算した CIN（対流抑制）が大きい．それで，対流が起きにくいが，安定層の上の空気を持ち上げるならば CIN は小さく，時には CIN が 0 ということもありうる．したがって対流が起きやすいというわけである．事実，夜間に接地逆転層の上で対流雲が発生することが多い．米国中西部で暖候期に，このような地表に接した安定層の上で発達した雷雨 21 例を拾い出して，そのデータを合成して，共通する重要な要因を鉛直断面上で描いたのが図 16.9 である[7]．最も多いのは下層ジェットがあり，これに乗って相当温位が高い空気が前線面を滑昇する場合である．この場合には対流は地上の前線の北側に，平均して約 160 km の距離に起こる．多くの場合，中層の相当温位は低くて，下層の高相当温位の間に対流不安定の層がある．対流を起こすトリガーとして，上層のジェットストリークの入り口右側で起こる上昇流がある（6.5 節）．ある場合には，前線形成に伴う鉛直循環（5.4 節）もトリガーとなる．

また，高所の対流という名称は不適切で，非地表面対流（non-surface-based convection）と呼んだ方がいいのではないかという意見もある[8]．その理由は，たとえば，ロッキー山脈の東側山麓の半砂漠地帯（コロラド州など）などでよく見られるように，対流混合層が厚く，雷雲の雲底高度が 3 km 以上であっても，地表面と接触している空気が雲中に取り込まれているのであって，高所の対流というには該当しない反面，（わが国ではよくあるように）温暖前線面を滑昇していても，雲底高度は 1 km 程度で，あまり

350 第16章 大雨と大雪

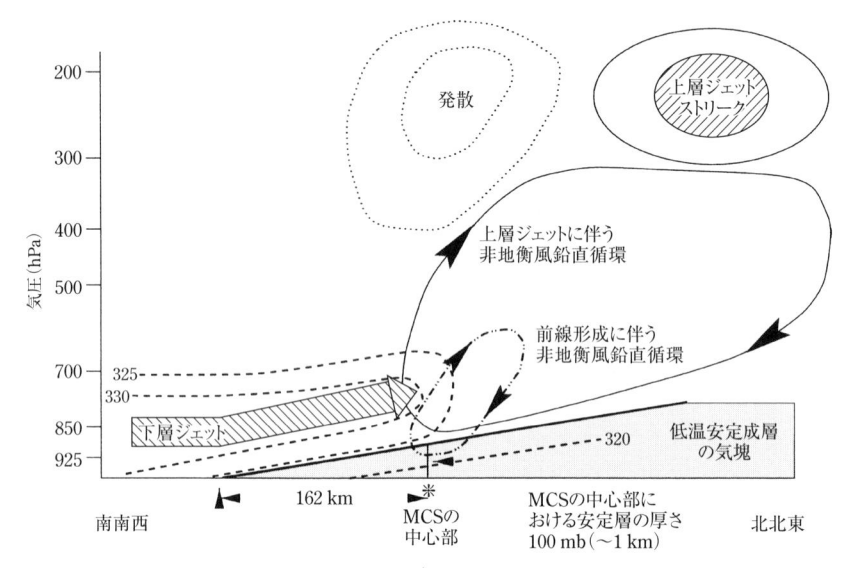

図16.9 「高所の対流」の鉛直断面模式図[7]．前線を横切って，下層ジェット気流に平行した方向の鉛直断面．破線は代表的な等相当温位線．ハッチした太い矢印は下層ジェット気流．矢印のついた実線は上層のジェットストリークに伴う非地衡風（二次）鉛直循環（6.5節）．細い点線はそれに伴う上層の発散域．点破線は前線形成に伴う非地衡風（二次）鉛直循環（5.4節）．上層の実線で囲まれた区域は上層ジェットストリークの位置．

高所とは言えないということがある．いずれにしても，高所の対流はスーパーセルやダウンバーストのような，激しい現象は起こさず，もっぱら大雨を降らせるようである．

余談が長くなったが，話を元に戻して，予報の見地から重要なのは図16.4(b)に示した28日12 UTCの可降水量（PWV）の分布である．この図を12時間前の図(a)と比べると，大勢に変化はないが，大きく違ったのは，関東平野から宮城県あたりまで，水蒸気バンドが太平洋岸に沿って延びていったことである．これが，図16.6に示した福島県から宮城県にかけてのトレイニング線型に似たMCSの発達に繋がったのではないかと推測される．さらに，後に岡崎豪雨が起こった地域でも，可降水量（PWV）の増加は著しい．

本書でも既に何回か大雨や豪雨における PWV の重要性について述べた．最近でも，日本における GEONET と呼ばれる世界でも類を見ない稠密な地上 GPS 観測網からのデータを用い，1999 年 6 月 29 日の寒冷前線について，PWV の分布の推測を行い，前線が通過した観測点では降雨が始まる前から PWV が増加を始め，約 65 mm の PWV のピークの通過後に降雨量のピークがあったという報告があった[9),10)]．その後，米国中西部では豪雨の発生条件を調べるために IHOP_2002 という大規模な国際野外特別観測実験を行い，GPS のみならず航空機からのドロップゾンデなどのデータも加えて，水蒸気の分布などを詳細に測定した．その結果，（すでによく知られていたことではあるが），深い対流は下層で水蒸気の収束がある場所で発生することなどが再確認された[11)]．予報の問題としても，国内の GEONET のみならず，グローバルな観測ネット（IGS）も利用して推測した PWV を，現業のメソ予報モデル（MSM）に同化して豪雨の予測に利用しようという試みもある[12)]．短期降雨予報の精度向上には，初期の水蒸気の場の正確な設定が不可欠という指摘は以前からあった[13),14)]．

再び話が横にそれたが，上記の東日本の豪雨が去った後は，豪雨は西日本を襲う．1 時間降水量で見ると，28 日 18 UTC に広島県東広島市河内で 88.5 mm，29 日 00 UTC に同県福山市で 93.0 mm の新記録を観測した．

この広島地区の豪雨の後，線状に組織された MCS は発達していない．しかし，上層の流れには変化が見られる．図 16.10(a) は 29 日 1741 UTC における 250 hPa における渦位と 300 hPa の高度場および風を水蒸気画像に重ねたものである．目に付くのは，日本海上で画像の暗域と明域の境界が明瞭で，しかもその境界線が等渦位線の密集している位置と一致していること，渦位の値の大きい部分はトラフに対応していること，トラフの上流側には 75 ノットを超す北風のジェットストリーク，下流側には 80 ノットを超える南西風ジェットストリークがあること，そしてトラフの軸の東方に位置する日本列島上に，幾つかの MCS が散在していることなどである．以下記述の便宜上，渦位の値の大きい部分を渦位の正のアノマリーと呼ぶことにする（本当のアノマリーは空間的あるいは時間的平均場からの偏差をいう）．渦位の正のアノマリーの南端近くで，東西方向（線分 g–h）の鉛直断面上の渦位と温位と雲頂高度の分布を示したのが図 16.11 である．第 6 章で述べたよ

352　第16章　大雨と大雪

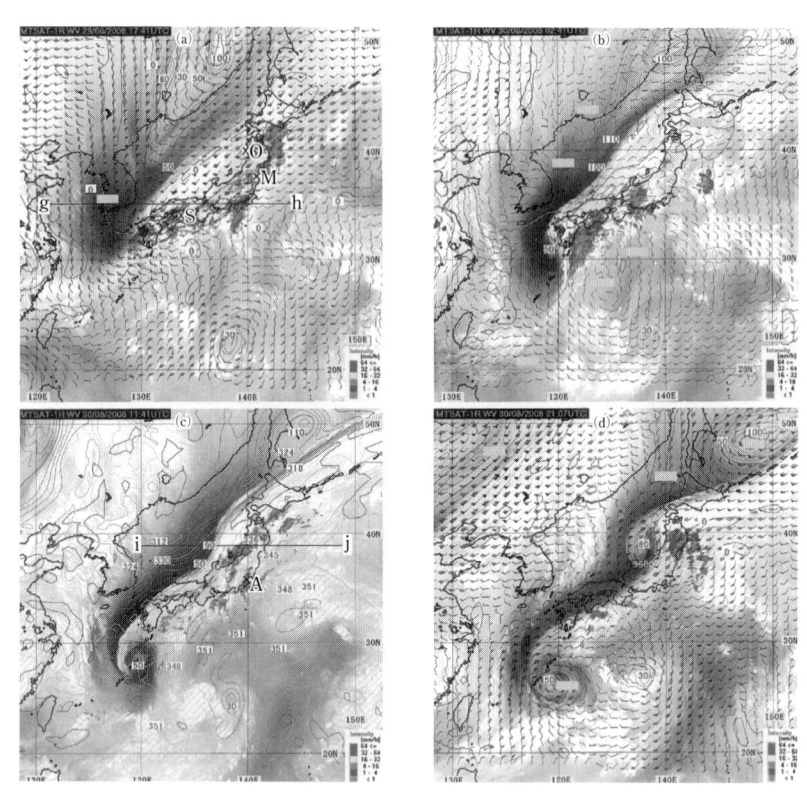

図 16.10　図 16.6 と同じく，1 時間降雨量が観測史上 1 位を記録した地点の位置（×印）と，その時刻前後のレーダー・エコーと 250 hPa の渦位（赤色，単位は 0.1 PVU，等値線は 1 PVU おき）の分布と衛星水蒸気画像を示す．(a) 29 日 1741 UTC，300 hPa の風と等高度線（黄色，60 m おき）．O は秋田県男鹿市（1520 UTC に 1 時間降水量 56.5 mm），M は宮城県丸森町（1320 UTC に 69.0 mm），S は愛媛県西条市（1150 UTC に 69.0 mm），線分 g-h は図 16.12 の鉛直断面の位置，(b) 30 日 0241 UTC，地表等圧線（黄色，2 hPa おき）と 925 hPa の風の分布，(c) 30 日 1141 UTC，925 hPa における等相当温位線（ピンク色，3 K おき）．A は千葉県我孫子市（1014 UTC に 105.5 mm），線分 i-j は図 16.13 の鉛直断面の位置，(d) 図 (a) に同じ，ただし 30 日 2107 UTC．（口絵にカラーで再掲）

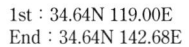

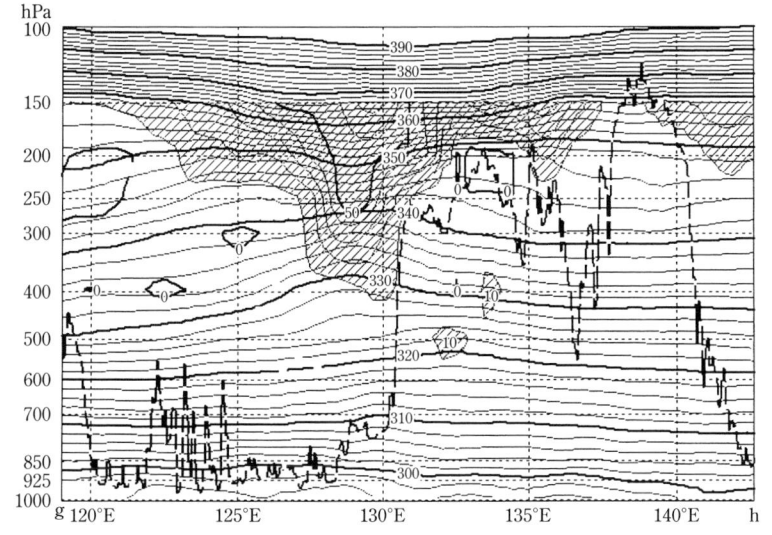

図 16.11 図 16.10(a) と同時刻，線分 (g–h) に沿った鉛直断面上の等渦位線 (1 PVU おき，渦位≧1 PVU の領域にハッチ) と等温位線 (2 K おき，ほぼ水平に走る実線) と雲頂高度 (破線) の分布．

うに，正の渦位のアノマリーの下，対流圏内には等温位線の盛り上がり，すなわち寒気のドームが存在している．そして，このアノマリーはゆっくり東進しているので，乾燥した空気が等温位線に沿って移動するとすれば，アノマリーの下流側 (東側) には上昇流，上流側 (西側) には下降流が期待される．このため，図 16.10(a) で，渦位の極値を結んだ軸が暗域と明域の境界となることは不思議ではない．

時間が経つにつれ，この渦位のアノマリーの帯は伸張して渦位のストリーマーとなるとともに，それに沿って波動を起こし始める．そして，図 16.10(a) から 9 時間後の 29 日 0241 UTC の図 (b) では，九州の西方海上でストリーマーの先端が切離し始める．同時に 40°N あたりでは，境界の波の頂きが盛り上がる．30 日 1141 UTC の図 (c) では，第 1 の渦は完全に切離され，第 2 の渦が能登半島西方の上空に形成されつつある．この時刻，図 16.10 の線分 i–j に沿った東西方向の鉛直断面上の渦度と風の場を示したのが図 16.12

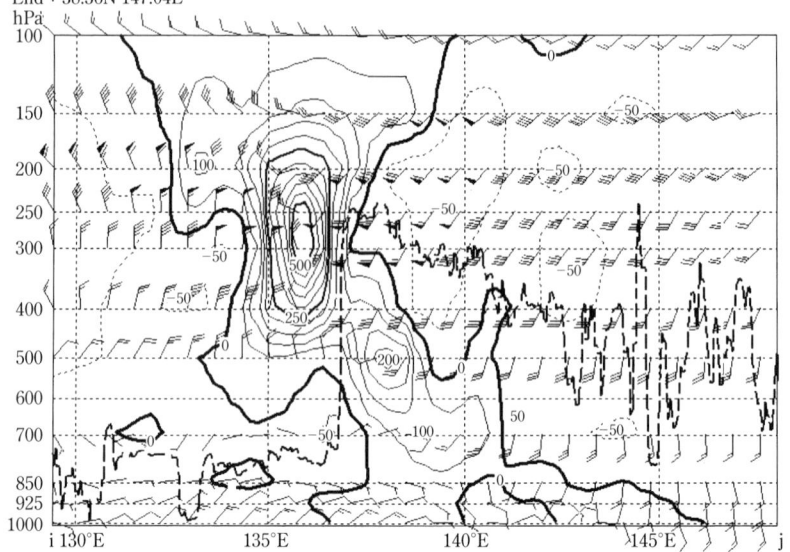

図16.12 図16.11(c)と同時刻の30日1141 UTC，線分(i–j)に沿った鉛直断面上の等渦度線 ($50\times10^{-6}\,\mathrm{s^{-1}}$ おき) と風と雲頂高度 (破線).

である．切離された渦位の渦に対応する渦度の最大値は約 $550\times10^{-6}\,\mathrm{s^{-1}}$ で，高度約 300 hPa に位置している．このアノマリーの東端で，250 hPa に達していた雲頂高度は不連続的に雲なしの領域に連なる．また，図16.11 で等温位線の頂点を結ぶ軸は上方に行くにつれて西に傾いているのに対応して，渦度の極大値の位置も，高度とともに西に傾く．図16.10(d) の30日 2107 UTC の時刻になると，第2の渦も完全に切離されていて，結局3個の渦がほぼ 1500 km の間隔で並んでいることになる．

このような上層の激しい変動に比べれば，下層の気象状況の変化は相変わらず緩やかである．図16.6(c) に示したように，千葉県我孫子市で30日 1014 UTC に，105.0 mm の1時間降水量の新記録が観測されている．それまでの記録の 73 mm に比べれば，大幅な増加である．

図16.10 に示した渦位のストリーマーの波動の原因は何であろうか．実は対流圏上層に，頻繁ではないが，波長数百 km 前後の波動あるいは渦巻の列があることは，これまでにも雲画像から発見され，そのメカニズムも波動の

線形発達理論を用いて調べられてきた[15]．すなわち，観測された温度と風の鉛直・水平分布を基本場として，これに三角関数（サインやコサイン）形の無限小振幅の擾乱を重ねて，その線形波動方程式の固有値を数値的に求め，最も成長率の大きい固有値と，それに対する固有関数を求める．その結果によると，波長・移動速度・成長率など，波動の諸特性が観測されたものとほぼ一致することがわかった．また，エネルギー的に見ると，選択された波動の運動エネルギーは，基本場の運動エネルギーから変換されたものが卓越していた．すなわち波動の主な原因は順圧（水平シア）不安定である．

今回の場合も，図 16.10 (a) に示したように，水蒸気画像の暗域の低緯度側の境界を挟んで強い風の水平シアがある（5.5 節で述べた水蒸気画像の暗域と上層のジェット軸の位置関係参照）．それで，順圧不安定が起こっていることが予想されるが，上記の線形安定理論を越えて，非線形理論に進む必要がある．三角関数形の擾乱を仮定したのでは，幾つかの渦巻が同時に発達してしまうのに反して，今回は渦位のストリーマーの先端から渦巻が発達しては切離されるという過程が繰り返されていたからである．この過程はまだ十分調べられていない．

16.2　大気中の河

少し寄り道となるが，前節で出てきた「大気中の河（atmospheric river）」について，簡単に解説しておきたい．これは現在まで，ほとんどすべて北半球の東太平洋上で発達する温帯低気圧について用いられている用語である．一般的に，低気圧に伴う寒冷前線の前方には下層ジェットがあることが多く，さらにその下層ジェットに沿って，可降水量の大きいベルトが 2000 km 以上にわたって延びていることがある．低気圧の東進に伴って，ベルトがキャリフォルニア州からオレゴン州にいたる米国西岸に上陸すると，そこで大雨や洪水など大きな被害を生ずることから，この可降水量の大きい細いベルトを大気中の河と呼んだわけである．

グローバルな水循環の話でよく知られているように，低緯度のハドレー循環帯では海面からの蒸発量は降水量に比べて多い．この余分な水分が中緯度に運ばれ，低気圧などに伴う降水となって海に戻されるわけであるが，これ

より高緯度への水蒸気の輸送に大きな役割をしているのが，この大気中の河であるという主張がなされてきた[16]．

このような重要性にもかかわらず，その発生場所が観測データのほとんど無い海上であるため，その詳細な実態は長らく不明であった．ようやく近年になって航空機などによる特別観測が数回行われるようになった．さらにGPS受信機を持つ6個の衛星で構成されたCOSMIC（Constellation Observing System for Meteorology, ionosphere, and Climate）と呼ばれる全天候型の温度と水蒸気量の高度分布測定システムがある．2006年4月から始まって，現在ではグローバルにほぼ等間隔に1日約2000点で，このシステムによる観測がされているという[17]．

早速例を挙げよう[18]．温帯低気圧が北太平洋東部で発達した後，米国北東部に上陸し，2006年11月6〜8日に継続的な大雨を降らせた．地点によっては100年に一度というほどの雨量であった．図16.13は，そのケースにおける水蒸気の分布を，現在日常的に使用されているいろいろな標準的な衛星観測で眺めたものである．まず，図(a)は極軌道衛星に搭載されたSSM/I（Special Sensor Microwave Imager）による可降水量の分布である．水蒸気の源である15°Nあたりから北東方向に，いかにも30〜50 mm超の可降水量を持つ河が流れているように見える．しかし，水蒸気量の鉛直分布はわからない．図(b)は静止衛星GOES-11の10.7 μmの赤外画像で，寒冷前線に伴う雲列や米国大陸西岸地域の大雨はよく見える．図(c)はGOES-11の6.7 μmの水蒸気画像である．大気中の河の内部では，水蒸気輸送の大部分（〜75%）は大気の最下層2.5 kmで起こるとされているので，この水蒸気画像では，40°N以南ではうねった雲は見えるが，大気中の河は見つけにくい．

そして図16.14が図16.13(a)に示した大気中の河に直角方向の（即ちNWからSEに走る）鉛直断面上COSMICシステムが測定した温位・比湿・相当温位・可降水量の分布である．横軸はNW-SE軸の水平距離で，番号は（図は省略したのでわかりにくいかもしれないが）この軸上に存在するCOSMICの測定点の位置である．水平距離のスケールは横軸左端に示してある．この鉛直断面上の温位の分布から，大気の河が寄り添う寒冷前線は，対流圏界面まで連なっている本格的な寒冷前線であることがわかる．この点は，前節で述べた夏の水蒸気ベルトとは違う点である．寒冷前線の最下部

16.2 大気中の河 357

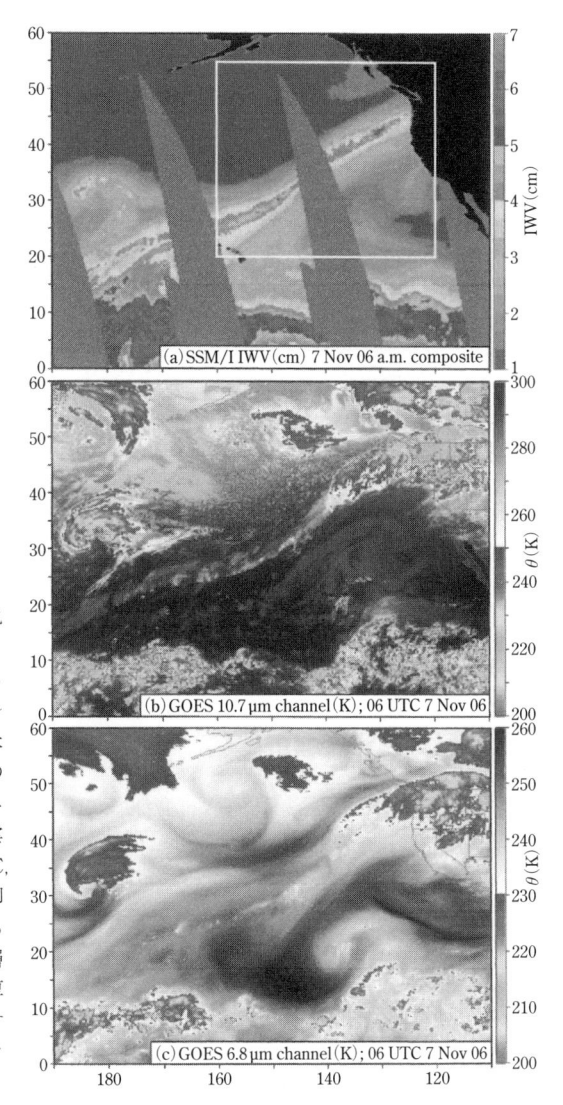

図 16.13 2006 年 11 月 7 日朝の衛星画像[18]．(a) 極軌道衛星搭載の SSM/I というセンサーの合成画像による可降水量 (cm)．0200 ～ 0615 UTC の時間帯．(b) 米国の静止衛星 GOES-11 の 10.7 μm (即ち赤外) チャネルによる地表面あるいは雲頂輝度温度 (K)，0600 UTC．(c) GOES-11 の 6.7 μm (即ち水蒸気) チャネルによる輝度温度 (K)．対流圏上層 (ほぼ 200 ～ 500 hPa) の厚い層内の水蒸気量に関係する．0600 UTC．(口絵にカラーで再掲)

358　第16章　大雨と大雪

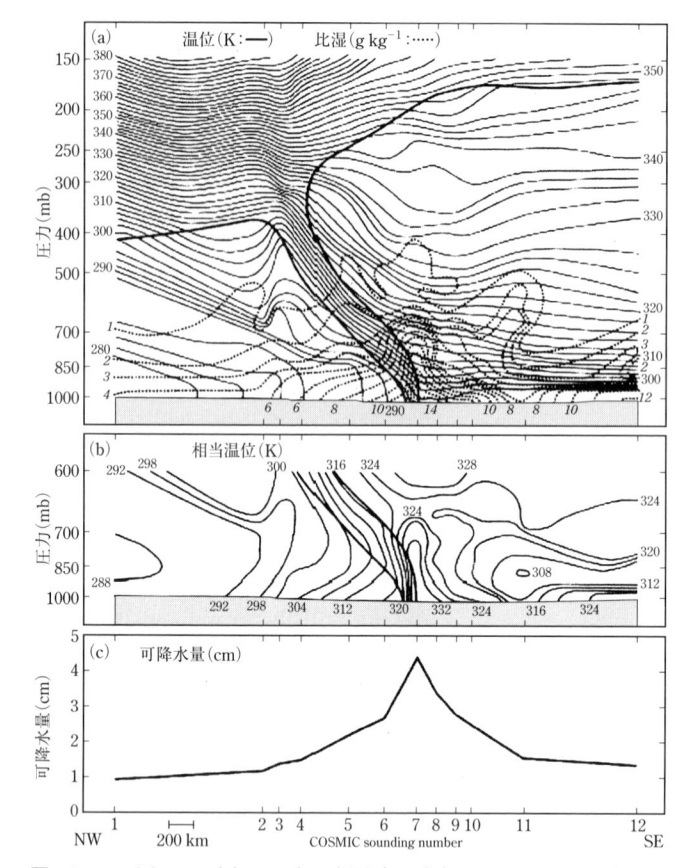

図16.14 図16.13(a)の四角の領域内の大気中の河にほぼ直交するNW-SE方向の鉛直断面内で，COSMICが測定した(a)温位（実線，K）と水蒸気比湿（点線，g kg^{-1}），(b)相当温位（K），(c)可降水量（cm）．図(a)と(b)の太い実線は前線面と対流圏界面[18]．

には収束と上昇流があるので，等比湿線は上に盛り上がっている．このことは相当温位についても同様である．

16.3　晩秋の青森を襲った記録的な豪雨

　日本の9月と10月には台風や秋雨前線があり，12月はそれから春まで続

く温帯低気圧の最盛期の始まりである．その狭間として，11月は気象学的には，比較的穏やかな季節なのが普通である．ところが，ときとして記録的な豪雨が降ることがある．2007年11月12日青森市を襲った豪雨はその一例である[19]．

雨は11日12 UTC（日本時間11日21時）頃から降り出し，12日11 UTCまで続いた．日本時間を用い，12日の日降水量は208.0 mmだった．これは日降水量としては，これまでの1935年8月22日の187.9 mmを超え，1886年に青森地方気象台が開設されて以来，実に120年ぶりの新記録となった．また1時間降水量のピークは11日21 UTCの40 mmであるが，これも11月としては，1937年以来の第1位である（正確には11月12日6時16分を起日とする日最大1時間降水量の記録）．この他にも，8ヵ所で統計開始以来の1位を記録した．たとえば，青森県大和山では総降水量が269 mmもあった．晩秋のこの豪雨は，冬の爆弾低気圧のような急激に発達する低気圧によるのでもなければ，秋雨前線と熱帯低気圧の組み合わせでもなく，独特のプロセスがあったことを話したい．

まず，図16.15は11日1500 UTCから3時間おきの前3時間降水量の分布を示す．1500 TC（図(a)）には下北半島の付け根に強い降雨域があり，これは時間とともに西に移動して2100 UTCには青森市に達して上述の大雨を降らせたわけであるが（図(c)），明らかに豪雨のあった範囲は狭い．メソβスケールである．このメソ現象はどうして長続きしたのか．しかも，常識に反して，この局地的豪雨は何故西に進んだのか．

まず，上層の状況から見ていこう．図16.16(a)は青森豪雨の約4日半も前の，11月7日00 UTCにおける300 hPa高層天気図である．110～120°Eのモンゴル東部に東西に延びるトラフがあり，その下の地上には1040 hPaに達するシベリア高気圧がある（図省略）．このトラフは次第に振幅を増しながら，ゆっくりと東進し，青森豪雨が降り出す約12時間前の11日00 UTCには沿海州に達した（図(b)）．重要なのは，このトラフが−53℃という低温の核を持つことである．これが大気を不安定にする要因である．それから12時間後には9000 mの等高度線は閉じて，寒冷渦となる（図省略）．一般的に，寒冷渦の進行速度は遅い．寒冷渦は孤立しているので，それを押し流す偏西風がないからである．したがって，雨は長引いて大雨となる傾向

360　第16章　大雨と大雪

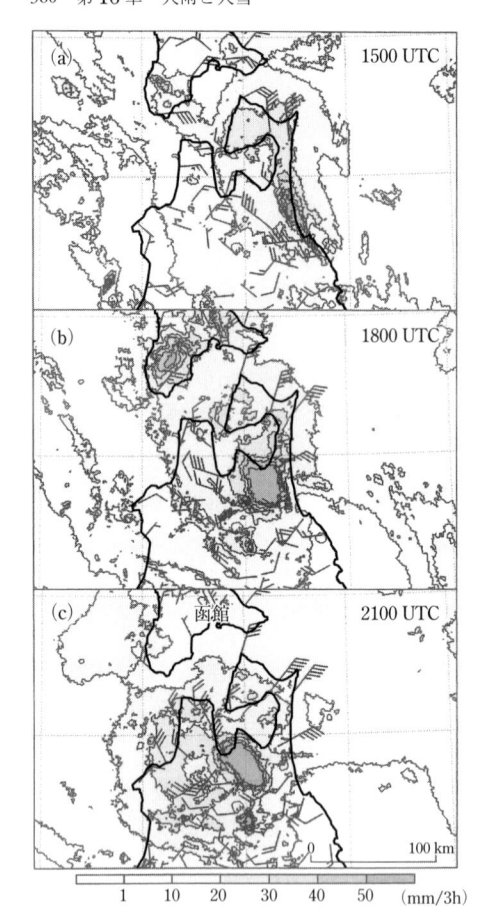

図16.15　函館市を含む北海道最南部と津軽半島・下北半島を含む青森県の地帯で観測された前3時間降水量と地上風の分布[20]．(a) 2007年11月11日1500 UTC，(b) 1800 UTC，(c) 2100 UTC．風の記号は図16.17と同じ．図(c)の太い線が北海道最南部の海岸線．

が強い．

　しかし，気候学的に大気中の水蒸気が少ない晩秋の青森県で豪雨になるためには，水蒸気の供給が必要である．そこで下層の状況を見よう．図16.17は，10日00 UTCから11日12 UTCまで，12時間おきの地上天気図である．10日00 UTC（図(a)）には，日本海に延びる逆向きトラフの先端，朝鮮半島の付け根の東側に小さな低気圧がある（低気圧Aと記号する）．その北東側では移動性高気圧が東進中である．図(b)の10日12 UTCとなると，低気圧Aは日本海いっぱいに広がっているが，中心気圧の低下は弱い．それか

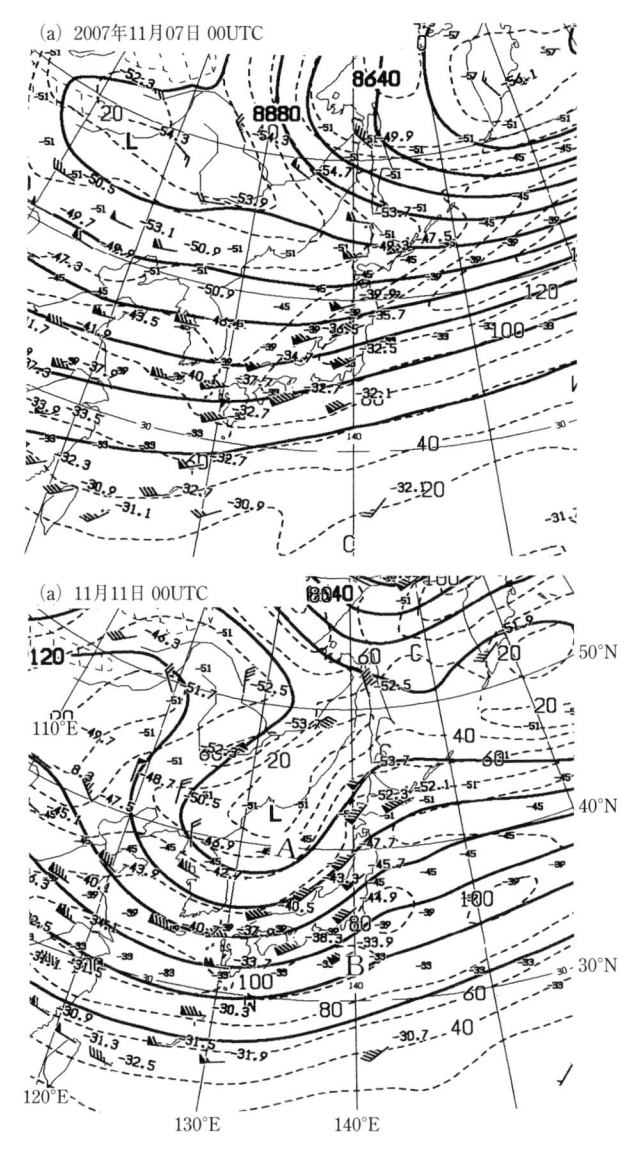

16.3 晩秋の青森を襲った記録的な豪雨 361

図 16.16 500 hPa 高層天気図（気象庁）. (a) 2007 年 11 月 7 日 00 UTC. (b) 11 月 11 日 00 UTC.

362　第16章　大雨と大雪

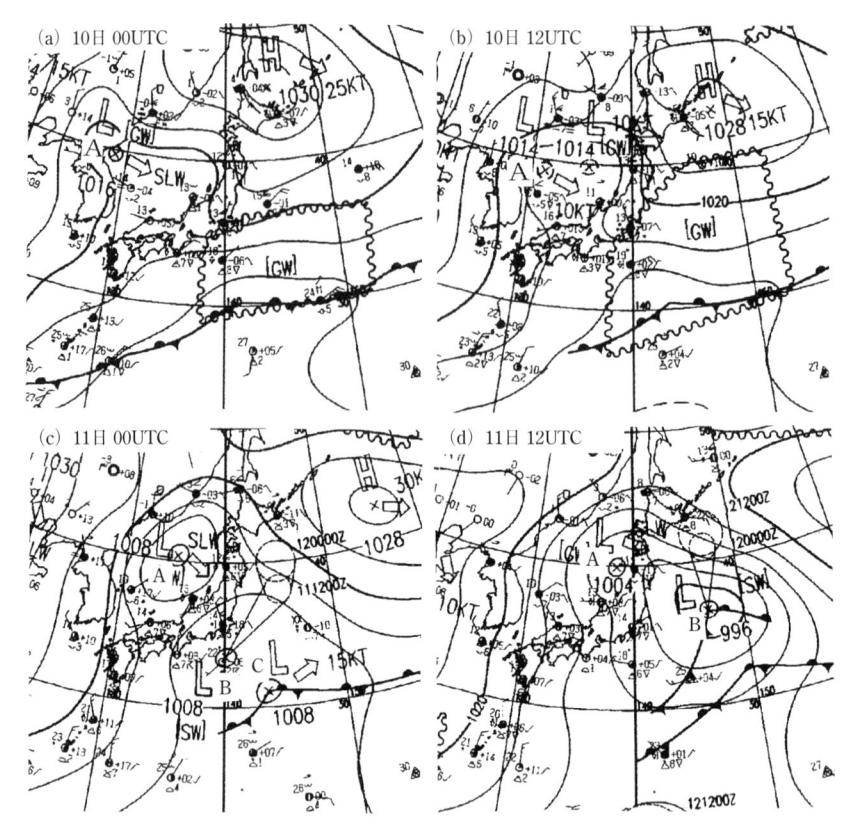

図 16.17　地上天気図（ASAS）．(a) 2007 年 11 月 10 日 00 UTC，(b) 10 日 12 UTC，(c) 11 日 00 UTC，(d) 11 日 12 UTC．

ら 12 時間経った 11 日 00 UTC（図(c)）になると，低気圧 A は逆向きトラフから分離されるが，残る逆向きトラフの先端，関東地方のすぐ沖に低気圧 B が出現する（はるか南方海上の停滞前線上に低気圧 C も発生するが，これは本事例には関係しない）．低気圧 B は上層の寒冷渦の支配下にあるので，その後発達しながら北東に進行する（図(d)）．この 11 日 12 UTC は，青森豪雨が降り始めた時刻である．上層の寒冷渦が東進するとともに低気圧 A も東に進み，この時刻には東北地方沖の日本海にある．しかし，既に衰弱していて，これが豪雨を降らせたとは思えない．しかし注目すべき点は，低気

16.3 晩秋の青森を襲った記録的な豪雨 363

11月11日 18UTC

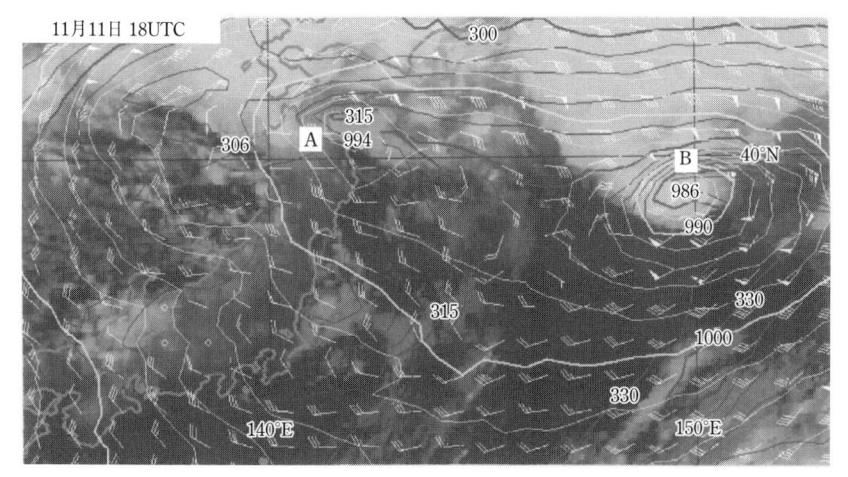

図 16.18 青森市における 1 時間降水量がピークに近い 11 日 18 UTC. 赤外画像に重ねた地上等圧線（黄色, 2 hPa ごと）と 925 hPa における風と等相当温位線（赤色, 3 K ごと）. （口絵にカラーで再掲）

圧 A と B を結ぶ線の北東側に移動性高気圧があり，このため等圧線が密集し，東寄りの強い風が期待できることである．

この頃の状況を示すのが図 16.18 である．地上気圧とともに，925 hPa の高度における相当温位と風の分布が水蒸気画像に重ねてある．もはや低気圧とは呼べないほど弱まった渦 A と低気圧 B を結ぶ線の北側に，前述の 55 ノットの強い東風があり，南側には 40 ノットの西風が吹いている．低気圧 B の中心には，この季節，この緯度には珍しい 330 K という高相当温位の空気がある．この高相当温位の空気（即ち豊富な水分を含んだ空気）が東風に乗って渦 A に輸送され，必要とされる水分を供給しているのだ．315 K の等相当温位線を見ると，鳥の長いくちばしが渦 A まで届いているようだ．

この季節外れの青森豪雨の事例は，最近になって，格子間隔 5 km の非静水圧モデルを使ってよく再現された[20]．その結果から，青森豪雨は前述の図 16.18 で示した強い東風と西風の水平シア不安定で発生した渦巻によるものと結論されている．また山岳なしという感度実験により，山腹における強制上昇という地形の影響は無視してもよいということもわかった．

16.4 季節外れに奄美大島を襲った記録的な大雨

　梅雨期に奄美大島が大雨に襲われるのは不思議ではない．しかし2010年10月20日，台風が襲来したわけでもないのに，日降水量622 mmという大雨に襲われた．110年以上前の1903年5月29日に記録された547.1 mmをはるかに超える大雨だった．何がこのような大雨をもたらしたのか．

　この日の降雨記録によると，3時間降水量が150 mmを超えるピークが2つあった．1つは20日06 JSTで，もう1つは12 JSTである．ここでは後者について述べる[21]．図16.19 (b) は20日09 JSTにおける500 hPa高層天気図である．中国大陸東部に弱いトラフがあるが，奄美大島を含めた南西諸島はその影響を受けていなくて，比較的弱い西寄りの風が吹いている順圧大気の状態である．図16.19 (a) は同時刻の地上天気図である．奄美大島の少し南に，停滞前線が東西に横たわっている．そして台湾の南西の海上には台風1013号がある．この台風が熱帯の湿潤な空気を停滞前線に運んで奄美大島に豪雨をもたらしたのかと想像されるが，事実はそうではない．

　図16.20は同時刻，気象庁のメソスケール客観解析に基づく高度500 mにおける相当温位と風の分布である．奄美大島の南方海上には高い相当温位の空気があり，奄美大島付近の相当温位の南北傾度は大きい．しかし，奄美大島に吹いている風は東北東の風である．しかもその風の上流側に存在しているのは，相当温位が低い空気ばかりである．どこにこんな大雨を降らせた水蒸気の源があるのか．

　それを調べるために，図16.21 (a) に示したように，20日15 JSTに奄美大島のすぐ東で高度500 mに南北に位置していた9個の空気粒子が，その9時間前（即ち06 JST）にはどこにいたか，粒子が辿った軌跡を10分間隔のメソスケール客観解析データを使って調べた．図に示した結果によると，15 JSTに奄美大島にいた空気の大部分は9時間前には奄美大島から東北東に約500 km離れた高度約500〜1000 mに位置していた．その出発点においては，粒子の仮温位（『一般気象学　第2版』，p.62）は平均して約299 K，比湿（1 kgの湿潤空気に含まれている水蒸気の質量をグラムで表した量）は約13.5 g kg^{-1}という乾いた空気だった．それが9時間の旅を終わって奄

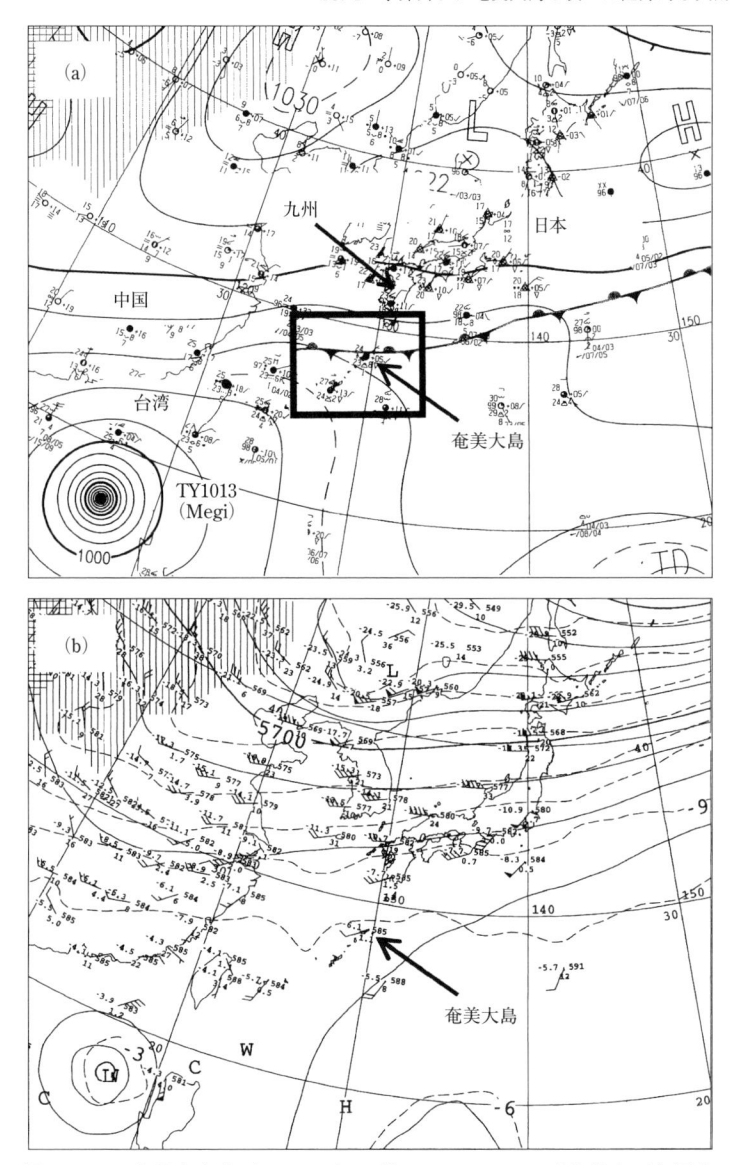

16.4 季節外れに奄美大島を襲った記録的な大雨 365

図 16.19 奄美大島大雨の 2010 年 10 月 20 日 09 JST の (a) 地上天気図と (b) 500 hPa 高層天気図[21]. 地上天気図の等圧線は 4 hPa おき. 四角は気象庁非静水圧モデルの領域. 高層天気図の等高度線 (実線) は 60 m おき. 等温線 (破線) は 3℃ おき. 半矢羽根, 矢羽根, ペナントはそれぞれ風速 5 ノット, 10 ノット, 50 ノット.

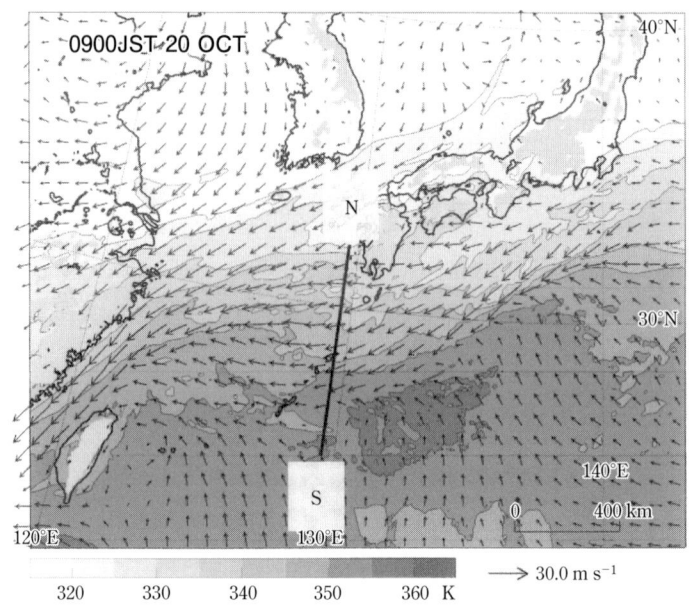

図16.20 図16.29と同時刻の20日09JST, 高度500mにおける相当温位（陰影）と風（スケールは横軸の右下）[21]. 白の円は奄美大島の位置. 線分N-Sに沿った鉛直断面の図は省略.

美大島に到着したときには，海面から熱と水蒸気を受け取った結果として，それぞれ302Kと16 g kg^{-1}に増加していた．大雨当時の雲底の高さは約500m程度であったが，これらの空気粒子の温位と比湿の値ならば，あとわずか100m程度強制的に持ち上げれば，自由対流高度に達するという値であった．この程度の強制上昇は強い風が奄美大島の山腹に吹き付けていることを思えば何でもないことである．

このように，空気粒子が旅路の果てに奄美大島に到達するまでに，海面から多量の熱と水蒸気を受け取ることができたのには，2つの要因があった．1つは，図16.20からわかるように，海面近くの風が18 m s^{-1}程度に強かったことである．もう1つは，日本周辺の当時の海水面温度が，例年より約2℃も高く，28℃もあったことである．これは台風を涵養できるほどの高温である．こうして図16.21に示した旅路の間に，海面からの潜熱のフラックスは300 W m^{-2}を超えると計算された．次節で述べるが，冬の日本海では海

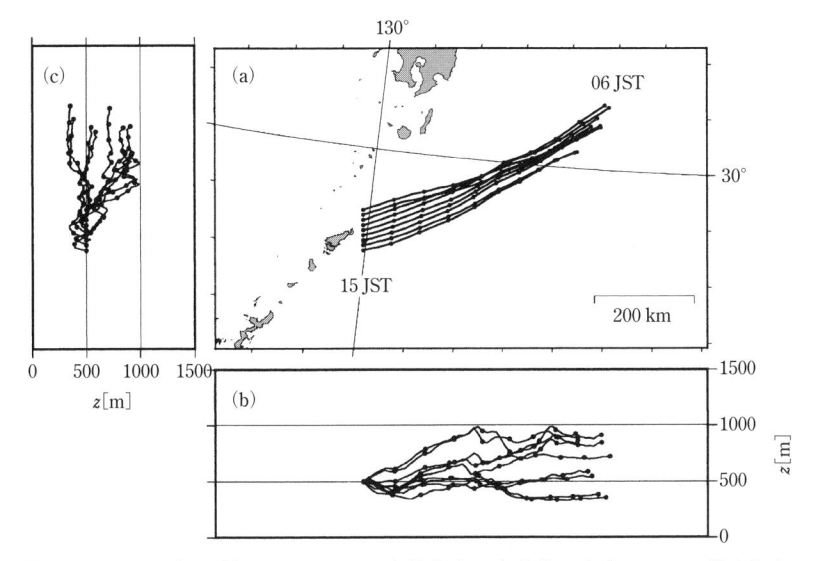

16.4 季節外れに奄美大島を襲った記録的な大雨　367

図 16.21　2010年10月20日15 JSTに奄美大島のすぐ東の高度500 mに置かれた9個の空気粒子が，過去9時間に辿った軌跡図[21]．(a) 各々の空気粒子の3次元の軌跡を平面に投影した図．点点は1時間ごとの位置．(b) と (c) はそれぞれ南北と東西方向におかれた鉛直面への投影で，Zは海面からの高度．

面から盛んに水蒸気が蒸発するが，冬季に平均すると海面からの潜熱のフラックスは170 W m^{-2}と見積もられているから[22]，いかに今回は高温の海面からの蒸発が盛んであったかがわかる．その水蒸気が奄美大島の大雨の源となったのである．

　上記の大雨は非静水圧雲解像モデルでよくシミュレーションされた[21]．その結果によると，奄美大島の陸地表面上には1～2℃程度温度の低い冷気プールがあった．しかも感度実験により，奄美大島の山地を除いてもシミュレーションされた降水量はあまり違いがなかったことから，結局2つ目の降雨のピーク以前に降った雨による冷気プールが，下層の空気を強制的に上昇させる役目をしたものと推定されている．

　この例でわかるように，日本付近の天気系が多様性を持つ理由の1つは，日本付近に黒潮という世界最強の暖流が流れていることである．

16.5　冬の日本海雪景色——水平ロール対流

　アジア域の夏のモンスーンのときとは反対に，冬のモンスーンは大陸から海域に向かって吹く．日本とその周辺地域では，冬の北西季節風がそれに当たる．しかし，その流れは日によって違う．最も強く風が吹く日は，西高東低の気圧配置となったときである．日本海の水温は氷点よりかなり高い．殊に南半分には熱帯域から北上してきた黒潮の分流があり，およそ10℃もある．一方，酷寒のシベリア大陸から吹いてくる北西の風の気温は低く，日本海上では水温より10℃以上も低い．そして，たとえば-10℃のときの飽和水蒸気圧は10℃のときのそれの1/4しかない．したがって，-10℃で飽和している空気塊が10℃まで温められると，相対湿度はカラカラの25％しかない．それで，シベリア大陸を離れた空気が日本海をわたっていく間に，海面で暖められるので大気下層の成層は不安定となるし，海面からの蒸発が盛んに起こる．しかも海面からの蒸発量は，ほかの条件が同じならば，風速に比例するという性質がある．これは風の強い日には洗濯物が乾きやすいという日常経験からうなずける．西高東低の日には風が強い．こうして冬季には平均して，日本海での蒸発量は1日で約8mmにもなる．洗濯物の例でいえば，洗濯物を厚さ8mmの水の層で覆っても，24時間で乾いてしまうすごさである．

　もう1つ事情がある．シベリア高気圧の域内で下層に溜まった冷気が流れ出すのであるから，そこには下降流がある．それが沈降性の逆転層をつくる．多くの場合，逆転層の上には低気圧の前面で吹く南西の風があるので，逆転層は移流逆転層の性格も持つ．こうして，いろいろな条件が揃った冬の日本海の状況は，低い天井の温泉浴場に湯気がもうもうと立ち込めたと同じようなものである．

　こうした状況で，冬の衛星雲写真でお馴染みの筋状の雲が発生する．筋状の雲は逆転層の下で，大きさが1〜5kmの積雲が列をなして並んだものである．大気のような流体を下から温めれば（あるいは上から冷やせば），ベナール型と呼ばれる六角形の細胞状の対流が起こることはよく知られている（4.2節）．この際，流体層がある一様な速度で動いている際には，六角形の

細胞状の対流でなくて，細胞が流れの方向に平行に並ぶ対流が最も成長率が大きい．もし流れが鉛直方向にシア（風向シアか風速シアかあるいはその両方か）を持っているときには，水平流の鉛直シアの方向に並ぶのが最も成長率が大きいということは，ベナール対流の線形不安定理論が教えてくれることである[23]．これを一般的に水平対流ロール（horizontal convection roll）といい，その対流セルの上昇部分で水蒸気の飽和によりできた雲が，筋状の雲に他ならない．図 16.22 はその構造を模式的に示したものである．

　もう少し一般的に言うと，ベナール対流でなくても，安定成層をした地球大気の境界層内部の水平風は，いわゆるエクマン境界層分布と言われる特殊な速度の鉛直分布をしている．場合によると，この水平風の鉛直分布は力学的に不安定で，境界層上端の地衡風からある角度を持った方向に，水平ロールが並ぶことがある．この場合には水平ロール渦という[24]．水平ロール渦は米国大陸上ではよく出現する．殊にフロリダ半島では地表面からの加熱の影響もあってよく発達し，これと海陸風前線の交差点が雷雨発生の起点となることが多い．関東平野などは水平ロール渦が発達してもよい面積を持つと思われるが，不思議に出現するのを見たことがない．地表面に建造物がありすぎるのかもしれない．

　ここから，ある事例に基づいた本論に入る．図 16.23 は典型的な西高東低の気圧配置となり，日本海上では等圧線が南北方向に並んでいる 2001 年 1 月 14 日 15 JST における可視雲画像である．日本海中央部に発達している

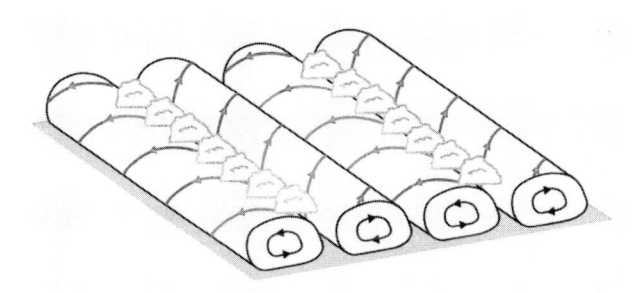

図 16.22　境界層内の水平対流ロールの模式図[25]．濃い矢印付きの実線は水平対流ロールに伴う流れ．薄い矢印付きの実線は卓越風を加えた全体の流れ．

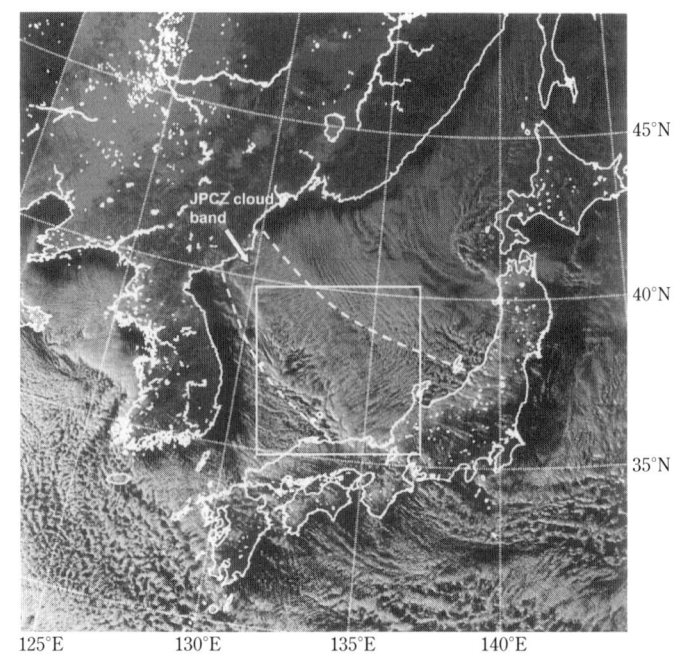

図 16.23 2001年1月14日15 JST における GMS-5 の可視画像[30]．四角は図 16.24 に示す範囲．2本の破線が JPCZ の雲帯の境界を示す．

筋状の雲列は2つの区域に分類できる．1つは，朝鮮半島の付け根から南南東に延びて，日本海沿岸の新潟県から鳥取県に達している区域である．図では2本の破線で囲まれている．この区域の特徴は，冬のモンスーンの北西風にほぼ直角の方向に，即ち西南西から東北東の方向に，筋状の雲が走っていることである．この意味で，この雲列は直交モード（transversal あるいは transverse mode）の雲列と呼ばれている（この名称が必ずしも適切でないことは後で述べる）．そして，この区域の北東側と南西側の海上には，北西の風と平行の方向に筋状の雲が並んでいる．これを平行モード（longitudinal mode）の雲列という．北海道西方海上にはポーラーロウも見える．

この直交モードの雲列の区域が何故できるかは，よく理解されている．すなわち，朝鮮半島の北にある長白山系で季節風が阻止されて2つに分かれ，その1つは朝鮮半島を南下し，それが下流で次第に東に風向を変え，もとも

との北西風との間に収束帯ができる．その収束により，対流が強化されたためである[26]．「日本海寒帯気団収束帯（Japan Sea polar air-mass convergence zone，略して JPCZ）」の雲帯と呼ばれている[27]．

このような JPCZ 雲帯や直交モードの雲列の存在自体は，1970 年代の初めころから知られていたが，直交モードの雲列の詳細な構造や発生原因などはよくわからなかった．冬の日本海は荒れ模様の日が多く，観測船などによる気象観測のデータは断片的で，十分でなかったからである．JPCZ 雲帯が日本列島にかかる沿岸地域では，多くの雪が降りやすい．しかも，JPCZ 雲帯が日本列島日本海側の沿岸と交わる位置は，アジア域の上層の流れなどによって違い，山陰から東北地方北部まで変化する[28]．

このようなデータ不足の事情を改善すべく，1998 年から 5 年間，科学技術振興機構・戦略的創造研究推進事業の一環として，メソ対流系についての研究プロジェクトが実施された．このプロジェクトでは，梅雨期の九州・東シナ海における豪雨と並んで，冬季の日本海における降雪の研究が主目的の 1 つであった．こうして 2001 年の冬，2 隻の気象観測船・気象観測機器を搭載した航空機・日本海沿岸に設置され複数個のドップラーレーダーなどによる大規模かつ組織的な特別気象観測が初めて行われた[29]．図 16.23 はその集中観測期間中の画像で，図の JPCZ 雲帯はほぼ半日間，定常的な状態にあった．

図 16.24 は図 16.23 の四角の区域をズームアップした雲画像である．図の右上に見える平行モードの雲列の間隔は，北東の端では 8～10 km であるが，南西に行くにつれて広くなり，南西の端では 11～14 km となる．JPCZ の西の境界線のすぐ東には発達した対流雲がある．清風丸と長風丸という気象庁所属の観測船の位置も記入してある．その観測船の高層観測によると，発達した積雲帯近くに位置する長風丸が測った逆転層の高さは約 3.9 km で，平行モードの筋状の雲帯近くに位置する清風丸での高さの約 2.0 km よりかなり高い（あとの図 16.27 参照）．そして逆転層の下では相当温位は高度に関して一様であり，混合層がよく発達していることを示している．

図 16.25 は前図と同時刻に観測船で測定した境界層内の風のホドグラフである．海面近くでは北西風であるが，高度とともに風向は反時計回りに変化していて，シアベクトルの方向は南西から北東に向かっている．すなわち，JPCZ 内水平ロール対流は鉛直シアベクトルにほぼ平行している．その点で，

372　第16章　大雨と大雪

GMS-5 可視　15JST 14 January 2001

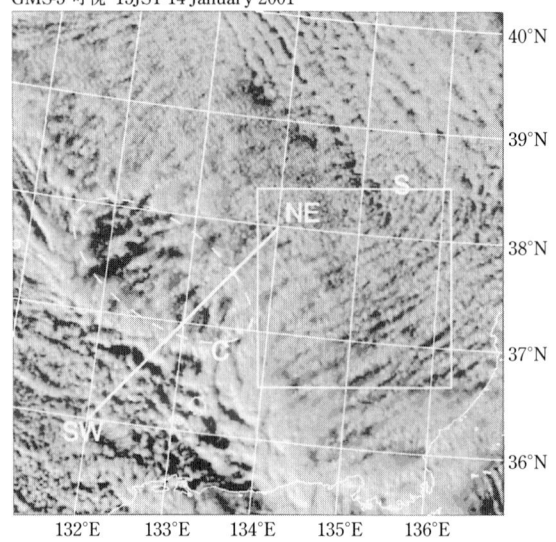

図 16.24　図 16.23 の四角の部分の拡大図[30]．線分 SW−NE は測器搭載の航空機の飛行経路．記号 C と S はそれぞれ気象庁所属の観測船長風丸と清風丸の観測位置．

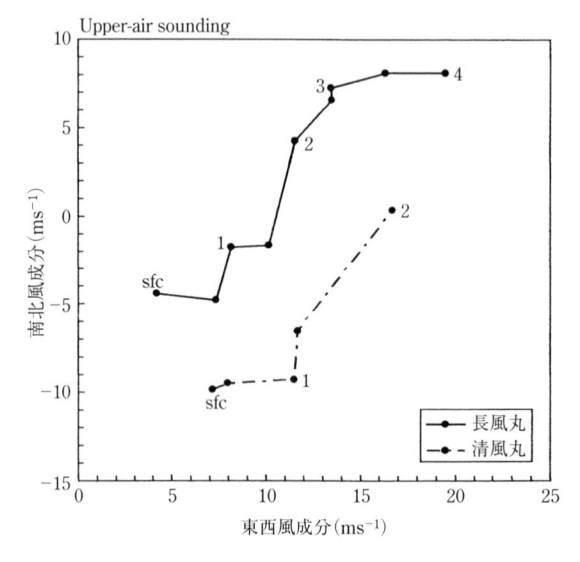

図 16.25　2001 年 1 月 14 日 15 JST において，長風丸と清風丸が観測したホドグラフ[30]．ドットは 0.5 km 間隔，高度は 1 km ごとに表示．sfc は海面．

16.5 冬の日本海雪景色　373

平行モードの対流と力学的な違いはない．JPCZ 内の雲列を直交モードと表現したのは今回の場合おかしいといったのはこの理由からである．

　この日観測された雲列は，格子間隔 1 km の気象庁の非静水圧雲解像モデルでよくシミュレーションされた[30]．使用したコンピュータは地球シミュレータであった．よく知られているように，地球シミュレータは計算能力の世界ランキングで 2002 年 6 月から 2004 年 11 月まで，5 期連続で世界第 1 位を維持したスーパーコンピュータである．気象庁の現業用予報モデルが予報した 2001 年 14 日 01 UTC の状態を初期値としてシミュレーションを始めてから 5 時間後，15 JST に相当する時刻のシミュレーションされた結果が図 16.26 である．ここで雲として表現されているのは，モデルで計算される

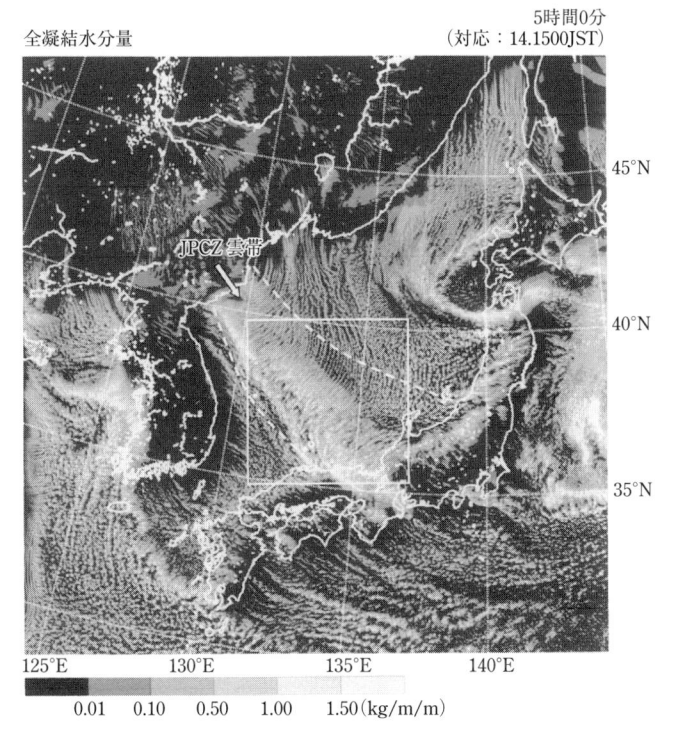

図 16.26　非静水圧雲解像モデルによる 5 時間後（2001 年 1 月 14 日 15 JST に対応）のシミュレーション結果に基づく全凝結水分量（kg m^{-3}）の鉛直積分値の分布[30]．2 本の破線は JPCZ 雲帯の境界線．

全凝結水分量（雲粒・雨粒・氷晶・雪・あられ）の混合比（g m^{-3}）を鉛直方向に積分した量である．衛星 GMS-5 が実測した図 16.23 と比較すると，一見して，どちらが本物の衛星写真か，わからないほど似て見える．

　最後に，こうした各種の観測データやシミュレーションの結果を総合して，1月14日の JPCZ の雲帯のメソ構造を模式的に表したのが図 16.27 である．JPCZ 内の筋状の雲の方向（南西から北東）を y 軸にとり，それに直交して x 軸をとっている．北東の端から見ていくと，始めは平行モードの雲域であり，逆転層の高さは約 2 km で，ここに厚さの薄い安定層があり，対流雲はここで頭を押さえられている．JPCZ の雲域に入り，南西の方向に進むと，安定層の高度は次第に高くなり，南西の端では約 4 km となる．これは南西の端で下層の風向にかなりの違いがあり，この収束が上昇流を起こしている

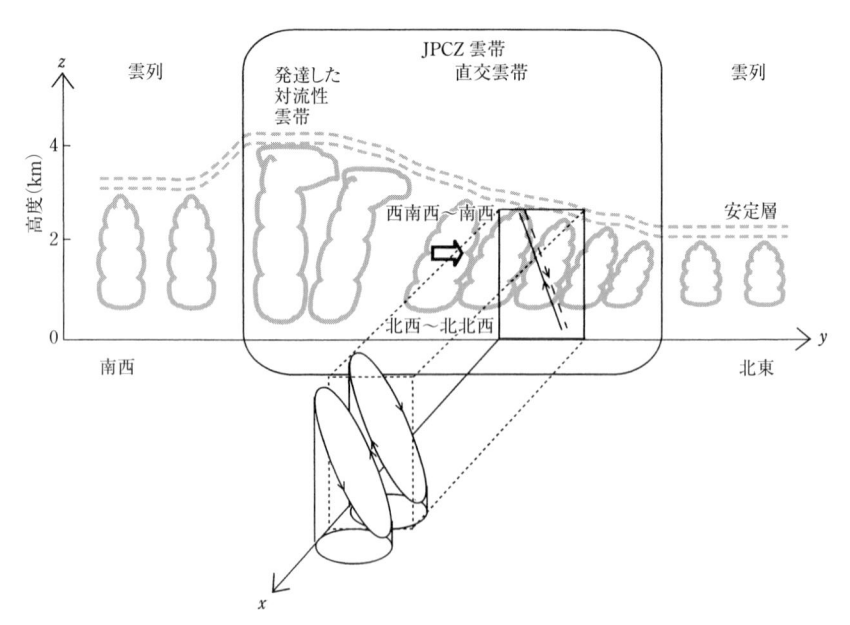

図 16.27　2001 年 1 月 14 日 15 JST における JPCZ 雲帯のメソスケール構造の概念図[30]．JPCZ 雲帯に直角方向にとった鉛直断面が y–z 平面．太い実線は雲を，二重の破線は乱流境界層の上端である安定層を示す．中抜きの矢羽は境界層内の風の鉛直シアの方向．y–z 面に直交する平面上で，対流に伴う典型的な 3 次元の流れを矢印の付いた楕円形の実線で示す．この流れを y–z 面に投影したのが矢印の付いた破線．

からである．ここには発達した対流雲があるが，依然として逆転層を付き抜けるまでには至っていない．対流雲の頭からはアンヴィルに対応するエコーが観測されている．JPCZ 内では風向は下層では北西ないし北北西であるが，逆転層付近では西南西ないし南西である．対流雲は風の鉛直シアの方向に傾いている．図には雲に相対的な空気粒子の 3 次元的な軌跡も挿入されている．詳しい説明は省くが，エネルギー的に見ると，JPCZ の領域の対流雲の運動エネルギーは基本流の運動エネルギーからの変換と浮力による生成である．また，JPCZ 内の雲の 3 次元構造の形成過程については，ドップラーレーダーの観測データを用いた詳細な解析がある[31]．

16.6　成人の日東京首都圏の大雪

　日本列島，特に関東地方の太平洋岸に雪が降るのは，ほとんどすべて南岸低気圧が東進する場合である．その際，降水が雨か雪か正確な予報を出すのに予報官は苦労する．もちろん地上気温が氷点からかなり外れそうだというケースならば，悩むことはないが，氷点から数度高い場合には地上気温のみならず相対湿度によっても，雨かみぞれか雪かが決められてしまう（『一般気象学　第 2 版』，図 4.12）．

　そうした微妙なケースが 2013 年 1 月 14 日，東京都とその周辺で起こった．しかも結果として最深積雪量は東京で 8 cm，横浜市で 13 cm という大雪だった．

　大雪といっても，この積雪量は日本海側に比べれば微々たるものであるが，普段降雪の無い大都会は雪に弱いことはよく知られている．しかもこの日は成人の日だった．自動車のスリップ事故や歩行者の転倒事故などが相次いだ．

　この大雪をもたらした低気圧は，1 月 13 日に東シナ海で発生し，急速に発達しながら日本の南岸を通過した．その中心気圧は 14 日 9 時からの 24 時間で 44 hPa 低下し，最終的には日本の東海上で 936 hPa まで低下した．この低気圧の進化は気象庁の非静力学モデルでかなりよくシミュレーションされ，感度実験も行われた[32]．

　ここでは 14 日の東京の気温と降水の変化に注目する．図 16.28 は東京千代田区における気温・露点温度・風・降水量・降雪量などの時系列である．

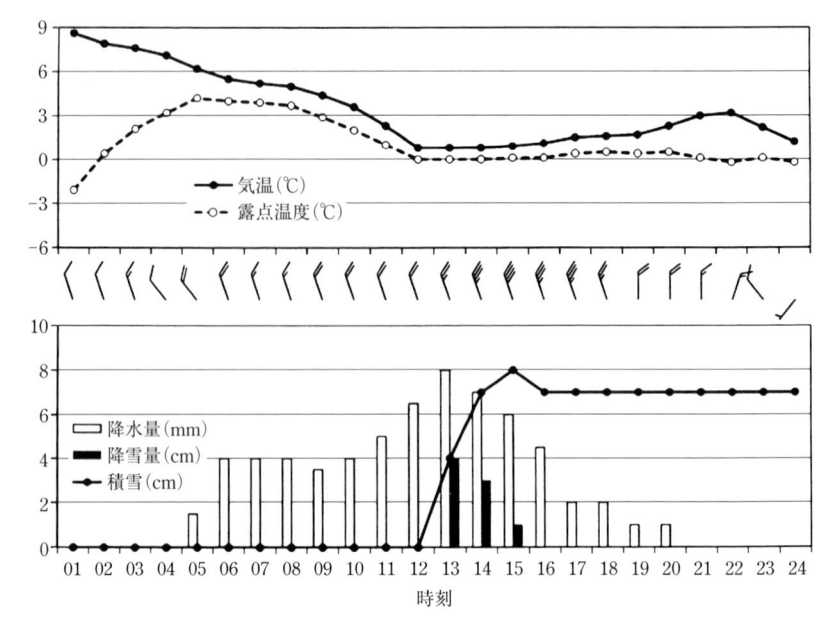

図 16.28 2013年1月14日，東京都千代田区における気温（℃）・露点温度（℃）・風向風速（短い矢羽根は $1\,\mathrm{m\,s^{-1}}$，長い矢羽は $2\,\mathrm{m\,s^{-1}}$）・降水量（mm）・降雪量（cm）・積雪（cm）の1時間ごとの時系列（大久保篤氏のご厚意による）．

雨は5時ころから降り始めているが，12時ころから雪となった．この時刻というのは，0時には約9℃だった気温が時刻とともに下降して，約1℃になった時刻である．やはり，それまでは地表に達するまでには融けて雨となっていた雪も，この時刻あたりからは雪のままで地表に落下したわけである．そしてこの時刻以降は，気温は極めてゆっくりと上昇し，それとともに15時ころからは雪でなく雨となった．その間，風は絶えず北北西であった．

図16.29は関東地方における14日0時と12時における気温と風の分布図である．0時には東京の気温は約9℃あるのに，北関東は0°前後であり，関東平野には，かなりの気温傾度があった．ところが12時には一変して，関東平野の大部分では0～1℃である．降雪のためであろう．この冷気が北風に乗って東京都を通過したので，図16.28に示したような12時以降の特異な気温変化をもたらしたと思われる．

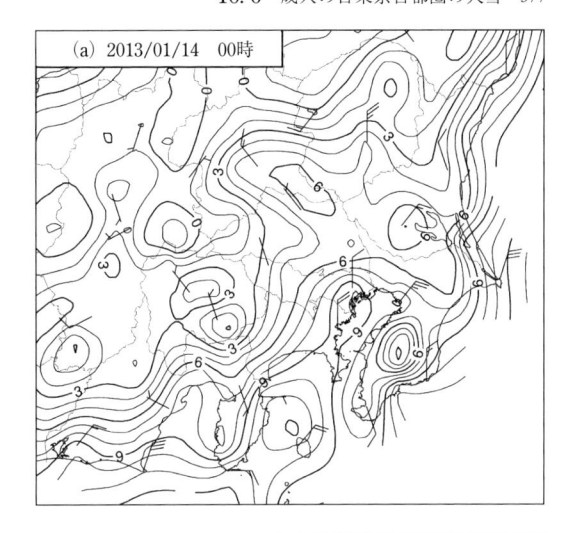

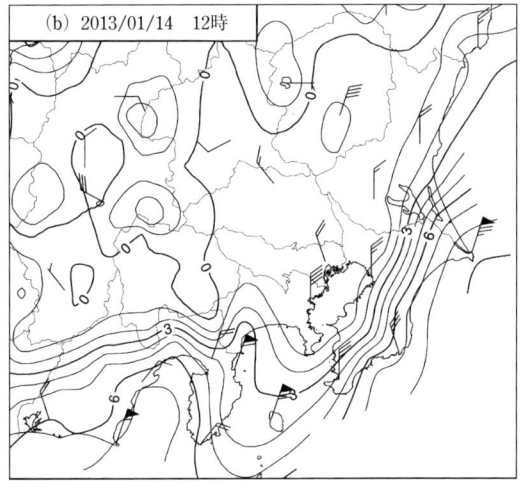

16.6 成人の日東京首都圏の大雪 377

図 16.29 関東地方の等温線（1℃ごと）と風（短い矢羽根は $1\,\mathrm{m\,s^{-1}}$, 長い矢羽は $2\,\mathrm{m\,s^{-1}}$, ペナントは $10\,\mathrm{m\,s^{-1}}$）. (a) 1月14日0時, (b) 12時（大久保篤氏のご厚意による）.

おわりに

　とにかく，やっとここまで書き終えることができた．書き始めるときに，これは容易な仕事ではないことは覚悟していたが，予想以上に大変な仕事であった．それにしても，このような形で日本の天気を物語る本を書こうと思ったのは，もう15年前の頃だったのではないだろうか．

　顧みれば，大学を卒業し，太平洋戦争敗戦時の混乱を経て，研究生活に入った最初の約10年間の主な研究テーマは大気乱流だった．それにより井上栄一氏とともに第1回の日本気象学会賞をいただいたが，1958年にマサチューセッツ工科大学（MIT）のチャーニー教授の研究室に研究員として勤め始めたとき，与えられたテーマは大気対流のシミュレーションだった．そのころチャーニーはプリンストン大学からMITに移ったばかりであったが，すでに世界初めての数値予報に成功して，名声は赫々たるものがあった．

　よく知られているように，19世紀の中ごろから流体力学ではニュートン力学に基づいたナビエ・ストークス運動方程式系（NS系と略称する）が基本方程式系として用いられてきた．その微分方程式に地球自転の影響を加え，微差方程式に直して時間積分をすることによって数値予報をしようという最初の試みをしたのがリチャードソン（1922）であった．結果は無残にも失敗であった．後になってわかったことであるが，微差方程式を時間積分する際には，空間格子間隔（Δs）とシミュレーションしたい擾乱の伝播速度（c）に応じて，微小時間Δt（『一般気象学　第2版』p.200のΔt）を，ある大きさ（$\Delta s/c$）以下にしないと数値計算不安定を起こし，時間積分が継続できなくなる．人間の手で数値計算するほかはなかったリチャードソンのΔtは，その制限より大き過ぎたのが原因であった．

　一方，チャーニーはロスビーがいるノルウェーに留学中，大気の擾乱にはいろいろのスケールの運動があることを認識してうえで，スケールアナリシスという手法で準地衡風近似方程式系を導出した（1948）．この方程式系の利点の1つは，NS系はその解として重力波を含むのに対して，準地衡風系

は重力波を含まないということである．一般的に重力波の伝播速度は総観スケールの擾乱よりも大きい．このため，より大きな Δt を使っても計算不安定を起こさない．こうして出来たばかりの電子計算機でも数値予報が現実に可能となったのである．この成功により，大気中の運動は複雑だから流体力学は役に立たないという時代は完全に去った．

　さて，大気対流の数値シミュレーションであるが，積乱雲などの大気対流を扱う場合には，鉛直方向の運動方程式において静水圧平衡は使えない．スケールが小さいから地衡風近似も使えない．それで NS 系に戻ることになるが，そこで困るのは，NS 系では解として音波が含まれることである．音波の伝播速度は $300\,\mathrm{m\,s^{-1}}$ の程度であるから，積乱雲などの伝播速度より1桁大きい．ということは，当時のコンピュータでは実際的でないほど小さい Δt を使わなければ対流のシミュレーションができないという困難がある．

　もともと音波は空気の密度が場所と時間で変化することで起こる粗密波であるから，NS 系で質量の保存則を非圧縮性のそれに代えれば，NS 系は音波を表現しない．ところが対流は大気の密度が場所によって違うことによる浮力で起こるものであるから，非圧縮性の質量保存則を使っては元も子もない．平均的に見ても，対流圏界面付近の大気の密度は地表近くのそれの 40％ くらいしかなく，到底非圧縮流体としては扱えない．こうして大気対流を扱うためには，運動方程式では浮力を表現するため密度は場所と時刻の関数であるとしながら，質量保存則では非圧縮流体のような診断方程式を使いたいということになる．この一見矛盾した要請は，準地衡風方程式系では，運動方程式では水平の流れは地衡風とあるとしながら，しかも水平発散は0ではなく，したがって鉛直運動も記述しなければならないというジレンマと同じである．

　大気対流を記述でき，しかも上記の一見矛盾した要請を満足する方程式系を何とか見つけることができ，これに非弾性（anelastic）方程式系という名を付けた．あるいは，この系は音波の存在を許さないので，防音（sound-proof）方程式系ともいう．この大気対流のようなミクロの現象からマクロの現象まで使える非弾性方程式系は 1960 年，東京で開かれた世界最初の数値予報シンポジウムでチャーニー教授との共著の講演と，さらにスケールアナリシスの手法で，もっと完成された形でフィリップス教授との共著の論文

(1962)で，広く知られるようになった．

　その後のある年，後にカオス現象の発見者として知られるロレンツ教授が1年間 MIT を留守にするということで，私が彼の大学院講義の気象力学(II)の代講をすることとなった．自分の好きなように講義してよいとのことだったので，大気の擾乱には惑星スケールからメソスケールまで，スケールの違った現象があること，それらを出来るだけ統一的に議論するために，現象のスケールによって，非弾性平衡，静水圧平衡，地衡風平衡が成り立つこと，そして各々の場合について運動方程式系をスケールアナリシスによって導出し，そのエネルギー論を展開して，擾乱の運動エネルギーがどこから来るかを議論し，また系を線形にした場合の解からどの波動（ロスビー波，傾圧不安定波，重力波，音波など）が除去されるか，渦位という力学的保存量がそれぞれの近似の下にどう変形されるか，などを議論した．まだ英語に自信がなかったので，講義ノートを作り，講義の前に配布した．講義の内容は新鮮だとなかなか好評だったようである．

　その後，この講義ノートを日本語にしたのが「最近の気象力学（I）」（日本気象学会発行の気象ノート 17, No.1, 1966）である．さらにそれを拡充し，海洋も大気と同じく流体であるから，海洋中の大・中規模運動も加えたのが『気象力学通論』（東京大学出版会, 1978）である．その後 20 年近くを経て，この本は『メソ気象の基礎理論』（同, 1997）と『総観気象学入門』（同, 2000）へと分化した．

　この『総観気象学入門』は微積分を含むかなり高度の応用数学を用いている専門書であるが，あえて入門と銘打ったのには理由がある．それはこの本は数式を用いた統一的な理論の展開をするのにページを取られてしまって，その理論が現実の総観スケールの現象を理解するのにどれだけ役に立っているかを述べる余裕がなかった．つまり『総観気象学入門』は総観気象学の骨格あるいは骨組みだけを与える本であり，それに血肉を与え，生き生きとした天気系を描くまでに至ってなかった．当然のことながら，次の予定として，現実の天気系を観測により捉え，このように複雑な天気の変化をもたらす仕組みが，眼には見えない大気自身の中に内蔵されているのだということを，できるだけわかりやすく統一的に示す本を書く予定であった．ところが実際にそうした本の執筆作業に入ってみると，日本の天気については，このよう

な意味での解釈がされた事例解析が少なかったので，充足する必要があった．その際には，私の二十余年の滞米生活の経験が，日米の天気系の違いを知るのに役に立った．

　やはり，本書のように，これだけ広い範囲をこのレベルで扱うとなると，私の思い違いや思い込み，あるいは勉強不足・理解不足による間違いがあると思う．その点は読者からのご指摘をお待ちしている．本文にも書いたが，日本の天気系にはまだまだ未知のことが一杯ある．それが解明されていくのに，この本が少しでも役に立てば，これほどうれしいことはない．

　最後に私事ながら，この六十余年間私を支えてくれている妻正子に，この本を捧げたい．

小倉義光

Eメール：yoshi608gaien@nifty.com

参考文献

第1章

1) Orlanski, L., 1975: A rational subdivision of scales for atmospheric processes. *Bull. Amer. Meteor. Soc.*, **56**, 527-530.
2) Ito, J., R. Tanaka, H. Niino and M. Nakanishi, 2010: Large eddy simulation of dust devils in a diurnally-evolving convective mixed layer. *J. Meteor. Soc. Japan*, **88**, 63-77.
3) Sinclair, P. C., 1969: General characteristics of dust devils. *J. Appl. Meteor.* **8**, 32-45.
4) Bluestein, H. B., C. C. Weiss and A. C. Pazmany, 2004: Doppler radar observations of dust devils in Texas. *Mon. Wea. Rev.*, **132**, 209-224.
5) Ohno, M. and T. Takemi, 2010: Mechanisms for intensification and maintenance of numerically simulated dust devils. *Atmos. Sci. Lett.* **11**, 27-32.
6) 吉崎正憲・加藤輝之, 2007：豪雨・豪雪の気象学, 朝倉書店, 187pp.
7) 高橋劭, 2009：雷の科学, 東京大学出版会, 271pp.
8) Ogura, Y. and T. Takahashi, 1971: Numerical simulation of the life cycle of a thunderstorm cell. *Mon. Wea. Rev.*, **99**, 895-911.
9) 大栗博司, 2012：重力とは何か. 幻冬舎, 288pp.
10) 二宮洸三, 2006：日本列島域の大規模および中規模系に関する研究〜特に多重スケール階層構造に注目して〜. 天気, **53**, 93-122.
11) Yamasaki, M., 1983: A further study of the tropical cyclone without parameterizing the effects of cumulus convection. *Pap. Met., Geophys.* **34**, 221-260.
12) 小倉義光, 2011：お天気の見方・楽しみ方（17）. 季節外れの低気圧の世代交代と凝結加熱の効果, 天気, **58**, 437-445.

第2章

1) Rossby, C. G. et al., 1939: Relation between variations in the intensity of the zonal circulation of the atmosphere and the displacement of the semi-permanent centers of action. *J. Mar. Res.* **2**, 38-55.
2) Rossby, C. G., 1940: Planetary flow patterns in the atmosphere. *Q. J. R. Met. Soc.*, **66**, Suppl., 68-97.
3) Stommel, H., 1948: The westward intensification of the wind driven ocean currents. *Trans. Am. Geophys. Union.* **29**, 202-206.
4) 木村龍治, 1983：地球流体力学入門, 東京堂出版, 247pp.
5) 小倉義光, 1978：気象力学通論, 東京大学出版会, 249pp.
6) Hovmöller, E., 1949: The trough and ridges diagrams. *Tellus*, **1**, 62-66.
7) Glatt, L., A. Dornbrack, S. Jones, J. Keller, O. Martius, A. Muller, D. H. W. Peters

and V. Wirth, 2011: Utility of Hovmöller diagrams to diagnose Rossby wave trains. *Tellus*, **63A**, 991-1006.
8) 佐伯理郎，2001：エルニーニョ現象を学ぶ．成分堂書店．
9) 加藤内蔵進，1995：ヤマセに関連するオホーツク海高気圧の総観気象的特徴．気象研究ノート，**183**，67-90．
10) 高野清治，2005：2003年の日本の夏の実況と予報．天気，**52**，581-585．
11) 増田善信，2010：異常気象学入門，日刊工業新聞社，190pp．
12) D'Andrea, F. et al., 1998: Northern hemisphere general circulation models simulated by 15 atmospheric general circulation models in the perod 1979-1988. *Clim. Dyn.* **14**, 385-407.
13) Yamazaki, T. and H. Itoh, 2013：Vortex-vortex interaction for the maintenance of blocking,. Part Ⅱ: Numerical experiments. *J. Atmos. Sci.*, **70**, 743-766.
14) 中村　尚，2005：オホーツク海高気圧の成因と予測への鍵．天気，**52**，591-598．
15) 木本昌秀，2005：欧州熱波と日本の冷夏．天気，**52**，608-611．
16) 隈部良司編，2006：衛星から分かる気象──マルチチャネルデータの利用，気象研究ノート（日本気象学会），No. 212．
17) 三好建正・本田有機，2007：気象学におけるデータ同化．天気，**54**，287-290．
18) Sasaki, Y., 1958: An objective analysis based on the variational method. *J. Meteor. Soc. Japan*, **36**, 77-88.
19) Kalnay, E., 2003: *Atmospheric modeling, data assimilization and predictability*. Cambridge Univ. Press, 341pp.
20) 原田やよいほか9名，2014：気象庁55年長期再解析（JRA-55）．天気，**61**，269-275．
21) 別所康太郎ほか14名，2010：伊勢湾台風再現実験プロジェクト，情報の広場，天気，**57**，247-254．
22) 古川武彦・酒井重典，2004：アンサンブル予報──新しい中・長期予報と利用法．東京堂出版．
23) 新田　尚・長谷川隆司，2011：天気予報のいま．東京堂出版．

第3章

1) Mak, M., 2011: *Atmospheric Dynamics*. Cambridge Univ. Press, 486pp.
2) Charney, J. G., 1947: The dynamics of long waves in a baroclinic westery current. *J. Meteor.* **4**, 135-162.
3) Eady, E. T., 1947: Long waves and cyclone waves. *Tellus*, **1**, 33-52.
4) Charney, J. G. and A. Eliassen, 1949: A numerical method for predicting the perturbations of the middle latitude westerlies. *Tellus*, **1**, 38-54.
5) Smagorinsky, J., 1953: The dynamical influences of large-scale heat sources and sinks on the quasi-stationary mean motions of the atmosphere. *Quart. J. Roy. Meteor. Soc.*, **79**, 342-366.
6) Held, I. M., M. Ting and H. Wang, 2002: Northern winter stationary waves. Theory and modeling. *J. Climate*, **15**, 2125-2144.
7) Chang, E. K. M., S. Lee and K. L. Swanson, 2002: Storm track dynamics. *J. Climate*,

15, 2163-2183.
8) Mak, M, and Y. Deng, 2007: Diagnostic and dynamical analysis of two outstanding aspects of storm tracks. *Dyn. of Atmos. and Oceans*, **43**, 80-99.
9) Sanders, F. and J. R. Gyakum, 1980: Synoptic-dynamic climatology of the "bomb". *Mon. Wea. Rev.*, **108**, 1589-1606.
10) Lim, E.-P. and I. Simmonds, 2002: Explosive cyclone development in the Southern hemisphere and a comparison with Northern hemisphere events. *Mon. Wea. Rev.*, **130**, 2188-2209.
11) Bader, M. J., G. S. Forbes, J. R. Grant, R. B. E. Lilley and A. J. Waters, 1995: Images in Weather Forecasting, A practical guide for interpreting satellite and radar imagery. Cambridge Univ. Press, 499pp.
12) Amenu, G. G. and P. Kumar, 2005: NVAP and Reanalysis — 2 Global precipitable water product. Intercomparison and variability studies. *Bull. Amer. Met. Soc.*, **86**, 245-256.
13) 浅井冨雄, 1975：大気対流の科学. 気象学のプロムナード, **14**, 東京堂出版, 220pp.
14) 篠原善幸・真下国寛・桜井美菜子・須永次雄, 2009：関東地方で日最高温度が40℃を超えた2007年夏の高温. その2：JMANHMによる日最高気温の再現実験と高温要因の考察. 天気, **56**, 543-548.
15) 安成哲三, 2003：チベット高原での大気陸面相互作用とアジアモンスーン. 気象研究ノート, No. 204 (モンスーン研究の最前線), 99-114.
16) 高原宏明・松本　淳, 2004：東アジアにおける気団と前線帯の季節変化. 月刊海洋, **36**, 252-256.

第4章

1) 小倉義光, 1968：大気の科学——新しい気象の考え方. NHKブックス76, 日本放送出版協会, 221pp.
2) Nakamura, H., 1992: Midwinter suppression of baroclinic wave activity in the Pacific. *J. Atmos. Sci.*, **49**, 1629-1642.
3) Nakamura, H., T. Izumi and T. Sampe, 2002: Interannual and decadal modulations recently observed in the Pacific storm track activity and east Asian winter monsoon. *J. Climate*, **15**, 1855-1874.
4) Sakamoto, T. T., Y. Komoro, T. Nishimura, M. Ishii, H. Tanabe, H. Shiogama, A. Hasegawa, T. Toyoda, M. Mori, T. Suzuki, T, Imada, T. Nozawa, K. Takata, T. Mochizuki, K. Emori, H. Hasumi, and M. Kimoto, 2012: MIROC4th-A new high-resolution atmosphere-ocean coupled general circulation model. *J. Meteor. Soc. Japan*, **90**, 325-359.
5) Chang, E. K., M. S. Lee and K. L. Swanson, 2002: Storm track dynamics. *J. Climate*, **15**, 2163-2183.
6) Deng, Y., and M. Mak, 2005: An idealized model study relevant to the dynamics of the midwinter minimum of the Pacific storm track. *J. Atmos. Sci.*, **62**, 1209-1225.

7) Chang, E. K., 2001: GCM and observational diagnoses of the seasonal and interannual variation of the Pacific storm track during the cool season. *J. Atmos. Sci.* **58**, 1784-1800.
8) Nakamura, H., T. Sampe, Y. Tanimoto and A. Shimpo, 2004: Observed associations among storm tracks, jet streams and midlatitude oceanic fronts. *Geophys. Monograph*, **147**, 329-346.
9) James, I. N., 1987: Suppresion of baroclinic instability in horizontally sheared flows. *J. Atmos. Sci.*, **44**, 3710-3720.
10) Rotunno, R., W. C. Skamarock and C. Snyder, 1994: An analysis of frontogenesis in numerical simulation of baroclinic waves. *J. Atmos. Sci.*, **51**, 3373-3398.
11) 田中　博, 2007：偏西風の気象学, 成山堂, 174pp.
12) Anthes, R. A., 1972: Tropical Cyclones — Their Evolution, Structure and Effects. *Amer. Meteor. Soc.*

第5章

1) Schultz, D. M., D. Keyser and L. F. Bosart, 1998: The effect of large-scale flow on low-level frontal structure and evolution in midlatitude cyclones. *Mon. Wea. Rev.*, **26**, 1767-1791.
2) 小倉義光, 2000：総観気象学入門, 東京大学出版会, 289pp.
3) Takayabu, I., 1986: Roles of the horizontal advection on the formation of surface fronts and on the occlusion of a cyclone development in the baroclinic westerly jet. *J. Meteor. Soc. Japan*, **64**, 329-345.
4) Schultz, D. M. and F. Zhang, 2007: Baroclinic development within zonally-varying flows. *Quart. J. Roy. Meteor. Soc.*, **133**, 1101-1112.
5) Shapiro, M. A. and D. Keyser, 1990: Fronts, jet streams and the tropopause, Extratropical Cyclone: The Erik Palmen Memorial Volume, C. W. Newton and E. O. Holopaninen, Eds., Amer. Metror. Soc., 167-191.
6) Neiman, P. J. and M. A. Shapiro, 1993: The life cycle of an extratropical marine cyclone. Part I: Frontal cyclone evolution and thermodynamic air-sea interaction. *Mon. Wea. Rev.*, **121**, 2153-2176.
7) Neiman, P. J., M. A. Shapiro and L. S. Fedor, 1993: The life cycle of an extratropical marine cyclone. Part II: Mesoscale structure and diagnositics. *Mon, Wea. Rev.*, **121**, 2177-2199.
8) 津村知彦・山崎孝治, 2005：日本付近で発達したShapiroタイプの温帯低気圧——前線形成の視点から見た事例解析, 天気, **52**, 93-104.
9) Schultz, D. M. and F. Zhang, 2007: Baroclinic development within zonally-varying flows. *Quart. J. Roy. Meteor. Soc.*, **133**, 1101-1112.
10) Schultz, D. M. and G. Vaughan, 2011: Occluded fronts and the occlusion process. *Bull. Amer. Meteor. Soc.*, **92**, 443-466.
11) Kocin, P. J. and L. W. Uccellini, 2004: *Northeast Snowstorms. Vol.1: Overview.* Amer. Meteor. Soc., 296pp.

12) 岡林俊雄，1982：気象衛星資料の利用．測候時報，**49**，185-250．
13) Browning, A. K., 1999: The dry intrusion and its effect on the frontal, cloud and precipitation structure of extratropical cyclones. 日本気象学会つくば大会特別招待講演，邦訳は天気，**46**（1999），97-103．
14) 小倉義光・西村修司・隈部良司，2006：お天気の見方・楽しみ方（7）　二つ玉低気圧（その1），天気，**53**，889-894．
15) 小倉義光・西村修司・隈部良司，2006：お天気の見方・楽しみ方（7）　二つ玉低気圧（その2），天気，**53**，945-950．
16) Browning, K. A. and N. M. Roberts, 1994: Structure of a frontal cyclone. *Qurat. J. Roy. Meteor. Soc.*, **120**, 1535-1557.
17) 北畠尚子・三井　清，1998：晩秋に日本海で急発進した低気圧の構造．天気，**45**，827-840．
18) Bergeron, T., 1937: On the physics of fronts. *Bull Amer. Meteor, Soc.*, **18**, 265-275.
19) Browning, A. K. and G. A. Monk, 1982: A simple model for the synoptic analysis of cold fronts. *Quart. J. Roy. Meteor. Soc.*, **108**, 435-452.
20) 北畠尚子・三井　清，1998：スプリットフロントを伴った温帯低気圧の総観解析．天気，**45**，455-465．

第6章

1) 金井秀元，2002：集中豪雨をもたらす温帯低気圧とそのメソスケール構造に関する研究．東京大学理学系研究科地球惑星科学専攻修士論文，73pp．
2) Carlson, T. N., 1991: *Mid-latitude Weather Systems.* Amer. Meteor. Soc., 507pp.
3) Deng, Y. and M. Mak, 2005: An idealized model study relevant to the dynamics of the midwinter minimum of the Pacific storm track. *J. Atmos. Sci.*, **62**, 1209-1225.
4) Thorpe, S. J., 1985: Diagnosis of balanced vortex structure using potential vorticity. *J. Atmos. Sci.*, **42**, 397-406.
5) Hoskins, B. J., M. E. McIntyre and A. W. Robertson, 1985: On the use and significance of isentropic potential vorticity maps. *Quart. J. Roy. Mereor. Soc.*, **111**, 877-946.
6) Davis, C. A. and K. A. Emanuel, 1991: Potential vorticity diagnostics of cyclogenesis. *Mon. Wea. Rev.*, **119**, 1929-1953.
7) Davis, C. A., 1992: A potential vorticity diagnosis of the importance of initial sructure and condensational heating on observed extra-tropical cyclogenesis. *Mon. Wea. Rev.*, **120**, 2409-2428.
8) 坪木和久・小倉義光，1999：雷雨を伴った寒冷渦の渦位事例解析．天気，**46**，453-459．
9) 小倉義光，2011：お天気の見方・楽しみ方（17）．季節外れの低気圧の世代交代と凝結加熱の効果．天気，**58**，437-4453．
10) Ahmadi-Givi, F., G. C. Graig and R. S. Plant, 2004: The dynamics of a midlatitude cyclone with very strong latent-heat release, *Qurat. J. Roy. Meteor. Soc.*, **130**, 295-323.

11) Kocin, P. J. and L. W. Uccellini, 2004: *Northeast Snowstorms. Vol. 1: Overview.* Amer. Meteor. Soc., 296pp.
12) Hoskins, B. J., 1990: Theory of extratropical cyclone. *Extratropical cyclones: The Erik Palmen Memorial Volume*, C. W. Newton and E. O. Holopainen, Eds., Amer. Met. Soc., 64-80.
13) Lackmann, G., 2011: *Midlatitude Synoptic-Dynamics, Analysis and Forecasting.* Amer. Meteor. Soc., 345pp.
14) Takayabu, I., 1991: "Coupling development": An efficient mechanism for the development of extratropical cyclones. *J. Meteor. Soc. Japan*, **69**, 609-628.

第7章

1) 小倉義光・加藤輝之・高野　功，2005：お天気の見方・楽しみ方 (2)　南岸低気圧の発生，天気，**52**，869-876.
2) 加藤輝之・北畠尚子・津口裕茂，2012：2012年4月3日に日本海上で急発達した低気圧の発達要因と構造変化．日本気象学会秋季大会講演予稿集，A118.
3) 渡邊俊一・新野　宏・小倉義光，2013：2013年1月14日の南岸低気圧の発達要因について．日本気象学会2013年秋季講演予稿集，B202
4) Ahmadi-Givi, F., G. C. Graig and R. S. Plant, 2004: The dynamics of a midlatitude cyclone with very strong latent-heat release, *Qurat. J. Roy. Meteor. Soc.*, **130**, 295-323.
5) Petterssen, S. and S. Smebye, 1971: On the development of extratropical cyclones, **97**, 457-482.
6) Deveson, A. C. L., K. A. Browning and T.D. Hewson, 2002: A classification of FASTEX cyclones using a height-atritutable quasi-geostrophic vertical-motion diagnostic. *Quart. J. Roy. Meteor. Soc.*, **128**, 93-117.
7) Plant, R. S., G. C. Craig and S. L. Gray, 2003: On a threefold classification of extratropical cyclogenesis, *Quart. J. Roy. Meteor. Soc.*, **129**, 2989-3012.
8) Hirschberg, P. A. and J. M. Frisch, 1991a: Tropopause undulation and the development of extratropical cyclones. Part I, Overview and observations from a cyclone event. *Mon. Wea. Rev.* **119**, 496-517.
9) Hirschberg, P. A. and J. M. Frisch, 1991b: Tropopause undulation and the development of extratropical cyclones. Part II, Diagnostic analysis and conceptual model. *Mon. Wea. Rev.* **119**, 518-550.
10) 小倉義光，2000：総観気象学入門，東京大学出版会，289pp.
11) Bracegirale, T. J. and S. L. Gray, 2008: An objective climatology of the dynamical forcing of polar lows in the Nordic seas. *Int. J. Climatol.*, **28**, 1903-1919.
12) Ninomiya, K. and T. Akiyama, 1971: The development of the medium-scale disturbance in the Baiu front. *J. Meteor. Soc. Japan.* **49**, 663-677.
13) Yoshizumi, S., 1977: On the structure of intermediate-scale disturbances on the Baiu front. *J. Meteor. Soc. Japan.* **55**, 107-120.
14) Tokioka, T., 1973: A stability study of medium-scale disturbances with inclusion of

convective effects. *J. Meteor. Soc. Japan.* **51**, 1-10.
15) Gambo, K., 1976:The instability of medium-scale disturbance in a moist atmosphere. *J. Meteor. Soc. Japan,* **54**, 191-207.
16) Mak, M., 1982: On moist quasi-geostrophic baroclinic instability. *J. Atmos. Sci.,* **39**, 2028-2037.
17) Yanase, W. and H. Niino, 2004: Structure and energetics of non-hydrostatic baroclinic instability wave with and without convective heating. *J. Meteor. Soc. Japan,* **82**, 1261-1279.
18) Tagami, H., H. Niino and T. Kato, 2007: A study of meso-α-scale disturbances on the Baiu front and their environmental field. *J. Meteor. Soc. Japan,* **85**, 767-784.
19) 小倉義光，2006：お天気の見方・楽しみ方（5）2003年7月3～4日静岡豪雨と小低気圧の世代交代，天気，**53**，509-518.
20) 小倉義光，1994：お天気の科学――気象災害から身を守るために．森北出版株式会社，226pp.
21) Shibagaki, Y. and K. Ninomiya, 2005: Multi-scale interaction processes associated with a sub-synoptic-scale depression on the Meiyu-Baiu frontal zone. *J. Meteor. Soc. Japan,* **83**, 219-236.

第8章

1) 小倉義光・隈部良司・西村修司，2007：お天気の見方・楽しみ方（11）「台風並みに発達した」低気圧――2007年1月6日の場合，天気，**54**，663-669.
2) 小倉義光・西村修司・隈部良司，2006：お天気の見方・楽しみ方（7）　二つ玉低気圧（その2），天気，**53**，945-950.
3) 原　基，2012：日本海で記録的に発達した低気圧（今月のひまわり画像），天気，**59**，482.
4) 北畠尚子・三井　清，1998: 晩秋に日本海で急発進した低気圧の構造．天気，**45**，827-840.
5) 加藤輝之・北畠尚子・津口裕茂，2012：2012年4月3日に日本海上で急発達した低気圧の発達要因と構造変化．日本気象学会秋季大会講演予稿集，A118.

第9章

1) 小倉義光・西村修司・隈部良司，2006：お天気の見方・楽しみ方（4），　春の嵐を呼ぶ日本海低気圧，天気，**53**，329-329.
2) Jaykum, J. R., J. R. Anderson, R. H. Gruman and E. L. Grunner, 1989: North Pacific cold-season surface cyclone activity: 1975-1983. *Mon. Wea. Rev.,* **117**, 1137-1155.
3) 木村龍治，1985：流れの科学（改訂版）．東海大学出版会，214pp.
4) 小倉義光，1978：気象力学通論，東京大学出版会，249pp.
5) Davis, C. A. and L. Bosart, 2001: Numerical simulations of the Genesis of Hurricane Diana (1984). Part I: Control simulation. *Mon. Wea. Rev.,* **129**, 1859-1881.
6) Davis, C. A. and L. Bosart, 2003: Baroclinically induced tropical cyclogenesis. *Mon.*

Wea. Rev., **131**, 2730-2747.
7) Donnelly, W. J., J. R. Carswell, R. E. McIntosh, P. S. Chang, J. Wilkerson, F. Marks and P.G. Black, 1999: Revised ocean backscatter models at C and Ku band under high-wind conditions. *J. Geophys. Res.* **104**, 11485-11497.
8) Lawrence, M. B. and J. M. Pekssuer, 1981: Atlantic hurricane season of 1980. *Mon. Wea. Rev.*, **109**, 1567-1582.
9) Pasch, R. J. and L. A. Avila, 1992: Atlantic hurricane season of 1991. *Mon. Wea. Rev.*, **120**, 2671-2687.
10) Hart, R. E., 2003: A cyclone phase space derived from thermal wind and thermal asymmetry. *Mon. Wea. Rev.*, **131**, 585-616.
11) Mass, C. F. and D. M. Schultz, 1993: The structure and evolution of a simulated midlatitude cyclone over the land. *Mon. Wea. Rev.*, **121**, 889-917.
12) Schultz, D. M. and C. F. Mass, 1993: The occlusion prosess in a midlatitude cyclone over land. *Mon. Wea. Rev.*, **121**, 918-940.
13) Reed, R. J., Y. -H. Kuo and S. Low-Nam, 1994: An adiabatic simulation of the ERICA IOP-4 storm: An example of quasi-ideal frontal cyclone development. *Mon. Wea. Rev.*, **122**, 2688-2708.
14) Kuo, Y. -H., R. J. Reed and S. Low-Nam, 1992: Thermal structure and airflow in a model simulation of an occluded cyclone. *Mon. Wea. Rev.*, **120**, 2280-2297.
15) Kitabatake, N., 2011: Climatology of extratropical transition of tropical cyclones in the western North Pacific defined by using cyclone phase space. *J. Meteor. Soc. Japan*, **89**, 309-329.
16) 永沢義嗣, 2014：500 hPa 面の低気圧のふるまい. てんきすと, 第87号, 4-6.

第10章

1) 大久保篤ほか9名, 2004：2003年10月13日に千葉県・茨城県で発生したダウンバーストについて, 天気, **51**, 364-369.
2) Ogura, Y., H. Niino, R. Kumabe and S. Nishimura, 2005: Evolution of a hurricane-like subtropical low causing severe weather over the Kanto area on 13 October 2003. *J. Meteor. Soc. Japan*, **83**, 531-550.
3) Ogura, Y., R. Kumabe and S. Nishimura, 2009: Initiation and evolution of a subtropical low observed near the Japan Islands. *J. Meteor. Soc. Japan*, **87**, 941-957.
4) Homar, V., R. Romero, D. J. Stensrud, C. Ramis and S. Alonso, 2003: Numerical diagnosis of a small, quasi-tropical cyclone over the western Mediterranean: Dynamical vs. boundary factors. *Quart. J. Roy. Meteor. Soc.*, **129**, 1469-1490.
5) Guishard, M. P., J. L. Evans and R.E. Hart, 2009: Atlantic subtropical storms. Part II: Climatology. *J. Climate*, **22**, 3574-3594.
6) Evans J. L. and M. P. Guishard, 2009: Atlantic subtropical storms. Part I: Diagnostic criteria and composite analysis. *Mon. Wea. Rev.* **137**, 2065-2080.

第 11 章

1) Fore, I., J. E. Kristjansson, O. Saetra, O. Breivik, B. Rosting and M. Shapiro, 2011: The full life cycle of a polar low over the Norwegian Sea observed by three research aircraft flights. *Quart. J. Roy. Meteor. Soc.*, **137**, 1659-1673.
2) Irvine, E. A., W. L. Gray and J. Methven, 2011: Targeted observations of a polar low in the Norwegian Sea. *Qurat. J. Roy. Meteor. Soc.*, **137**, 1688-1699.
3) Nielsen, N. W., 1997: An early autumn polar low formation over the Norwegian Sea. *J. Geophys. Res.*, **102**, 13955-13973.
4) Claud, C., G. Heinemann, E. Raustein and L. Mcmurdie, 2004: Polar low le Cygene; Satellite observations and numerical simulations. *Quart. J. Roy. Meteor. Soc.*, **130**, 1075-1102.
5) Bracegirdle, T. J. and S. L. Gray, 2009: The dynamics of a polar low assessed using potential vorticity inversion. *Quart. J. Roy. Meteor. Soc.*, **135**, 880-893.
6) Businger, S. and J. -J. Baik, 1991: An arctic hrrucane over the Bering Sea. *Mon. Wea. Rev.*, **119**, 2293-2322.
7) Reed, J. R., 1992: Comments on "An arctic hurricane over the Bering sea". *Mon. Wea. Rev.*, **120**, 2713.
8) 浅井冨雄, 1996：ローカル気象学. 東京大学出版会, 233pp.
9) 大久保篤, 1995：冬季の北陸地方に見られる2種類の渦状擾乱. 天気, **42**, 705-713.
10) Tsuboki, K. and T. Asai, 2004: Multi-scale structure and development mechanism of mesoscale cyclones over the Sea of Japan. *J. Meteor. Soc. Japan.* **82**, 597-621.
11) Fu, G., H. Niino, R. Kimura and T. Kato, 2004: A polar low over the Japan Sea on 21 January 1997. Part I : Observational analysis. *Mon. Wea. Rev.*, **132**, 1537-1551.
12) Yanase, W., G. Fu, H. Niino and T. Kato, 2004: A polar low over the Japan Sea on 21 January 1997. Part II. A numerical study. *Mon. Wea. Rev.*, **132**, 1552-1574.
13) Yanase, W. and H. Niino, 2007: Dependence of polar low development on baroclnicity and physical processes: An idealized high-resolution numerical experiment. *J. Atmos. Sci.*, **64**, 3044-3067.
14) Kolstad, E. W., 2011: A global climatology of favourable conditions for polar lows. *Quart. J. Roy. Meteor. Soc.*, **137**, 1749-1761.
15) Brecegirdle, T. J. and E. W. Kolstad, 2010: Climatology and variability of Southern Hemisphere marine cold-air outbreaks. *Tellus*, **62A**, 202-208.
16) Gronas, S. and N. G. Kvamsto, 1995: Numerical simulations of the synoptic conditions and development of Arctic outbreak polar lows. *Tellus*, **47A**, 797-814.
17) Bracegirdle, T. J. and S. L. Gray, 2008: An objective climatology of the dynamical forcing of polar lows in the Nordic seas. *Int. J. Climatol.*, **28**, 1903-1919.

第 12 章

1) 小倉義光・隈部良司・西村修司, 2007：お天気の見方・楽しみ方（13）熱帯低気圧と秋雨前線がもたらした大雨と暴風——2006年10月6〜8日, 天気, **54**, 961-

969.
2) Bosart, L. F., J. M. Cordeira, T. J. Galarneau Jr., B. J. Moore and H. M. Archambault, 2012: An analysis of multiple predecessor rain events ahead of tropical cyclones Ike and Lowell: 10-15 September 2008. *Mon. Wea. Rev.*, **140**, 1081-1107.
3) Galarneau, T. J. Jr., L. F. Bosart and R. S. Schumacher, 2010: Predecessor rain events ahead of tropical cyclones. *Mon. Wea. Rev.*, **138**, 3272-3297.
4) Schumacher, R. S., T. J. Galarneau Jr. and L. F. Bosart, 2011: Distant effects of a recurving tropical cyclone on rainfall in a midlatitude convective system: A high-impact predecessor rain event. *Mon. Wea. Rev.*, **139**, 650-667.

第13章

1) Fujita, T. T. 1992: *Mystery of Severe Storms*. The University of Chicago, 298pp.
2) 小倉義光, 1995：猛暑の夏の雷雨活動. 天気, **42**, 393-396.
3) 小倉義光・奥山和彦・田口晶彦, 2002：SAFIRで観測した夏季の関東地方における雷雨と大気環境. Ⅰ：雷雨活動の概観と雷雨発生のメカニズム, 天気, **49**, 541-553.
4) 岩崎博之・福田 保・荻野剛郎, 1999：1994年夏季の関東地方における積乱雲の出現特性. つくば域降雨観測実験, 気象研究ノート, No. **193**, 21-28.
5) 佐々木太一・木村富士夫, 2001：GPS可降水量から見た関東付近における下記静穏日の水蒸気の日変動. 天気, **48**, 65-74.
6) Wang, J. E., A. B. Eltahir and R. L. Bras, 1998: Numerical simulation of nonlinear mesoscale circualations induced by the thermal heterogeneities of land surface. *J. Atmos. Sci.*, **55**, 447-464.
7) 小林文明, 2004：ヒートアイランドが降水に及ぼす影響——東京周辺における積乱雲の発達. 天気, **51**, 115-117.
8) Saito, K., T. Keenan, G. Holland and K. Puri, 2001: Numerical simulation of the diurnal evolution of tropical island convection over the maritime continent. *Mon. Wea. Rev.*, **129**, 378-400.
9) 堀江晴男・遠峯菊郎, 1998：関東地方における熱雷の発生と移動について. 天気, **45**, 441-453.
10) 小倉義光・奥山和彦・田口晶彦, 2002：SAFIRで観測した夏季の関東地方における雷雨と大気環境. Ⅲ：上層の擾乱の影響, 天気, **49**, 747-762.
11) 岩崎博之・三木貴博, 2001：北関東における日没後の積乱雲活動の活発化に関する研究, 日本気象学会春季大会講演予稿集, P265.
12) 神田 学・石田知礼・鹿島正彦・大石 哲, 2000：首都圏における局地的対流性豪雨とGPS可降水量の時間空間変動——1997年8月23日の集中豪雨の事例解析, 天気, **47**, 7-15.
13) 河野耕平・広川康隆・大野久雄, 2004：ラジオゾンデによる気団性雷雨日の診断——太平洋高気圧下の夏の関東地方, 天気, **51**, 17-30.
14) 田口晶彦・奥山和彦・小倉義光, 2002：SAFIRで観測した夏季の関東地方におけ

る雷雨と大気環境．Ⅱ：安定度指数による雷雨の予測，天気，**49**，649-659.
15) 村　規子，2009：2008 年 8 月 5 日に東京都で発生した局地的な大雨についての事例解析と JMANHM による再現実験，天気，**56**，933-938.
16) Kim, D. -S., M. Maki, S. Simizu and D.-I. Lee, 2012: X-Band dual polarization radar observations of precipitation core development and structure in a multi-cellrlar storm over Zoshigaya, Japan, on August 5, 2008. *J. Meteor. Soc. Japan*, **90**, 701-719.

第 14 章

1) Byers, H. R. and R. B. Braham, 1949: *The Thunderstorm, U. S. Government Printing Office*, 287pp.
2) 小倉義光，1995：雷雨研究事始め日米比較．気象，**39**，14068-14072.
3) Bluestein, H. B. and M. H. Jain, 1985: Formation of mesoscale lines of precipitation-severe squall lines in Oklahoma during the spring. *J. Atmos. Sci.*, **42**, 1711-1731.
4) Hobbs, P. V. and K. R. Biswas, 1979 : The cellular structure of narrow cold-frontal rainbands. *Quart. J. Roy. Meteor. Soc.*, **105**, 723-727.
5) Hobbs, P. V. amd O. G. Persson, 1982 : The mesocale and microscale structure and organization of clouds and precipitation in midlatitude cyclones. Part V: The structure of narrow cold-frontal rainbands, *J. Atmos. Sci.*, **39**, 280-295.
6) Ogura, Y., K. Tsuboki, H. Ohno, K. Kusunoki and H. Nirasawa, 1995: A case study of the formation of an embedded-areal-type cloud band over Kanto plain. *J. Meteor. Soc. Japan*, **73**. 857-872.
7) 小倉義光，1994：お天気の科学——気象災害から身を守るために．森北出版，226pp.
8) 小倉義光，1991：集中豪雨の解析とメカニズム．天気，**38**，275-288.
9) Schumacher, R. S. and R .H.Johnson, 2005: Organization and environmental properties of extreme-rain-producing mesoscale convective systems. *Mon. Wea. Rev.*, **133**, 961-976.
10) Watanabe, H. and Y. Ogura, 1987: Effects of orographically forced upstream lifting on mesoscale heavy precipitation: A case study. *J. Atmos. Sci.*, **44**, 661-675.
11) Kato, T. 1998: Numerical simulation of the band-shaped torrential rain observed over southern Kyushu, Japan on 1 August 1993. *J. Meteor. Soc. Japan*, **76**, 13-31.
12) Saito, K., T. Fujita, Y. Yamada, J. Ishida, Y. Kumagai, K. Aranami, S. Ohmori, R. Nagasawa, S. Kumagai, C. Muroi, T. Kato, H. Eito and Y. Yamazaki, 2006: The operational JMA nonhydrostatic mesoscale model, *Mon. Wea. Rev.*, **134**, 1266-1298.
13) 吉崎正憲・加藤輝之，2007：豪雨・豪雪の気象学，朝倉書店，187pp.
14) Takasaki, Y., Y. Watarai and M. Yoshizaki, 2014: Maintenance mechanism of back-building-type mesoscale convective systems-Heavy precipitation event around Okazaki city on 28-29 August, 2008 (in preparation).
15) 小倉義光・新野　宏・隈部良司・西村修司，2007：お天気の見方・楽しみ方 (8) 謎が深まる静岡県不意打ち集中豪雨——2004 年 11 月 11 日 ～ 12 日．天気，**54**，

83-90.
16) 瀬古　弘，2005：1996年7月7日に南九州で観測された降水系内の降水帯とその環境．気象研究ノート，**208**，187-200.
17) 小倉義光・新野　宏，2006：お天気の見方・楽しみ方（6）謎に満ちた不意打ち集中豪雨——2004年6月30日静岡豪雨の場合（その2），天気，**53**，821-828.
18) 石原正仁・田畑　明・赤枝健治・横山辰夫・榊原　均，1992：ドップラーレーダーによって観測された亜熱帯スコールラインの構造．天気，**39**，727-743.
19) Houze,. R. A. Jr., et al., 1989: Interpretation of Doppler weather displays of midlatitude mesoscale convective systems. *Bull. Amer. Metor. Soc.*, **70**, 608-619.
20) Barnes, G. K. and K. Sieckman, 1984: The environment of fast- and slow-moving tropical mesoscale convective cloud lines. *Mon. Wea. Rev.*, **112**, 1782-1794.
21) Fovell, E. G. and Y. Ogura, 1988: Numerical simulation of a midlatitude squall line in two dimensions. *J. Atmos. Sci.*, **45**, 3846-3879.
22) Fovell, E. R., G. L. Mullendore, and S. -H. Kim, 2006: Discrete propagation in numerically simulated nocturnal squall line. *Mon. Wea. Rev.*, **134**, 3735-3752.
23) Nolen, R. H., 1959: A radar pattern associated with tornadoes. *Bull. Amer. Meteor. Soc.*, **40**, 277-279.
24) Atkins, N. T., C. S. Bouchard, R. W. Przybylinskli, R. J. Trapp and G. Schmocker, 2005: Damaging surface wind mechanisms within the 10 June Saint Louis bow echo during BAMEX. *Mon. Wea. Rev.*, **133**, 2275-2296.
25) Wakimoto, R. M., H. V. Murphey, A. Nester, D. P. Jorgensen and N. T. Atkins, 2006: High winds generated by bow echoes. Part I: Overview of the Omaha Bow Echo 5 July 2003 storm during Bamex. *Mon.Wea. Rev.*, **134**, 2793-2812.
26) Wheatley, D. M., R. J. Trapp and N. T. Atkins, 2006: Radar and damage analysis of severe bow echoes observed during BAMEX. *Mon. Wea. Rev.*, **134**, 791-806.
27) Atkins, N. T. and M. St. Laurent, 2009a: Bow echo mesovorticies. Part I: Processes that influence their damaging potential. *Mon. Wea. Rev.*, **137**, 1497-1513.
28) Atkins, N. T. and M. St. Laurent, 2009b: Bow echo mesovorticies. Part II: Their genesis. *Mon. Wea. Rev.*, **137**, 1514-1532.
29) Fujita, T. T., 1978: *Manual of downburst identification for Project NIMROD. SMRP 156*, University of Chicago.
30) 大野久雄・楠　研一・鈴木　修，1996：1995年8月10日に関東平野で発生した雷雨に伴うボウエコー，ガストフロント及びダウンバースト．天気，**43**，167-170.
31) 高谷美正・鈴木　修・山内　洋・中里真久・猪上華子，2011：2007年4月28日に東京湾岸地帯に突風をもたらしたボウエコー．天気，**58**，1037-1053.
32) Markowski, P. and Y. Richardson, 2010: *Mesoscale Meteorology in Midlatitudes*. John Wiely & Sons, Ltd. 407pp.
33) Fujita, T. T., 1978: *Manual of downburst identification for Project NIMROD. SMRP 156*, University of Chicago, 104pp.
34) Fujita, T. T. 1985: *The downburst. Satellite and Mesometeorology Research Paper (SMRP) 239*, The University of Chicago, 122pp.
35) 大野久雄，2001：雷雨とメソ気象，東京堂出版，309pp.

第 15 章

1) Niino, H., T. Fujitani and N. Watanabe, 1997: A statistical study of tornadoes and waterspouts in Japan from 1961 to 1993. *J. Climate*, **10**, 1730-1752.
2) Fujita, T. T. 1992: *Mystery of Severe Storms*. The University of Chicago, 298pp.
3) Golden, J. H. and D. Purcell, 1978: Life cycle of the Union City, Okulahoma, tornedo and comparison with waterspouts. *Mon. Wea. Rev.*, **106**, 3-11.
4) Lemon, L. R. and C. A. Doswell Ⅲ, 1979: Severe thunderstorm evolution and mesoscale cyclone structure as related to tornadogenesis. *Mon. Wea. Rev.*, **107**, 1184-1197.
5) Chisholm, A. J. and J. H. Renick, 1972: The kinematics of multicell and supercell Alberta hailstorms, Research council of Alberta Hail Studies Report 72-2, 24-31.
6) Browning, A. K., 1964: Air flow and precipitation trajectories within severe local storms which travel to the right of the winds. *J. Atmos. Sci.*, **21**, 634-639.
7) Doswell Ⅲ, C. A. and D. W. Burgess, 1993: Tornadoes and tornadic storms: A review of conceptual models. *The Tornado: Its Structure, Dynamics, Prediction, and Hazards*, Geopys, Monogr. No. 79, Amer. Geophys. Union, 161-172.
8) Klemp, J. B., 1987: Dynamics of tornadic thunderstorms. *Ann. Rev. Fluid Mech.* **19**, 369-402.
9) 大野久雄, 2001：雷雨とメソ気象, 東京堂出版, 309pp.
10) Davies-Jones, R. P., 1986: Tornado dynamics. Thunderstorm Morphology and Dynamics. E. Kessler ed. University of Oklahoma Press. 197-236.
11) Niino, H., O. Suzuki, H. Nirasawa, T. Fujitani, H. Ohno, I. Takayabu, N. Kinoshita and Y. Ogura, 1993: Tornadoes in Chiba Prefecture on 11 December, 1990. *Mon. Wea. Rev.*, **121**, 3002-3018.
12) Bluestein, H. B. and A. L. Pazmany, 2000: Observations of tornadoes and other convective phenomena with mobile, 3-mm wavelength, Doppler radar: The spring 1999 field experiment. *Bull. Amer. Meteor. Soc.*, **81**, 2939-2951.
13) Wurman, J. and S. Gill, 2000: Finescale radar observations of the Dimmitt, Texas (2 June 1995), tornado. *Mon. Wea. Rev.*, **128**, 97-119.
14) Noda, A. and H. Niino, 2005: Genesis and structure of a major tornado in a numerically-simulated supercell storm: importance of vertical vorticity in a gust front. *SOLA*, **1**, 5-8.
15) Noda, A. and H. Niino, 2010: A numerical investigation of a supercell tornado: Genesis and vorticity budget. *J. Meteor. Soc. Japan*, **88**, 135-159.
16) McCaul, Jr., E. W., 1991: Buoyancy and shear characteristics of hurricane-tornado environment. *Mon, Wea. Rev.*, **119**, 1954-1978.
17) Davis, C. A., 1993: Hourly helicity, instability, and EHI in forecasting supercell tornadoes. Preprints of 17th Conf. on Severe Local Storms, St. Louis, MO. *Amer. Meteor. Soc.*, 107-111.
18) 飯塚義浩・加治屋秋実, 2011：数値予報資料から求めた竜巻に関連する大気環境指数の統計的検証, 天気, **58**, 19-30.

19) Suzuki, O., H. Niino, H. Ohno and H. Nirasawa, 2000: Tornado-producing mini-supersell associated with typhoon 9019. *Mon. Wea. Rev.*, **128**, 1868-1882.
20) 益子 渉, 2007：日本気象学会2007年春季大会講演予稿集, (91), B201.
21) Mashiko, W., H. Niino and T. Kato, 2009: Numerical simulation of tornadogenesis in an outer rain-band minisupercell of typhoon Shanshan on 17 September 2006. *Mon. Wea. Rev.* **137**, 4238-4260.
22) Wurman, J., Y. Richardson, C. Alexander, S. Weygandt and P. F. Zang, 2007: Dual-Doppler and single-Doppler analysis of a tornadic storm undergoing mergers and repeated tornadogenesis. *Mon. Wea. Rev.*, **135**, 736-758.
23) Marquis, J., Y. Richardson, J. Wurman and P. Markowski, 2008: Single- and dual-Doppler analysis of a tornadic vortex and surrounding storm-scale flow in the Crowell, Texas, supercell of 30 April 2000. *Mon. Wea. Rev.*, **136**, 5017-5043.
24) 野中信英, 2012：関東地方に大きな被害をもたらした竜巻. 天気, **59**, 588.
25) Wakimoto, R. M. and J. W. Wilson, 1989 : Non-supercell tornadoes. *Mon. Wea. Rev.*, **117**, 1113-1140.
26) Brady, R. H. and E. J. Szoke, 1989: A case study of non-mesocyclone tornado development in northwest Colorado: Similarities to waterspout formation. *Mon. Wea. Rev.*, **117**, 843-856.
27) Lee, B. D. and R. B. Wilhelmson, 1997a: The numerical simulation of nonsupercell tornadogenesis. Part I: Initiation and evolution of pre-tornadic misocylone circulations along a dry outflow boundary. *J. Atmos. Sci.*, **54**, 32-60.
28) Lee, B. D. and R. B. Wilhelmson, 1997b: The numerical simulation of nonsupercell tornadogenesis. Part II: Evolutions of a family of tornadoes along a weak outflow boundary. *J. Atmos. Sci.*, **54**, 2387-2415.
29) 小倉義光, 1997：メソ気象の基礎理論, 東京大学出版会, 215pp.
30) Fujita, 第15章2)に同じ.
31) Church, C. R., J. T. Snow, G. L. Baker and E. M. Agee, 1979: Characteritics of tornado-like vortices as a function of swirl ratio: A laboratory investigation. *J. Atmos. Sci.*, **36**, 1755-1776.
32) Davies-Jones, R. P., R. J. Trapp and H. B. Bluestein, 2001: *Tornadoes and tornadic storms. Severe Convective Storms*, Ed. C.A. Doswell III, Amer. Meteor. Soc., Monographs, 167-222.
33) Wurman, J., K. Kosiba, P. Robinson and T. Marshall, 2014: The role of multiple-vortex tornado structure in causing storm researcher fatalities. *Bull. Amer. Meteor. Soc.*, **95**, 31-45.

第16章

1) 小倉義光, 2009：お天気の見方・楽しみ方 (16) ゲリラ豪雨という言葉をなくそう. 天気, **56**, 555-564.
2) 気象庁, 2008a：平成20年8月末豪雨, ホームページ, 8pp.
3) 気象庁, 2008b：「平成20年8月末豪雨」等をもたらした大気の流れについて, 報

道発表資料，2pp.
4) 小倉義光・隈部良司・西村修司，2011：「平成20年8圧末豪雨」の天気系，特にメソ対流系の組織化について．天気，**58**，201-217.
5) Schumacher, R. S. and R. H. Johnson, 2005: Organization and environmental properties of extreme-rain-producing mesoscale convective systems. *Mon. Wea. Rev.*, **133**, 961-976.
6) Small, B. F. and J. A. Augustine, 1993: Multiscale analysis of a mature mesoscale convective complex. *Mon. Wea. Rea.*, **121**, 103-132.
7) Moore J. T., F. H. Glass, C. E. Graves, S. M. Rochette and M. J. Singer, 2003: The environment of warm-seasons elevated thunderstorms associated with heavy rainfall over the central United States. *Wea. and Forecasting*, **18**, 861-878.
8) Markowski, P. and Y. Richardson, 2010: *Mesoscale Meteorology in Midlatitudes*. John Wiely & Sons, Ltd. 407pp.
9) 小司禎教，2005：1999年6月29日GPS可降水量で見た寒冷前線．気象研究ノート，第208号（メソ対流系），吉崎正憲・村上正隆・加藤輝之編集，89-96.
10) 小司禎教・国井　勝，2006：地上GPS準リアルタイム解析の改良とデータ同化実験，日本気象学会2006年度春季大会講演予稿集，D304.
11) Champollian, C., C. Flamant, O. Bock, F. Masson, D. D. Turner and T. Weckwerth, 2009: Mesoscale GPS tomography applied to the 12 June 2002 convective initiation event of IHOP_2002. *Q. J. R. Meteorol. Soc.*, **135**, 645-662.
12) Shoji, Y., M. Kunii and K. Sato, 2009: Assimilation of nationwide and global GPS PWV data on heavy rainfall in the 28 July 2008 Hokuriku and Kinki, Japan. *SOLA*, **5**, 45-48.
13) Ducrocq, V., D. Ricard, J. -P. Lafore and F. Orain, 2002: Storm-scale numerical rainfall prediction for five precipitation events over France: On the importance of the initial humidity field. *Wea. and Forecasting*, **17**, 1236-1265.
14) Kato, T. and K. Aranami, 2005: Formation factor of 2004 Niigata-Fukusima and Fukui heavy rainfalls and problems in the predictions using a cloud-resolving model. *SOLA*, **1**, 1-4.
15) Maejima, Y., K. Iga and H. Niino, 2006: Upper-tropospheric vortex street and its formation mechanism. *SOLA*, **2**, 80-83.
16) Zhu, Y. and R. E. Newell, 1998: A proposed algorithm for moisture fluxes from atmospheric rivers. *Mon. Wea. Rev.*, **126**, 725-735.
17) Anthes, R. A. and Coathors, 2008: The COSMIC/FORMOSAT-3 Mission: Early results. *Bull. Amer. Meteor. Soc.*, **89**, 313-333.
18) Neiman, P. J., F. M. Ralph. G. A. Wick, Y. -H. Kuo, T. -K. Wee, Z. Ma, G. H. Taylor and M. D. Dettinger, 2008: Diagnosis of an intense atmospheric river impacting the Pacific Northwest: Storm summary and offshore vertical structure observed with COSMIC satellite retrievals. *Mon. Wea. Rev.*, **136**, 4398-4420.
19) 小倉義光・隈部良司・西村修司，2008：お天気の見方・楽しみ方（14）　晩秋の青森を襲った記録的な豪雨のシナリオ——2007年11月11-12日．天気，**55**，621-627.

20) Hirokawa, Y. and T. Kato, 2012: Kinetic energy budget analysis on the development of a meso-β-scale vortex causing heavy rainfall, observed over Aomori prefecture in northern Japan on 11 November 2007. *J. Meteor. Soc. Japan*, **90**, 905-921.
21) Tsuguti, H. and T. Kato, 2014: Contributing factors of the heavy rainfall event at Amami-Oshima Island, Japan, on 20 October 2010. *J. Meteor. Soc. Japan*, **92**, 163-183.
22) 浅井冨雄，1996：ローカル気象学．東京大学出版会，233pp.
23) Asai, T., 1972: Thermal instability of a shear flow turning the direction with height. *J. Meteor. Soc. Japan*, **50**, 525-532.
24) Brown, R. A., 1983: The flow in the planetary boundary layer. *Eolian Sediments and Processes*, M.E. Brookfield and T. S. Albrandt, Eds, Elsevier, 291-310.
25) Etling, D. and R. A. Browun, 1993: Roll vorticies in the planetary boundary layer — A review, *Boundary Layer Meteor.* **65**, 215-250.
26) Nagata, M., M. Ikawa, S. Yoshizumi and T. Yoshida, 1986: On the formation of a convergent cloud band over the Japan Sea in winter: Numerical experiments. *J. Meteor. Soc. Japan*, **64**, 841-855.
27) 浅井冨雄，1988：日本海豪雪の中規模的様相．天気，**35**，156-161.
28) Ohigashi, T. and K. Tsuboki, 2005: Structure and maintenance process of stationary double snowbands along the coastal region. *J. Meteor. Soc. Japan*, **83**, 331-349.
29) 吉崎正憲・村上正隆・加藤輝之編集，2005：メソ対流系．気象研究ノート，第208号，日本気象学会，386pp.
30) Eito, H., M. Murakami, C. Muroi, T. Kato, S. Hayashi, H. Kuroiwa and M. Yoshizaki, 2010: The structure and formation mechanism of transversal cloud bands associated with the Japan Sea polar-airmass convergence zone. *J. Meteor. Soc. Japan*, **88**, 625-648.
31) 清水健作・坪木和久，2005：2000年12月26日に北陸沖で観測された降水系とその環境．気象研究ノート，**208**，187-200.
32) 渡邊俊一，新野　宏，小倉義光，2013：2013年1月14日の南岸低気圧の発達要因について．日本気象学会2013年秋季講演予稿集，B202.

索引

[あ行]

秋雨前線　229
浅い湿潤対流　245
アジア・モンスーン　47
暖かい雨　8
暖かいトラフ　121
アナ前線　98
亜熱帯ジェット気流　143
亜熱帯西風ジェット気流　38
亜熱帯低気圧　195
アノマリー　109
雨粒　7
あられ　7
アンヴィル雲　247
アンサンブル予報　34
諫早豪雨　144
伊勢湾台風　32
位相速度　23
一次雷　251
一次的な流れ　85
位置のエネルギー　63
移流逆転層　237
移流項　79
インド洋ダイポール　3
ウィシー　219
ヴォールト　308
後ろから流入するジェット気流　285
渦位　101
　　——の単位　104
渦管　310
　　——の強さ　310
渦線　310
渦度方程式　71
渦雷　250
埋め込み型　269
運動エネルギー　62
雲粒　7

エネルギー・ヘリシティインデックス
　328
エルニーニョ　25
鉛直p速度　70
鉛直シア　38
鉛直循環　119
大雨　341
岡崎豪雨　341
小笠原高気圧　26
オホーツク海高気圧　26
オメガ方程式　86
温位　101
温帯低気圧　37
温暖核の隔離　81
温暖コンベアベルト　88
温度のトラフ　61
温度風　38

[か行]

階層構造　12
外側降雨帯　241
海風　289
海洋大陸　46
界雷　250
拡張軸　76
可降水量　45
風下低気圧　40
ガスフロント　11
下層ジェット気流　143
カタ前線　98
かなとこ雲　247
壁雲　241
雷　8
　　——放電　254
仮温位　364
過冷却水滴　7
乾いたダウンバースト　298
寒気核　188

寒気のドーム 109
寒気の吹き出し指数 225
間接循環 70
乾燥断熱減率 245
寒帯前線ジェット気流 64
寒冷渦 112
寒冷コンベアベルト 88
寒冷前線前のスコールライン 100
寒冷低気圧 112
気圧座標系 101
疑似高・低気圧 66
季節風 47
北太平洋高気圧 49
気団雷 250
気泡 9
基本場 18
逆算性 108
逆転層 237
逆向きトラフ 122
客観解析値 32
強化藤田スケール 304
極域のハリケーン 185
極前線 217
極端現象 32
クイックスキャット 184
雲解像非静力圧平衡モデル 273
雲のクラスター 265
雲物理過程 9
雲放電 252
雲間放電 252
クラウドヘッド 89
黒潮 21
グローバルスケール 3
群速度 23
傾圧性 37
傾圧大気 19
傾圧不安定波 60
傾斜項 77
傾度風 59
ケイプ 247
ゲリラ豪雨 339
ケルビンの循環定理 322
ケルビン・ヘルムホルツ波 333

広域海風 50
後屈温暖前線 81
後屈前線 235
高所の対流 349
構造 60
高速走査レーダー 318
高知豪雨 275
後方ガストフロント 306
合流 76
古典的スーパーセル 308
コナ・ストーム 210
木の葉雲 88
コリオリパラメータ 20
混合比 262

[さ行]

再解析データ 30
災害対策基本法 33
西岸強化 22
佐呂間竜巻 301
三重点 68
シア不安定 333
ジェットストリーク 118
時間・空間変換法 317
時間スケール 2
軸対称性 186
静岡豪雨 147
湿潤断熱減率 246
湿数 131
シビアストーム 267
島根豪雨 270
湿ったダウンバースト 298
シャピロ・カイザーモデル 80
自由対流高度 246
首都圏の大雪 375
順圧ガバナー効果 65
順圧大気 19
順圧ロスビー波 20
順転 162
上空寒冷前線 99
上空水蒸気前線 99
条件付き不安定 246
小準熱帯外低気圧 211

状態曲線　245
初期値問題　120
ショワルターの安定度指数　246
シン　248
真空掃除機効果　111
診断方程式　138
吸い込み渦　335
水蒸気ベルト　342
水上竜巻　305
水平シア　75
　——不安定　293
　——不安定波　333
水平スケール　2
水平対流　251
　——ロール　369
水平ロール渦　369
スコールライン　283
ストームトラック　43
ストリーマー　112
ストレッチ効果　70
砂嵐　6
スーパーセル　306
スプリット前線　100
スペクトル　3
成長率　140
静的安定度　60
積乱雲　245
絶対渦度　18
接地逆転層　237
切離低気圧　112
狭い寒冷前線降雨帯　268
先駆降雨現象　242
線状メソ対流系　267
前線強化　76
前線弱化　77
前線の断裂　80
潜熱のフラックス　367
前方ガストフロント　306
層厚　186
総観スケール　5
相互作用　12
雑司が谷水難事故　259
相対渦度　18

ソマリア・ジェット　51
ソーヤ・エリアッセン循環　87

[た行]

大気中の河　355
対地放電　252
台風の目　208
太平洋岸の大雪　375
対流　62
　——圏界面　104
　——セル　265
　——不安定　100
　——有効位置エネルギー　247
　——抑制　248
ダウンバースト　296
多重渦の竜巻　335
多重構造　12
ダストデヴィル　5
立ち上がりの効果　311
竜巻　301
　——大発生　302
　——チェイサー　337
　——の一生　304
　——の実験　336
　——ハンター　337
団塊型のメソ対流系　265
暖気移流　162
暖気核　186
暖気の隔離　68
短波　144
地球シミュレータ　373
地形性降雨　273
地衡風　19
地表面対流　349
チベット高気圧　47
中緯度低気圧　37
中空ダウンバースト　298
中立な波　17
調和解析　3
直接循環　70
直交モード　370
沈降型逆転層　237
ツイスター　302

つむじ風　6
冷たい雨　7
冷たいトラフ　121
低気圧位相空間　185
低気圧の世代交代　13, 116
データ同化　30
テーラー・コラム　181
テレコネクション　24
天気系　1
動圧　313
等温位座標系　101
等温位面解析　102
都賀川水難事故　262
ドライスロット　89
トランスバース雲　90
トリガー　249
トレイニング線 − 随伴層雲型　347

[な行]

内部ロスビー波　24
内陸海風　79
長崎豪雨　144
南岸低気圧　153
南高北低の気圧配置　252
南方振動　3, 24
二次雷　251
二次的な流れ　85
日本海寒帯気団収束帯　371
日本海低気圧　134
熱帯低気圧　37
熱帯外低気圧　37
熱的低気圧　259
熱雷　250
ノッチ　292
延岡竜巻　326
ノルウェー学派低気圧モデル　57
ノンスーパーセル竜巻　332

[は行]

梅雨前線　142
ハイブリッド低気圧　190
爆弾低気圧　42
白鳥のPL　214

波数　3
破線型　267
バック・サイドビルディング型　283
バックビルディング型　270
発雷パターン　252
ハドレー循環　70
パーフェクト・ストーム　184
バブル　9
破面型　269
バルジ　88
比湿　364
非断熱項　78
非地表面対流　349
非地衡風　119
　──風成分　85
ヒートアイランド　251
ヒマラヤ・チベット地域　47
ビューフォルト風力階級　195
氷晶　7
ファステックス　135
風圧　313
フェレル循環　70
フェーン現象　50
深い湿潤対流　245
袋型　214
藤田スケール　304
二つ玉低気圧　90
フックエコー　308
部分的逆算法　112
プラネタリー波　3
ブラント・バイサラの振動数　110
不連続伝播現象　289
ブロッキング現象　28
ブロッキング高気圧　28
分散性の波　23
平行モード　370
閉塞前線　58
平野型の大雪　219
ベナール対流　62
ヘリシティ　324
ベルヌイの式　313
ヘルムホルツの渦定理　200, 311
変形　75

ボウエコー　290
北西季節風　368
保存量　101
北海　213
北極振動　3
ホドグラフ　318
ホブメラ図　24
ポーラーロウ　213
本立て渦巻　291

[ま行]

マイクロバースト　296
マイソサイクロン　202
牧の原豪雨　274
マクロスケール　3
魔のバーミューダ三角帯　212
豆台風　196
ミクロスケール　5
乱れ　7
ミニスーパーセル　326
無浮力高度　246
メイユ　52
メソαスケール　5
メソγスケール　5
メソサイクロン　306
メソスケール　5
　　──客観解析　364
メソ対流系　265
メソハイ　288
メソβスケール　5
持ち上げ凝結高度　246
茂原竜巻　315
モンスーン　47

[や行]

ヤマセ　26

4次元変分データ同化法　31
予測方程式　138

[ら・わ行]

雷雨　249
　　──プロジェクト　265
ライミング　7
落雷　252
ラニーニャ　25
力学的対流圏界面　106
流線　75, 310
流量　310
冷夏　26
冷気外出流　11
冷気プール　11
ロスビーの浸透高度　110
ロスビー波　15
ロート雲　307
惑星渦度　18
惑星波　3

[欧文]

A型の低気圧　137
B型の低気圧　137
C型の低気圧　139
ERA-40　32
JRA-55　32
NCEP-NCAR再解析　32
PJパターン　26
PNAパターン　25
PVU　104
Qベクトル　68
RIJ　285
Tボーン模様　81

β項の効果　21

著者略歴

1922 年　神奈川県横須賀市に生まれる．
1944 年　東京大学理学部地球物理学科卒業．東京大学特別大学院研究生，東京大学助手，米国ジョンズ・ホプキンズ大学航空学教室研究員，米国マサチューセッツ工科大学気象学教室研究員，東京大学海洋研究所長・同所教授，WMO/ICSU/GARP 委員，イリノイ大学気象研究所長・同大学気象学教室主任教授，マサチューセッツ工科大学客員教授などを経て，
現　在　イリノイ大学名誉教授，日本気象学会名誉会員，アメリカ気象学会フェロー，理学博士（東京大学）

主要著書

『大気乱流論』（1955，地人書館）
『大気の科学―新しい気象の考え方』（1968，NHK ブックス）
『気象力学通論』（1978，東京大学出版会）
『お天気の科学』（1994，森北出版）
『メソ気象の基礎理論』（1997，東京大学出版会）
『気象科学辞典』（共編著，1998，東京書籍）
『一般気象学　第 2 版』（1999，東京大学出版会）
『総観気象学入門』（2000，東京大学出版会）

日本の天気
その多様性とメカニズム

2015 年 4 月 27 日　初　版
2023 年 7 月 20 日　第 4 刷

［検印廃止］

著　者　小倉　義光（おぐら　よしみつ）

発行所　一般財団法人　東京大学出版会

代表者　吉見俊哉

153-0041　東京都目黒区駒場 4-5-29
https://www.utp.or.jp/
電話　03-6407-1069　Fax 03-6407-1991
振替　00160-6-59964

印刷所　株式会社三秀舎
製本所　牧製本印刷株式会社

© 2015 Yoshimitsu Ogura
ISBN 978-4-13-060760-5　Printed in Japan

[JCOPY]〈出版者著作権管理機構　委託出版物〉
本書の無断複製は著作権法上での例外を除き禁じられています．複製される場合は，そのつど事前に，出版者著作権管理機構（電話 03-5244-5088，FAX 03-5244-5089，e-mail: info@jcopy.or.jp）の許諾を得てください．

小倉義光
一般気象学　[第 2 版補訂版]

A5 判/320 頁/2,800 円

小倉義光
総観気象学入門

A5 判/304 頁/4,000 円

松田佳久
気象学入門　基礎理論から惑星気象まで

A5 判/256 頁/3,000 円

ジョナサン・E・マーティン著／近藤豊・市橋正生訳
大気力学の基礎　中緯度の総観気象

A5 判/356 頁/4,900 円

高橋 劭
雷の科学

A5 判/288 頁/3,200 円

古川武彦
人と技術で語る天気予報史　数値予報を開いた〈金色の鍵〉

四六判/320 頁/3,400 円

ここに表示された価格は本体価格です．ご購入の際には消費税が加算されますのでご諒承ください．